Klaus und Barbara Dierßen

Moore

Ökosysteme Mitteleuropas
aus geobotanischer Sicht

herausgegeben von
Professor Dr. Richard Pott

Klaus und Barbara Dierßen

Moore

35 Schwarzweißabbildungen
112 Farbabbildungen
16 Tabellen

Ulmer

Umschlagfotos: Oben links: Brockenfeldmoor, Harz (10/1995). Oben rechts: Hochmoor im Nemunas-Delta, Litauen (8/1999). Unten von links nach rechts: Ostsee-Knabenkraut *(Dactylorhiza curvifolia)*, Scheuchzers Wollgras *(Eriophorum scheuchzeri)*, Kahle Rosmarinheide *(Andromeda polifolia)*.
Fotos Seite 2: Mesotroph-kalkreiches Quellmoor in Brandenburg. Unten von links nach rechts: *Splachnum vasculosum, Sphagnum pulchrum, Drosera intermedia* (Fotos: Dierßen).

Prof. Dr. rer. nat. Klaus Dierßen
Studium der Biologie und Landschaftspflege an der Universität Hannover. Promotion 1972, Habilitation 1978, anschließend Privatdozent am Botanischen Institut der Universität Freiburg. Seit 1979 Universitätsprofessor und Direktor des Ökologie-Zentrums der Universität Kiel. Forschungsgebiete: geobotanische Untersuchungen in der borealen und arktischen Zone, angewandte Landschaftsökologie und Ökosystemforschung, naturwissenschaftliche Grundlagen des Naturschutzes.

Barbara Dierßen
Wissenschaftliche Mitarbeiterin und Koautorin fach- und populärwissenschaftlicher Publikationen. Tätigkeits- und Arbeitsschwerpunkte: wissenschaftliche Fotodokumentation, vor allem Geobotanik, Landschaftsökologie, Naturschutz; interdisziplinäre Bearbeitung der Geschichte der historischen Pflanzennutzung, Ethnobotanik.

Bibliografische Information der Deutschen Nationalbibliothek
Die Deutsche Nationalbibliothek verzeichnet diese Publikation in der Deutschen Nationalbibliografie; detaillierte bibliografische Daten sind im Internet über http://dnb.d-nb.de abrufbar.

Wollgrasweg 41, 70599 Stuttgart (Hohenheim)
E-Mail: info@ulmer.de
Internet: www.ulmer.de
Lektorat: Antje Springorum, Helen Haas
Herstellung: Gabriele Wieczorek
Druck und Bindung: Friedrich Pustet, Regensburg
Printed in Germany

ISBN 978-3-8001-5643-6

Inhaltsverzeichnis

Vorwort des Herausgebers

Beziehungsgefüge von Organismen mit physikalischen und chemischen Standortfaktoren bezeichnet man unabhängig von ihrer Ausdehnung und Komplexität als Ökosysteme. Als naturräumlich abgrenzbare Einheiten können landschaftliche Ökosysteme physiogeographisch und typologisch abgegrenzt werden. In Mitteleuropa unterscheidet man u.a. die Binnengewässer der Flüsse und Seen als aquatische Ökosysteme von den marinen Ökosystemen der Küsten des Wattenmeeres und der Inseln. Man trennt die Moore von den Heiden, die Gebüsche von den Wäldern und die Hochgebirgsrasen von den Trockenrasen. Hinsichtlich ihrer Natürlichkeit oder Naturnähe unterscheidet man die primären natürlichen Ökosysteme von den sekundären Ökosystemen der Kulturlandschaften.

Das ist auch die Grundidee unserer neuen Buchreihe über die „Ökosysteme Mitteleuropas aus geobotanischer Sicht". Ursprüngliche Naturlandschaften, aber auch Kulturlandschaften, sollen mit ihren typischen Pflanzen- und Tierarten im Zentrum dieser neuen Buchreihe stehen: Gewässer des Binnenlandes, Moore, Küstenlebensräume, Trockenrasen, Zwergstrauchheiden, Grünlandvegetation, Ruderalvegetation, Vegetation der Äcker, Weinberge und der besiedelten Regionen, Säume, Hecken und Gebüsche, Hochgebirgsvegetation und die verschiedenen Waldtypen Mitteleuropas.

Ich danke allen Autorinnen und Autoren der ersten Bände dieses umfangreichen Gesamtwerkes für ihre Bereitschaft zur Mitwirkung. Dem Verlag Eugen Ulmer danke ich für die Bereitschaft und Unterstützung zum Druck eines solchen Werkes.

Möge diese neue Buchreihe ein Bild von der biologischen Vielfalt der Ökosysteme Mitteleuropas liefern und eine Vorstellung von ihrem Werden, ihrer Entwicklung, ihrer Funktion sowie vom Gesamtgefüge von Klima, Boden, Pflanze, Tier und Mensch wie auch eine Kausalanalyse ihrer Stoff- und Energieumsätze geben. Darüber hinaus hoffe ich sehr, mit diesen Bänden neue Freunde für unsere *Scientia amabilis,* die Geobotanik, zu gewinnen.

Hannover, Juli 2001 Richard Pott

Vorwort der Verfasser

In Erinnerung an Gisbert Grosse-Brauckmann

Moore begeistern uns seit über dreißig Jahren. Stand zunächst das Bestreben um das Kennen- und Verstehenlernen der Vegetation im Vordergrund, so gewann durch die Auseinandersetzung mit den bis auf spärliche Reste zerstörten Moorlandschaften in Norddeutschland das Bemühen um den Schutz dieser Lebensräume zunehmend an Bedeutung. Die Einbindung der geobotanischen Arbeitsgruppe in das Ökologiezentrum der Universität Kiel ließ in jüngerer Zeit Aspekte der Ökosystemforschung als wissenschaftliche Basis für einen ganzheitlichen Moorschutz an Bedeutung gewinnen. Vor diesem Hintergrund ist die folgende Bearbeitung entstanden.

Unsere Arbeit hat uns regional wie international mit vielen Kollegen und Freunden zusammengeführt, mit denen uns die Erinnerung an zahllose gemeinsame Exkursionen und lebhafte Diskussionen verbindet.

Bei der Erstellung des vorliegenden Bandes haben vor allem die Ergebnisse von Mitarbeitern der Kieler Arbeitsgruppe Eingang gefunden. Wir danken in diesem Zusammenhang Kai Jensen, Silke Lütt, Joachim Schrautzer und Michael Trepel für Unterstützung, konstruktive Hinweise und gemeinsame Diskussionen. Bei der Erstellung der Abbildungen und Grafiken haben uns Annelie Osterrod und Doris Kramer vom Botanischen Institut und vom Ökologiezentrum der Universität Kiel unterstützt.

Besonderer Dank gilt jenen Kollegen, die uns geholfen haben, verschiedene Entwicklungsphasen des Manuskriptes kritisch durchzusehen und durch konstruktive Anregungen für potentielle Nutzerinnen und Nutzer lesbarer zu gestalten: Gisbert Grosse-Brauckmann, Andreas Grünig, Hans Joosten und Franz Schuhwerk.

Unser Dank gilt nicht zuletzt auch der kompetenten und geduldigen Betreuung durch die Mitarbeiterinnen des Verlages Eugen Ulmer.

Kiel, Frühjahr 2001 Klaus und Barbara Dierßen

1 Moore als Lebensraum

Moore entwickeln sich, wo sich über mineralischem Grund langfristig wassergesättigtes organisches Material – **Torf** – bilden kann. Ihre Gestalt sowie die Zusammensetzung der Torf bildenden Vegetation werden von Klima, Hydrogeologie und Geomorphologie gesteuert. Mit wachsender Mächtigkeit der Torfe nimmt zumindest in nährstoffarmen Mooren die Bedeutung des Reliefs und der hydrochemischen Beschaffenheit des Einzugsgebietes für die Zusammensetzung der Vegetation ab: aus einem zunächst vorwiegend extern gesteuerten „Pionier"-Ökosystem entwickelt sich ein „reifes" Ökosystem mit einem höheren Potential zur Selbstregulation. Die regionalen Unterschiede in der Hydromorphologie, dem Oberflächenmuster der Moore und teilweise auch in der Zusammensetzung der Vegetation werden dabei weiterhin von den klimatischen Bedingungen als Schlüsselgrößen für den Wasserhaushalt der Moore beeinflusst (Kap.2).

Ungenutzte Moore zeigen eine positive Energie- und Stoffbilanz. Die gebildete Phytomasse wird im Gegensatz zu anderen Lebensräumen nur unvollständig abgebaut. Mit wachsender Torfbildung wird so die Vegetation auf der Mooroberfläche vom unterliegenden Mineralboden isoliert. Dabei ändern sich die Eigenschaften der Torfe (Kap. 4.1) und damit die Zusammensetzung der Vegetation.

Menge, Strömungsgeschwindigkeit und Ionengehalt des Wassers sowie die Schwankungen der Wasserstände steuern die Ablagerung und Zersetzung der Torfe. Bildet sich ein Torflager **geogen** unter Zufuhr von Mineralstoffen mit dem Grund- oder Oberflächenwasser, so entwickeln sich **Niedermoore**. In humiden Regionen mit Niederschlagsüberschüssen vor allem während der Vegetationsperiode kann sich einer geogenen Torfbildung eine ausschließlich vom Niederschlagswasser abhängige, **ombrogene** Torfbildung anschließen. Dadurch entstehen Regenwasser- oder **Hochmoore**.

Ergänzend seien drei weitere Typen von Feuchtlebensräume angeführt. **Sümpfe** in weit gefasstem Sinne schließen grundwassergeprägte Lebensräume mit minerogenen Substraten (salzigen Tonen und Sanden, Seekreiden) ein. **Marschen** sind fluktuierend oder saisonal überflutete Lebensräume (Fluss- und Seemarschen). In ihnen bilden sich Torfe allenfalls lokal als Folge von Versumpfungsprozessen bei säkular mehr oder weniger kontinuierlich steigenden Wasserständen. **Feuchtheiden** sind durch die sie beherrschenden Zwergsträucher gekennzeichnet. Sie können sich sowohl auf entwässerten Torfen wie auf Mineralböden unterschiedlicher Feuchtestufen entwickeln. Bezeichnend ist die Akkumulation von Rohhumus oder eine initiale Torfbildung. Vielfach sind Feuchtheiden in ozeanischen Gebieten am Rande von Hochmooren entwickelt oder in Geländemulden innerhalb von Heidelandschaften.

Da die Zusammensetzung der Vegetation stark von der Wasserverteilung im Boden abhängt, stellen wir solche Arten, die obligat oder fakultativ im Grund- oder Moorwasserbereich wurzeln (**Phreatophyten**) jenen gegenüber, deren Wurzeln durchweg oberhalb des Kapillarsaumes bleiben (**Aphreatophyten**). Ferner lassen sich die Moorpflanzen hinsichtlich ihrer Ansprüche an Ionenzusammensetzung und -menge in der Bodenlösung charakterisieren: **Azidophyten** auf sauer-elektrolytarmen Substraten gegenüber **Basiphyten** an basen- und elektrolytreichen Standorten. Die **Ombrophyten** der Hochmoore sind am besten an Mangelstandorte angepasst. Da die Hochmoore der Holarktis zumeist erdgeschichtlich junge Bildungen sind, haben sich in ihnen noch keine speziell an diese Standorte adaptierten Arten entwickelt. Folglich gibt es zwar Sippen mit einem deutlichen Verbreitungsschwerpunkt auf Hochmooren (fakultative Ombrophyten), indessen keine, die nicht auch andere Lebensräume besiedeln (obligate Ombrophyten). Diese Verhältnisse lassen sich indessen nicht auf die erdgeschichtlich älteren, bewaldeten tropischen Hochmoore in Südost-Asien (etwa Irian Jaya, Sumatra, Kalimantan) übertragen.

Torflager sind sowohl von wissenschaftlichem wie wirtschaftlichem Interesse. Weltweit bedecken Moore eine Fläche von etwa 4 Mio. km^2, und zwar zum weit überwiegenden Teil in der borealen Zone (Kap. 10.5). Unter diesem Aspekt sind Moor- und Torfnutzung klimawirksam (Kap. 10.4 und 10.5). Torf als Energieträger lässt sich verbrennen oder wird als sorptionsfähiges Substrat mit günstigen bodenphysikalischen und -chemischen Eigenschaften in Landwirtschaft und Erwerbsgartenbau verwendet (Kap. 11).

Für den Vegetations- und Frühgeschichtler sind die Moore Archive der verbliebenen Reste einstiger Lebensgemeinschaften (Nekrozönosen) und von Siedlungsspuren. Deren Analyse erlaubt die Rekonstruktion der Moorentwicklung sowie der Nutzungsgeschichte von Landschaften seit Beginn der Torfablagerung (Kap. 3.2). Ökosystemar betrachtet bilden Moore Senken für solche Substanzen, die während der Torfbildung festgelegt wurden. Bei Entwässerung oder Torfabbau werden diese Stoffe teilweise freigesetzt und in die Stoffkreisläufe der Ökosystemkomplexe in der Landschaft eingeschleust (Kap.10.5).

Moorbildung ist zwar ein natürlicher Vorgang. Teilweise haben sich Moorlandschaften allerdings erst als Folge der Landnutzung durch den Menschen entwickelt oder ausgeweitet. Die verstärkte Moor- und Torfnutzung in jüngster Zeit hat zahlreiche Moore mittlerweile tiefgreifend und in großen Teilen irreversibel verändert.

Heute dient die Erhaltung von Mooren und ihren Resten nicht allein dem Arten- und Lebensgemeinschaftsschutz, sondern muss darüber hinaus einer umweltverträglichen Landnutzung Rechnung tragen (Kap. 12).

1.1 Moorbildung

Wie ausgeführt, hängt die Moorentwicklung ab vom Landschaftsrelief, der Hydrologie und dem Klima. Bevor die regionalen Verhältnisse in Mitteleuropa behandelt werden sollen (Kap. 4.2), sei zunächst auf die Vorgänge der Torfbildung und -zersetzung eingegangen.

1.1.1 Prozesse der Moorentwicklung

Moore bilden sich bei der Verlandung von Gewässern oder durch die Versumpfung terrestrischer Lebensräume. Bei einer **Verlandung** (Abb. 1) füllt sich ein Wasserkörper zunächst mit Seesedimenten (Limniten). Reicht der Sauerstoffgehalt im Gewässer nicht aus, um die an Ort und Stelle aufgebauten oder aus dem Einzugsgebiet zugeführten organischen Substanzen zu mineralisieren, so lagern sich diese als subhydrische, mehrheitlich oder zumindest teilweise organischen Bildungen (Mudde, Gyttja) ab. Bisweilen treten in der Ablagerungsfolge verlandender Gewässer auch fast rein mineralische Sedimente auf, wie in die Seenbecken eingeschwemmte Süßwassertone oder an Grenzflächen im Gewässerkörper ausgefällte Seekreiden. Das Ausgangsmaterial bilden überwiegend Reste und Exkremente des Seenplanktons oder von Makrophyten. Die Ablagerungsbedingungen der Seesedimente weichen also deutlich von jenen der Torfe ab. Mit fortschreitender Verlandung werden die Limnite schließlich von Torfen überlagert.

Mineralböden **versumpfen** (Abb. 2), wenn an einem Standort das Grundwasser ansteigt oder der Abfluss beziehungsweise die Verdunstung sich verringern. Bei hoch anstehendem Grundwasser wird die gebildete Phytomasse infolge Sauerstoffmangels unvollständig mineralisiert; es bilden sich Torfe. Oberhalb des Grundwasser-Kapillarsaumes ist dieser Vorgang überwiegend an das Auftreten von Bryophyten, insbesondere von Bleichmoosen (*Sphagnum* spp.) geknüpft. Vor allem in Hochmooren kommt Sphagnen eine Schlüsselrolle für die Torfbildung zu (Kap. 1.1.2). Diese leiten eine Versauerung der aufgebauten Torfe ein und kontrollieren so das chemische Milieu ihres Lebensraumes. Darüber hinaus können sie aufgrund ihrer Anatomie beträchtliche Wasservorräte kapillar oder in speziellen Zellen, so genannten Hyalozyten (vergl. Abb. 50 S. 64) binden und daher selbst über durchlässigem Substrat speichern. Ihre Zellwände sind schwer zersetzbar und widerstehen einem raschen und vollständigen mikrobiellen Abbau. Damit ist die Torfzehrung unter natürlichen Bedingungen gegenüber der Torfbildung extrem verzögert.

In unterschiedlichen Phasen beziehungsweise unter verschiedenen Bedingungen der Sedimentbildung und Moorentwicklung verändern sich die Mudde- und Torfzusammensetzung. Wir unterscheiden:

- **limnisch** beziehungsweise infraaquatisch abgesetzte oder gebildete tonige, sandige oder organogene Sedimente wie Gyttja oder Dy sowie durch frei im Wasser flutende Moosdecken gebildete Torfe (*Drepanocladus* spp., *Scorpidium* spp., *Warnstorfia* spp.);
- **telmatisch** gebildete Torfe. An ihrer Entstehung sind neben Moosen auch solche Gefäßpflanzen beteiligt, die in einem wassergesättigten Torfkörper wurzeln können. Dieser liegt vielfach als Schwingdecke einem Grundwasserkissen auf und sondert basal Sinktorfe ab; bezeichnend sind vor allem Seggen- und Schilftorfe.
- An Nassstandorten mit einer Wasserwechselzone formen sich **semiaquatische** Torfe unterschiedlicher Zusammensetzung, so in den meisten Niedermooren.
- **Supraaquatische** oder **terrestrische** Torfe schließlich entstehen bei einem Torfmooswachstum oberhalb des mittleren Moorwasserspiegels. Sie sind für die durch das Niederschlagswasser ernährten Hochmoore bezeichnend.

Abb. 1: Verlandungsgürtel eines eutrophen Sees mit Schilfröhrichten und Erlen-Bruchwäldern: Hemmelsdorfer See in Südostholstein. Die Verlandungsabfolge ist insofern anthropogen, als produktive Röhrichte und Bruchwälder erst infolge verstärkter Nährstoffeinträge aus dem landwirtschaftlich genutzten Einzugsgebiet expandieren konnten (5/1992).

Abb. 2: Expansion von Hangmooren zu Lasten borealer Wälder, Riisitunturi, Posio, Finnland. Die Ausdehnung der Moore ist in historischer Zeit unter anderem durch Waldbrände und Auflichtung gefördert worden (9/1988).

Hat sich ein Torfkörper erst einmal entwickelt, so kann er bei mehr oder minder kontinuierlicher Wasserversorgung lateral expandieren – zu Lasten angrenzender Lebensräume. Dieses Wachstum beeinflusst seinerseits die Durchströmung des von Torfen ausgefüllten Beckens. Da Mineralstoffe bei ihrer Passage durch den Torf zu einem beträchtlichen Teil an den Humuskolloiden adsorbiert und gegen Protonen ausgetauscht werden, verringern sich mit ansteigender Torfmächtigkeit im Allgemeinen die Nährstoffgehalte in den Torfen (Oligotrophierung). Phosphor- und Stickstoffverbindungen werden langfristig in nicht pflanzenverfügbarer Form festgelegt, Basenversorgung und pH-Werte sinken auf pH 6 bis pH 5. Der Anteil der organischen Substanz in den Torfen steigt auf bis > 85 % des Trockengewichtes an, und die Kationenbalance verlagert sich zugunsten von H-Ionen und führt so zu einem weiteren Sinken der pH-Werte bis auf etwa pH 3.

Mit zunehmender Versauerung verzögert sich der Abbau, und dadurch verändert sich die Zusammensetzung der Vegetation. Unter oligotrophen bis beginnenden ombrotrophen Bedingungen beginnt sich der Torfkörper aufzuwölben. Durch sein Wachstum lenkt er dabei das aus dem Einzugsgebiet zuströmende Wasser zunehmend ab, bis er, ausreichende Niederschläge vorausgesetzt, ausschließlich mit Regenwasser versorgt wird. Steigt ein ombrogener Torfkörper über die Höhe des vertikal oszillierenden Moorwassers an oder geht in Trockenphasen der Niederschlagsüberschuss zurück, so setzen vor allem in den zentralen Moorpartien Stagnations- und schließlich Erosionsprozesse ein (Kap. 4.2).

Der Quotient aus organisch gebundenem Kohlenstoff und gesamtem Stickstoff – das C/N-Verhältnis – ist bei Niedermoortorfen enger als in Hochmooren, so dass die Torfe letzterer durch Mikroorganismen schlechter abgebaut werden. Der Übergang vom Niedermoor zum Hochmoor ist floristisch deutlich und lässt sich meist auch stratigraphisch klar belegen.

Üblicherweise sind in den frühen Entwicklungsstadien der Sümpfe, Bruchwälder und Moore die oberirdischen Phytomassevorräte sowie die Primärproduktion am höchsten. In mineralstoffreichen Niedermooren liegt die jährliche Produktivität der oberirdischen Phytomasse über 700 g m^{-2}, in mineralstoffärmeren Niedermoore bei etwa 600 g m^{-2} und bei Hochmooren um etwa 500 g m^{-2}. Die Obergrenze bei nährstoffreichen Röhrichten und Seggenriedern erreicht 3500 g m^{-2}, bei Hochmooren liegt sie um 1000 g m^{-2} (Zobel 1988). Die Torfbildungsrate (vertikaler Zuwachs) streut allerdings selbst bei weitgehend identisch entwickelten Mooren standörtlich und regional um das bis zu 50fache, die saisonale und säkulare Torfbildung an einem Messpunkt zwischen Älterem Atlantikum und Gegenwart um das bis zu 60fache (u. a. Beug et al. 1999).

Die skizzierte Oligotrophierung von produktionskräftigen Pioniergesellschaften der Niedermoore zu weniger produktiven Schlussgesellschaften der Hochmoore bedeutet nun nicht, dass Sukzessionen in Mooren „Einbahnstraßen" sein müssen. Vielmehr sind unter den verschiedenen Entwicklungsmöglichkeiten von Vegetationstypen einige besonders häufig. Insbesondere die Sukzession von bereits „armen" Ausgangssystemen zum Hochmoor verläuft im Allgemeinen über nur wenige Zwischenstufen (u. a. Zobel & Masing 1987).

1.1.2 Produktion und Zersetzung von Torfen

In den meisten Ökosystemen stellt sich längerfristig ein dynamisches Gleichgewicht ein zwischen aufgebauter und zersetzter Phytomasse. Bei wachsenden Mooren ist ein solches Fließgleichgewicht zugunsten der Torfbildung verschoben. Dafür ist entweder eine hohe Produktivität oder eine abgeschwächte Zersetzung (oder beides) verantwortlich. Meist gibt die verringerte Zersetzungsrate das Ausmaß der Torfbildung vor.

Zur Verdeutlichung der Vorgänge seien die funktionellen Abläufe im obersten halben Meter des Torfprofils eines Hochmoores vorgestellt (Abb. 3). Hydrologisch lässt sich ein oberer Torfbildungshorizont, das **Akrotelm**, von einem darunterliegenden Torfablagerungshorizont unterscheiden, dem **Katotelm**. Die Untergrenze des Akrotelm wird definitionsgemäß durch jene Tiefstwasserstände im Profil festgelegt, die während langer Beobachtungszeiträume ermittelt werden (Ivanov 1981). Es lassen sich vier strukturell abgrenzbare Horizonte ausmachen, in denen unterschiedliche Prozesse ablaufen.

In einer etwa 2 bis 5 cm dicken **euphotischen** Oberflächenschicht (3 a) sind die Torfmoose photosynthetisch aktiv. Der Lichtgenuss an der Basis dieser Schicht liegt dabei bei etwa 1 % der Lichtintensität an der Oberfläche (Clymo & Hayward 1982). Das **Trockenraumgewicht** („bulk density") beträgt zwischen 0,01 und 0,02 g TM cm^{-3}. Das Luftvolumen schwankt mit den Niederschlägen und erreicht in Trockenphasen etwa 90 %. Das Porenwasser ist äußerst beweglich. Die Temperaturen können im Tagesgang um mehr als 30 K

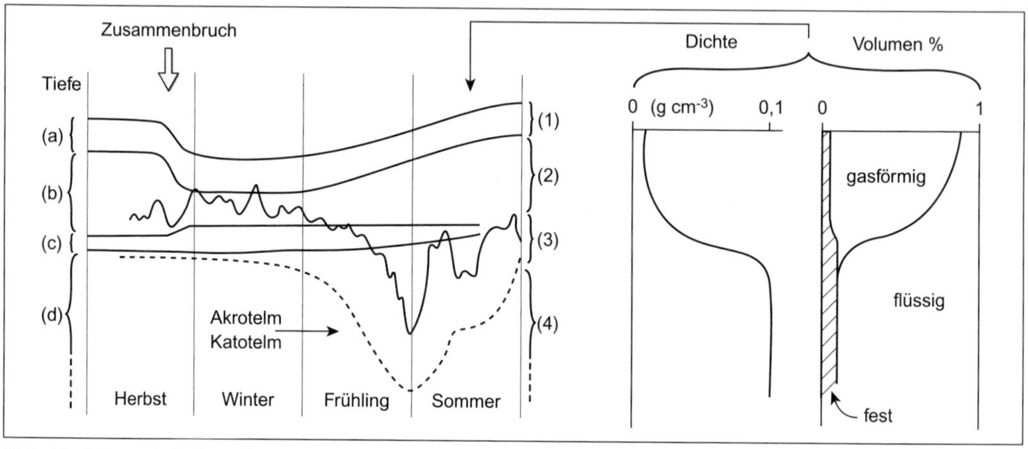

Abb. 3: Saisonale Schwankungen struktureller (a) bis (d) und funktionaler Horizonte (1) bis (4) im obersten Abschnitt eines Torfprofils; die durchgezogene, stark schwankende Kurve (3/4) zeigt schematisch den Verlauf der Wasserstände, die unterbrochene Linie die Grenze zwischen sauerstoffversorgtem Akrotelm und anoxischem Katotelm (nach Clymo 1992); weitere Erläuterungen im Text.

fluktuieren. In der Schicht vollziehen sich sämtliche Produktionsprozesse der Moose. Die Stickstoffgehalte sind niedrig (< 10 mg g^{-1}), das C/N-Verhältnis weit (> 50 (Malmer & Wallén 1993)).

Unterhalb der euphotischen Zone schließt sich eine 10–50 cm dicke **aphotische** Zone (Abb. 3b) an. Die Phytomasse der Torfmoose ist weitgehend abgestorben, nicht dagegen ein großer Teil der Wurzeln der Gefäßpflanzen. Das hier abgelagerte organische Material hat sich an oder dicht unter der Bodenoberfläche gebildet und wurde infolge des apikalen Wachstums der Kryptogamen sukzessiv „begraben". Die abgestorbenen Pflanzenteile werden von Bakterien und Pilzen aerob abgebaut. Dabei bleibt das Gefüge des Torfes zunächst weitgehend unverändert. Das Porenwasser ist leicht beweglich. Die N-Gehalte fallen im oberen Teil dieser Schicht im Vergleich zur euphotischen Schicht ab. Das C/N-Verhältnis erreicht Maximalwerte um bis zu 75.

Unterhalb der aphotischen, noch sauerstoffreichen Schicht schließt sich eine **Verdichtungszone** (Abb. 3c) zwischen 2 und 15 cm Mächtigkeit an. Die verbliebenen Reste der Bryophyten und Gefäßpflanzen sind hier bereits stärker zersetzt. Zusätzlich wirkt das Gewicht der aufliegenden Schichten verdichtend aus. Im Frühsommer werden etwa 10 % der Auflast durch das Pflanzenmaterial der überlagernden Schichten verursacht, rund 90 % durch das daran gebundene Haftwasser. Die Verdichtungsraten in oberflächennahen Torfen sind innerhalb eines Moores offensichtlich über längere Zeiträume recht konstant (Økland & Ohlson 1998). Die resultierende Auflast beträgt in 20 cm Tiefe etwa 10 g cm^{-2} (100 kg m^{-2}) und steigt noch deutlich an, wo sich in kalten Wintern auf ungefrorenem Boden eine Schneedecke ausgebildet hat.

Als Folge der zersetzungsbedingten Verdichtung der Torfmatrix in Kombination mit der wachsenden Auflast steigt das Trockenraumgewicht im Vergleich zur euphotischen Schicht etwa auf das 5fache an, also auf rund 0,1 g cm^{-3}. Mit zunehmender Dichte fällt zugleich die Strömungsrate des Wassers stark ab. Somit erfolgt in dieser Schicht und darunter nur ein langsamer Wasseraustausch, und der Torf bleibt wassergesättigt.

Unterhalb der Verdichtungszone ist ein unterschiedlich mächtiges Torflager (Abb. 3d) ausgebildet; sein Trockenraumgewicht liegt über 0,1 g cm^{-3}. Seine hydraulische Konduktivität ist gering, der Porenraum wassergesättigt. Aerob lebende Mikroorganismen können nur den obersten Abschnitt dieser Schicht noch zeitweilig nutzen. Da die Sauerstoffdiffusion im Wasser im Vergleich zur Luft um das 10^{-4}fache erniedrigt wird, ist die Austauschrate im wassergesättigten Torf geringer als der von den Mikroorganismen verbrauchte Sauerstoff. Anaerobier übernehmen die nunmehr abgeschwächte Zersetzung. Reduzierte organische und anorganische Verbindungen akkumulieren, und bei niedrigem Redoxpotential kann eine lebhafte H_2S-Bildung einsetzen (Kap. 6.2.2). Die Temperaturschwankungen schwächen sich ab. In etwa 1 m Tiefe ist kaum mehr ein Tagesgang zu spüren, und in 4 m Tiefe beträgt der gedämpfte Temperatur-Jahresgang nur noch etwa 2 K. Für Mikroorganismen herrschen kalt-stenotherme Bedingungen, wodurch die Abbauprozesse zusätzlich verzögert werden. Die Stickstoffgehalte steigen an (teilweise bis zu > 20 mg g^{-1}), während das C/N-Verhältnis mit zunehmendem Zersetzungsgrad der Torfe weiterhin enger wird (zwischen 25 und 60).

Die im Katotelm verbliebenen Pflanzenreste sind durchweg stark zersetzt. Nur wenig originäres Pflanzenmaterial bleibt erhalten, und die Torfmatrix wird zunehmend amorph-gallertartig und dunkel. Die Anteile der beteiligten Komponenten verändern sich mit zunehmendem Alter und in Abhängigkeit von den Ablagerungsbedingungen. Die von der Artenzusammensetzung der Torf bildenden Vegetation abhängige Textur und deren räumliches Muster wirken sich dabei auf die ablaufenden Prozesse aus.

Während die torfmorphologischen Grenzen mehr oder weniger statisch sind, verlagern sich die funktionalen je nach Verlauf der Wasserstände (vergl. Abb. 3):

1. Die euphotische Zone koinzidiert mit der strukturellen Zone a); fast alle Produktionsprozesse bleiben auf diese Zone beschränkt.
2. Die sauerstoffreiche Schicht des oxidativen Abbaus bezieht die Zone b ein sowie, bei niedrigen Sommer-Wasserständen, auch Teile oder die gesamte Zone c) sowie Teile von Zone d).
3. Die darunter liegende Übergangszone umfasst etwa die obersten 10 cm des im Jahresverlauf fluktuierenden, weitgehend wassergesättigten Bereiches. Hier sind oxidative wie anoxische Bedingungen an den Abbauprozessen in den Torfen beteiligt. Ihre mikrobielle Aktivität ist vergleichsweise hoch. Die temperaturabhängige Methan-Bildung erreicht hier wahrscheinlich ihr Maximum, unterliegt aber erheblichen saisonalen Schwankungen (u. a. Müller 1999a).
4. Die langfristig bis permanent anoxische Zone entspricht weitgehend der Zone d).

Die vorgestellten Verhältnisse orientieren sich an Systemen, deren Torfbildung überwiegend von *Sphagnen* bestimmt ist. Sowohl bei stärker von Gefäßpflanzen dominierten Flächen der Hochmoore als auch bei den meisten Niedermooren sind die Torfbildungs- und Zersetzungsprozesse komplexer. Auch die Differenzierung zwischen Akro- und Katotelm ist dabei oft nicht eindeutig. In *Sphagnum*-Rasen erfolgt die initiale Torfakkumulation vorwiegend im unteren Teil der euphotischen sowie in der aphotischen Zone. Einbezogen sind Spross- und Wurzelabschnitte solcher Gefäßpflanzen, die von den wachsenden Torfmoosen „eingebettet“ und photosynthetisch inaktiviert worden sind, sowie abgestorbene Spross- und Wurzelteile. Die Rhizom- und Wurzelphytomasse kann bei den Phanerogamen der Moorstandorte bis zu 90 % der gesamten Phytomasse ausmachen (Wallén 1986, auch Abb. 48 S. 62).

Die Abbauprozesse finden in den verschiedenen Profilabschnitten des Torfkörpers in unterschiedlichem Ausmaß statt. Bei geringmächtigen Torfen in oligotrophen Mooren kann, weitgehend gleichartige Zersetzungsraten unterstellt, die Netto-Torfakkumulation beträchtlich sein. Sie fällt bei identischen Produktions- und Abbauraten mit steigender Torfmächtigkeit ab und nähert sich asymptotisch einem Grenzwert, bei dem sich – bei weiterlaufender Produktion – Netto-Akkumulation und Abbau die Waage halten. Dies liegt daran, dass die Abbauraten auf weniger als 1/100 abfallen, sobald der in Zersetzung begriffene Torf vom Akrotelm in das Katotelm eintritt. Wesentlich für das Ausmaß der Zersetzung ist daher der Zeitraum, den ein Pflanzenrest den oxidativen Abbauprozessen im Akrotelm ausgesetzt ist. Je länger dieser andauert, etwa in Trockenphasen, desto stärker wird der Torf zersetzt, und umso geringer sind anschließend die Abbauraten im Katotelm.

Hat das Katotelm gegenüber dem Akrotelm eine gewisse Mächtigkeit erreicht, so wird die Torfakkumulation zunehmend durch die Abbauprozesse im Katotelm kompensiert. Zwar kann die Vegetation an der Mooroberfläche weiterhin so aktiv Torf bilden wie zuvor, aber das Höhenwachstum der Torfsäule insgesamt geht gegen Null. Das Moor büßt dann teilweise seine Funktion als Kohlenstoffsenke ein (vergl. Kap. 10.4).

Zur realistischen Abschätzung von Abbauraten im Katotelm ist es notwendig, konnektierte stratigraphische Befunde mit Messungen zur Produktion und zu Abbauraten im Akrotelm und im Katotelm zu vergleichen. Während bei jungen Torfen die Unterschiede zwischen Nettoproduktion und Torfakkumulation meist nicht groß sind, können sie in tieferen Torfschichten beträchtlich sein. Clymo (1992) nennt ein datiertes Beispiel aus Dänemark, wo nach 5500 Jahren Lagerung nur noch etwa 20 % des originär vom Akrotelm in das Katotelm abgegebenen Torfes verblieben sind.

2 Hydrologie

Eingangs wurde die Bedeutung der hydrologischen Verhältnisse für die Moor- und Torfbildung hervorgehoben. Diese hängen bei Hochmooren vor allem von der Humidität des regionalen Klimas ab, bei Niedermooren primär von der Wasserversorgung aus dem Einzugsgebiet. Das Mesoklima ist über die Evapotranspiration mit den Moorwasserständen rückgekoppelt. Somit sind sowohl kleinräumige Gradienten in der Vegetationsverteilung als auch regionale Trends in der Vegetationszusammensetzung an den Wasserhaushalt geknüpft. Daher ist etwa bei Fragen zur Restitution entwässerter Moore in erster Linie zu klären, wie sich die hydrologischen Verhältnisse steuern lassen (Kap. 11.3.1).

2.1 Moorwasserstände

Untersuchungen zum Wasserhaushalt von Mooren erfordern einen beträchtlichen messtechnischen Aufwand zur Erfassung von Niederschlägen und zur Evapotranspiration sowie der ober- und unterirdischen Zu- und Abflüsse. Die Ermittlung der wesentlichen Wasserhaushaltsgrößen bedarf einer Ergänzung durch die Charakterisierung der Torfeigenschaften an der Grenze zwischen der ungesättigten (Akrotelm) und der gesättigten Zone (Katotelm) (INGRAM 1992). Aufbauend auf Messungen zur Wasserbilanz lässt sich mit Hilfe von Modellen die Wirkung von Steuereingriffen auf den Wasserhaushalt simulieren, beispielsweise um Aufwand und Erfolg von Entwässerungen und neuerdings Wiedervernässungsmaßnahmen zu beurteilen (u. a. SCHOUWENAARS et al. 1992).

Abhängig vom regionalen Quotienten zwischen Niederschlägen und Verdunstung liegen bei nicht entwässerten Hochmooren die mittleren Moorwasserstände während der Vegetationsperiode in torfmoosreichen Beständen der offenen Moorweite zwischen 15 und 40 cm unter Flur. In zwergstrauchdominierten Stadien schwanken sie zwischen 20 und 70 cm, und in Randwäldern zwischen 35 und 70 cm unter Flur (s.a. Kap. 3.3). Bei leichtem Gefälle (0,2 %) der Mooroberfläche vom Zentrum zum Rand erfahren die randlichen „Wachstumskomplexe“ über das ungestättigte Porensystem einen lateralen Wasserzustrom aus dem Zentrum. Dies kann hier zu einer Anhebung der mittleren Wasserstände um 10 – 20 cm führen, wie beispielsweise Pegeluntersuchungen aus randalpinen Mooren Bayerns belegen (FRANKL 1996). Demgegenüber stagniert das Wachstum in den von Zwergsträuchern und mitunter von Flechten beherrschten „Stillstands“- und „Erosionskomplexen“. In zentralen Abschnitten hydrologisch unbeeinträchtigter Moore kann zudem durch die verstärkte Zersetzung und Sackung der Torfe das Porensystem teilweise desintegriert werden. Dann treten Stau- und Haftnässe auf. Folglich trocknet die Moorfläche schwächer ab, als sich aus Pegelständen ableiten lässt.

Im Vergleich zu Hochmooren ist die Hydrologie von Niedermooren insofern komplexer, als der Zufluss auf unterschiedlichen Pfaden erfolgt und weil hydrologisch verschiedenartig reagierende Moorkomplexe in kleinräumigen Mosaiken auftreten können. Ferner ist neben der Menge des zugeführten Wassers die chemische Zusammensetzung und Menge der gelösten Ionen maßgeblich für das Vegetationsgefüge und damit rückgekoppelt die torfphysikalischen Eigenschaften, die sich ihrerseits auf den Wasserhaushalt auswirken.

2.2 Wasserzufuhr

Die Wasseraufnahme eines Moores („input“, „recharge“) erfolgt über Niederschläge und bei Niedermooren durch das aus dem Einzugsgebiet zuströmende Oberflächen- und Grundwasser. Wasser- und Nährsalzversorgung in Hochmooren sind ausschließlich vom Niederschlagswasser und den darin gelösten Ionen gesteuert. Bei aufgewölbten Hochmoortorfkörpern umfließt das aus dem Einzugsgebiet zuströmende Oberflächenwasser das aufgewölbte Moorzentrum und bleibt auf den Lagg (Kap. 4.1) beschränkt. Auch unter dem Torfkörper können kleinere Bachsysteme entwickelt sein (Abb. 18 S. 30); ihr Chemismus wirkt sich aber nicht auf die Nährstoffdynamik im Akrotelm aus. Bei Niedermooren interagieren der Zustrom von Oberflächenwasser und Grundwasser mit dem Eintrag von Infiltrationswasser über die Niederschläge. VAN WIRDUM (1991) unterscheidet zwischen:

- lithotrophem Grundwasser in Regionen mit schluffig-tonigen Böden; es ist reich an Calcium-Bicarbonat als Ausdruck der engen Wechselbeziehung zur Bodenlösung;

- atmotrophem Niederschlagswasser, das allgemein ionenarm ist, aber unter Umständen auch angereichert sein kann mit im Herkunftsbereich emittierten Substanzen;
- thalassotrophem Wasser mit erhöhtem Natriumchlorid-Anteil aus marinen Sedimenten in küstennahen Lagen sowie
- molunotrophem Wasser, das eine Nährstoff- und gegebenenfalls Schadstoffanreicherung aus Flusssystemen erfahren hat.

2.3 Wasserabgabe

Die Wasserabgabe („output", „discharge") eines Moores erfolgt durch den Oberflächenabfluss auf dem Torfkörper, die laterale Perkolation im Akrotelm, die vertikale Versickerung aus dem Katotelm sowie die Evapotranspiration. Da Torfe strukturell oft heterogen sind, können sich Rekurrenzflächen[1] und in ihren einzelnen Schichten veränderte Abbauprozesse selbst Jahrtausende hindurch auf die physikalischen Verhältnisse in den Torfen auswirken. Die Abflussmengen fluktuieren mit dem Zustrom aus dem Einzugsgebiet sowie den Niederschlägen im Moor selbst und hängen zudem vom Speichervermögen des Torfkörpers ab.

Bei Hochmooren resultiert die mittlere **Abflussmenge** aus der Differenz zwischen Niederschlägen und Evapotranspiration. Steigt die Evapotranspiration an, so wird das Porensystem des Akrotelm mehr oder minder stark entleert. Bei Niederschlägen füllt sich das Porensystem. Gleichzeitig erfolgt ein zentrifugaler Abfluss über Rinnen- und Schlenkensysteme der Mooroberfläche sowie – schwach verzögert – als Interflow im Porenraum des Akrotelm. In hydrologisch ungestörten Hochmooren erhöht sich bei ansteigenden Wasserständen das Ausmaß der horizontalen Wasserleitung bereits deswegen, weil im oberen Abschnitt des Akrotelm aufgrund der großen Porensysteme zwischen den wachsenden Torfmoosen der Raumwiderstand merklich abfällt, während im unteren Akrotelm sowie im Katotelm aufgrund der ansteigenden Lagerungsdichte die Leitfähigkeit zurückgeht (Ivanov 1981, Ingram 1983). Infolge anisotroper Ablagerung der vertorfenden Pflanzenreste übersteigt die horizontale Wasserleitfähigkeit die vertikale bereits innerhalb des Akrotelm um das 10fache, beim Übertritt vom Akrotelm auf das Katotelm sogar um das 80fache und liegt bei unberührten Hochmooren bei etwa 50 mm a^{-1} (Schouwenaars 1994, Van der Schaaf 1998). Der Übertritt von Sickerwasser aus dem Katotelm in das Grundwasser ist im Vergleich zu den anderen Fließraten gering, weil der Zersetzungsgrad des Torfes im Katotelm und der Druck der aufliegenden Torfschichten additiv zu einer Einengung des Porenraumes führen. Zusätzlich wird der Wasserübertritt dort erschwert, wo unter dem Torfkörper eine Klei- oder Gyttjaschicht liegt. Bei weitgehend entleertem Akrotelm ist die Speicherfähigkeit erhöht, und die Abflussspitzen werden demzufolge gekappt. Abgetrocknete Mooroberflächen oder entwässerte Moore zeigen verringerte Abflusshöhen und witterungsbedingt erheblich stärkere Pegelschwankungen (vergl. Abb. 5: 2a, 2b, S. 18).

Die hydrologischen Gegebenheiten wurden hier stark vereinfacht vorgestellt. Torfe sind heterogen, und die gängigen Berechnungen nach der DARCY-Gleichung sind statisch. Da in situ die Druckunterschiede kleinräumig und zeitlich wechseln, weichen die realen Sickerraten von den berechneten ab, zumal infolge Sackung an zeitweilig entwässerten Standorten nicht automatisch laminares Fließen unterstellt werden kann. Außerdem ist die Messung geringer Fließgeschwindigkeiten in der gesättigten Zone mit beträchtlichen Fehlern und Streuungen behaftet (u. a. Blankenburg & Kuntze 1987, Aue 1992).

Die **Evapotranspiration** umfasst drei Prozesse: den Wasserverlust von befeuchteten Pflanzenoberflächen (Interzeption), die Wasserabgabe der Pflanzen infolge des Dampfdruckgefälles zwischen den Geweben und der umgebenden Außenluft (Transpiration) und die Evaporation von Boden- oder Wasseroberflächen.

Die **Transpiration** hängt ab von der für die Vegetation verfügbaren Wassermenge und der transpirierenden Oberfläche. In grober Näherung folgen daraus standörtliche, jahreszeitliche sowie von der Vegetationsstruktur abhängige Unterschiede. Während Moose und Flechten nur eingeschränkt über morphologische und anatomische Strukturen und ihre Wuchsdichte die Wasserabgabe steuern können, regeln Kräuter, Grasartige und Gehölze mit Hilfe ihrer Spaltöffnungen die Diffusion des Wasserdampfes artspezifisch. Die stomatäre Leitfähigkeit hängt von Größe, Aufbau, Anordnung und Dichte der Spaltöffnungen je Pflanze ab. Allgemein steigt die maximale Leitfähigkeit von den kleinblättrigen Zwergsträuchern zu krautigen Pflanzen und Gräsern an. Aufgrund der hohen Anzahl an Blättern beziehungsweise Nadeln kommt

1 „Grenzhorizonte" mit einem deutlich erkennbaren Sprung der Torfzersetzung als Indiz einer zeitweilig stagnierenden Torfbildung.

Gehölzen eine besonders große Bedeutung zu für die flächenbezogene Transpiration aus Mooren (Kap. 7.1).

Die reichhaltige Literatur über die Evapotranspiration unterschiedlicher Moorstandorte und -vegetationstypen lässt sich schwer auswerten, weil unterschiedliche Messmethoden und Messzeiträume der aktuellen Evapotranspiration in situ sowie verschiedene Berechnungsverfahren der potentiellen Evapotranspiration eingesetzt wurden. INGRAM (1983) gibt eine Übersicht der älteren Literatur. Danach liegen die ermittelten Evaporationsmaxima zwischen 1,5 mm d^{-1} in oligotrophen Niedermooren Südfinnlands und um 6 mm d^{-1} in Torfmoos-Bulten der Hochmoore des Hohen Fenns in Belgien.

Umfassende Evaporations- und Transpirationsmessungen hat auch NEUHÄUSL (1975) an oligotrophen Mooren in Böhmen durchgeführt. Sie belegen ein kleinstandörtliches Muster der Verdunstung. Grob lassen sich vier Standortstypen differenzieren:

- Solche mit niedriger Transpiration und geringer Evaporation (< 2 mm d^{-1}, $E < E_0$) [2]; Beispiele sind Teppich- und Rasenhorizonte (vergl. Kap. 3.3) wachsender primärer Hochmoorflächen oder sekundärer Schwingdecken in Torfstichen.
- Schlenken und sehr nasse Flächen in Torfstichen mit oder ohne locker flutende *Sphagnum-* oder *Warnstorfia*-Rasen zeigen eine hohe Evaporation, während sich die Transpiration vernachlässigen lässt ($\rightarrow 0$ mm d^{-1}, $E = E_0$).
- Niedermoore mit weitgehend geschlossener Krautschicht, sekundäre, schwach produktive Niedermoore sowie oligotrophe Moore mit schütterer Baumschicht zeigen eine mäßige Transpiration und eine geringe Evaporation (2–4 mm d^{-1}, $E < E_0$).
- Dicht bewaldete Moorflächen und produktives Moor-Grünland an stärker entwässerten Standorten sind durch hohe Transpirationsraten und eine verringerte Evaporation charakterisiert (> 4 mm d^{-1}, $E << E_0$).

Angaben über das Verhältnis zwischen Evapotranspiration und Abfluss bei Hoch- und Niedermoor-Standorten mit unterschiedlicher Nutzung hat unter anderem EGGELSMANN (1990) in Norddeutschland miteinander verglichen. Danach zeigen hydrologisch wenig beeinträchtigte Hochmoore („*Sphagnum*"-Stadium) im Vergleich zu bewirtschafteten Flächen vor allem während des Sommers eine beträchtliche Evapotranspiration, die nur von Wäldern oder offenen Wasserflächen übertroffen wird. Bezüglich des Abflusses ergibt sich ein gegenläufiges Bild. In Niedermooren mit dominierenden Großseggenriedern liegen sowohl Verdunstung wie Wasserabfluss höher (Abb. 4). Die absoluten Messdaten aus einzelnen Mooren lassen sich freilich nur begrenzt generalisieren, da mit wachsender Humidität oder zunehmender Höhe über NN die Verdunstung im Verhältnis zu den Niederschlägen abnimmt. Folglich verschiebt sich bei gleicher Speicherung das Verhältnis von Verdunstung zu Abfluss. In sommerwarmen Gebieten kehren sich die Verhältnisse um.

2 E: Evapotranspiration am Messstandort, E_0: Evaporation einer großen Wasserfläche.

2.4 Speicherung

Jede Veränderung der Zu- und Abflussraten sowie der Evapotranspiration bei Mooren führt zu einer Steigerung oder einem Abfall der gespeicherten Vorräte. Kleinräumig ergeben sich etwa bei Hochmooren erhebliche Unterschiede bezüglich der Verteilung des Niederschlagswassers und des Oberflächenabflusses, je nachdem, ob das ausschließlich regenwasserversorgte Moorzentrum oder der über zusätzlichen Oberflächenwasserabfluss hydrologisch besser abgepufferte, obere Moorrand (nicht das Randgehänge) betrachtet wird.

Moorwasserstände (Moorwasser-Flurabstände) werden mit Hilfe von Pegelrohren ermittelt (Abb. 5: 1a, 2a). Da das Mikrorelief kleinräumig stark schwanken kann (Kap. 3.4) und zusätzlich die Mooroberfläche abhängig von jahreszeitlich unterschiedlichen Wasserständen im Zentimeterbereich oszilliert („Mooratmung"), lässt sich die mittlere Geländehöhe schwer ermitteln. Die jährliche Amplitude der Moorwasserstände bezogen auf Flurniveau kann als Kurve der Messwerte oder in Form einer so genannten Dauerlinie dargestellt werden (Abb. 5: 1b, 2b). Im Einzelnen lassen sich die Wechselbeziehungen zwischen Vegetationsverteilung und den im Ganglinienverlauf erfassten witterungsabhängigen Schwankungen der Niederschlagsverteilung nicht immer sinnvoll interpretieren. Demgegenüber ergeben sich zwischen Dauerlinienverlauf[3] und abstrakten Vegetationstypen verallgemeinerbare Gesetzmäßigkeiten.

3 Die Werte werden unabhängig vom Erfassungszeitpunkt in einer gleitenden Reihe vom höchsten zum tiefsten Messwert im Beobachtungszeitraum aufgetragen.

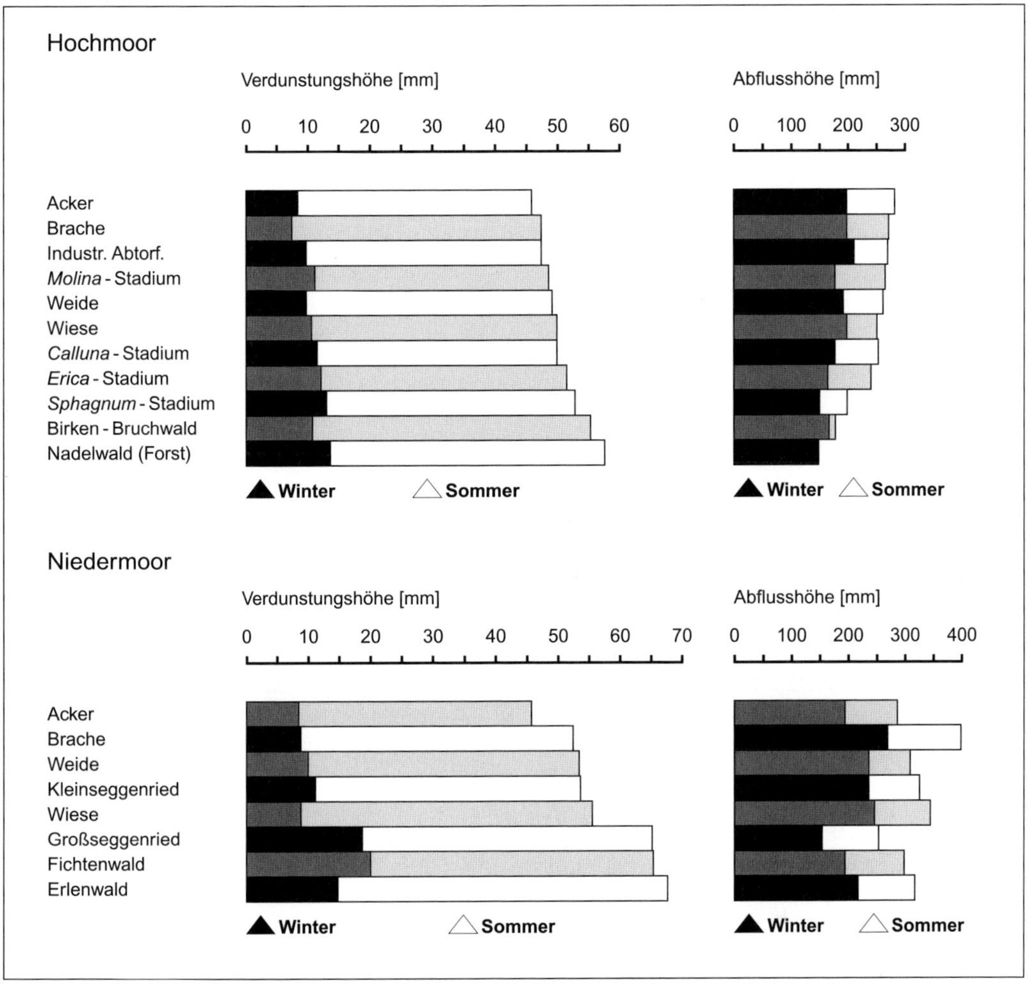

Abb. 4: Sommerliche und winterliche Verdunstungs- und Abflusswerte für ungenutzte und nicht drainierte gegenüber bewirtschafteten Hoch- und Niedermoor-Standorten in Norddeutschland (nach EGGELSMANN 1981, 1990).

Der Mensch greift in die Hydrologie von Mooren ein, indem er über die Steuerung der Zu- und Abflüsse zugleich die gespeicherten Vorräte verändert. Drainagen senken die Wasserstände und erhöhen damit die aktuelle Speicherfähigkeit, solange Torfzehrung und Sackung dem nicht entgegenwirken. Aufforstungen vergrößern die transpirierende Oberfläche der Vegetation. Bei Aufforstungen in der Umgebung der Moore kann demgegenüber infolge abgeschwächter Windgeschwindigkeiten zumindest kleinflächig auch die Verdunstung verringert werden, bei Niedermooren allerdings auch der laterale Wasserzufluss.

Wasserspiegel-Schwankungen verändern auch die pflanzenverfügbaren Wasservorräte. In torfmoosreichen Mooren steigt mit dem Auffüllen der Vorräte in den groben Poren des Akrotelm zugleich die Geschwindigkeit der Abgabe, während in trockenen Phasen die engeren Porensysteme des unteren Akrotelm den Abfluss herabsetzen. In stark zersetzten und dicht gelagerten Niedermoortorfen füllen sich die Porenräume bei Niederschlägen rasch auf, und es kommt beispielsweise nach Starkregen zu oberflächigem Abfluss.

Die Speicherkapazität hydrologisch nicht beeinträchtigter Moore im Vergleich zu Mineralböden und entwässerten Mooren ist recht gering, da bei Niederschlägen nur ein geringes effektives Speichervolumen luftgefüllter Poren im Akrotelm zur Verfügung steht. Hydrologisch nicht beeinträch-

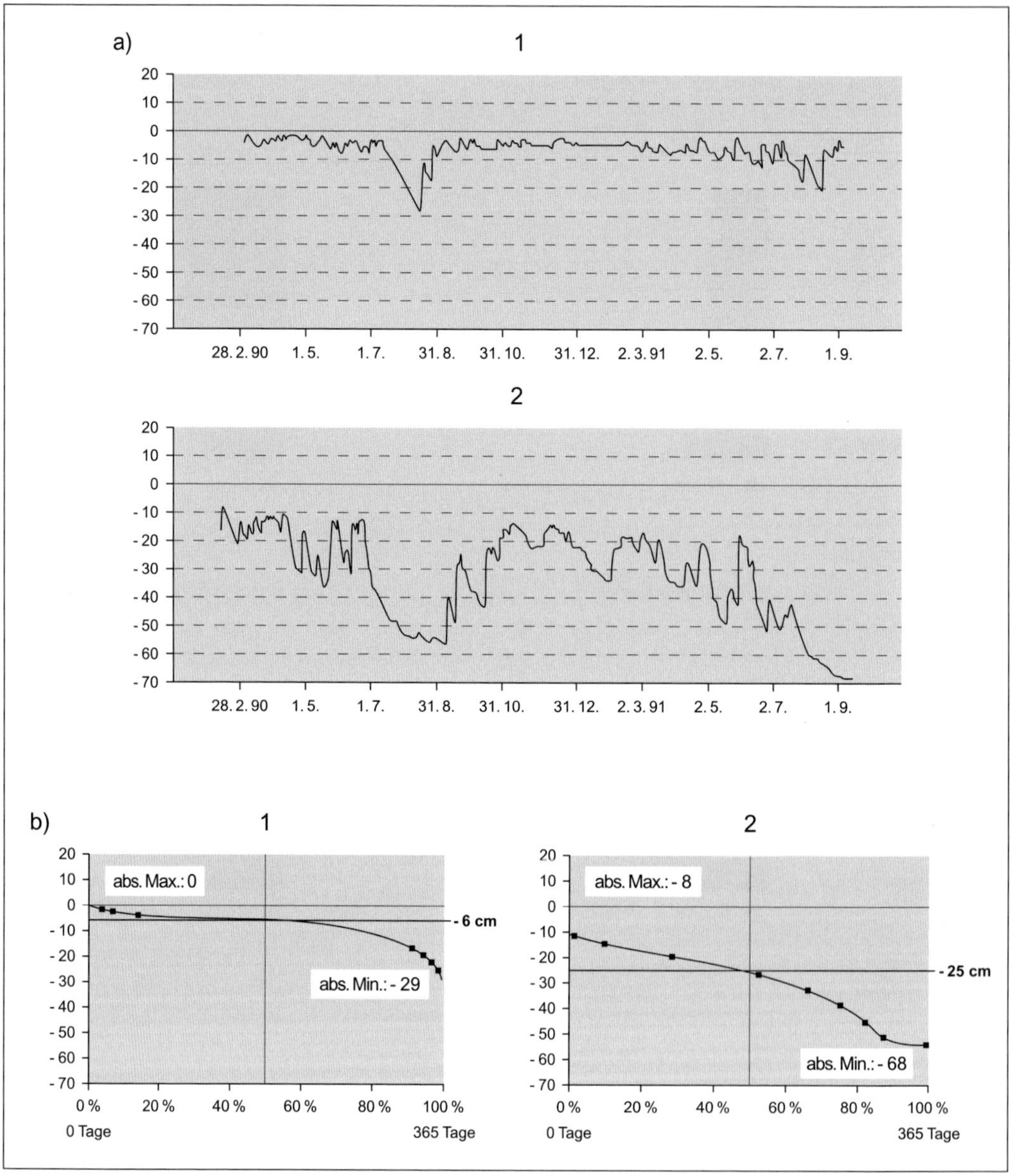

Abb. 5: a) Pegelstände des Moorwasser-Flurabstandes (Grundwasser-Ganglinien) 1) in einem Durchströmungsmoor (*Schoenetum ferruginei*) im Vergleich zu 2) einer trockenen Streuwiese (*Cirsietum rivularis trifolietosum*) sowie b) die daraus abgeleiteten Grundwasser-Dauerlinien mit Extremwerten und Median (aus Grüttner & Warnke-Grüttner 1996).

tigte Hochmoore haben nur etwa 1/3 der Speicherkapazität mineralischer Ackerstandorte (Eggelsmann 1981). Sie tragen somit nicht nennenswert zur Ausbalancierung des Gebietswasserhaushaltes bei.

Unabhängig von den Moorwasserständen erhöht sich unter Grünlandbewirtschaftung die Evapotranspiration mit der transpirierenden Oberfläche. Im Havelländischen Luch beispielsweise schwankt in trockenen Vegetationsperioden mit hohen Niederschlagsdefiziten bei Grundwasserständen um 30 cm unter Flur die ertragsabhängige Evapotranspiration zwischen 550 und 900 mm, bei Flurabständen von 100 cm zwischen etwa 350 und

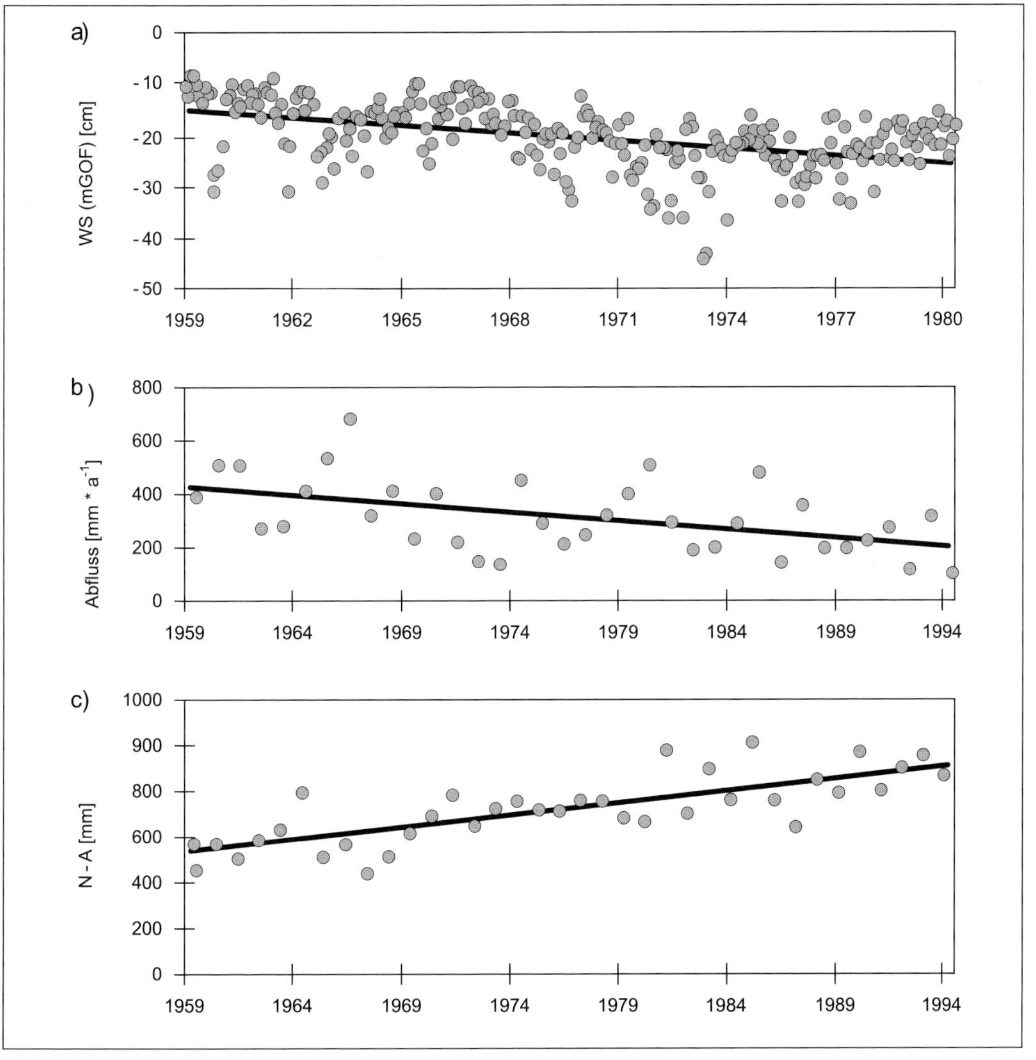

Abb. 6: Wechselbeziehungen zwischen dem zeitlichen Verlauf der Moorwasserstände (a), den Abflusssummen der Sommerhalbjahre (b) und der aus den gewässerkundlichen Daten ermittelten Evapotranspiration (c) in den Rottacher Filzen von 1957-1992 (nach FRANKL 1996). Die Trends korrelieren mit einer Expansion von *Pinus sylvestris* auf den Flächen.

750 mm. In feuchten Jahren sind die Kurvenverläufe deutlicher gedämpft (siehe Abbildung 141 S. 184).

Die Grundwasserneubildung ist bei geringer Evapotranspiration größer als bei hoher und folglich auch bei geringen Flurabständen niedriger als bei hohen. Wiedervernässte Moorstandorte in sommertrockenen Gebieten sind daher insofern Wassersenken, als sie Überschusswasser verbrauchen, anstatt zur Grundwasserneubildung beizutragen. Einschürig genutzte Rohrglanzgras-Bestände an Niedermoor-Standorten mit flurnahem mittlerem Grundwasser-Ganglinienverlauf können immerhin bis zu 1500 mm jährlich verdunsten (BEHRENDT & HÖLZEL 1995). In Gebieten mit ozeanischem Klima mag dies unerheblich sein, unter subkontinentalen Bedingungen dagegen nicht.

2.5 Wasserbilanz und hydrologische Modelle

Die hydrologischen Verhältnisse in Mooren sind unter anderem von INGRAM (1983) zusammenge-

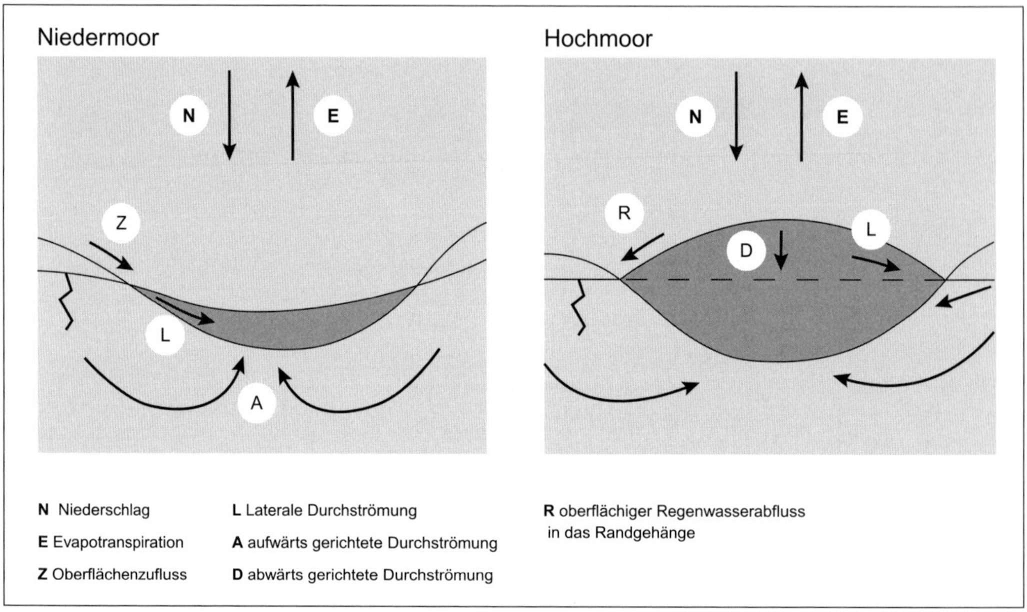

Abb. 7: Zufluss- und Abflussgrößen des Moorwassers bei (a) Nieder- und (b) Hochmooren (nach STREEFKERK & CASPARIE, 1989).

fasst worden. Allgemein gilt die folgende Wasserbilanzgleichung:

$$N - A + Z - ET - dW - y = 0 \qquad (1)$$

Dabei steht N für die Niederschläge, A für den Abfluss, Z für den Zufluss, ET für die Evapotranspiration, dW für die Speicherveränderung und y schließlich ist ein Fehlerterm (Summe aller Fehler). Für Hochmoore lässt sich aus der Differenz zwischen Niederschlägen und Abfluss die Evapotranspiration nach einer vereinfachten Wasserhaushaltsgleichung ermitteln (FRANKL 1996):

$$N - A - ET - y = 0 \text{ bzw. } N - A = ET + y \qquad (2)$$

Fällt der Abflussanteil im Verlauf längerer Zeitreihen bei etwa gleichbleibenden Niederschlagssummen ab, so muss demzufolge die Evapotranspiration angestiegen sein. FRANKL (1996) konnte dies durch den Vergleich hydrologischer Daten für ein Moorsystem in Bayern belegen. Für den Zeitraum von 1959–1994 ermittelte er einen durchschnittlichen Anstieg der Evapotranspiration um etwa 10 mm a^{-1} (Abb. 6).

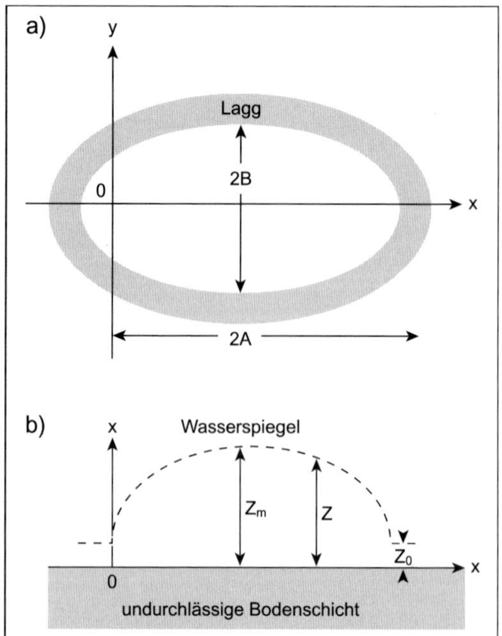

$$Z^2 - Z_0^2 = y^2 \frac{A^2 B^2}{A^2 + B^2} \left[\frac{2x}{A} - \frac{x^2}{A^2} - \frac{y^2}{B^2} \right]$$

$$Z_m^2 - Z_0^2 = y^2 \frac{A^2 B^2}{A^2 + B^2}$$

Abb. 8: Idealisiertes, elliptisches Moorwasserkissen eines Hochmoores in Aufsicht (a) und als Querschnitt (b) (nach BRAGG & STEINER 1995).

Die Wasserbilanzen von Niedermooren mit konkavem und Hochmooren mit konvexem Relief unterscheiden sich prinzipiell in der Weise, dass Niedermoore sowohl einen lateralen wie einen aufsteigenden Zustrom von Mineralbodenwasser erfahren, während Hochmoore lediglich einen Regenwasserabfluss zeigen (Abb. 7). Die Wechselbeziehungen zwischen der Oberflächenform von Hochmooren, ihrer räumlichen Ausdehung und dem regionalen Klima wurden zuerst von GRANLUND (1932) analysiert. GRAMLUNDS Vorstellungen wurden vor allem durch die Arbeiten von IVANOV (1981) und INGRAM (1983) weiterentwickelt. Danach folgen die Wasserstände in Hochmooren einem oberflächenparallelem, konvexen „Hügel", der für jeden Geländepunkt durch ein dynamisches Gleichgewicht zwischen Zufluss, Niederschlägen, Wasserstand und lateralem Abfluss charakterisiert ist. Ein Torfwachstum ist nur dort und nur so lange möglich, wie die Mooroberfläche sich allenfalls kurzfristig wenige Dezimeter über diesen „Moorwasser-Hügel" aufwölbt. Wasserzufuhr, Torf-Durchlässigkeit, Neigung und Ausdehnung des Torfkörpers sowie der Wasserspiegel am Oberrand des Lagg bestimmen dabei Position und Dimension des im Idealfall halbelliptischen Moorwasserkissens. Die für seine Modellierung erforderlichen Parameter sind Abb. 8 zu entnehmen. Bei hydrologisch unbeeinträchtigten Mooren folgt die Mooroberfläche im Jahresverlauf den durch Niederschläge und Evapotranspiration ausgelösten Veränderungen der Ellipsenform. Auf entwässerten Mooren sind solche Fluktuationen abgeschwächt oder fallen aus.

Angaben zur Wasserbilanz eines Moores sind zunächst statisch. Erst Zeitreihenanalysen erlauben die Rekonstruktion von Entwicklungen. Durch Messungen und plausible Annahmen abgestützte Modellierungen machen Prognosen der künftigen Moorwasserdynamik möglich und bilden so eine Voraussetzung für die Entwicklung realistischer Entwicklungskonzepte zur Moorrestitution (vergl. Kap. 11.4 und 12).

3 Paläoökologie von Torflagerstätten

Wesentliche Kenntnisse über Prozesse der Moorbildung und Vegetationsentwicklung verdanken wir stratigraphischen Untersuchungen in Mooren. Im Rahmen dieser Darstellung wäre es vermessen, die Moorentwicklung in Mitteleuropa annähernd erschöpfend behandeln zu wollen. Verwiesen sei auf die umfassende Übersicht zur quartären Vegetationsgeschichte Europas (LANG 1994) sowie bezüglich methodologischer Fragen auf das Handbuch von BERGLUND (1986). Im folgenden sollen vorrangig zwei Aspekte behandelt werden: die Entwicklung der Moorsysteme sowie die Ausgestaltung ihrer Oberflächenstrukturen.

3.1 Methoden paläoökologischer Forschung und Aussagen zur Landschaftsgeschichte

Die primäre Quelle für die Rekonstruktion der Zusammensetzung und Entwicklung früherer Vegetationskomplexe sind mehr oder weniger kontinuierlich gewachsene und zugleich möglichst ungestörte Ablagerungen in Seen und Mooren. Die Datierung der Horizonte, die Analyse der qualitativen und quantitativen Zusammensetzung der angetroffenen Pflanzenreste sowie die physikalisch-chemische Analyse der Ablagerungen bilden die Grundlage für eine Interpretation der langfristigen Abläufe sowie der dafür verantwortlichen klimatischen, edaphischen und chorologischen Voraussetzungen und siedlungsgeschichtlichen Einflüsse. Absolute Altersdatierungen sind vor allem möglich mit Hilfe radiometrischer, paläomagnetischer und tephrochronologischer Verfahren (u. a. OLSSON 1986, THOMSON 1986, EINARSSON 1986), relative durch den Vergleich feinstratigraphisch (warwenchronologisch) geschichteter Seesedimente, durch dendrochronologische Verfahren und durch den Vergleich von Pollendiagrammen.

Aussagen zur nacheiszeitlichen regionalen Landschaftsgeschichte lassen sich vor allem durch die Interpretation von Pollenprofilen gewinnen, überregional durch deren zeitliche Konnektierung. Die gewonnenen Befunde lassen sich zur Charakterisierung paläoklimatischer Schwankungen einsetzen. In Abb. 9 ist ein vereinfachtes Pollenprofil aus Seesedimenten des Solsø in der saalezeitlichen Moränenlandschaft NW-Jütlands dargestellt (ODGAARD 1994). Die Pollenkonzentration dokumentiert dabei das Ausmaß der Pollensedimentation sowie der Torfablagerungsrate in den erfassten Profilabschnitten.

- In der Jüngeren Dryas (DR_3) ist die Pollenproduktion der Vegetation gering. Der *Betula*-Pollen dürfte sich primär auf *Betula nana* beziehen; hohe Anteile von *Juniperus* und *Empetrum* lassen bei praktisch fehlendem Baumpollen auf eine offene Tundren-Landschaft schließen.
- Während des Präboreal (PB) haben die Sommertemperaturen etwa jenen der Periode zwischen 1900 und 1950 entsprochen. *Betula, Populus, Salix* sowie *Urtica* expandieren zu Lasten von *Juniperus* und *Empetrum.* Infolge der Klimaerwärmung wird die weitgehend baumfreie Tundra von einer offenen Parktundra abgelöst.
- Im Boreal (B) steigen die Temperaturen weiter. Die Winter waren weniger kalt und wahrscheinlich etwas trockener als gegenwärtig. Die Bewaldung verstärkt sich; der Pollenanteil der krautigen Pflanzen fällt deutlich ab. *Pinus* erreicht im frühen Boreal sein Maximum, *Corylus avellana*, zeitlich verzögert *Ulmus,* erreichen die Region. Die Hasel expandiert rasch, da sie sich frühzeitig generativ vermehrt.
- Das Atlantikum (AT) ist die wärmste und zugleich humideste Phase des Holozän. Die kurzlebigen Birken und Espen gehen rasch, *Pinus* und *Corylus* langsamer zurück, während *Quercus*, *Alnus* und *Tilia*, später auch *Fraxinus*, die Baumschicht der regionalen Wälder prägen. Holzkohle-Funde und die Konstanz von *Calluna* sprechen für episodische Waldbrände. Im späten Atlantikum fällt der Pollenanteil von *Ulmus* und *Tilia* ab, während neben *Pteridium* (Weidennutzung) auch *Plantago lanceolata* als Kulturfolger verstärkt im Pollenprofil auftritt. Neben der recht hohen Präsenz der Zwergsträucher und weiteren Holzkohlefunden ist dies ein Indiz für die beginnende „Öffnung“ der Landschaft als Folge mesolithischer Brandrodung.
- Im Subboreal (SB) schwankt das Klima stärker. Es wird kühler und geringfügig trockener. In diese Periode fällt die Einwanderung von *Fagus*, *Carpinus* und *Myrica* sowie das Auftreten von Weizen und Gerste mit beginnendem

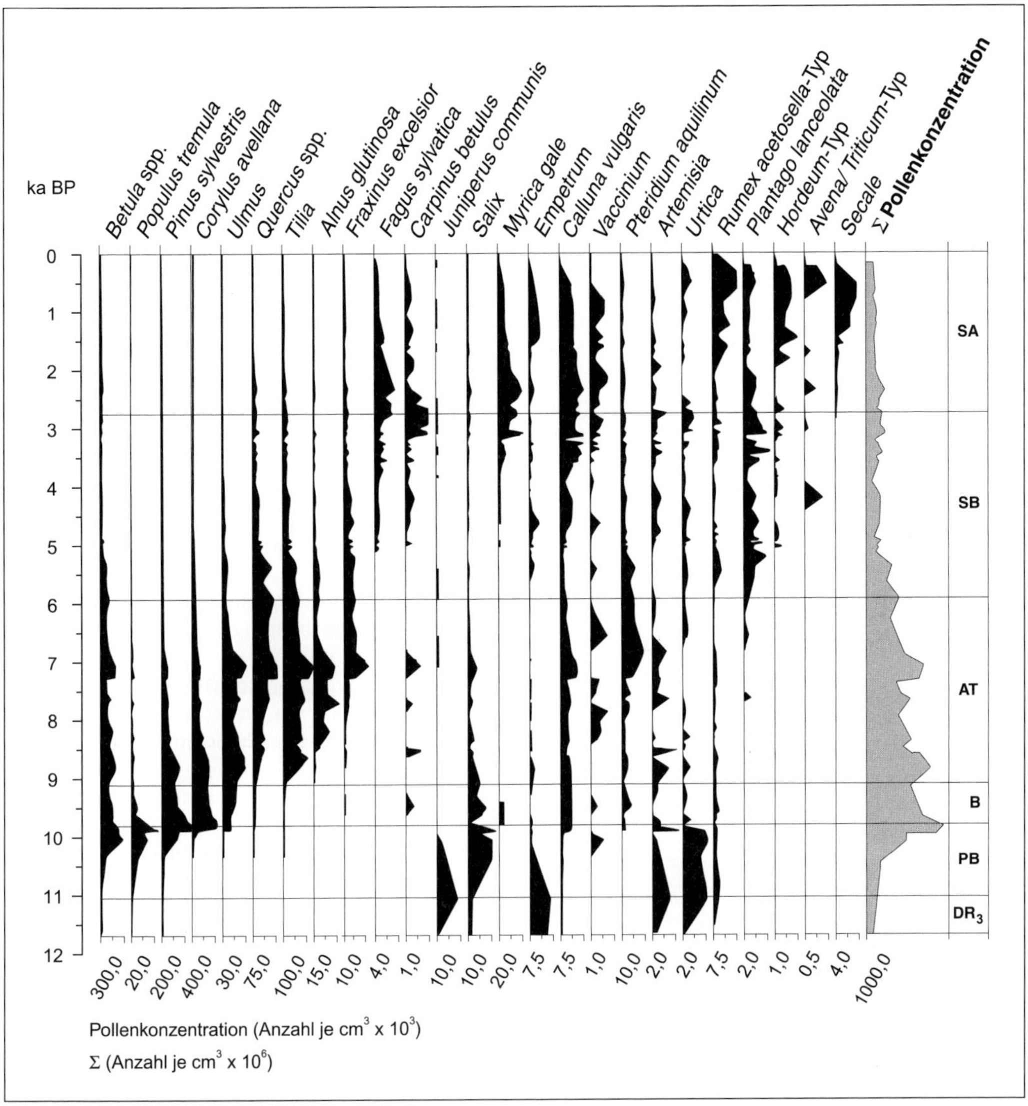

Abb. 9: Pollendiagramm aus den Seesedimenten des Solsø in NW-Jütland (nach Odgaard 1994, stark vereinfacht). Ordinate: Pollenkonzentration wesentlicher Sippen; Gesamtkonzentration grau unterlegt; unterschiedliche Skalen beachten! Abszisse: Skalierung in jeweils 1000 Jahren vor heute (ka BP) und postglaziale Pollenzonen-Zeitabschnitte.

Ackerbau. Der Rückgang von *Betula*, *Quercus* und *Alnus* bei gleichzeitigem Anstieg von *Calluna* gegen Ende des Subboreal lässt sich als Ablösung ausgedehnter Wälder durch Heiden oder doch als Symptom starker Auflichtung interpretieren.

- Im Subatlantikum (SA) verstärkt sich die Abkühlung. Die Temperaturen liegen im Mittel um 2 °C niedriger als 500 Jahre zuvor. *Secale, Triticum* und *Hordeum* erreichen ebenso wie die Ericaceen Maximalwerte, während der Baumpollen-Anteil zurückgeht. In den vergangenen 80 Jahren sinkt auch der Anteil der Ericaceen und teilweise des Getreidepollen. Grünland und Koniferen-Plantagen haben die Heiden und teilweise die Äcker in der modernen Kulturlandschaft Jütlands abgelöst.

Zur Interpretation der landschaftsgeschichtlichen Entwicklung ist ergänzend die Betrachtung eines Übersichtsdiagramms der zeitlichen Verteilung von Baum- und Strauchpollen sowie jenen der terrestrischen Kräuter und der Zwergsträucher hilfreich. Vor 10 000–5000 Jahren lag der Baumpollen-Anteil zwischen 90 und 80 %. Der Abb. 10 liegen Daten vom Skånsø aus der gleichen Region zugrunde, aus der auch das Pollendiagramm (Abb. 9) stammt. Wälder waren demzufolge zwischen dem Ende des Präboreal und dem frühen Subboreal beherrschend. Zugleich stieg vor etwa 5000, 3200 und 1400 Jahren der Zwergstrauch-Anteil zu Lasten des Baumpollen-Anteils, jeweils begleitet von Holzkohlefunden. Letztere sind Indiz neolithischer, bronzezeitlicher und völkerwanderungszeitlicher Brandrodungen, die einer Heideentwicklung Vorschub leisteten. Die Anreicherung von Holzkohlefunden ist dabei streng mit dem Auftreten von *Calluna* korreliert. Die neuzeitliche weitere Landschaftsöffnung zugunsten der Acker- und Grünlandflächen vollzog sich gleichermaßen zu Lasten der Wälder und Heiden. Mit jeder durch Brand induzierten Störung steigt die Vielfalt der angetroffenen, durch Pollen belegten Taxa und daraus abgeleitet der „floristische Reichtum" der Region an.

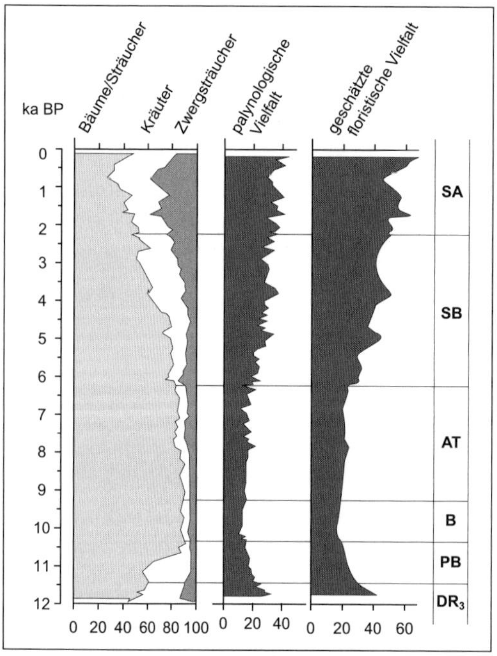

Abb. 10: Die Verteilung des Gehölzpollen im Vergleich zu jenem der Zwergsträucher und Kräuter in holozänen Sedimenten des Skånsø, NW-Jütland, in Beziehung gesetzt zur „palynologischen" und daraus abgeleiteten „floristischen" Vielfalt (nach Odgaard 1994, etwas verändert).

Überregionale Aussagen zur waldgeschichtlichen Entwicklung Mitteleuropas hat Lang (1994) in vereinfachten Gehölzpollen-Histogrammen zusammengestellt. Abb. 11 veranschaulicht die sukzessive Einwanderung waldprägender Gehölze entlang eines Transektes vom Massif Central über die mitteleuropäische Buchenwaldregion von der Montanstufe des Schwarzwaldes und dem norddeutschen Tiefland bis in die hemiboreale Laubmischwald-Zone Südschwedens. Bereits bei dieser auf wenige Taxa bezogenen Charakteristik lässt sich nicht allein die regional unterschiedliche Entwicklung des Waldbildes erkennen, sondern – über die Darstellung des Anteils des Baumpollen gegenüber dem Nichtbaumpollen – auch die zu unterschiedlichem Zeitpunkt und in verschiedenem Ausmaß erfolgte Öffnung der Landschaft.

3.2 Moorentwicklung

Aussagen zur Paläolimnologie und Moorgeschichte lassen sich stratigraphisch mit Hilfe von eingebetteten Großresten von Gefäßpflanzen, Bryophyten und Characeen treffen. Der Wechsel in der Zusammensetzung von Großresten korreliert häufig mit Veränderungen des Sedimenttyps (u. a. Algen-Gyttja, Seekreide, minero- und ombrogene Torfe). Die Interpretation beruht auf der Kenntnis der aktuellen ökologischen Ansprüche der betroffenen Arten. So erweisen sich die in subfossilem Zustand gut bestimmbaren Sphagnen als geeignete Indikatoren der kleinräumigen Nährstoffdynamik und Hydrologie von Moorstandorten (u. a. Barber et al. 1994, Kap. 7.1.1). Mit ihrer Hilfe rekonstruierte Schwankungen im Wassergehalt bei der Bildung der Torfhorizonte zeugen von beträchtlichen holozänen Klimafluktuationen.

Die Untersuchung der Reste von Blütenpflanzen und Moosen lässt sich abrunden durch die Ansprache von Makroresten weiterer Pflanzen- und Tiergruppen, etwa von Überdauerungsformen, Sporen und Schalen von Algen, Rhizopoden, Cladoceren und Chironomiden (Berglund 1986). Die analysierten Reste dieser Organismen lassen teilweise detaillierte Aussagen zur Trophie, zum Basen- und Salzgehalt und zur Hydrologie der Lebensräume zu.

Die Rekonstruktion der postglazialen Moorentwicklung anhand einer flächendeckenden, vergleichsweise groben Charakteristik der Torfstratigraphie sei am Beispiel des zentralen Abschnittes des Peenehaffmoores erörtert (Van Diggelen & Wierda 1994). Das Moor ist Teil eines breiten Flusstalmoores nördlich der Stadt Anklam. Sein

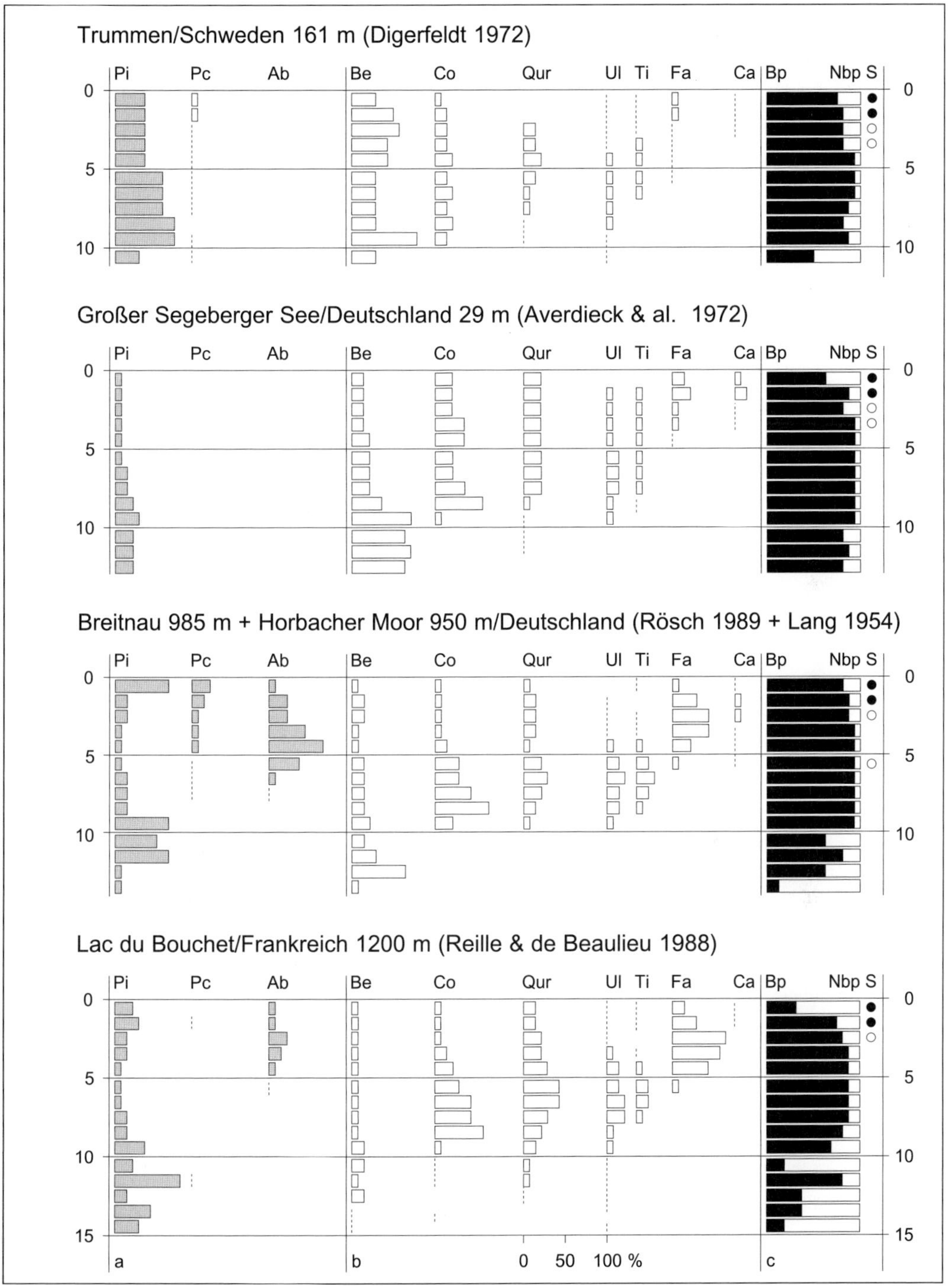

Abb. 11: Gehölzpollen-Histogramme aus Pollenprofilen von S-Schweden bis S-Frankreich (nach LANG 1994); Ordinate: ka BP, Abszisse: Anteil des Gehölzpollen in %; a Nadelhölzer, b Laubhölzer, c Bewaldungsgrad; Pi = *Pinus*, Pc = *Picea*, Ab = *Abies*, Be = *Betula*, Co = *Corylus*, Qur = *Quercus*, Ul = *Ulmus*, Ti = *Tilia*, Fa = *Fagus*, Ca = *Carpinus*, Bp = Baumpollen, Nbp = Nichtbaumpollen, S = Siedlungszeiger, schwarz: geschlossene Getreidekurve, weiß: Einzelfunde.

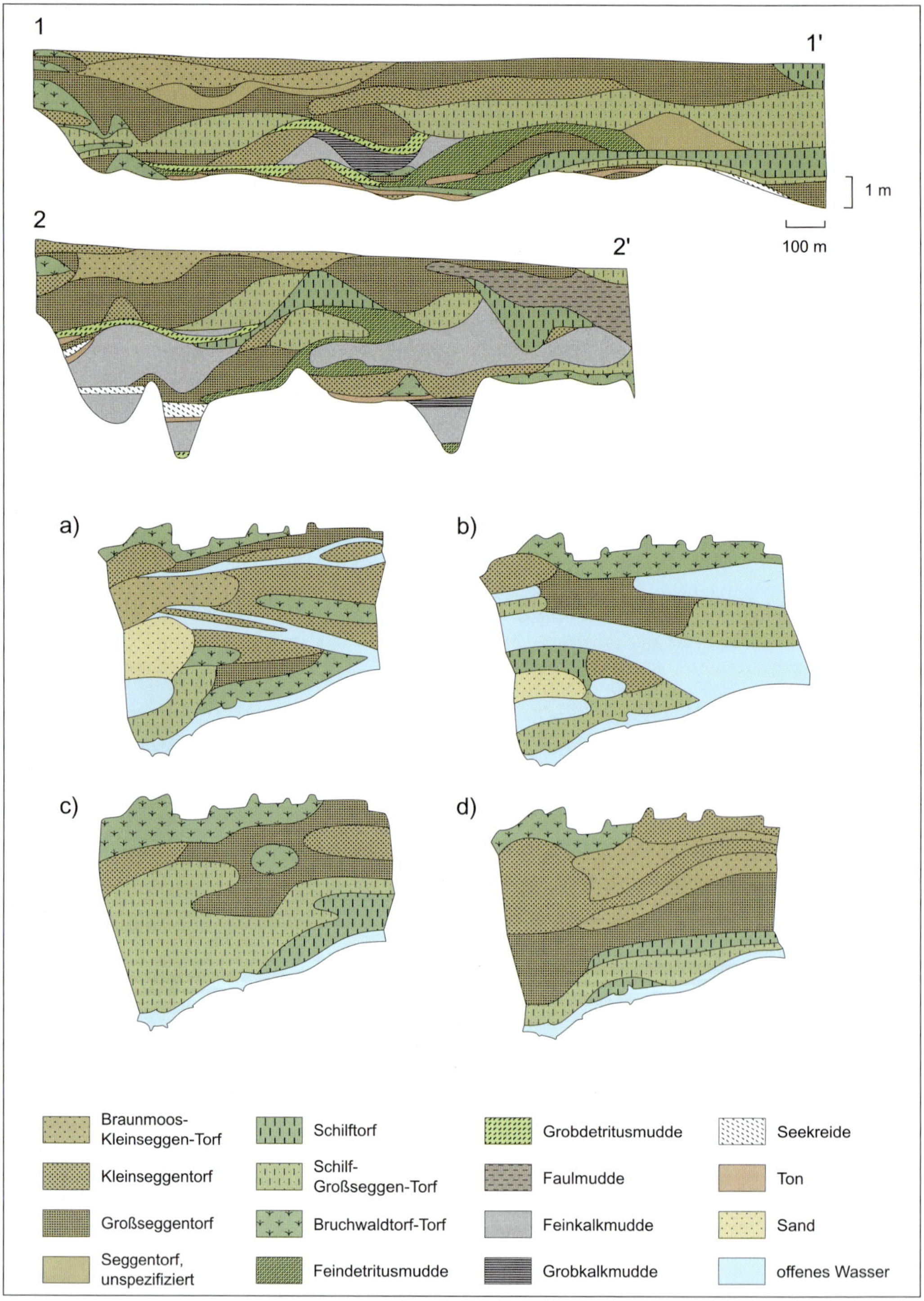

Abb. 12: Rekonstruktion der Torf bildenden Vegetation im zentralen Abschnitt des Peenehaffmoores nördlich von Anklam. Die Genese (a-d) wurde aus vier Transekten rekonstruiert, von denen hier zwei dargestellt sind (nach VAN DIGGELEN & WIERDA, 1994).

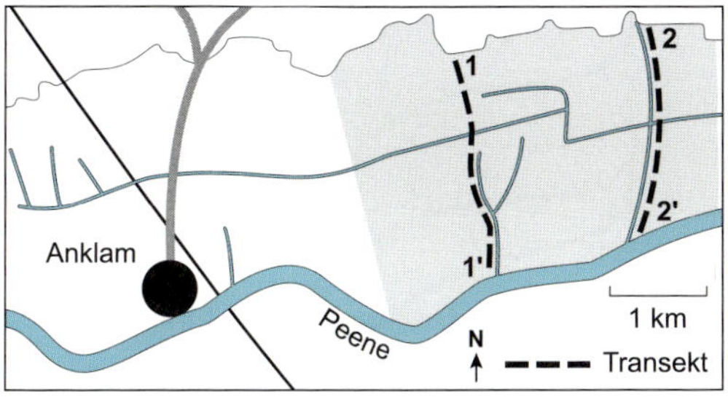

Wasserhaushalt unterliegt einer Wechselbeziehung zwischen dem Grundwasserzustrom aus dem Einzugsgebiet mit einer Fläche um 100 km² und dem Überflutungswasser der Peene, deren Pegelstände in der Region ihrerseits von den Wasserständen der Ostsee abhängen. Die Rekonstruktion der Torf bildenden Vegetation in verschiedenen Perioden erfolgte anhand von Profilschnitten entlang von Transekten. In Abb. 12 werden 4 Phasen unterschieden:

- Die Entwicklung des Moores (a) beginnt im Spätglazial vor etwa 13 000 Jahren. In Schmelzwasserrinnen sedimentieren Kalkmudden und Seekreiden im Wechsel zu Tonlagen. Die sich bildenden Torfe wachsen mit dem Grundwasseranstieg und werden während der Transgressionsphasen des Meeres überflutet. Im höher gelegenen Kontaktbereich können sich auf dem mineralischen Untergrund braunmoosreiche Kalk-Niedermoore etablieren, am Talrand auch vereinzelte Bruchwälder.
- Während des Atlantikum vor 8000–6000 Jahren (b) vollzog sich der Grundwasseranstieg rascher als das Torfwachstum. Die von basenreichen Kleinseggengesellschaften beherrschten Flächen gingen zurück und der Anteil offener Wasserflächen stieg an. Die in der Peripherie entwickelten Großseggen- und Schilftorfe und die Expansion quelliger Erlen-Bruchwälder am Talrand belegen ein nährstoffreiches Milieu.
- Im Subboreal vor 4000 Jahren (c) schwächte sich der Meeresspiegelanstieg ab. In der Folgezeit verlandeten die Flutmulden größtenteils zu Schilf- und Großseggenriedern, wobei mit seltener werdenden Überflutungsphasen der Flächenanteil des Schilfs zurückgeht. Ausdruck der einsetzenden Oligotrophierung durch wachsenden Zustrom basenreichen Grundwassers aus dem Einzugsbereich ist die neuerliche Ausdehnung braunmoosreicher Kleinseggen-Bestände: es entwickelt sich ein Durchströmungsmoor.
- Dieser Prozess verstärkte sich im ersten Jahrtausend des Subatlantikum. Das Durchströmungsmoor wurde bei verstärktem Grundwasserzustrom und starkem Torfwachstum zum beherrschenden Element des Moorkomplexes, während Bruchwälder, Schilf- und Großseggenrieder stark zurücktraten.

Die jüngsten Entwicklungsphasen sind nutzungsgeschichtlich geprägt (vergl. Kap. 11.1). Die Moorentwicklung ist bei diesem Beispiel neben Klimaereignissen stark durch den isostatischen Meeresspiegelanstieg an der südlichen Ostsee bestimmt, der die hydrologischen Verhältnisse im unteren Peenetal entscheidend geprägt hat.

3.3 Ausformung von Oberflächenstrukturen

Moorkomplexe zeigen häufig ein kleinräumig heterogenes Mikrorelief. Kenntnisse über die Entstehung und Entwicklung von Oberflächenstrukturen in Mooren sind wichtig für das Verständnis der Moorgenese. Die Strukturen unterscheiden sich regional beträchtlich und sind in naturbelassenen Mooren insofern klimaabhängig, als die Wuchsleistung der Vegetation und die Zersetzung der Torfe in den verschiedenen Moorkomplexen vom lokalen und regionalen Wasserhaushalt abhängen. Die artspezifische Wasserhaltefähigkeit der Sphagnen in den beteiligten **Mikroformen** bestimmt, wie lange die Pflanzen in Trockenphasen ihr Wachstum aufrecht erhalten können, ihr wasserstufenabhängiges Konkurrenzgefüge, ob und wie kleinräumige Unterschiede in Zersetzung und Torfbildung auftreten. Die Verteilungsmuster der Arten initiieren auf diese Weise Mikroreliefunterschiede und beeinflussen dadurch das kleinräumig wechselnde Ausmaß der Torfbildung. Einmal ausgelöst, laufen Mikrorelief-formende Prozesse positiv rückgekoppelt weiter. Im Laufe der Zeit akzentuieren sie abhängig vom Gebietswasserhaushalt Unterschiede im Mikrorelief oder schwächen sie ab.

Als klar unterscheidbare Wasserstufen lassen sich von den nassesten zu den trockensten Flächen die folgenden Kleinstrukturen und -lebensräume trennen: **Torfschlamm-Schlenken** mit mittleren Wasserständen zwischen 0 und 20 cm über Flur, die zumindest kurzzeitig auch trocken fallen können. Sie sind im trockenen Zustand starken Temperaturgegensätzen ausgesetzt, besiedlungsfeindlich und zeigen allenfalls einen schütteren Bewuchs von Gefäßpflanzen oder Torfmoosen. Bei kontinuierlicher Wasserbedeckung entwickeln sich Schlenken mit Lebermoos-Decken, in besonders nassen Bereichen auch mit flutenden Amblystegiaceen oder Bleichmoosen wie *Sphagnum cuspidatum*. Auf etwas trockeneren Flächen schließt sich ein **Teppichhorizont** an. Er ist durch mehr oder weniger ebene, üppige Kryptogamenrasen und eine eher schüttere Deckung der Phanerogamen gekennzeichnet. Die mittleren Wasserstände liegen etwa 10 cm unter Flur. Höhenwärts folgt ein stärker Phanerogamen-geprägter **Rasenhorizont** mit mittleren Wasserständen um 20 cm unter Flur. Die saisonalen Wasserstände schwanken hier stärker. Da der Rasenhorizont fast kontinuierlich im Bereich des Moorwasser-Kapillarsaumes liegt, haben die Sphagnen bei einem hohen Deckungsanteil eine hohe Torf bildende Potenz. Bei mittleren Wasserständen um und unter 40 cm unter Flur schließlich herrschen **Bulten**, die zu langgestreckten, parallel zum Gefälle verlaufenden **Strängen** zusammenfließen können. Sie werden von Zwergsträuchern und mäßig austrocknungstoleranten Kryptogamen besiedelt (Abb. 13).

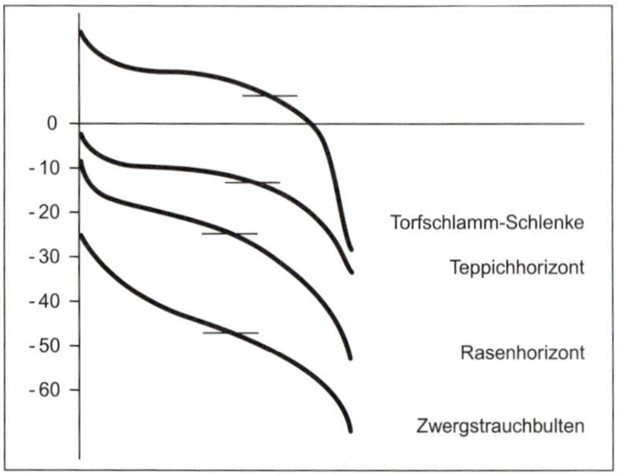

Abb. 13: Hydrologische Charakteristik von Moor-Mikroformen durch so genannte Grundwasser-Dauerlinien: die im Verlauf eines hydrologischen Jahres auftretenden Wasserstände werden in gleitender Reihe vom höchsten zum tiefsten Wasserstand aufgetragen (nach DIERSSEN & REICHELT 1988, etwas verändert).

Abb. 14: Schlenken (*Caricetum limosae*), Teppich- und niedrige Bultkomplexe (*Eriophoro-Trichophoretum*), Scheibenlechtenmoos, S-Schwarzwald (8/1996).

Abb. 15: Rasenhorizont (*Sphagno-Rhynchosporetum*, *Sphagnetum magellanici*) mit Moorkolk, Rötelmoos bei Ruhpolding, Bayern (8/1996).

Abb. 16: Schlenken (*Sphagno-Rhynchosporetum*) und flache Bulten (*Sphagnetum magellanici*); Stillstandskomplex im schwach entwässerten Medszokel-Moor, Nemunas-(Memel-)Delta, Litauen (8/1999).

Abb. 17: Rüllensystem im Randbereich des Roten Bruches, Harz (10/1995).

Abb. 18: Wo Bachsysteme unter dem Torfkörper erodieren, können sich Einsturztrichter bilden, die sich infolge des lokal stärker abgetrockneten Torfes durch Gehölzgruppen auszeichnen; Gazon du Faing, Vogesen (8/1996).

Die Oberflächenstrukturen in den Mooren variieren abhängig vom Gebietswasserhaushalt. Bei leichter Hangneigung alternieren Schlenken und Bulten in gleichförmigen Mustern. Bei stärkerer Neigung wird der Moorkörper durch zusätzliche Wasserzüge zergliedert, wobei sich ein unregelmäßiges Muster formen kann. Die Musterbildung von **Bulten** und **Schlenken** einschließlich der vorgestellten Zwischenstufen folgt also einem Gradienten unterschiedlicher mittlerer und verschieden stark fluktuierender Wasserstände. Bereits bei schwach geneigtem Gelände baut sich vor allem in borealen und ozeanischen Mooren ein System hangparallel angeordneter, aufgewölbter **Stränge** und dazu alternierender, weniger dicht von Pflanzen besiedelter **Flarke** auf. Ein solches Mosaik ist mit dem Oberflächenabfluss korreliert. Die Flarke vertiefen und verbreitern sich infolge biogener Sauerstoffübersättigung. Sie können bei Erosion zusammenfließen oder auslaufen und abtrocknen (u. a FOSTER et al. 1988).

Die Entwicklung großflächiger **Schlenkenzüge** ist nach stratigraphischen Befunden mit ansteigenden Wasserständen verknüpft (SVENSSON 1988). Sie vollzieht sich zunächst unregelmäßig und bei Hochmooren vorwiegend im langsamer wachsenden Zentrum der Moorkörper. Wird auf größeren Flächen das Torfschlamm-Schlenken-Stadium erreicht, so akkumuliert kaum noch Torf. Vielmehr überwiegen Zersetzungs- und teilweise Erosionsprozesse. Hohe Gehalte an gelöstem Sauerstoff in den während des Sommers warmen Schlenken fördern die Mineralisation des Torfes. Dabei können sich **Kolke** und **Moorseen** bilden. Werden diese tiefer als 20 cm, so kann die von den Algen aufgebaute Biomasse zeitweilig größer werden als mikrobiell abgebaut werden kann. Auf diese Weise akkumuliert Dy, der sich in tiefen Kolken ablagert. Die Menge der durch Algen gebildeten Sedimente bleibt indessen deutlich geringer als die Torfakkumulation auf den angrenzenden Flächen. Da bei starkem Algenwachstum in den Kolksystemen die Torfe der Uferbereiche oxidativ abgebaut werden, dehnen sich im Laufe der weiteren Strukturmorphogenese die einmal gebildeten Kolke aus und werden tiefer, sofern sie nicht zusammenwachsen oder erodieren und dadurch entwässert werden. Das Verschmelzen von Flark- und Kolksystemen führt zu charakteristischen, konzentrisch angeordneten Strukturen der Mooroberfläche, wie sie sich in Luftbildern von borealen und ozeanischen Mooren so auffällig abzeichnen. Die größten und tiefsten Wassersysteme liegen dabei auf dem am wenigsten geneigten Gelände, wo die laterale Wasserbewegung gering bleibt. Hohe Wassergehalte in Torfkörpern in Verbindung mit Moorseen und „Mooraugen" können einen Torfkörper destabilisieren. Beispiele sind Erosionsrinnen und „Moorausbrüche" (Abb. 37), welche die Entwässerungssysteme der Moore nachhaltig prägen.

Die Oberflächenstrukturen in Mooren lassen sich in unterschiedlichem Maßstab analysieren. Wir unterscheiden **Nanoformen**, etwa die Kuppe eines Bultes (zönologische Betrachtungsebene: Klon oder Synusie), **Mikroformen**, etwa ganze Bulten oder Schlenken (Abgrenzung etwa 1 m^2, zönologische Betrachtungsebene: Assoziation, Gesellschaft) sowie **Mikroformen-Komplexe**, beispielsweise Kolke, Bult-Schlenken-Komplexe, Stränge, Schlenkenzüge (Dimensionierung etwa 10 m^2 oder größer; zönologische Betrachtungsebene: weit gefasste Assoziationen mancher Autoren).

Weiträumig entwickelte Moorflächen, in denen die Komplexe einer oder mehrerer Strukturelemente überwiegen, bilden eine **Moorfazies** im topographischen Sinne. In **Wachstumskomplexen** treten bei geringen Schwankungen im Mikrorelief geschlossene Torfmoosdecken in den Vordergrund. Bulten und Torfschlamm-Schlenken fehlen. **Stillstandkomplexe** sind durch zwergstrauchbeherrschte, hohe Bulten charakterisiert, während Schlenken, Teppich- und Rasenniveau nur kleinflächig entwickelt sind oder fehlen. **Erosionskomplexe** zeigen ein Mosaik hoher Bulten, Torfbänke, Torfschlamm-Schlenken und Erosionsrinnen. Wachsende Torfmoosdecken sind hier die Ausnahme. Erosionskomplexe sind Ausdruck instabiler Bedingungen, vor allem in den Deckenmooren niederschlagsreicher Regionen. Teilweise sind sie anthropogen durch Brand oder Beweidung ausgelöst worden und erodieren mitunter bis auf den mineralischen Untergrund. Größere Moore in ihrer Gesamtheit formen **Moorkomplexe** (Kap. 9.1) (zönologische Betrachtungsebene: Gesellschaftskomplex). Diese sind die geeigneten Bezugssysteme für landschaftsökologische Untersuchungen.

Syndynamische Prozesse in Nanoformen laufen als Fluktuationen innerhalb weniger Jahre ab. Mikrosukzessionen bei Mikroformen vollziehen sich demgegenüber in Dekaden bis Jahrhunderten. In den gleichen Zeiträumen dürften, ausgelöst durch Klimaschwankungen, Mikroform-Komplexe oszillieren. Auf der Ebene von Mikroformen

Abb. 19: Wachstumskomplex, minerotrophes *Erico-Sphagnetum*, Læsø, Dänemark (9/1996).

Abb. 20: Stillstandskomplex (*Erico-Sphagnetum*), Bissendorfer Moor, Niedersachsen (10/1995); die zwergstrauchbeherrschten Bulten sind stärker akzentuiert als auf der Moorfläche von Abb. 19.

Abb. 21: Erosionskomplex, Deckenmoor im Upper Teesdale, Durham, N-England (7/1976).

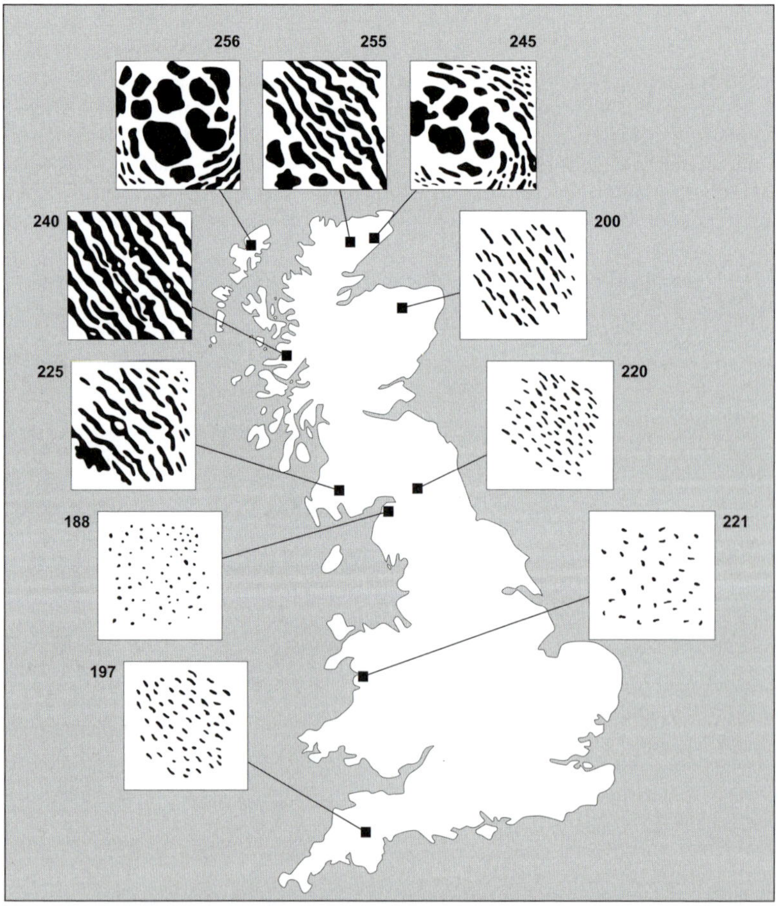

Abb. 22: Muster und Verbreitung von Oberflächenstrukturen ombrotropher Moore auf den Britischen Inseln; Schlenkensysteme und Moorkolke dunkel, Rasenhorizont und Bulten hell gekennzeichnet. Die Zahlen geben die mittlere Anzahl der jährlichen Regentage an und sind ein Indiz für die abgestufte Ozeanität (nach LINDSAY et al. 1985).

wiederholen sich Entwicklungszyklen in Jahrhunderten bis Jahrtausenden, während in gleichen Zeiträumen bei Moorkomplexen klimaabhängige Strukturänderungen ablaufen können, ausgelöst durch sich verändernde Wachstumsprozesse in verschiedenen Moorfazies. Makrosukzessionen schließlich, die Entwicklung ganzer Moore betreffend, dürften sich erst nach mehreren tausend Jahren auswirken. Diese unterschiedlichen Skalen gilt es etwa bei Planungen zur Restitution von Moorkomplexen (Kap. 12) zu berücksichtigen.

Die Gesetzmäßigkeiten der Genese von Mikroformen lassen sich mittlerweile simulieren (SVANSON & GRIGAL 1988). Diesem Modell liegen die folgenden Annahmen zugrunde:

- aufgewölbte Mikroformen wie Bulten verzögern einen Oberflächenabfluss stärker als Schlenken und
- durch sinkende Wasserstände wird eine Bultbildung gefördert, eine Schlenkenbildung eher unterdrückt.

Die erste Annahme wird durch die bislang vorliegenden Erkenntnisse über den horizontalen Abfluss auf und in Torfkörpern gestützt (IVANOV 1981), die zweite durch produktionsbiologische Untersuchungen an Bult- beziehungsweise Schlenken-präferierenden Torfmoos-Sippen.

In Zeitreihen treten bei diesen Bedingungen mehr oder weniger regelmäßige Strang- und Flark-Strukturen auf. Diese stabilisieren sich, wenn die Neigung der Mooroberfläche ausreicht, um im hangwärtigen Staubereich von Strängen eine weitere Strang- und Flarkbildung zu initiieren. Der Wasserspiegel muss dabei im Mittel so hoch anstehen, dass sich nicht ausschließlich Bulten ohne nasse Schlenkenstrukturen bilden können. Umgekehrt dürften die Wasserstände nicht so langfristig „über Flur“ verharren, dass keine Musterbildung erfolgen kann. Ferner muss die hydraulische Leitfähigkeit der Strang-(Bulten-) und Flark-(Schlenken-)strukturen unterschiedlich sein und das Gefälle der Torfbildungsraten zwischen nassen und trockenen Flächen ausgeprägt.

Entscheidend für die Ausformung von Strang- und Flarkstrukturen ist also ein Wechselspiel zwischen Oberflächenabfluss und hohen Moorwasserständen. LINDSAY et al. (1985, 1988) haben für regenwasserversorgte Moore in England, Schottland und Wales die Wechselbeziehungen zwischen Klimaparametern, Vegetationsverteilung und Oberflächenstrukturen zu charakterisieren versucht. Die ausgeprägteste Musterbildung, verknüpft mit der Entwicklung ausgedehnter Kolksysteme und hoher Bulten, kennzeichnet die niederschlagsreichen und kühlfeuchten Gebieten Nord- und Nordwest-Schottlands. Süd- und ostwärts schwächen sich mit ansteigenden Temperaturen und abfallenden Niederschlagsüberschüssen die Unterschiede im Mikrorelief ab. Flache, torfmoosbeherrschte Bulten herrschen dann vor (Abb. 22).

4 Klassifikation von Mooren

Die Unterscheidung zwischen **Hoch-** und **Niedermooren** bleibt für eine detaillierte Gliederung und Beschreibung von Moortypen unbefriedigend. Eine ausführlichere Charakteristik ist vor allem möglich:

- mit Hilfe hydrologisch-entwicklungsgeschichtlicher Kriterien,
- mit Hilfe der chemischen Eigenschaften des Torfsubstrates und des Bodenwassers,
- nach stratigraphischen Merkmalen,
- nach der Zusammensetzung der aktuellen Vegetation oder
- nach der Struktur der aktuellen Vegetation.

Zeitgemäße Gliederungen bedienen sich einer Kombination dieser Kriterien.

4.1 Hydrologisch-entwicklungsgeschichtliche Moortypen

Die folgende Gliederung rückt hydrologische und entwicklungsgeschichtliche Kriterien in den Vordergrund (u. a. Kulczynski 1949, Succow 1988, Kloss & Sienkiewicz 1995).

In Gebieten mit überwiegend ebenem, weitgehend unbewegtem Grundwasserspiegel entstehen **topogene** Moore, bei bewegtem Grundwasser **soligene**, in Hanglagen bei zunehmendem Quellwasser-Austritt **rheogene** Moore. Nur Regenwasser- oder Hochmoore entwickeln sich grundwasserunabhängig: **ombrogen**.

Im Einzelnen lassen sich die folgenden Typen unterscheiden:

Durch Sedimentauffüllung im Litoral oder im Profundal können sich in Seen, Altwässern und flachen Heidekolken limnogene **Verlandungsmoore** entwickeln. Unterschiedlich mächtigen Mudden liegen im Regelfall geringermächtige Torfe auf. Die Produktivität des jeweiligen Gewässers und seine Basenversorgung bestimmen den Verlandungsprozess. Oligotroph-saure, teilweise dystrophe Gewässer verlanden überwiegend durch torfmoosbeherrschte Schwingtorfrasen (Abb. 23). Vom Ufer gelöste Schwingrasen lassen sich dort beobachten, wo in der Vergangenheit mit dem Ziel der „Schwellwasser"-Gewinnung für die Flößerei Karseen aufgestaut wurden, etwa im Schwarzwald oder in den Vogesen (Dierssen & Dierssen 1984). In oligo-mesotrophen, basenreichen Seen entwickeln sich Seggen-, Schilf- und *Cladium*-Torfe sowie Braunmoos-Schwingdecken (Abb. 29). In letzterem Fall geht häufig eine starke Sedimentation von Seekreiden und Kalkmudden der Torfbildung voraus. Eutrophe bis polytrophe Seen zeigen eine starke Bildung von Grobdetritusmudden und Sapropelen. Schwingtorfe entstehen bei unvollständigem Abbau der unterirdischen Phytomasse von *Phragmites, Typha* spp., *Glyceria maxima* und Seggen, vor allem von *Carex paniculata*. Die Verlandung verläuft teilweise rasant, insbesondere wenn in hypertrophen Seen subaquatische Torfe infolge Sumpfgasbildung aufschwimmen. Oft sind die vom Schilf beherrschten Verlandungssäume eutropher Gewässer vergleichsweise jung (Abb. 1). Sie haben sich entweder als Folge von Seespiegelabsenkungen gebildet oder profitierten von anthropogenen Sedimenteinträgen aus dem Einzugsgebiet. In diesen Fällen überlagern die Schilftorfe schwächer zersetzte, mesotroph-basenreiche Braunmoostorfe. Verlandungsmoore können einen schwachen, oberflächennahen Wasserzustrom aus dem Einzugsbereich empfangen. Die Vegetation der gewässerseitigen Schwingrasenkante ist zumindest in nährstoffärmeren Systemen erkennbar am produktivsten. Die Nährstoffgehalte nehmen zu den dickeren Torfkörpern der zentralen Schwingdecken hin rasch ab.

Die Sedimentation in vielen Verlandungsmooren begann in der älteren Dryas, die ersten Torfbildungen sind aus dem Alleröd bekannt. Eine stärkere Bildung von Verlandungstorfen hat in Mitteleuropa teilweise im Subboreal eingesetzt, meistens aber seit dem Subatlantikum. Zahlreiche Beispiele finden sich in Sander-, End- und Grundmoränenlandschaften Norddeutschlands und des Alpenvorlandes. Ein Großteil von ihnen trägt nach Abschluss der Verlandungsphase sekundäre Moorbildungen wie Versumpfungs- und Kesselmoore.

Topogene **Versumpfungsmoore** (Abb. 2, 24) sind stratigraphisch einfach aufgebaut. Die grundwassergespeisten Torfe liegen direkt dem Mineralboden auf. Ihre postglaziale Entwicklung ist mit Phasen humiden Klimas mit ansteigenden Wasserständen verknüpft. Sekundär können auch Verlandungs- oder Überflutungsmoore Versumpfungsphasen durchlaufen. Spätglazial entstandene Versumpfungsmoore in Gebieten mit humidem Klima haben sich vor allem während des Atlantikum oft zu Hochmooren weiterentwickelt. Im nordostdeutschen Tiefland mit geringeren Niederschlagsüberschüssen entfällt die Hochmoorbildung weitgehend. Daher herrschen hier minerotrophe Versumpfungsmoore vor (LANGE & SUCCOW 1979).

Die Torfbildung erfolgt periodisch subaquatisch. Das Torfwachstum ist in der Anfangsphase gering, die Zersetzung beträchtlich. Der Torfkörper ist demzufolge meist geringmächtig (< 2 m), die Vegetation überwiegend meso- bis eutraphent. Die Moorgenese hat verstärkt seit dem Subatlantikum eingesetzt, vor allem in ebenen Küstenregionen oder auf Wasserscheiden, mitunter aber auch in flachen Mulden mit geringem lateralem Wasserzustrom. An den Moorrändern finden sich häufig eingeschwemmte, lehmig-sandige Sedimente. Die Abhängigkeit der Versumpfung von Klima- und Witterungsphasen mit aufsteigenden Wasserständen bedingt zeitweilige Trockenphasen mit stagnierender Torfbildung. Eutrophierung und die Bestockung mit Gehölzen sind die Folge. Sekundäre Versumpfungsprozesse sind regional mit der Öffnung der Landschaft durch Rodungen ausgelöst worden: verringerte Evapotranspiration und erhöhter Gebietswasserabfluss haben zu einer verstärkten Versumpfung von Becken- und Muldenlagen beigetragen. Früher weit verbreitet und großflächig entwickelt, sind die Versumpfungsmoore vor allem in den Tieflagen Norddeutschlands heute weitgehend entwässert und in Wirtschaftsgrünland überführt worden (u. a. SCHOPP-GUTH 1999).

Topogene **Kesselmoore** (Abb. 25) bilden sich dort, wo bei kleinräumig starken Reliefunterschieden das Oberflächenwasser aus einem meist kleinen Einzugsbereich in die Geländesenken einströmt, etwa in so genannten „Söllen“ der Eiszerfallslandschaften in Jungmoränengebieten, aber auch in durch Vulkanismus entstandenen Maaren (Abb. 103). Die initiale Muddeakkumulation an der Basis der Sölle mit kleinstem Einzugsbereich ist durchweg bereits im Spätglazial erfolgt. Der darauf aufliegende, durch Verlandung oder Versumpfung entstandene Torfkörper wuchs ohne Überstauung infolge eines lokalen Grundwasseranstieges. Vielerorts lässt sich gegen Ende des Präboreal eine Stagnation des Torfwachstums und verstärkte Mineralisation ausmachen. Mitunter tritt eine zeitliche Lücke (Hiatus) von bis zu 4500 Jahren auf, bevor im Atlantikum eine erneute Torfbildung einsetzte (u. a. LANGE & SUCCOW 1979, ENDTMANN 1998). Unter günstigen Bildungsbedingungen entwickeln sich rasch wachsende, schwach bis mäßig zersetzte, ziemlich homogene, teilweise mehrere Meter mächtige Torfe. Oszillierende Wasserstände werden – einem verlandenden Torfstich vergleichbar – passiv von der Vegetationsdecke mitvollzogen. Der Auftrieb kann in kleinen Becken beispielsweise nach Starkregen-Ereignissen beträchtlich sein. FORST et al. (1997) belegen aus dem Dürren Maar in der Eifel innerhalb eines Monats eine Anhebung der Mooroberfläche um 70 cm. Die günstige Wasserversorgung fördert in der Regel ein optimales Torfmooswachstum ohne nennenswerte Depressionen während sommerlicher Trockenphasen. Unter ozeanisch-humiden Bedingungen können sich Kesselmoore zu Hochmooren weiterentwickeln.

Wo Überschwemmungen in Flussauen oder Seemarschen episodisch oder periodisch sauerstoffarme Verhältnisse auslösen, können sich fluviogene **Überflutungsmoore** (Abb. 26) entwickeln. Die Wasserbewegung erfolgt überwiegend oberhalb des Torfkörpers, eine unregelmäßige Torfbildung dagegen subaquatisch. Die Torfe sind mineralreich, dicht gelagert, meist stark zersetzt und wechseln mit Sand-, Schluff- oder Tonlagen. Infolge des diskontinuierlichen Torfwachstums und einer kleinräumig wechselnden, verschieden mächtigen Mineralboden-Überdeckung ist das Relief leicht bewegt. Überflutungsmoore finden sich großflächig in den Auen größerer Tieflandsflüsse, insbesondere in Regionen mit isostatischem Meeresspiegelanstieg entlang der südlichen Nord- und Ostsee. Hier konnten sich auch Küsten-Überflutungsmoore (Abb. 27) entwickeln. Diese haben sich im Verlauf der holozänen Transgressionen gebildet und liegen heute entweder unter Meeresniveau oder werden von Salzmarschen eingenommen. Beispiele finden sich in den westlichen Niederlanden und entlang der jütlandischen, schleswig-holsteinischen bis zur mecklenburg-vorpommerschen Küste (u. a. JAHNKE & LAMPE 1996).

Im Gebirge sind Überflutungsmoore kleinräumiger entwickelt, zeigen aber aufgrund zeitweilig hoher Sedimentfrachten der Flüsse häufig ausgeprägte mineralische Schichtfolgen („Staumäandermoore“ nach GAMS 1958). Die hangseitigen Moorabschnitte haben dort vielfach den Charakter von Durchströmungsmooren. Auch in ihnen vollzieht sich bei stärker bewegtem Relief zum Teil ein beträchtlicher Sedimenteintrag.

In breiten Flusstälern können bei abfallendem Einfluss sowohl des Durchströmungs- wie auch des Überflutungswassers auf mineralstoffarmen Torfen Hochmoore aufwachsen. In den großen Flusstälern des Tieflandes von Rhein und Ems bis zur Oder sind dic Überflutungsmoore vielfach durch Deichbau und Entwässerung verändert beziehungsweise in intensiv landwirtschaftlich genutzte Flächen überführt worden. Dies gilt für ausgedehnte Auen-Überflutungsmoore wie den Spreewald ebenso wie für kleinere Moorkörper der Geesttäler Norddeutschlands sowie für die Mittelgebirge Süddeutschlands.

Wo an Talrändern Grundwasser austritt, erfolgt die Wasserbewegung im mehr oder weniger geneigten Torfkörper ohne großflächige Überstauungen. Mit wachsender Entfernung von den Quellaustritten werden die Nährstoffe aus dem Perkolationswasser ausgefiltert beziehungsweise im Torf adsorbiert: die Vegetation spiegelt so einen Trophiegradienten. In derartigen **Durchströmungsmooren** (Abb. 28) bilden sich überwiegend mäßig stark zersetzte, teilweise mächtige Seggen-Torfe („seepage peat"). Entlang großer Niederungssysteme entwickeln sich Durchströmungsmoore im Allgemeinen aus Verlandungs- oder Versumpfungsmooren. Das aus dem Mineralboden mit Geschiebemergeln, glazialen oder marinen Tonen austretende Grundwasser ist vielfach mit Alkali- und Erdalkali-Ionen, Eisen und Phosphat angereichert, aber zumindest primär arm an Stickstoffverbindungen. Unter solchen Bedingungen entwickeln sich vorwiegend Braunmoos-Seggentorfe. Bei basenarmem Ausgangsmaterial oder wachsender Torfmächtigkeit werden die Ionen im Torfkörper adsorbiert und gegen Protonen ausgetauscht. Die resultierende Oligotrophierung führt zu einem verstärkten Auftreten *Sphagnum*-reicher Torfe. Durchströmungsmoore sind bezeichnend für die Flusstäler jungpleistozäner Grundmoränen-Landschaften. Manche Durchströmungsmoore in Terrassenbuchten größerer Flusssysteme liegen geschichteten Sedimenten von Überflutungsmooren auf, so beispielsweise im Rheintal bei Graben-Neudorf nördlich Karlsruhe (Raab 1997). Ausgedehnte Komplexe sind bei stärker bewegtem Relief und folglich geringen Torfmächtigkeiten als **Hangmoore** oder **Überrieselungsmoore** in niederschlagsreichen Mittel- und Hochgebirgslagen entwickelt (Steiner 1992, Schopp-Guth 1999).

Durchströmungsmoore begannen sich teilweise bereits im Atlantikum zu bilden, verstärkt im Subatlantikum. Zahlreiche Durchströmungsmoore haben sich erst im Mittelalter als Folge der Öffnung der Waldlandschaft und dem dadurch ausgelösten stärkeren Oberflächenabfluss entwickelt (Lange et al. 1978). Überrieselung und Durchströmung verlaufen in montanen bis alpinen Hangmooren mit kleinräumig wechselnden Torfmächtigkeiten räumlich nebeneinander und saisonal alternierend, was eine eindeutige typologische Zuordnung solcher Hangmoorkomplexe erschwert.

Zur Peripherie von Sumpfquellen hin fällt bei Perkolation durch den Torfkörper der Sauerstoffgehalt des Quellwassers vergleichsweise rasch ab. Solange die Sauerstoffgehalte eine verstärkte Mineralisation bewirken, resultieren stark zersetzte Torfe mit einer Vegetation, die an kaltstenotherme Bedingungen angepasst ist. Derartige, durchweg kleinflächig entwickelte Komplexe lassen sich als rheogene **Quellmoore** charakterisieren (Abb. 30, 95). Da Sumpfquellen punktuell auftreten, sind auch Quellmoorkomplexe innerhalb größerer Moorlandschaften nur kleinräumig vertreten. Ihre Vegetation spiegelt die chemische Beschaffenheit des Wassers, vor allem seinen Kalkgehalt. Bei Zustrom bicarbonatreichen Wassers können sich grusig-körnige Quellkalke[4] mit Carbonatgehalten > 75 % entwickeln. Bezeichnend ist die Bildung stark zersetzter Torfe beziehungsweise Quellkalktorfe. Die Genese vieler Quellmoore lässt sich bis in das Subatlantikum verfolgen. Torfmächtigkeit und Bildungsgeschwindigkeit hängen vor allem von der Hangneigung ab. Torf- und Quellkalkmächtigkeiten von über zehn Metern sind möglich. Die Mooroberfläche kann eben, geneigt oder kuppig aufgewölbt sein. Quellmoore sind hydrologisch labil und demzufolge häufig anthropogen beeinträchtigt (u. a. Päzolt 1999).

In **Hochmooren** (u. a. Abb. 14, 16, 20) erfolgt die initiale Torfbildung unter dem Einfluss von Niederschlagswasser. Das Wasser perkoliert vornehmlich im Akrotelm, und abhängig von den klimatischen Bedingungen bilden sich schwach bis mäßig zersetzte, bis zu mehrere Meter mächtige Torfe. Die zentrale Mooroberfläche ist weitgehend eben. Im Vergleich zur schwach geneigten, zentralen **Moorweite** (Abb. 16, 17) weist das periphere **Randgehänge** (Abb. 31) ein deutliches Gefälle auf. Vor allem die steilen und damit oberflächennah trockeneren Abschnitte des Randgehänges können mit Gehölzen bestockt sein: mit Kiefern und Fichten, unter schwach minerotrophen Bedingungen auch mit Birken. Am Moorrand (**Lagg**) tritt das Moorwasser mit jenem des Mineralbodens in Kontakt, und es entwickelt sich ein durchgehend minerotropher, im Vergleich zur ombrotrophen zentralen Moorfläche nährstoffreicherer und weniger saurer Randsumpf (Abb. 32). Hochmoore haben sich vor allem seit dem Atlantikum in Regionen mit klimatischen Niederschlagsüberschüssen dort entwickelt, wo geländetopographisch der Einfluss basenreichen Grundwassers entweder bei saurem Ausgangsmaterial im Ein-

4 Am Austritt der Quelle wird dem im Wasser gelösten Hydrogencarbonat von den Pflanzen CO_2 entzogen, so dass Calciumcarbonat ausfällt.

zugsgebiet fehlte oder im Zuge der Torfbildung abgenommen hat. Ein lateraler Wasserzustrom bleibt auf den Lagg beschränkt. Viele Hochmoore liegen in Sandergebieten oder auf Wasserscheiden. Gebietswasserhaushalt, Klima und Geländeformen bestimmen die Oberflächengestalt dieser Moore (Kap. 3.2, 3.3). Ausgedehnte Moorkomplexe im westlichen Teil der Niederlande sind bezüglich ihrer Genese „ertrunkene", teilweise überschlickte Hochmoore.

In Sandergebieten haben sich Hochmoore häufig aus sehr sauren Niedermooren mit geringer Torfmächtigkeit entwickelt. Andernorts sind Hochmoore zumindest in einer Kernfläche aus Verlandungs-, Überflutungs- oder Durchströmungsmooren hervorgegangen. Vor allem in Niedersachsen waren Hochmoore vom Flächenanteil her der bedeutsamste Moortyp. Heute fehlen im norddeutschen Tiefland hydrologisch unbeeinträchtigte Hochmoore.

Die mit den Begriffen **Zwischen-** oder **Übergangsmoor** belegte, räumlich und zeitlich dynamische Übergangsphase zwischen Nieder- und Hochmooren lässt sich vor allem in Regionen mit stärker bewegtem Relief auch aktuell beobachten. Nördlich des geschlossenen Hochmoorareals in der borealen Zone sind solche ombro-soligenen **Aapamoore** (Abb. 43) als zonaler Typus die Regel. In ihnen sind die Bulten und Stränge überwiegend regenwasserversorgt, die nassen Moorpartien demgegenüber grundwassergespeist. Zahlreiche Gefäßpflanzen, die auf den Bulten wachsen, haben mit ihren Wurzeln Anschluss an das Mineralbodenwasser. Typologisch lassen sich Übergangs- beziehungsweise Zwischenmoore schwer fassen, zumal manche Autoren auch basenarme Niedermoore („poor fen") ohne ausgeprägtes Mikrorelief als Übergangsmoore bezeichnen (hierzu unter anderem GROSSE-BRAUCKMANN 1996a). In der vorliegenden Bearbeitung wird es vorgezogen, die unterschiedlich verwendeten Begriffe Zwischen- und Übergangsmoor durch den auch international gebräuchlichen Begriff **basenarmes Niedermoor** zu ersetzen.

Selten und kleinräumig sind in Gebirgslandschaften **Kondenswassermoore** (Abb. 35) vertreten (STEINER 1992). Sie entwickeln sich am Fuß von Block- und Bergsturzhalden aufgrund eines so genannten „Windröhreneffektes" während des Sommers. Bei starker Insolation erwärmt sich die Luft an den Haldenoberflächen und steigt als Strom fühlbarer Wärme (Konvektion) auf. Das entstehende Dichtegefälle wird kompensiert durch die nachströmende kalte Luft aus den Haldeninnenräumen. Da warme Luft höhere Wassergehalte aufnehmen kann als kalte, führt die Abkühlung der Außenluft an den Austrittslöchern zur Wasserdampfkondensation. Das kalt-feuchte Mikroklima solcher **„Eislöcher"** fördert die Entwicklung oligotraphenter Torfmoose und Zwergsträucher und unterdrückt die Wuchsleistung konkurrierender Arten. Demzufolge entwickeln sich kleinräumig schwach zersetzte, bis zu 1,5 m dicke Torfmoosdecken. Ähnliche ombrotrophe Torfbildungen durch Kondenswasser sind als „vertical bogs" von Kliffs und Kraterwänden aus tropischen Regionen bekannt geworden (u. a. ITOW & WEBER 1974).

Abb. 23: Saures Verlandungsmoor (*Caricetum rostratae*, *Eriophorum angustifolium*-Gesellschaft) an einem dystrophen See, Lesne Oko westlich Danzig, N-Polen (9/1987).

Abb. 24: Saures Versumpfungsmoor: *Eriophorum angustifolium*-Gesellschaft mit *Sphagnum riparium* und *S. fallax*, im Kontakt Fichten-Bruchwälder; Pfahlberg nordöstlich Tellerhäuser, Erzgebirge (5/1975).

Abb. 25: Kesselmoor mit Schwingdecken und zuwachsenden Torfstich-Kolken, Kaschubische Schweiz, N-Polen (8/1978).

Abb. 26: Überflutungsmoor mit Seggenriedern (*Caricetum acutae*, *Galio-Caricetum ripariae*) und Feuchtgrünlandbrachen (*Phalaridetum arundinaceae*), Niederung der Alten Sorge, Schleswig-Holstein (8/1999).

Abb. 27: Küsten-Überflutungsmoor mit beweideten Salzrasen an der südlichen Ostsee, Poel, Wismarer Bucht, Mecklenburg (9/1997).

Abb. 28: Durchströmungsmoor mit Feuchtwiesen und quelligen Kalkniedermooren, Peenetal bei Gützkow, Mecklenburg-Vorpommern (6/1997).

Abb. 29: Mesotroph-kalkreiches Quellmoor mit Helokrene (Sumpfquelle) (*Chara aspera*-Rasen, Krebsscheren-Gesellschaft, *Cladietum marisci*, *Sphagno-Caricetum appropinquatae*, *Carici elongatae-Alnetum*), westlich Templin, Brandenburg (8/1997).

Abb. 30: Quellaustritt am Rande eines subalpinen Aapamoores, südlich Tännäs, Härjedalen, Schweden (8/1998).

Abb. 32: Lagg mit Kontakt zwischen ombrotrophem Randgehänge und Niedermoor, Murauer Berge, Niedere Tauern, Österreich (7/1999).

Abb. 31: Hochmoor, Randgehänge (*Eriophoro-Trichophoretum*), Brockenfeldmoor, Oberharz (10/1995).

Abb. 33: Koppenplanmoor mit minerotrophen Blänken, Schneekoppe, Riesengebirge, Tschechien (8/1986).

4.2 Moortypen in Mitteleuropa

Die im vorangegangenen Kapitel vorgestellten Grundtypen werden regional abgewandelt. Die Ausgestaltung der Niedermoore hängt von der Grundwassermenge und -zusammensetzung ab, der Grundwasserzustrom und -abfluss wiederum vom Relief des Einzugsbereiches, seine mineralische Zusammensetzung von dessen Geologie. Allgemein steigt in Mitteleuropa der Flächenanteil von Niedermooren im Vergleich zu Hochmooren mit wachsender klimatischer Kontinentalität von West nach Osten. Ähnliches gilt von Dänemark und Norddeutschland südwärts entsprechend den ansteigenden Temperaturen und den sinkenden Niederschlagsüberschüssen. In Gebirgen nimmt von der montanen in die alpine Stufe mit abfallender Länge der Vegetationsperiode auch die Torfbildungsrate ab. Oberhalb der aktuellen Waldgrenze fehlen aktuell wachsende ombrotrophe Moore (vergl. S. 44). Die Niedermoore in subalpinen und alpinen Lagen zeichnen sich durch eine beträchtliche Formenvielfalt und kleinräumige wie reliefabhängige Musterbildung aus (Ringler 1978, 1981). Sie sind überwiegend flachtorfig, da aufgrund der klimatischen Ungunst Torfe nur langsam wachsen. Die Oberflächenstrukturen sind mitunter frostwechselgeprägt.

Abb. 35: Kondenswassermoor, Ameiskogel bei Bruck, Mariazeller Gebirgsumrandung, Steiermark, Österreich (8/1995).

Für die Entwicklung regenwasserversorgter Hochmoore ist, wie in den Kap. 1 und 2 dargelegt, ein Überschuss an Niederschlagswasser im Vergleich zu Verdunstung und Abfluss notwendig. Das

Abb. 34: Moorkomplexe mit Versumpfungs- und Deckenmoorelementen (*Sphagno compacti-Trichophoretum germanici*), Hochkopf, N-Schwarzwald (10/1978).

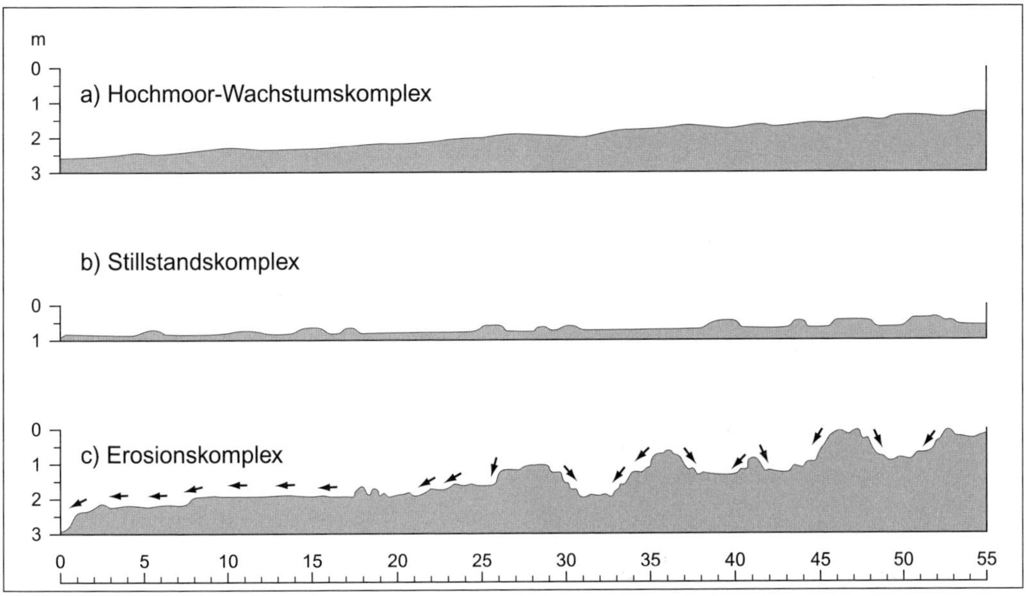

Abb. 36: Oberflächennivellements dreier Hochlagenmoore aus den bayerischen Alpen; a) Bichelerbergalpe bei Wertach, 900 m NN; b) Hörmoosalpe SW Oberstaufen, 1220 m NN; c) Scheuerwände, 1400 m NN (nach RINGLER 1981).

Großklima ist daher für ihr Vorkommen und die Ausgestaltung ihrer Oberflächenstruktur wesentlich. Ihre Verbreitung erstreckt sich in Europa vom ozeanisch-temperaten Zentral-Irland bis ins subkontinentale Russland sowie von der borealen Zone Skandinaviens bis in den südlichen Nord- und Ostseeraum. Extrazonal reichen Hochmoore bis in die nordboreale Zone Finnlands und Norwegens sowie in die montane bis subalpine Stufe der Mittel- und Hochgebirge Westeuropas vom Hohen Venn und dem Massif Central über den Jura und die Alpen bis in die Karpaten. **Plateau-Hochmoore** (Abb. 20) finden sich ausschließlich im Tiefland, etwa auf holozänen Sandern in weitgehend ebener Lage. Unter niederschlagsreicheren Bedingungen wie im nördlichen Alpenvorland wird das Gefälle zum Lagg hin weniger ausgeprägt.

Die für die boreale Zone so bezeichnenden **Schild-Hochmoore** fehlen im zentralen Europa. Bei diesem Moortyp ist der Torfkörper in ebenen bis leicht geneigten Lagen schwach kuppelförmig aufgewölbt, und das Randgehänge geht im Gegensatz zu den Plateau-Hochmooren allmählich in die konvexe Hochfläche über. Andeutungsweise findet man diesen Moortyp in Mitteleuropa in der subalpinen Stufe, beispielsweise in den Kammlagen des westlichen Riesengebirges in Höhenlagen zwischen 1230 und 1400 m (Abb. 33). Das aktuelle Torfwachstum vollzieht sich dort abgeschwächt und punktuell; die höchsten Torfmächtigkeiten überschreiten 1,5 m nur ausnahmsweise (OCADLIK & FUKSA 1968). Je nach Neigung des Geländes haben sich Schlenkenzüge und reihig angeordnete Bulten (Kermis) symmetrisch um den höchsten Punkt des Moores gruppiert. Unter ozeanischen Bedingungen, etwa auf den Britischen Inseln, bleibt auch bei ombrotrophen Mooren das Zentrum allenfalls schwach aufgewölbt; Randgehänge und Lagg sind kaum entwickelt (**Plan-Hochmoore**). Insofern ist der Übergang vom Hochmoor zu den angrenzenden oligotrophen Feuchtheiden auf den Anmoorgleyen wenig prägnant.

Im Mittel- und Hochgebirge sind Hochmoore aufgrund des Reliefs häufig in Hang- und Kuppenlage ausgebildet. In der Schweiz ist etwa 1/4 aller Hochmoore an diese topografische Situation gebunden (GRÜNIG et al. 1986). Die Genese hat teilweise vor 10 500 Jahren mit flächigen Versumpfungen in Mulden und an Hangdellen eingesetzt. Hier haben sich seit dem Präboreal Niedermoore entwickeln und bei wachsendem Feuchtigkeitsüberschuss seit dem frühen Atlantikum (vor 9000 Jahren) hang- und sattelwärts ausbreiten können. Die an wachsende Torfmächtigkeit gekoppelte Versauerung hat dann die Entwicklung von Hochmooren ausgelöst. Bei günstiger Wasserversorgung dehnen sich die Hochmoore wie die

Abb. 37: Moorausbruch nach Starkregen, La Vraconnaz, St. Croix, Schweizer Jura (11/1988).

ihnen entwicklungsgeschichtlich vorausgegangenen Niedermoore radial aus, auch hangauf- und sattelwärts (Henrion 1989).

Im Alpenraum hat sich die höhenbedingte Obergrenze wachsender Hochmoore seit dem Atlantikum mit abfallenden Temperaturen und Niederschlägen talwärts verlagert (Gams 1942, 1958). Sie liegt derzeit in den Allgäuer Alpen bei Höhenlagen zwischen 900 und 1300 m ü. NN (Ringler 1981). Tendenziell lässt sich eine solche Reduktion zusammenhängender Wachstumskomplexe auch in den Hochlagen der Mittelgebirge verfolgen (Massif Central, Schwarzwald, Harz, Böhmische Randgebirge, Riesengebirge). Ringler hat Beispiele dieser höhenstufenabhängigen „natürlichen“ Degradation ombrotropher Moorkomplexe durch Nivellements belegt (Abb. 36). Wo aufgrund von Erosion und Auswaschung das Wasser den Mineralboden erreicht hat, führt die Entwässerung zur Austrocknung ganzer Moorpartien und schließlich zu Stillstands- und Erosionskomplexen, die ihrerseits bewalden können.

Davon unabhängig können mit dem Emporwachsen eines Torfkörpers infolge der Neigung auch Erosionen durch Rutschungen auftreten, die

Abb. 38: „Kliff“ eines entwässerten Hochmoores gegen die tidengeprägten Salzrasen des Jadebusens, Sehestedt, Niedersachsen (7/1986).

Abb. 39: Flachgründiges Niedermoor der Hocharktis, Reinsdyrflya, NW-Spitzbergen (7/1990).

Abb. 40: Polygonmoore nordöstlich Chatanga, Taimyr, NW-Sibirien (7/1994).

Abb. 41: Palsas in einem nordborealen Aapamoor, Karlebotn, Finnmark, Norwegen (7/1991).

Abb. 42: Wachsender Deckenmoorkomplex, Flow Country, Nordost-Schottland (9/1989).

Trichtereinbrüche auslösen können, im Extremfall nach Starkregen-Ereignissen auch Moorausbrüche (Abb. 37).

Bei bewegtem Relief bilden sich in niederschlagsreichen Gebieten in der temperaten bis südborealen Zone **Deckenmoore** (Abb. 21, 42). Der Verbreitungsschwerpunkt der Deckenmoore liegt im Westen und im Gebirge der Britischen Inseln und im südlichen und westlichen Skandinavien. Extrazonale Vorposten reichen bis in das Massif Central, die Vogesen, die westlichen Alpen und das Riesengebirge. Der Torfkörper überzieht gleichförmig leichtere Niveauschwankungen des mineralischen Untergrundes. Vielfach integrieren Deckenmoore Hochmoorkerne, deren Entwicklung wiederum von sauren Verlandungs- und Versumpfungsmooren in Geländemulden ihren Ausgang genommen hat.

Abb. 43: Exzentrisches Kermi-Hochmoor Siikaneva nw Orivesi, Tampere, Südfinnland (9/1988).

4.3 Überregionale Moortypen

Die räumliche Verteilung von Mooren unterliegt auch weltweit einem Feuchte- und Temperaturgradienten. Die größten Torfvorräte finden sich in der borealen Zone der Holarktis sowie in der temperaten Zone in Regionen mit ozeanischem und subozeanischem Klima. Zur Arktis hin schränken niedrige Temperaturen und eine kurze Vegetationsperiode die Primärproduktion und Torfbildung ein, zu den Tropen hin hohe Temperaturen sowie die demzufolge starke Zersetzung der Pflanzenreste während der Torfbildung. Die durch das Nord-Süd-Gefälle der Temperatur vorgezeichnete Verteilung von Moorkomplexen in der Holarktis wurde verschiedentlich beschrieben, vor allem aus Großräumen mit ausgeprägtem Klimagradienten wie Alaska, Kanada, der westsibirischen Niederung und, abgeschwächt auch aus Nordeuropa (Übersicht etwa bei GORE 1983). In den Periglaziallandschaften weiter Bereiche der Arktis sowie in der alpinen Stufe borealer Gebirge setzt – neben der klimabedingt geringen Primärproduktion – die durch häufige Gefrier- und Auftauprozesse überformte Bodenbildung und die geringe Auftautiefe in den Permafrost-Gebieten der Entwicklung zusammenhängender Torflager Grenzen (Abb. 39). Ergebnis der Frostwechselvorgänge ist ein kleinräumiges Muster von Polygon- und Streifenböden sowie von Bultstrukturen (Thufa oder Pounikkos) neben nassen, in der Auftauphase während des Frühsommers auch länger überfluteten Depressionen. Südwärts steigt der Durchmesser der Polygone an, und in ebenen Lagen in Permafrostgebieten prägen Moore mit nassen Depressionen und ausgedehnten Eiskeil-Polygonmustern das Bild der Landschaft, insbesondere in den Deltas der Strommündungen und in Flussniederungen. Solche **Polygonmoore** (Abb. 40) waren auch in Norddeutschland unter Periglazialbedingungen am Rande des Inlandeises entwickelt und lassen sich noch heute aus Luftbildern erschließen. In der borealen Taiga schließen sich ausgedehnte Moorkomplexe an, die in Nordschweden und -finnland regional über 50 % der Landfläche bedecken. In Regionen mit kontinentalem Klima sind trockene, aus den ebenen Moorflächen herausragende **Palsa**-Flächen kennzeichnend (Abb. 41). Im subozeanischen N-Skandinavien bilden solche Palsa-Moore ausklingende Refugien eines „diskontinuierlichen" Permafrostes. Im Wesentlichen südlich des Polarkreises schließen sich **Aapa**moore (Abb. 43) und Hochmoore an, deren Oberflächenstrukturen und Torfmächtigkeiten in unterschiedlichem Umfang durch Frostwechselereignisse und Schwankungen der Wasserstände geprägt sind. Die temperate (nemorale) Zone wurde am Beispiel Mitteleuropas im vorausgegangenen Kapitel angesprochen.

In der submeridionalen Zone und weiter südlich treten überwiegend Niedermoore mit primären Torflagern in Kessellagen oder Überschwemmungsgebieten auf. Derartige Überflutungsmoor-Komplexe sind azonal von den Tropen bis in die Arktis verbreitet, freilich mit sehr unterschiedlicher Vegetationszusammensetzung. Man trifft sie regional noch in weitgehend naturbelassenem Zustand an, etwa als bewaldete Torfsümpfe mit großflächig ombrotrophen Bereichen auf Sumatra und Borneo, in den Everglades in Florida oder entlang der Flusssysteme Sibiriens und Kanadas.

Auf der Südhemisphäre sind Moore aus topografischen Gründen merklich seltener. Dennoch existieren ausgedehnte Moorkomplexe unterschiedlicher Genese und trophischer Stufen auch in den feuchten Tropen und Subtropen, vor allem in Südostasien (u. a. ARMENTANO 1990, SAFFORD & MALTBY 1998). In den Hochlagen Perus, Tasmaniens und Neuseelands sind außerdem saure, teilweise ombrotrophe Moore vertreten. Die Rolle der Torfmoose wird regional von Polsterpflanzen übernommen, den Vertretern der südhemisphärisch verbreiteten Restionaceae. Lediglich in Feuerland finden sich Hoch- und Niedermoore, deren Artengefüge Parallelen zu den holarktischen Mooren zeigt. Modernere Übersichten über die regionale Verteilung und strukturellen Eigenart von Mooren finden sich bei GORE (1983) sowie LAPPALAINEN (1996).

5 Torf

Torfe entwickeln sich in überwiegend feuchtem bis nassem Milieu als Folge der Akkumulation unvollständig zersetzter Pflanzenreste. Die Zersetzung hängt ab von den Temperaturen, der Verfügbarkeit von Sauerstoff, der chemischen Beschaffenheit der abgestorbenen Pflanzenreste sowie der Aktivität der Mikroorganismen. Hohe Temperaturen fördern die Zersetzung. Demgegenüber hemmen geringe Sauerstoffgehalte in wassergesättigten Böden sowie mikrobiell schwer abbaubare Substanzen in der abgestorbenen Phytomasse den Abbau.

Grundsätzlich lassen sich bei der Zersetzung von organischer Substanz drei Prozesse unterscheiden: **Verwesung** führt unter Anwesenheit von Sauerstoff zum vollständigen Abbau des organischen Materials durch aerob lebende Mikroorganismen. Dabei bilden sich Kohlendioxid und Wasser. **Vermoderung** ist eine unvollständige Verwesung von schwer zersetzbarer organischer Substanz, mitunter bei Sauerstoffmangel. **Fäulnis** vollzieht sich durch Zersetzung unter Sauerstoffausschluss durch anaerob lebende Bakterien. Bei einer **Vertorfung** treten Vermoderung im Akrotelm und Fäulnis im Katotelm kombiniert auf. Der erste Teilprozess vollzieht sich als sedentäre Substratbildung zumindest zeitweilig oberhalb des Grundwassers.

Das organische Material der Torfe ist aus wechselnden Anteilen unterschiedlich stark zersetzter Pflanzenreste und ihrer Umwandlungsprodukte aufgebaut, den Huminstoffen. Mit zunehmendem Zersetzungsgrad sinkt der Anteil der identifizierbaren und abbaubaren Pflanzenreste zugunsten der Huminstoffe sowie der Anteil der organischen Substanz insgesamt gegenüber der mineralischen.

5.1 Torfstruktur und -klassifikation

Die Ansprache der Torfstruktur und ihre Klassifikation berücksichtigt vor allem zwei Komponenten: die floristische Zusammensetzung sowie den Grad der Zersetzung. Für spezielle Fragen sind weitere Analysen erforderlich, etwa hinsichtlich des Anteils und der Zusammensetzung der anorganischen Substanz, der Austauschkapazität und Lagerungsdichte, des Wasser- und Luftgehaltes, der Textur, der Farbe und des Alters.

Tab. 1: Stetigkeiten wichtiger Arten in unterschiedlichen Torf-Ausbildungsformen NW-Deutschlands (nach Grosse-Brauckmann 1963, gekürzt). Es bedeuten: Röhr. = mit Röhricht-Arten, rein = ohne differenzierende Artengruppen, m Hmo-Pfl = mit bezeichnenden Sippen der Hochmoore, Cld. = Cladium, Phr. = Phragmites, Men. = Menyanthes. Die Stetigkeitsklassen bedeuten: r: < 5 %, +: > 5-10 % I: >10-20 %, II: > 20-40 %, III: > 40-60 %, IV: > 60-80 %, V: > 80 % Vorkommen der betreffenden Art in den Proben der jeweiligen Torf-Ausbildungsform; grau unterlegt: beherrschende Torf bildende Sippe.

Typ	*Alnus*-Typ		reiner *Betula*-Typ und *Betula-Pinus* Typ				*Myrica*-Typ			*Cladium Phragmites* Typ		*Men.*-Typ	Misch-Typ	
Form	Röhr.	rein	Röhr.	rein	m. Hmo-Pfl.		Cld.	Phr	Men.	Cld.	Men.-Phr.		Röhr. rein	rein
mittl. Zahl der Taxa	5,3	4,4	5,9	6,9	9,6	8,2	4,7	6,1	6,7	2,3	4,3	8,5	7,2	8,9
Zahl d. aufgef. Proben	9	9	7	9	8	11	6	7	9	6	6	11	5	7
Alnus glutinosa	V	V	.	.	.	.	.	.	.	.	.	.	.	.
Betula alba agg.	.	.	V	V	V	IV	.	.	.	.	.	.	.	.
Pinus sylvestris	.	.	.	.	.	V	.	.	.	.	.	.	.	.
Myrica gale	I	I	.	II	II	I	V	V	V	.	.	.	.	.
Phragmites australis	V	.	IV	.	I	I	V	V	.	IV	V	II	IV	.
Cladium mariscus	II	.	III	II	I	I	V	.	.	V	.	.	I	.

Tab. 1: Fortsetzung

Typ	*Alnus*-Typ		reiner *Betula*-Typ und *Betula-Pinus* Typ				*Myrica*-Typ			*Cladium Phragmites* Typ		*Men.*-Typ	Misch-Typ	
Form	Röhr.	rein	Röhr.	rein	m. Hmo-Pfl.		Cld.	Phr	Men.	Cld.	Men.-Phr.		Röhr. rein	rein
Calluna vulgaris	.	.	.	.	II	III	.	.	.	.	.	.	IV	IV
Eriophorum vaginatum	.	.	.	.	I	I	.	.	.	.	.	.	IV	V
Polytrichum strictum	.	.	I	.	I	IV	.	.	.	.	.	.	II	II
Aulacomnium palustre	.	.	.	.	II	III	.	.	.	.	.	.	I	IV
Rhynchospora alba	.	.	.	.	.	.	I	.	II	.	.	.	.	IV
Vaccinium oxycoccos	.	.	.	.	.	I	.	.	.	.	.	I	I	III
Sphagnum papillosum	.	.	.	.	I	I	.	.	.	.	.	.	.	III
Eriophorum angustifolium	.	.	.	.	II	I	.	.	.	.	.	I	.	I
Scheuchzeria palustris	.	.	.	.	I	I	.	.	.	.	.	.	I	II
Menyanthes trifoliata	II	I	III	V	IV	II	.	I	III	.	V	V	.	I
Sphagnum teres	.	.	II	III	III	I	.	.	.	.	.	II	.	I
Carex limosa	.	.	.	.	II	I	.	.	IV	.	.	III	.	II
Hydrocotyle vulgaris	.	II	.	.	I	.	II	.	.	.	II	.	.	.
Calliergon stramineum	.	.	.	.	.	.	.	II	.	.	.	I	II	II
Sphagnum Sect. *Subsecunda*	.	.	I	.	.	I	.	.	II	.	.	.	.	I
Warnstorfia fluitans	.	.	.	.	.	.	I	II	I	.	.	.	.	.
Carex rostrata	.	.	.	II	.	.	.	.	.	.	.	II	.	.
Dryopteris spec.	II	II	III	III	II	I	.	III	II	II	I	I	.	.
Lychnis flos-cuculi	II	II	II	II	II	II	.	III	II	.	I	II	I	.
Eleocharis palustris agg.	.	II	.	I	.	.	.	IV	.	I	I	I	.	.
Schoenoplectus lacustris	.	.	.	.	.	.	.	III	.	.	.	.	.	.
Bidens cernua	.	I	.	I	I	.	.	.	.	.	.	.	.	.
Carex pseudocyperus	I	I	.	.	.	.	.	.	.	.	.	.	.	.
Sphagnum cf. *palustre*	I	.	III	.	I	II	.	.	I	I	.	II	III	V
Tomentypnum nitens	I	.	I	III	IV	<II	.	.	.	.	I	III	II	II
Sphagnum Sect. *Cuspidata*	.	.	.	I	II	II	.	.	IV	.	.	II	III	III
Calliergon giganteum	I	I	.	II	II	I	.	.	II	.	.	III	.	.
Meesia triquetra	.	.	.	.	II	I	.	.	.	.	.	III	.	.
Sphagnum Sect. *Acutifolia*	.	.	.	.	.	II	.	.	.	.	.	I	II	.
Calliergonella cuspidata	.	II	II	I	.	.	.	I	I	.	.	I	.	.
Paludella squarrosa	.	.	I	II	.	I	.	.	.	.	.	I	.	.
Scorpidium cossonii	.	.	.	I	.	.	.	.	.	.	.	I	.	I
Cinclidium stygium	.	.	.	I	I	.	.	.	.	.	.	I	.	.
Carex spec.	III	III	III	III	III	II	IV	III	V	.	III	IV	I	I
Molinia caerulea	.	.	.	.	.	I	I	.	I	.	.	.	II	.
Ranunculus flammula	.	II	.	.	I	.	I	.	.	.	I	.	.	.

Tab. 2: Zeigerwerte, Erkennbarkeit im Gelände und Zuordnung von Makroresten bei Farn- und Blütenpflanzen zu bodenkundlichen Torfgruppen (nach GROSSE-BRAUCKMANN 1996a, bezüglich der Zeigerwerte nach ELLENBERG et al. (1991) mit Ergänzungen der Verfasser); R = Reaktionszahl von 1 Starksäurezeiger bis 9 Basen- und Kalkzeiger, N: Nährstoffzahl von 1 nährstoffärmste bis 9 übermäßig nährstoffreiche Standorte anzeigend, F: Feuchtezahl von 1 Starktrockniszeiger bis 10 Wechselwasserzeiger, =: Überschwemmungszeiger, x: indifferent; Gel.A. = Geländeansprache: G = Großrest, (G) = Großrest, im Gelände schwer ansprechbar, S = Samen; bodenkundliche Torfgruppe: ! = dominant, v = vorhanden, + = spärlich; Hh Hochmoortorf, Hs = basenarmer Niedermoortorf, He = eutropher Niedermoortorf.

Zeiger-	werte		Gel.	Wissenschaftl.	Deutsche	bdkdl.	Torf-Gr.	
R	N	F	A.	Namen der Pflanzenarten	Pflanzennamen	Hh	Hs	He
Krautige Pflanzenarten und Zwergsträucher: Pflanzenarten, deren Reste in Hochmoortorfen vorkommen								
1	1	x	G	*Calluna vulgaris*	Besenheide	!	+	
1	1	9	G, S	*Andromeda polifolia*	Rosmarinheide	v	+	
1	2	8	G	*Erica tetralix*	Glockenheide	v	+	
1–5	1	9	G	*Trichophorum cespitosum*	Rasensimse	v	+	
1	1–3	x	(G)	*Vaccinium uliginosum*	Rauschbeere, Moorbeere			
x	1	9	G	*Vaccinium oxycoccos*	Moosbeere	v	v	
1–3	1	9	G	*Eriophorum vaginatum*	Scheiden-Wollgras	!	!	
1–4	1	9=	G	*Scheuchzeria palustris*	Blasenbinse	!	!	
3	2	9	(G)	*Rhynchospora alba*	Weißes Schnabelried	v	v	
1–4	2	9	G	*Carex limosa*	Schlamm-Segge	v	v	
2–5	2	9=	(G)	*Eriophorum angustifolium*	Schmalblatt-Wollgras	v	v	
Pflanzenarten, deren Reste mit Schwerpunkt in basenarmen Niedermoortorfen (und nie in Hochmoortorfen) vertreten sind:								
2–3	3	9	S	*Viola palustris*	Sumpfveilchen		v	+
2–4	2	8		*Carex nigra*	Braun-Segge		+	
3	2	8		*Carex echinata*	Igel-Segge		+	
3	2	9		*Ranunculus flammula*	Brennender Hahnenfuß		v	+
3	2	9		*Hydrocotyle vulgaris*	Wassernabel		+	
2–4	2	9=	S	*Potentilla palustris*	Sumpf-Blutauge		v	
2–5	3	10	S	*Carex rostrata*	Schnabel-Segge		v	
2–4	2	9		*Carex curta*	Grau-Segge		+	
3–5	3	9	S	*Carex lasiocarpa*	Faden-Segge		v	
x	2	x		*Potentilla erecta*	Blutwurz		+	+
x	2	7	(G)	*Molinia caerulea*	Pfeifengras, Bentgras		+	+
2–4	2–3	9=	G, S	*Menyanthes trifoliata*	Fieberklee, Bitterklee		!	v
Pflanzenarten, deren Reste vorrangig in eutrophen Niedermoortorfen vertreten sind								
2–5	5	10	G	*Equisetum fluviatile*	Schlamm-Schachtelhalm		!	!
5	5	9		*Cicuta virosa*	Wasserschierling			
5	5	8	(G)	*Thelypteris palustris*	Sumpffarn		v	v
5–6	5	9=		*Carex pseudocyperus*	Zypergras-Segge			v
5–6	5	9		*Carex paniculata*	Rispen-Segge			v
7	7	9=		*Lycopus europaeus*	Wolfstrapp			v
7	9	9=		*Ranunculus sceleratus*	Gift-Hahnenfuß			v
5–7	5–7	10	G	*Phragmites australis*	Schilfrohr		+	!
6–9	3	10	G, S	*Cladium mariscus*	Schneide, Schneidried			v
6–9	4	9=		*Carex appropinquata*	Wunder-Segge			v
x	4	9=		*Peucedanum palustre*	Sumpf-Haarstrang			v
Bäume und Sträucher								
			G	*Pinus* spec.	Kiefern-Arten	v	v	
			G	*Betula* spec.	Birken-Arten		v	
3	3	9	G	*Myrica gale*	Gagel		v	+
			G	*Salix* spec.	Weiden-Arten		+	v
6	x	9=	G	*Alnus (glutinosa)*	(Schwarz- od. Rot-)Erle			v

Torfe mit vergleichbarer Zusammensetzung ihrer Pflanzenreste lassen sich zu **Torfarten** zusammenfassen und nach vegetationsgeschichtlich-botanischen Kriterien als **Torfarten-Einheiten** sowie bodenkundlich als **Torfarten-Gruppen** klassifizieren (JASNOWSKI 1959, 1962, TOLPA et al. 1967, GROSSE-BRAUCKMANN 1963, 1986, 1994a, 1996a).

Tab. 3: Zeigerwerte, Erkennbarkeit im Gelände und Zuordnung von Makroresten bei Moosen zu bodenkundlichen Torfgruppen (nach Grosse-Brauckmann 1996a, Neubeurteilung der Zeigerwerte durch die Verfasser); Abkürzungen wie in Tab. 2.

Zeigerwerte*		Erk. im Gelände	Wissenschaftliche Namen der Moosart	bodenkdl. Torf-Gr.**		
R	F			Hh	Hs	He
1–2	4–5		*Hypnum jutlandicum*	+	+	
1–2	4–5		*Pleurozium schreberi*	+		
1–2	4–5		*Pohlia nutans*	+		
1–2	5–6		*Sphagnum fuscum*	!	+	
1–2	5–7		*Dicranella cerviculata*	+	+	
1–2	6–8		*Sphagnum rubellum*	!	+	
1–2	7–9	G	*Sphagnum cuspidatum*	!	v	
1–2	8–9		*Sphagnum majus*	v	+	
1–2	8–9		*Warnstorfia fluitans*	+	v	
1–3	6–8		*Sphagnum magellanicum*	!	+	
1–3	6–8		*Sphagnum papillosum*	!	v	
1–3	6–8		*Sphagnum austinii*[1]	!	v	
1–3	6–8	G	*Sph.* Sect. *Acutifolia*	!	+	
1–4	7–9	G	*Sph.* Sect. *Cuspidata*	!	v	+
1–4	7–8		*Sphagnum fallax* agg.	v	v	+
1–5	6–7	G	*Polytrichum strictum*	v	+	
1–5	6–8	G	*Sph.* Sect. *Palustria*	!	v	+
1–7	6–7		*Dicranum bergeri*	v	+	
1–5	7	G	*Aulacomium palustre*	v	v	+
1–3	8–9		*Warnstorfia exannulata*		+	+
1–4	7–8		*Pseudobryum cinclidioides*		+	+
2–3	7–9	G	*Calliergon stramineum*		v	
2–4	6–7		*Sphagnum palustre*		v	+
2–4	6–8	G	*Polytrichum commune*		+	
2–4	7–8		*Philonotis fontana*		+	+
2–7	7–9		*Sph.* Sect. *Subsecunda*		v	+
4–7	7–8		*Sphagnum teres*		v	v
4–7	8–9		*Calliergon cordifolium*		+	+
4–7	5–7		*Calliergonella cuspidata*			+
4–7	6–8		*Climacium dendroides*			+
4–7	7–8	G	*Paludella squarrosa*		+	+
4–8	7–9		*Drepanocladus aduncus*			+
5–7	5–7		*Dicranum bonjeanii*			+
5–7	4–7	G	*Tomentypnum nitens*			+
5–8	5–7		*Bryum pseudotriquetrum*			+
5–8	5–8		*Scorpidium cossonii*			+
7–9	5–8		*Calliergon giganteum*			+
5–8	6–8		*Cinclidium stygium*		+	+
5–8	6–8		*Camylium stellatum*			+
6–8	7–9		*Helodium blandowii*			+
6–8	7–9	G	*Meesia triquetra*			+
6–8	8–9	G	*Scorpidium scorpioides*			+
6–8	8–9		*Pseudocalliergon trifarium*			+
6–8	8–9		*Pseudocalliergon lycopodioides*[2]			+
6–8	8–9		*Drepanocladus sendtneri*			+

* vgl. Tab. 2
** vgl. Tab. 2

[1] *Sphagnum imbricatum* auct.
[2] *Drepanocladus lycopodioides*

Tab. 1 gibt eine Übersicht der Stetigkeiten bestimmbarer und zugleich diagnostisch wichtiger Pflanzenreste (Großreste) unterschiedlicher Torftypen aus NW-Deutschland. Für den Vergleich mit der aktuellen Vegetation von Mooren ist zu berücksichtigen, dass bei der Torfbildung nur ein Bruchteil der zunächst abgelagerten Arten so erhalten geblieben ist, dass sich die verbliebenen Reste bestimmen lassen. Um den Bearbeitungsaufwand in Grenzen zu halten, kann zudem durch

Tab. 4: pH-Werte, N-Gehalte und C/N-Verhältnisse von Torfen und Mooren (Amplituden, Mittelwerte) (nach GROSSE-BRAUCKMANN 1996a).
Die Abkürzungen bedeuten: TGr = Torfartengruppen; n = Anzahl analysierter Proben, Min = niedrigster Wert, Max = höchster Wert, ($\bar{x}$ = Mittelwert, Extr = Extremwerte, Blm = Sphagnumtorf, Wgr = Wollgrastorf, Se = Seggentorf, Rei, Kibr = Reiser- und Kiefernbruchwaldtorfe, Bei = Beisentorfe (*Scheuchzeria*), Schi = Schilftorfe, Erlbru = Erlen-Bruchtorfe, Brm = Braunmoostorfe, Schnei = *Cladium*-Torfe; Torfartengruppen: I ombrogene Moore und basenarme Niedermoore (Armmoor), II überwiegend basenarme Niedermoore (Sauer-Zwischenmoor), III meso-eutrophe Niedermoore (weit gefasstes Reichmoor), IV basenreiche Niedermoore (Kalk-Zwischenmoor); ol = oligotroph, mes = mesotroph, eu = eutroph.

A Befunde von Torfen

		pH				N% org.				C/N		
TGr	Torfarten	n	Min	Max	$\bar{x}$	n	Min	Max	$\bar{x}$	Min	Max	$\bar{x}$
I	ombrogen, NWD	32	2,3	4,1	3,0	32	0,8	2,4	1,3	25	74	47
	Blm	33	2,7	4,8	3,8	25	1,2	2,1	1,6	27	50	36
	Blm, Wgr	15	2,4	4,2	3,3	14	1,3	2,1	1,7	28	45	35
	Extr, $\bar{x}$		2,3	4,8	3,4		0,8	2,4	1,5	25	74	39
II	SeBlm	13	2,8	5,7	4,2	15	1,3	2,3	1,7	25	45	35
	Rei, Kibr	6	3,0	5,6	3,9	6	1,5	2,1	1,8	28	40	34
	BeiSeBlm, Bei	6	2,4	5,8	4,0	5	1,5	2,1	2,0	27	38	30
	Extr, $\bar{x}$		2,4	5,8	4,0		1,3	2,3	1,8	25	45	33
	$\bar{x}$ I u. II				3,7				1,7			36
III	SchiSe	14	2,0	7,4	5,2	15	1,8	3,2	2,3	18	32	25
	Schi	32	2,6	6,5	5,2	32	1,7	4,8	2,8	12	34	21
	Erlbr	8	3,9	6,1	5,2	9	1,9	3,7	2,7	17	30	22
	Extr, $\bar{x}$		2,0	7,4	5,2		1,7	4,8	2,6	12	34	23
IV	BrmSe	14	4,9	7,4	6,4	15	1,5	4,0	2,4	14	38	24
	Brm, Schnei	18	5,0	7,5	6,1	18	1,5	3,8	2,3	15	38	26
	Extr, $\bar{x}$		4,9	7,5	6,2		1,5	4,0	2,3	14	38	25

B Moore, schematische Abgrenzung nach SUCCOW (1988)

	pH		N% org.		C/N	
Mooreinheit	von	bis	von	bis	von	bis
Sauer-Armmoor, ol	2,2	4,8	1,2	1,7	33	50
Sauer-Zwmoor, mes	2,2	4,8	1,7	2,2	20	33
Reichmoor, eu	3,5	8,0	2,2	5,8	10	20
Bas- + Kalk-Zw, mes	4,8	8,0	1,7	2,2	20	33

die Probennahme und ihre Aufbereitung jeweils nur ein kleiner Ausschnitt des ursprüglichen Lebensraumes einer Pflanzengesellschaft analysiert werden. Schließlich werden bei der Torfablagerung Pflanzenreste oft unterschiedlichen Alters in einer Torfprobe integriert. Deswegen ist ein Schluss von Pflanzenresten der Torfarten auf die Vegetationszusammensetzung zum Zeitpunkt der Torfbildung selbst bei großer Sorgfalt nur eingeschränkt möglich.

Torfarten-Einheiten berücksichtigen in erster Linie die Pflanzenreste der beherrschenden Torf bildenden Arten eines Profilausschnittes, um eine rasche und zugleich eindeutige Profilansprache im Gelände zu erlauben. Vor diesem Hintergrund liefern die Tabellen 2–4 eine grobe Übersicht. Bei der Zuordnung der Torfarten-Gruppen ersetzt hier der Begriff basenarmes Niedermoor (Hs) den Begriff Übergangsmoor (Hu), der Begriff eutrophes Niedermoor (He) jenen des Niedermoores (Hn) der bodenkundlichen Kartieranleitung.

Die vorgestellte Klassifikation bezieht sich auf ungestörte Torflager. Bei Entwässerung und Nutzung von Torfböden treten erhebliche pedologische Veränderungen auf, die bei den betroffenen Horizonten vor allem eine verstärkte sekundäre Zersetzung und Mineralisation der Torfsubstanz einleiten (vergl. S. 144).

Für die Ansprache des Zersetzungsgrades hat sich eine von Lennart v. Post eingeführte Feldmethode bewährt, welche die Pflanzenstrukturen, die Färbung des beim Quetschen austretenden Wassers und den verbleibenden Rückstand bei feldfrischen Torfproben berücksichtigt. Der Zersetzungsgrad lässt sich auch bei trockenen Torfproben durch den Anteil erkennbarer Pflanzenreste – bezogen auf den Torfkörper und die Torffärbung – ermitteln. Tab. 5 gibt eine Übersicht.

Tab. 5: Bestimmung des Zersetzungsgrades von Torfen (nach Roeschmann et al. 1993).

Merkmale feuchter, grubenfrischer Torfe nach von Post, ohne Angaben zum Dy-Gehalt				Zersetzungsgrad	Merkmale trockener Torfe			Zersetzungsstufe
Pflanzenstruktur im Torf	beim Quetschen zwischen den Fingern hindurchgehend		Rückstand nach dem Quetschen	nach von Post	strukturierte Pflanzenreste im Torf		Farbe des Torfes[1]	Bezeichnung
deutlich	farbloses klares	Wasser	nicht breiartig	H1	einziger	Erkennbarer Torfbestandteil	weißlich bis gelb	sehr schwach zersetzt
	schwach gelbbraunes fast klares			H2			ziemlich hellbraun	
	braunes deutlich trübes			H3			dunkler braun	schwach zersetzt
	braunes stark trübes			H4			ziemlich dunkel bis schwarz	
	stark trübes daneben etwas		etwas breiartig	H5	nahezu einziger			mittel zersetzt
etwas undeutlich	bis 1/3 der	Torfsubstanz	stark breiartig	H6	über 2/3	der Torfsubstanz ausmachend		
noch einigermaßen erkennbar	etwa 1/2 der		Pflanzenstrukturen deutlicher als vorher	H7	etwa 1/2			stark zersetzt
sehr undeutlich	etwa 2/3 der		besonders aus widerstandsfähigeren Resten (z. B. Fasern, Holz)	H8	etwa 1/3			
fast nicht mehr erkennbar	fast die gesamte			H9	nur sehr wenig			sehr stark zersetzt
nicht mehr erkennbar	die gesamte		kein Rückstand	H10	keine pflanzlichen Strukturen			

[1] auch als Humositätsgrad bezeichnet

5.2 Chemische Eigenschaften

Zahlreiche Faktoren beeinflussen die chemischen Eigenschaften von Torfen. Wichtig sind die Beschaffenheit der in die Torfbildung eingehenden Pflanzenreste, die Menge, Zusammensetzung und Geschwindigkeit der Zufuhr von im Moorwasser gelösten mineralischen Bestandteilen, die Aktivität der Mikroorganismen sowie physikalische Bedingungen wie Temperatur und Sauerstoffgehalt im Porensystem und schließlich das Alter und die Entstehungsgeschichte der Torfe selbst. Die Faktoren können additiv oder synergistisch wirken. Sie ändern sich vielfach kleinräumig horizontal wie vertikal und unterliegen zudem einer unterschiedlichen zeitlichen Dynamik auf verschiedenen Skalen.

5.2.1 Organische Bestandteile

Die Torfbildung setzt mit dem Absterben von Pflanzenteilen ein. Die chemische Zusammensetzung der Torfe ändert sich im Verlauf der Zersetzung: einige Substanzen werden selektiv rasch umgesetzt, andere wie Huminstoffe neu gebildet. Üblicherweise unterzieht man die Torfe einer Behandlung mit unterschiedlichen Extraktionsmitteln und untersucht die so gewonnenen Fraktionen. Derartige Analysen liefern freilich nur dann aufschlussreiche Befunde, wenn sie mit stratigraphischen Angaben verknüpft werden und zugleich Zersetzungsgrad und Zusammensetzung der Großreste mit erfasst werden (Clymo 1983).

Die häufig ermittelten Fraktionen umfassen chemisch heterogene Stoffgruppen. Als **Wachse** werden bituminöse, harzige und wachsartige Substanzen bezeichnet, die sich weitgehend einem mikrobiellen Abbau entziehen. Sie reichern sich mit zunehmender Humifizierung und wachsendem Alter in Torfen an; ihr Anteil bleibt meist unter 20 % der organischen Substanz. Auch der Anteil von **Ligninen** hängt stark vom Zersetzungsgrad der Torfe ab. Bei Zersetzungsgrad H3 (s. Tab. 5) beträgt ihr Anteil etwa 30 % der organischen Substanz, bei H6-7 über 50 %. Die Anteile von **Hemizellulosen** und **Zellulosen** fallen dagegen mit wachsendem Torfalter ab.

Bislang ist kein eindeutiges Urteil möglich, ob diese Phänomene auf Alterungsprozesse bei der Torfablagerung beziehungsweise seiner fortschreitenden Zersetzung zurückgehen, oder ob sie vorwiegend entwicklungsgeschichtlich interpretierbare Unterschiede der Vegetationszusammensetzung während der Torfablagerung spiegeln.

5.2.2 Anorganische Bestandteile

Um die geochemischen Abläufe im Torfkörper zu verstehen, müssen räumliche wie zeitliche Änderungen der Elementzusammensetzung ermittelt werden. Von Bedeutung sind dabei zyklische und saisonale, kleinräumige horizontale und vertikale Schwankungen der Sauerstoffgehalte sowie daran gekoppelte Redoxvorgänge. Mit abfallendem Redoxpotential laufen in nassen Böden stufenweise unter anderem die folgenden Prozesse ab: reduzierte Sauerstoffaufnahme im Wurzelbereich, abfallende biotische Aktivität, Nitratreduktion durch heterotrophe und autotrophe Denitrifikanten, Sulfat-, Mangan- und Eisenreduktion, Methanogenese.

Die verschiedenen Moorsysteme unterscheiden sich beträchtlich sowohl hinsichtlich der Ionengehalte des eingetragenen Oberflächen-, Grund- oder Niederschlagswassers als auch bezüglich der Mineralstoffzusammensetzung der vertorfenden Pflanzenreste. Dies beeinflusst die Gehalte und die Verteilung der Mineralstoffe bei der Torfgenese.

Durch Diffusion und biologische Umsetzungen wie die Nährstoffabsorption durch Wurzeln werden die mineralischen Komponenten in unterschiedlicher Weise festgelegt. Außerdem ist das Ausmaß der Festlegung beziehungsweise die Verlagerungsgeschwindigkeit in Torfprofilen für die einzelnen Ionen unterschiedlich (u. a. Damman 1978, Clymo 1983), und die Quellen (Eintrag mit dem Grundwasser oder auf dem atmosphärischen Pfad) können sich im Verlauf der Moorgenese ändern. Im Zuge von Mineralisation und Abbau nimmt allgemein die nicht-selektive Konzentration aller anorganischen Komponenten zu.

Die hydrochemischen Unterschiede stehen in Wechselbeziehung zur Zusammensetzung der Vegetation. Die Ionenverteilung im Moorwasser ist frühzeitig intensiv untersucht worden, weil es den Bearbeitern vorschwebte, auf diese Weise eine eindeutige Grenze zwischen vom Regenwasser bestimmter Hochmoor- und vom Grundwasser bestimmter Niedermoor-Vegetation festlegen zu können. Ein Vergleich der Ionenzusammensetzung im Wasser zentraler Hochmoorflächen und jenem des zusätzlich vom Mineralbodenwasser geprägten Laggs lässt erwartungsgemäß deutliche Unterschiede in der Ionenkonzentration erkennen. So zeigt selbst bei armem Ausgangsgestein des Einzugsgebietes der Lagg deutlich höhere Eisen- und Mangangehalte (u. a. Damman 1995). Diese Differenzen decken sich mit – wenn auch schwachen – Unterschieden in der floristischen Zusammensetzung der Vegetation und zwar unabhängig von den hydrologischen Bedingungen. Im Lagg, wie an anderen nährstoffarmen Niedermoor-Standorten, kommen Arten vor, die Hochmoor-Lebensräumen sowohl regional als auch generell fehlen. Ihr Auftreten bei schwachem Einfluss des Mineralbodenwassers in sonst nährstoffarmen Niedermooren koinzidiert mit der Ionenverteilung in der Bodenlösung (Mineralbodenwasser-Zeigergrenze im Sinne von DU RIETZ 1954).

Nicht immer freilich bestimmen die den Grundwasserzustrom in Niedermooren anzeigenden Ionen unmittelbar die Vegetationsverteilung. Zudem reagieren die betroffenen Pflanzen plastisch. *Eriophorum angustifolium* beispielsweise zeigt an ombrotrophen Standorten im Vergleich zu Niedermooren eine erhöhte Exsudation organischer Komponenten und vermag dadurch die Verfügbarkeit von Nährstoffen wie Phosphate, Eisen, Mangan oder Kupfer zu verbessern beziehungsweise die mikrobielle Aktivität in der Rhizosphäre zu steigern (SAARINEN et al. 1996).

GORHAM (1950) nennt einige Gründe, warum die Ionenverteilung im Moorwasser und die Vegetationsverteilung keiner einfachen Wechselbeziehung gehorchen. Diese seien hier in etwas modifizierter Form wiedergegeben:

- Der Einfluss des Mineralbodenwassers hängt unter anderem von seiner Ionenfracht ab (Ionenkonzentration × Volumendurchsatz durch einen gegebenen Querschnitt eines Torfkörpers). Menge und Bewegung an einem Ort können abhängig von der Konzentration und der Fließgeschwindigkeit erheblich variieren. Das Ausmaß der Wasserbewegung ist dabei häufig entscheidender als seine Ionenzusammensetzung. RUTTNER (1962) spricht von der „eutrophierenden Wirkung der Strömung", die unter anderem die Dynamik von Stickstoff, Phosphor und Kalium beeinflusst. Dies erklärt, weshalb sich keine hydrochemisch eindeutig definierte Grenze für das Auftreten der ersten **„Mineralbodenwasser"-Zeiger** in einem ombrotrophen Milieu ermitteln lässt.
- Das Mineralbodenwasser wird zum einen von der Ionenzusammensetzung und dem Verwitterungsgeschehen von Ausgangsgestein und Böden im Einzugsbereich des Moorwassers mitbestimmt, zum anderen aber von den Umsetzungsprozessen in den Torfen selbst.
- Abhängig vom Witterungsgeschehen steuern die Humuskolloide der Torfe unter anderem die Perkolation von Ionen im Moorwasser, was zu zeitlichen Schwankungen der Ionenkonzentrationen und -zusammensetzung führen kann. Diese Schwankungen sind unter ozeanischen Bedingungen stärker abgepuffert als in niederschlagsärmeren Gebieten mit einer im Jahresverlauf weniger ausgeglichenen Niederschlagsverteilung (PROCTOR 1994).
- Witterungsabhängige Veränderungen des Redoxpotentials bestimmen die Ionengehalte in der Bodenlösung mit. Kalium wird unter anoxischen Verhältnissen leicht ausgewaschen, bleibt aber bei sauerstoffreichen Torfen deutlich an den Hauptwurzelhorizont im Akrotelm gebunden; besonders Quellmoore und bewaldete Moorränder zeichnen sich demzufolge durch hohe K-Gehalte aus. (HEIKKILÄ 1987). Vergleichbares gilt für die Eisengehalte: In sauerstoffreichen Sumpfquellen fällt Eisen als Hydroxid aus und bleibt oberflächennah in den Torfen gebunden. Basenreiche Niedermoore sind daher auch in Bezug auf die Eisendynamik extreme Standorte. Unter anoxischen Verhältnissen in Teilen des Wurzelraumes kann infolge niedriger Redoxpotentiale die Fe-Löslichkeit hoch sein, was vor allem einige Hochstauden- und Feuchtgrünland-Arten wie *Filipendula ulmaria, Epilobium hirsutum, Rumex acetosa* und *Lychnis flos-cuculi* schlecht ertragen. Diese sind deswegen von den nassesten Standorten basenreicher Niedermoore weitgehend ausgeschlossen.
- Die abiotischen Faktoren eines Standortes wirken nicht einfach additiv. Vielmehr können die auslesenden Faktoren für das Artengefüge räumlich und zeitlich schwanken. Offensichtlich verschwimmt überregional für einige Phreatophyten, die lokal an hydrologisch extreme Standorte gut angepasst sind, die hydrochemisch definierte Verbreitungsgrenze. Folglich lassen sich Arten wie *Eriophorum angustifolium* regional als Indikatoren eines Grundwassereinflusses ansprechen, während sie andernorts auch in Hochmooren wachsen.

Das Gefälle der Ionenverteilung und -konzentrationen im Moorwasser bei unterschiedlichen Moortypen lässt sich durch Ionenfelddiagramme darstellen (Abb. 44). Die unterschiedliche Wasserbeschaffenheit des jeweiligen Einzugsgebietes, der mit wachsender Torfmächtigkeit steigende Einfluss des Niederschlagswassers und die daran geknüpfte „Oligotrophierung" wird aus dem Vergleich der Diagramme deutlich.

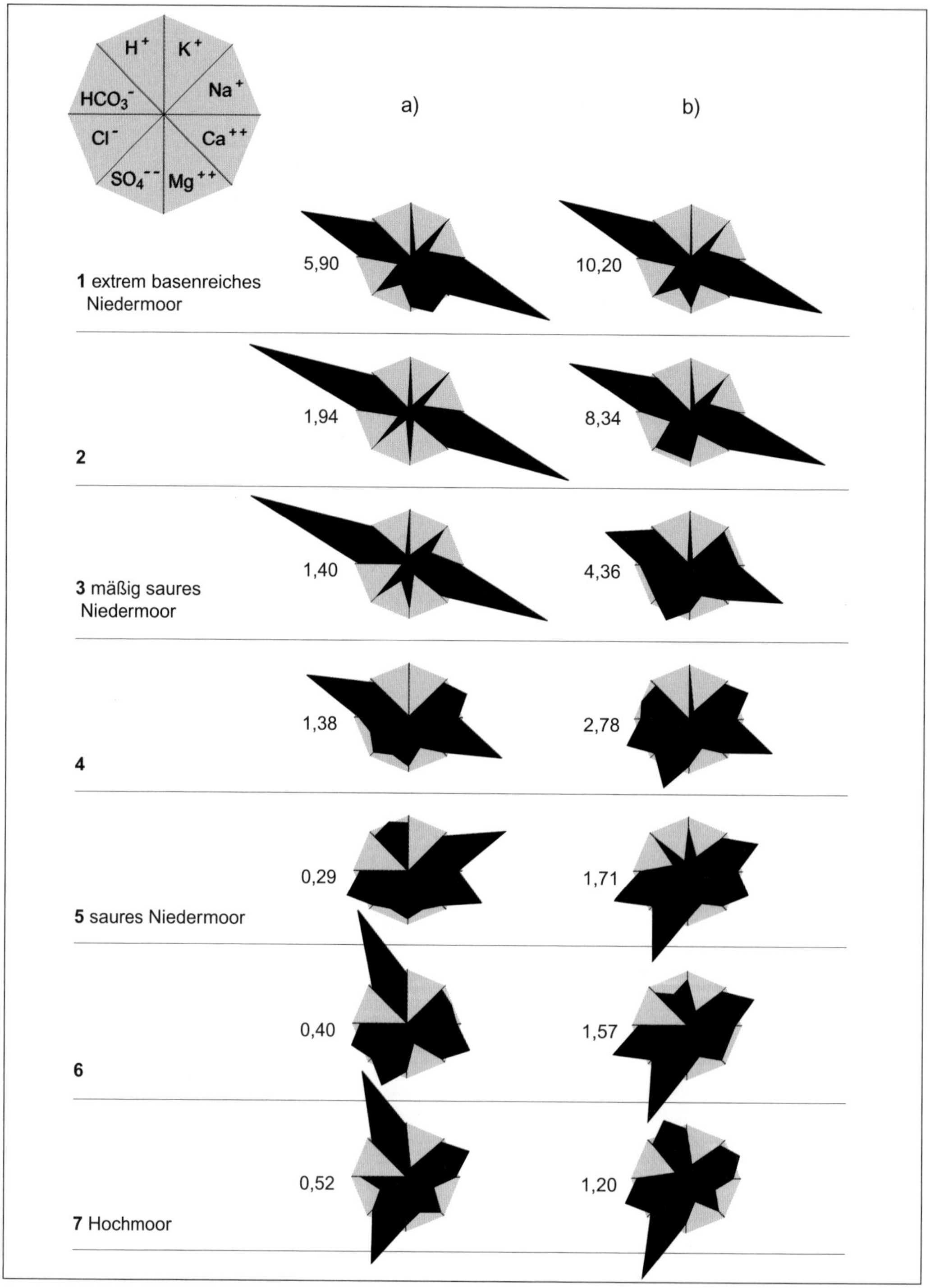

Abb. 44: Durchschnittliche Ionenzusammensetzung (Diagramme nach MAUCHA entsprechend der Anordnung im Polygon) und Gesamtionengehalte in meq l^{-1} in verschiedenen hydrologischen Moortypen; Analysendaten nach (a) WITTING 1947 aus S-Schweden und (b) BELLAMY 1968 aus W-Europa (nach MOORE & BELLAMY 1976).

5.3 Torfakkumulation und -zersetzung: Bedeutung der Torfeigenschaften

Wie in Kap. 1.1.2 erläutert, kann sich nur dort Torf bilden, wo die Primärproduktion größer ist als die Zersetzung. Akkumulationsraten und Umsetzungsprozesse unterscheiden sich bei Torfen unterschiedlicher Genese und Zusammensetzung. Die Eigenschaften des pflanzlichen Ausgangsmaterials für die Torfbildung sind hierfür entscheidender als Standortfaktoren, welche die Zersetzung regulieren. Die Akkumulation organischen Materials erfolgt hauptsächlich an der Mooroberfläche – soweit Moose betroffen sind – sowie im Hauptwurzelhorizont bei Gefäßpflanzen. Die Zersetzung erfolgt im gesamten Torfprofil, aber im Akrotelm erheblich rascher als im Katotelm. Ein langsamer Abbau kann durch den Mangel an mineralischen Nährstoffen bedingt sein, aber auch, wenn leicht verfügbare Energiequellen für die Destruenten fehlen. Schließlich können die Pflanzen selbst artspezifische Zerfallshemmstoffe oder zersetzungsresistente Verbindungen bilden, zum Beispiel extrazellulär wirksame Enzyme mit polyphenolischen Komponenten oder in den Zellwänden lokalisierte Polyuronsäuren (u. a. PAINTER 1991, WETZEL 1991). Niedermoortorfe nährstoffreicher Standorte werden rascher zersetzt als solche sauer-nährstoffarmer. Diese wiederum werden stärker und schneller umgesetzt als Hochmoortorfe. Die Prozesse sind positiv rückgekoppelt mit der Nährstoffversorgung der Torf bildenden Gefäßpflanzen und Kryptogamen.

In nährstoffreichen, von Gräsern und Kräutern beherrschten Niedermooren geht vornehmlich die abgestorbene unterirdische Phytomasse in die Torfbildung ein, weil in erster Linie die anoxischen Bedingungen im Wurzelhorizont den Abbau der organischen Substanz einschränken. Oberirdische Teile von Sprossen und Blättern mit Ausnahme von Früchten und Samen fehlen weitgehend. Im nährstoffärmeren Milieu ist die oberirdische Phytomasse eiweißärmer, wodurch sich auch deren Abbau verzögert. Dadurch steigt zugleich ihr Anteil am Aufbau der Torfe.

Torfmoose setzen dem mikrobiellen Abbau einen besonders hohen Widerstand entgegen, und zwar bereits im Akrotelm. An Standorten mit bewegtem Mikrorelief entscheidet zudem die Mächtigkeit des Akrotelm über die Zeitdauer und das Ausmaß der Zersetzungsprozesse und Nährstoffmineralisation (vergl. S. 12). Allerdings wird das organische Material, das in mäßig nassen Bulten abgelagert wird, meist langsamer und unvollständiger zersetzt als diejenigen Torfe, die aus den Schlenken hervorgehen. Dies liegt in erster Linie daran, dass die verschiedenen *Sphagnum*-Arten gegenüber dem Angriff der Destruenten unterschiedlich resistent sind (Abb. 45) (LÜTT 1992, JOHNSON & DAMMAN 1991, 1993). Die hohe Abbauresistenz bultbewohnender Sphagnen im Vergleich zu den schlenkenbewohnenden trägt zur Stabilisierung von Bult-Schlenken-Komplexen mit schwacher oder stagnierender Torfbildung bei, obgleich die Schlenken zeitweilig Sauerstoffdefizite zeigen und die hier gebildeten Torfe eine kürzere Verweildauer bis zum Übertritt ins Katotelm haben. Eine wichtige Komponente ist dabei der höhere Gehalt an schwer abbaubaren Polyuronsäuren, bezogen auf das Trockengewicht bei den Torfmoosen der Bult-Standorte (JOHNSON & DAMMAN 1993, VERHOEVEN & LIEFVELD 1997).

Das Ausmaß der Torfakkumulation lässt sich bei variabler Torfzusammensetzung und unterschiedlichem Zersetzungsgrad als Rate der Kohlenstoff-Festlegung (RCA) beschreiben. Sofern datierte Torfprofile das gesamte Stratum umfassen, lassen sich Akkumulationsrate und Kohlenstoffverlust berechnen. Die langfristige (**apparente**) Kohlenstoff-Akkumulation folgt aus dem Höhenwachstum des Torfes (mm a^{-1}) und seiner Lagerungsdichte (g cm^{-3}). Der langfristige Verlust organischer Substanz, bezogen auf das ursprünglich festgelegte organische Material, folgt aus der kumulativen Masse sowie der Mächtigkeit und dem Alter eines Profils, wenn die Akkumulationrate im Akrotelm bekannt ist (g m^{-2} a^{-1}). Die langsame, über lange Zeiträume kontinuierliche Zersetzung im Katotelm (CLYMO 1984a) ergibt bei hohen Katotelmmächtigkeiten eine deutlich geringere **wirkliche** Kohlenstoff-Akkumulation. In temperaten und borealen Hochmooren wurden nach stratigraphischen Untersuchungen apparente Akkumulationsraten zwischen 13 und 41 g m^{-2} a^{-1} ermittelt, in Niedermooren zwischen 8 und 27 g m^{-2} a^{-1}. Für das Erreichen der „Sprungschicht" von der vergleichsweise intensiven Zersetzung im Akrotelm zur sehr langsamen im Katotelm wurde in den untersuchten Mooren eine Zeitspanne zwischen 300 und 500 Jahren ermittelt. Die wirkliche Akkumulation unter Berücksichtigung der Kohlenstoffverluste im Katotelm schwankt bei Hochmooren zwischen 9 und 27 g m^{-2} a^{-1}, bei Niedermooren zwischen 5 und 17 g m^{-2} a^{-1} (CLYMO et al. 1998).

Aus den Wechselbeziehungen zwischen Torfakkumulation und -zersetzung ergeben sich die maximal erreichbaren Torfmächtigkeiten eines Moorkörpers in Abhängigkeit von Wasserversorgung

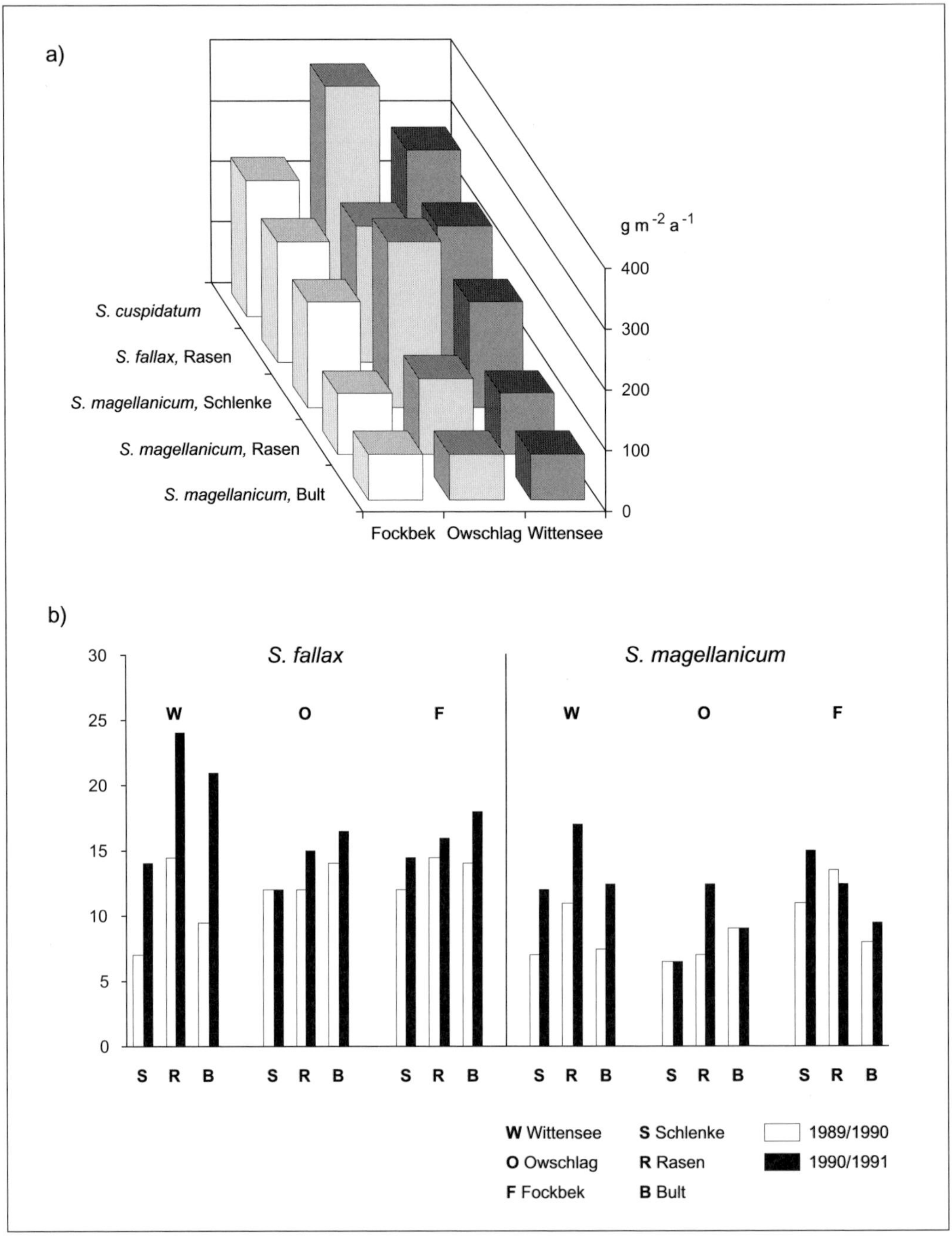

Abb. 45: Vergleich der Produktivität (a) und Zersetzung (b) verschiedener Torfmoose in Abhängigkeit vom hydrologischen Niveau in drei unterschiedlichen Mooren Schleswig-Holsteins (nach LÜTT 1992).

und Trophiestufe. Bei kühlem Klima ist das Torfwachstum durch die maximale Höhe des Moorwasser-Halbellipsoids vorgegeben (Abb. 8 S. 20), unter wärmeren Bedingungen durch den abfallenden klimatischen Feuchtigkeitsüberschuss, mit dessen Rückgang die Zersetzungsintensität ansteigt. Sofern das Torfwachstum zersetzungslimitiert ist, wird unter natürlichen Bedingungen die Produktivität der Torf bildenden Vegetation, etwa der Sphagnen, im Zuge der Moorentwicklung nicht zurückgehen. Von einem gewissen Entwicklungsstadium an erreichen bei vorgegebenem Moordurchmesser und definierter Mächtigkeit des Katotelm die Torfbildung und -zersetzung ein Fließgleichgewicht (vergl. Kap. 1.1.2 S. 11) und entwickeln in den zentralen Abschnitten der Moorweite Stillstandskomplexe.

Neben den Eigenschaften der Pflanzenreste bestimmt das Ausmaß der mikrobiellen Aktivität, in welchem Umfang und in welcher Geschwindigkeit die gebildete organische Substanz abgebaut wird. Die Destruentengemeinschaften sind in ihrer qualititativen Zusammensetzung und ihrer Menge Standort- und Phytozönosen-spezifisch (BURZYNSKA-CZEKANOWSKA 1967). Die Bedeutung von Konsumenten der Meso- und Makrofauna wie Collembolen, Acariden, Oribatiden oder Nematoden ist in naturbelassenen Mooren meist gering. Demgegenüber sind Bakterien bei Nitrifikation und Denitrifikation und vor allem Pilze an der Festlegung und Freisetzung von Nährstoffen beteiligt. Mikrobiell erzeugte Umsetzungsprodukte sind bedeutsam für die Humifizierung. Bei unberührten Mooren sind die Keimzahlen in den Torfen im Vergleich zu Mineralböden gering; Hefen und andere Pilze überwiegen stark gegenüber Bakterien und Aktinomyceten. Bei Entwässerung und Düngung kehrt sich das Verhältnis mit ansteigender mikrobieller Aktivität um (MALTBY 1992).

Zur Aufklärung des mikrobiellen Abbaus und zum Verständnis der Ericaceen-Mykorrhizen haben die Untersuchungen von BURGEFF (1961) und seinen Mitarbeiterinnen in süddeutschen Mooren beigetragen. Dabei wurde die Bedeutung der Ericaceen-Mykorrhizen für den Pektin-, Gerbstoff- und Zelluloseabbau deutlich. Dies leisten in den Mooren auch nichtsymbiontische, „freie“ Pilze, allerdings unter ihnen nur wenige sphagnicole Basidiomyceten (UNTIEDT-SIMON & MÜLLER 1987).

Bakterien liegen bei niedrigen pH-Werten im Akrotelm vornehmlich als Sporen vor, die sich nicht oder kaum weiterentwickeln. Am raschesten werden Proteine und lösliche Kohlenhydrate umgesetzt, so dass der relative Anteil an Zellulosen, Hemizellulosen, Lignin, aber auch von Pektinen ansteigt (vergl. 5.2.1). Als Umwandlungsprodukte der in der Ericaceenrhizodermis angereicherten und von den Mykorrhizapilzen als Kohlenhydratquelle aufschließbaren Gerbstoffe (Tannine) sind Huminsubstanzen vertreten, deren chemischen Zusammensetzung bislang unbefriedigend geklärt ist.

Im Katotelm tritt der sulfatreduzierende *Desulfovibrio desulfuricans* auf. Als Sauerstoffquelle dienen SO_4^{2-}-Ionen aus dem Niederschlagswasser oder schwefelhaltige Aminosäuren aus Eiweißketten, als Energiequelle unter anderem Kohlenhydrate und Peptide. Der Eiweiß-Abbau erfolgt durch fakultativ anaerobe Bakterien bei Anwesenheit von Peptonen als Kohlenstoffquelle. Beim Abbau der *Sphagnum*-Proteine wird die Bakterientätigkeit offensichtlich durch Mykorrhiza-Exsudate stimuliert.

Alle Abbauprozesse sind temperaturgesteuert: bei Temperaturen über + 25 °C wird mehr CO_2 freigesetzt als in der Phytomasse festgelegt. Dies erklärt das höhere Torf bildende Potential der borealen Zonen im Vergleich zu jenem der Tropen.

6 Kohlenstoffhaushalt und Nährstoffumsätze

Im folgenden Kapitel sollen Zusammenhänge erörtert werden, die das Verständnis für standörtliche Gradienten sowie die Muster der Vegetationsverteilung in Mooren erleichtern (Kap. 7 und 8). Die ökosystemaren Funktionen von Mooren und ihrer landschaftlichen Einbindung werden in Kap. 10 aufgegriffen und vertieft.

6.1 Kohlenstoffhaushalt

Das Ausmaß der Fixierung von Kohlenstoff durch die Photosynthese der Pflanzen bestimmt gleichermaßen den Energiehaushalt der Vegetation (Primärproduktion) wie den strukturellen Aufbau der Pflanzendecke. Konsumenten-(Tierwelt-) und Destruenten-Nahrungsnetze sind an die Primärproduktion gekoppelt. Die Photosyntheserate der Pflanzen hängt vor allem vom Mikroklima und von der Nährstoffversorgung am Standort ab. Die Kohlenstoffzyklen in Mooren weisen in diesem Zusammenhang gegenüber anderen „reifen“ Ökosystemen Anomalien auf: Hohe Wasserstände und Nährstoffarmut schränken die Primärproduktion ein. Der verzögerte Abbau der Phytomasse bedingt die Torfbildung und macht dadurch das System zumindest zeitweilig zu einer Kohlenstoffsenke. Da mit der Ablagerung der Torfe zugleich an den Humuskolloiden Mineralstoffe adsorbiert werden, schränkt die resultierende Oligotrophierung bei mangelnder Mineralstoff-Nachlieferung die Produktivität der Vegetation weiter ein.

Torfe enthalten zwischen 48 und 63 Gewichtsprozent Kohlenstoff (Naucke 1990). Leicht abbaubare Kohlenstoffverbindungen wie Glucose werden im aeroben Milieu mit Sauerstoff als Elektronenakzeptor oxidiert, schwer abbaubare wie Zellulose und Lignin langsamer abgebaut oder in Huminstoffe umgewandelt. Unter anaeroben Bedingungen nutzen Bakterien kurzkettige organische Verbindungen als Elektronenakzeptor und produzieren dabei Methan. Glucose kann im anoxischen Milieu mit Nitrat als Elektronenakzeptor abgebaut werden (Denitrifikation).

Die Einstrahlung steuert die Photosyntheseleistung und bestimmt den Wärmehaushalt der oberen Bodenschichten und damit zugleich die Wasser- und Nährstoffaufnahme. Die jahreszeitliche Entwicklung der Vegetationsdecke regelt über den Blattflächenindex und die Blattstellung die Lichtabsorption für die Photosynthese sowie die Transmission in den bodennahen Bereich. Röhrichtbestände mit einem Blattflächenindex (LAI) bis zu 4,5 sind daher effektiver als Feuchtwiesen und zwergstrauchreiche Moorkomplexe (LAI < 2) (Abb. 46). *Phragmites australis* etwa kann bei optimalem Wachstum die photosynthetisch wirksame Strahlung (PAR) sehr wirkungsvoll nutzen (bis 30 mg CO_2 dm^{-2} h^{-1}, Effektivität der Energie-Umwandlung < 3 %). Im Vergleich dazu liegt die Ausbeute bei Gefäßpflanzen nährstoffärmerer Moore deutlich niedriger (< 20 mg dm^{-2} h^{-1}, Effektivität der Energie-Umwandlung < 1,5 %), bei Moosen nurmehr zwischen 1 und 5 mg dm^{-2} h^{-1} (Bradbury & Grace 1983). Zwar erfolgt bei den kälteadaptierten Arten der Moore bereits bei niedrigen Temperaturen und Lichtintensitäten eine apparente Photosynthese. Diese kann indessen die

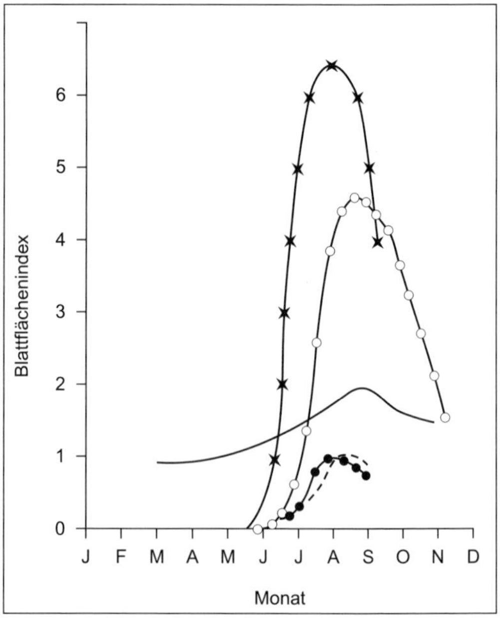

Abb. 46: Blattflächenindex im Jahresverlauf bei unterschiedlichen Arten der Feuchtstandorte (nach Bradbury & Grace (1983) aus unterschiedlichen Quellen); x = ‚Peta‘-Reis auf den Philippinen, o = *Phragmites australis*, Tschechien, — = *Calluna vulgaris*, N-England, --- = Feuchtwiesen, Norwegen, •—• = feuchte Tundra, Alaska.

höhere CO_2-Aufnahmerate der wuchskräftigeren Röhricht-Arten nicht kompensieren.

Bezüglich ihrer Wasserversorgung für die Photosynthese sind zahlreiche Moorpflanzen im Allgemeinen geringerem Stress ausgesetzt als solche anderer Standorte. Dies gilt nicht für flach wurzelnde Arten mit hohem Feinwurzelanteil im Akrotelm. Messungen des Wasserpotentials belegen vielmehr, dass etwa bei Zwergsträuchern bei starker Einstrahlung und hohen Sättigungsdefiziten negative Wasserpotentiale im Xylem von bis zu –2,0 MPa auftreten können, die Spaltöffnungsschluss bewirken (ASHMORE 1975). Darüber hinaus kann die Wasser- und Ionenaufnahme der Wurzeln an nassen Standorten auch durch niedrige Temperaturen und zeitweilig anoxische Bedingungen erschwert sein (SLATYER 1967) (vergl. auch Kap. 7.1.2).

Über die Kohlenstoffdynamik bezeichnender Moor-Phanerogamen sind wir unter anderem durch die Arbeiten von FLOWER-ELLIS (1980a,b) an *Empetrum *hermaphroditum, Andromeda polifolia* und *Rubus chamaemorus* gut informiert. Grundsätzlich erlaubt die Anlage mehrjähriger Blätter bei den Ericaceen eine bessere Ausnutzung der Vegetationsperiode (READER 1978). Die Rosmarinheide (*Andromeda polifolia*, Abb. 47) erneuert jährlich etwa 1/3 ihrer Blattphytomasse. Nach 2 Jahren sind nahezu 60 %, nach drei Jahren praktisch alle Blätter ersetzt. Bei den lebenden Pflanzen verbleibt nur ein geringer Anteil der gebildeten Zucker in den Blättern – als Schutz gegen niedrige Temperaturen. Die Masse der gebildeten Assimilate wird in die unterirdischen Organe verlagert, bei *Rubus* rasch, bei den Immergrünen in Intervallen, die sich in Gewichtsschwankungen der oberirdischen Sprossteile und der Blätter äußern. Der dabei angelegte Kohlenstoff-Pool gestattet selbst bei geringer Photosyntheserate in kalten Jahren und bei niedrigen Lichtintensitäten den kontinuierlichen Aufbau von Blättern während der Vegetationsperiode. Dieser Pool ist bei der Moltebeere etwa doppelt so groß wie ihr mittlerer jährlicher Bedarf. KARLSSON (1986) geht nach Ermittlung der Photosyntheseleistung von den Ericaceen davon aus, dass bei *Empetrum* 0,08-0,18 g Trockensubstanz (je g Blattmasse), bei *Andromeda* 0,027–0,06 g je Jahr für die Erneuerung der Feinwurzeln zur Verfügung stehen. Damit kann *Empetrum* 12–26 %, *Andromeda* dagegen nur 3–7 % seiner Wurzeln jährlich erneuern. Deren Lebensdauer muss folglich zwischen 15 und 35 Jahren liegen. Die Auswirkungen für den Kohlenstoffhaushalt der Zwergsträucher sind evident: zum einen müssen sie mehr Assimilate in ihr Feinwurzelsystem in-

Abb. 47: *Andromeda polifolia* als verholzende, mehrjährige Ericacee, die mit ihren flachen Wurzeln gut an nährstoffarme Nassstandorte adaptiert ist.

vestieren als üblich, und ihre Wurzeln haben überdies eine ungewöhnlich hohe Lebensdauer. Diese starke Allokation schränkt unter extremen Witterungsverhältnissen die Möglichkeit ein, die oberirdische Phytomasse nach Fraßschäden zu erneuern sowie sich rasch und effektiv generativ zu reproduzieren. Darüber hinaus ist auch die Effektivität älterer Wurzeln für die Wasser- und Nährstoffaufnahme eingeschränkt (CALDWELL 1979).

Der Anteil der unterirdischen Phytomasse, speziell im Verhältnis zur oberirdischen, ist also von beträchtlicher Bedeutung für die Nährstoffdynamik und den Energietransfer. Allgemein besitzen Pflanzen der Sümpfe und Moore eine große unterirdische Phytomasse. WALLÉN (1986) hat die unterirdische Phytomasse von *Andromeda polifolia, Empetrum *hermaphroditum* und *Rubus chamaemorus* genauer ermittelt (Abb. 48). Grobwurzel- und Rhizomphytomassen lagen bei 150, 213 und 220 g m^{-2}, Feinwurzeln (< 0,5 mm) bei 1100, 600 und 350 g m^{-2}. Damit haben *Andromeda* und *Rubus* etwa 98 %, *Empetrum* 90 % ihrer lebenden Phytomasse unter Flur entwickelt. Exakte Werte lassen sich schwer angeben, da in torfmoosreichen Flächen die unteren Sprossabschnitte von Phanerogamen zwar oberhalb der Torfmoosdecke angelegt, aber sukzessiv „begraben" werden, ohne zunächst ihr Wachstum einzustellen. Die Wurzeln und verholzten unterirdischen Sprossabschnitte der Gefäßpflanzen konzentrieren sich auf die obersten 15 cm, während die Moltebeere mit gleichmäßiger Durchwurzelung in größere Bodentiefen vordringt.

Erhebliche Anteile der akkumulierten Nährstoffe sind bei Moorpflanzen also unterirdisch festgelegt. Bereits eine geringe Änderung des Anteiles nicht strukturell gebundener Kohlenhydrate kann einen bedeutsamen Transfer der Energieressourcen auslösen. Feinwurzeln und ihre Exsudate werden im Vergleich zur oberirdischen Phytomasse meist rasch umgesetzt (jährliche Rate zwischen 25 und 86 % (z. B. SHAVER & BILLINGS 1975)) und akkumulieren nicht im Torf, bilden aber immerhin einen wichtigen Pool für die mikrobielle Biomasse, die ihrerseits die Mineralstoffumsetzung regelt. Damit kommt höheren Pflanzen eine bedeutendere Rolle bezüglich der Produktivität und Kohlenstoff-Umsatzraten in Mooren zu, als bislang angenommen wurde.

Von Torfmoosen liegen mittlerweile zahlreiche Messungen über die Kohlenstoffdynamik in situ vor. Photosynthese und Dunkelatmung bei Lichtsättigung unterscheiden sich artspezifisch (Abb. 49). Beschattung durch Phanerogamen schränkt zwar den Photonenfluss ein, kann aber zugleich eine die Assimilation beeinträchtigende Austrocknung des Substrates verhindern. Eine Abschwächung der Photosynthese bei hohen Strahlungsintensitäten tritt vor allem bei schattentoleranten Arten wie *Sphagnum squarrosum* bei niedrigen Temperaturen und zugleich hohem Photonenfluss auf (HARLEY et al. 1989). Somit zeichnen

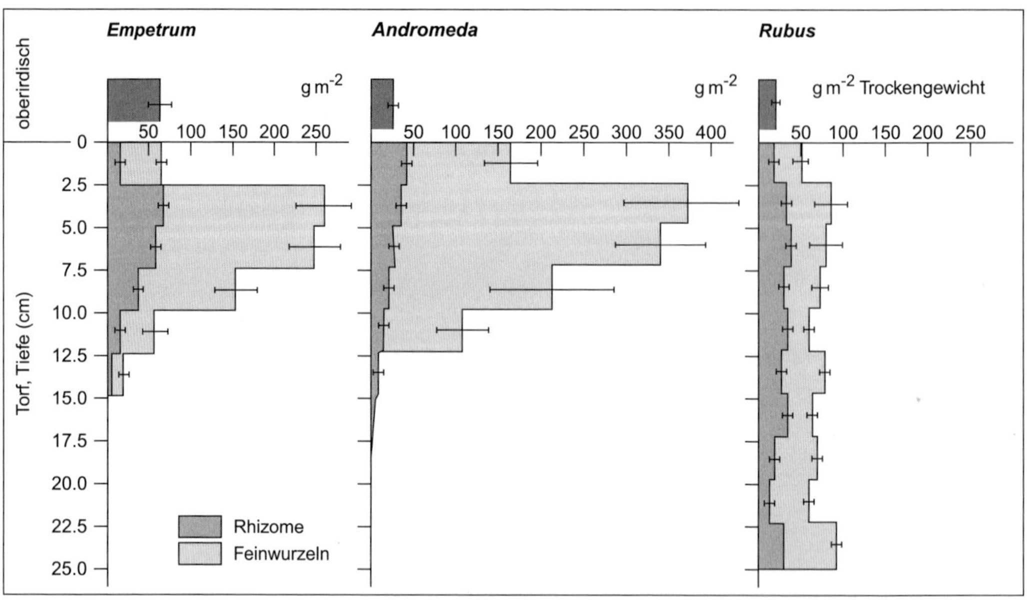

Abb. 48: Verteilung der ober- und unterirdischen Phytomasse bei *Empetrum hermaphroditum, Andromeda polifolia* und *Rubus chamaemorus* (nach WALLÉN 1986).

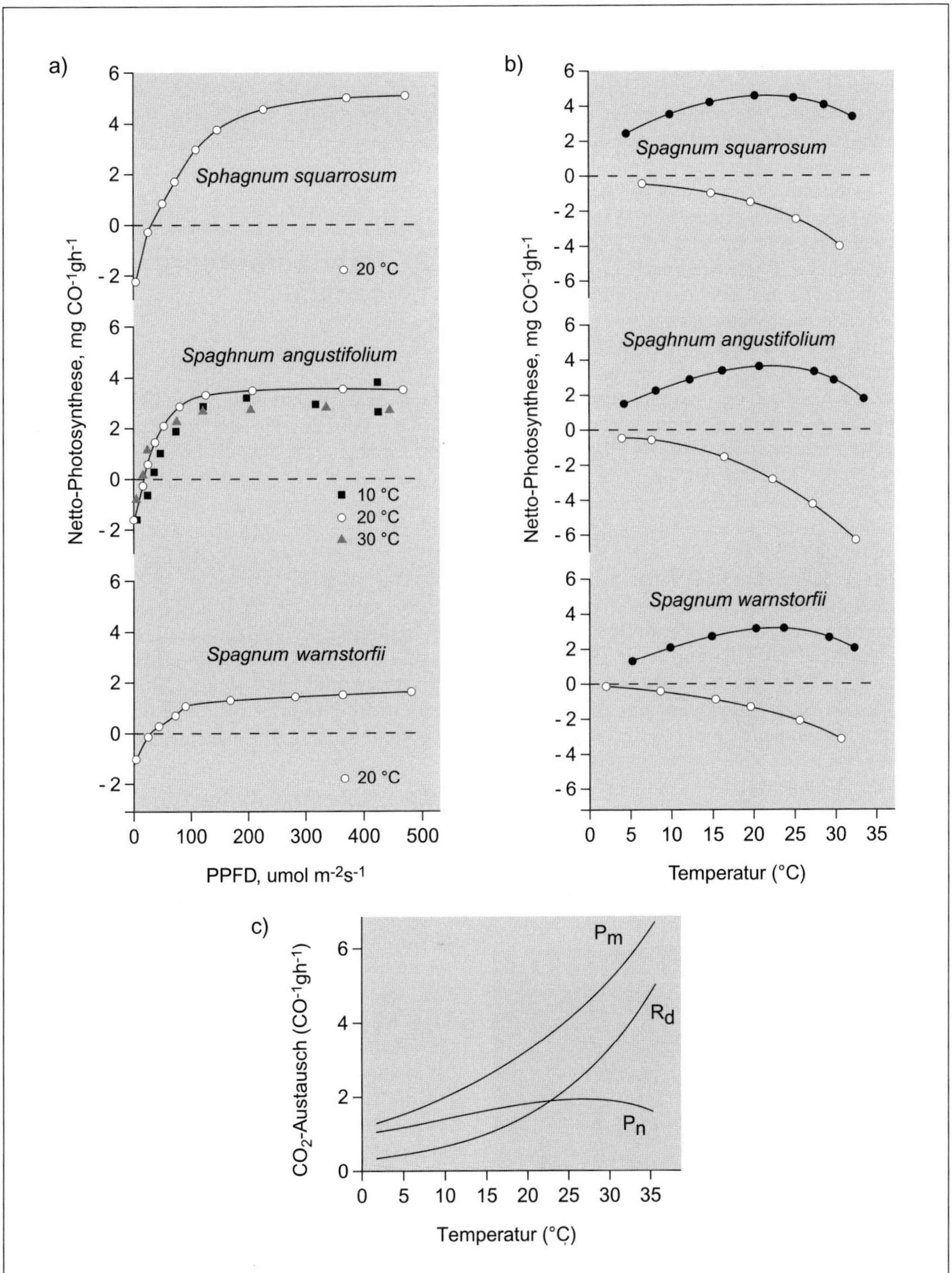

Abb. 49: Photosyntheseverhalten verschiedener Torfmoose in Abhängigkeit von der Photonen-Flussdichte (PPFD) (a), Netto-Photosynthese bei Lichtsättigung und Dunkelatmung in Wechselbeziehung zur Umgebungstemperatur (b) sowie die Interaktion zwischen Brutto-Photosynthese (Pm), Dunkelatmung (Rd) und apparenter Photosynthese (Pn) bei *Sphagnum angustifolium* (c) (nach Gaswechselmessungen von Harley et al. 1989).

sich zwei gegenläufige Strategien ab: konkurrenzkräftige und gegebenenfalls schattentolerante Arten weichen auf Mikrohabitate mit ausgeglichener Wasserversorgung aus, während austrocknungs- und stresstolerante Sippen die weniger hydrostabilen Bulten besiedeln, dies allerdings um den Preis geringerer Wachstumsraten.

Die unterschiedliche Photosynthesekapazität einzelner Arten bei verschiedenen Wassergehalten haben unter anderem RYDIN & MCDONALD (1985) und WALLÉN et al. (1988) überprüft. *Sphagnum rubellum, S. balticum* und *S. tenellum* zeigen bei Lichtsättigung und Wasserständen um Flurniveau hohe Photosyntheseraten (4–6 mg CO_2 dm^{-2} h^{-1}), *S. fuscum* nur etwas über 1 mg. Erwartungsgemäß unterscheiden sich die wassergehaltsabhängigen Photosyntheseoptima der Arten, wobei sich Austrocknung drastischer auswirkt als Übersättigung. Bei erhöhtem CO_2-Angebot steigt die Photosyntheserate (JAUHIAINEN & SILVOLA 1996).

Sphagnum fuscum erweist sich bezüglich seines Photosyntheseverhaltens als austrocknungstolerant. Die Wuchsdichte und daran gekoppelt das Wasserhaltevermögen sowie bessere kapillare Leitfähigkeit sind für die Einnischung wesentlicher als die Stresstoleranz bei Wassermangel. SILVOLA & AALTONEN (1984) haben dies an *Sphagnum fuscum* und *Sphagnum angustifolium* in Nordkarelien/Finnland geprüft. Für das an trockenere Mikrohabitate angepasste *Sphagnum fuscum* lagen die Wassergehalte am Standort im Jahresverlauf durchweg im Optimum, während die ermittelten Wassergehalte an den *Sphagnum angustifolium*-Mikrostandorten häufiger so stark schwankten, dass die Photosyntheseleistung dadurch beeinträchtigt war.

Abb. 50: Zellaufbau eines Astblattes von *Sphagnum cuspidatum*. Bezeichnend für die Blätter der Bleichmoose ist das regelmäßige Muster von schmalen, chloroplastenhaltigen lebenden Zellen (Chorozyten) und größeren abgestorbenen, wasser- oder luftgefüllten Zellen (Hyalozyten).

Bei stark ansteigenden Wassergehalten sinkt die Photosyntheseleistung aufgrund der erschwerten CO_2-Diffusion zu den Chlorozyten (Abb. 50). Die artspezifische Nische bezüglich der Stabilisierung des Kohlenstoffhaushaltes ist mithin ein Kompromiss zwischen Austrocknungstoleranz und CO_2-Verfügbarkeit bei unterschiedlichen Wassergehalten (LINDHOLM 1990).

6.2 Nährstoffversorgung und Azidität

6.2.1 Nährstoffeinträge

Die Nährstoffversorgung von Moorpflanzen erfolgt mit dem Grund- und Oberflächenwasser aus dem Einzugsgebiet, durch im Niederschlagswasser gelöste Stoffe und durch gasförmige oder partikuläre Immissionen. Bei Hochmooren ist ausschließlich der atmosphärische Pfad von Bedeutung, in Niedermooren beziehungsweise im Lagg von Hochmooren überlagern sich die Einflüsse von Grund-, Oberflächen- und Niederschlagswasser. In jüngerer Zeit haben sich in Mitteleuropa die Nährstofffrachten auf allen Pfaden deutlich erhöht bis vervielfacht. Die auf diese Weise hervorgerufenen und künftig zu erwartenden Veränderungen werden in Kap. 11.3.2 angesprochen.

6.2.2 Nährstoffpfade zwischen Vegetation und Torfkörper

Neben den Wasservorräten am Standort sind Ionenkonzentration und -zusammensetzung vegetationswirksam (vergl. Abb. 44 S. 56). Zwei Gradienten überlagern sich: die Nährstoffversorgung von nährstoffarm bis überversorgt und die Azidität. Die Nährstoffversorgung bestimmt die Produktivität der Pflanzen und damit ihre Konkurrenzkraft, die Azidität ihre Einnischung bezüglich der Versorgung mit Mineralien.

Moore sind überwiegend nährstoffarm, weil ein beträchtlicher Anteil der mit dem Grund-, Oberflächen- oder Niederschlagswasser zugeführten Ionen im Torf festgelegt wird und daher für Pflanzen nicht oder nur eingeschränkt verfügbar ist. Durch einen Torfkörper perkolierendes Wasser büßt zudem über Austauschprozesse an Torfkolloiden und an pflanzlichen Membranen einen Teil der mitgeführten Kationen ein. Vor allem die in Hochmooren wachsenden Pflanzen enthalten daher im Vergleich zu solchen anderer Lebensräume neben geringen Mineralstoffmengen (geringe Aschegehalte in der Trockensubstanz) auch geringe Vorräte an

Makronährstoffen (z. B. KINZEL 1982). Wie an den meisten terrestrischen Standorten begrenzen insbesondere der Stickstoff- und Phosphormangel das Wachstum. Für die Aufnahme wichtiger Nährstoffe haben die Pflanzen unterschiedliche Strategien entwickelt: Die Stickstoffversorgung Mykorrhiza bildender Ericaceen hängt von der Mineralisation im Akrotelm ab. Ihre Sklerophyllie[5] lässt sich folglich als Präadaptation an eine geringe Nährstoff-Verfügbarkeit interpretieren (CHAPIN & KEDROWSKI 1983). Die überwiegend von den Gefäßpflanzen aufgenommene Stickstoffform ist das Ammonium, daneben auch, über die endotrophe Mykorrhiza, höhermolekulare organische N-Verbindungen (STRIBLEY & READ 1976). Cyperaceen können dank tief reichender Rhizome und des damit verknüpften Wurzelsystems einen Teil ihres N-Bedarfs aus dem Katotelm abdecken. Kleinräumig erfolgt außerdem durch Cyanobakterien eine stark schwankende N_2-Fixierung, besonders an langfristig wassergesättigten Mikrostandorten. In der Bilanz bleibt diese Stickstofffixierung gegenüber der atmosphärischen Deposition unbedeutend (URBAN & EISENREICH 1987).

Einige Gefäßpflanzen der Moore stellen in Anpassung an diese Mangelsituation einen internen Nährstoffrückfluss aus alten und absterbenden Pflanzenteilen in die wachsenden Abschnitte sicher (u. a. JONASSON 1989). Einige häufige, euryöke Arten wie *Menyanthes trifoliata, Potentilla palustris* und *Equisetum fluviatile* sind effektive Nährstoffspeicherer und unterliegen kaum einer Limitierung (WASSEN et al. 1995). Arten wie *Rhynchospora alba* oder *Juncus stygius* schließlich zeigen trotz der schlechten N- und P-Verfügbarkeit in ihrem Lebensraum kein besonders gut entwickeltes Translokations- oder Speichervermögen. Sie bleiben folglich auf Habitate mit geringer interspezifischer Konkurrenz beschränkt.

Moose absorbieren Mineralstoffe mit ihrer gesamten Oberfläche. Die wesentliche Mineral- und Nährstoffquelle für Torfmoose vor allem im ombrotrophen Milieu sind atmosphärische Einträge (u. a. FIRBAS 1952, LEE et al. 1990, LÜTKE TWENHÖVEN 1992). Da die Aufnahme durch die Sphagnen aus der nassen Deposition rasch und selektiv erfolgt, bleiben Gefäßpflanzen so lange von dieser Quelle abgekoppelt, bis die Aufnahmekapazität der Torfmoose erschöpft ist. *Sphagnum*-Arten nehmen Stickstoff und Phosphat sehr effektiv auf und sind außerdem in der Lage, beide Elemente aus absterbenden Abschnitten des Stämmchens und der Äste in die apikalen Abschnitte zu verlagern (RYDIN & CLYMO 1989). Als Folge sind die von ihnen aufgebauten Torfe ebenso wie die Bodenlösung bezüglich dieser Nährstoffe verarmt (u. a. CLYMO 1984b, DAMMAN 1986). Als effektive Ionenaustauscher (BREHM 1971) tragen sie zugleich durch die Anreicherung von Kationen im Haftwasser der Köpfchen zur Ansäuerung ihrer Habitate bei. Daher sind sie geeignete Indikatoren für die Charakterisierung von Habitaten unterschiedlicher Ionenversorgung und Azidität. Im Gegensatz zu ein- und zweiwertigen Kationen wie K, Na, Mg und Ca, die aus der Bodenlösung aufgenommen werden, lässt sich bei den Sphagnen dagegen der Transport von N und P aus der Bodenlösung in das Haftwasser vernachlässigen.

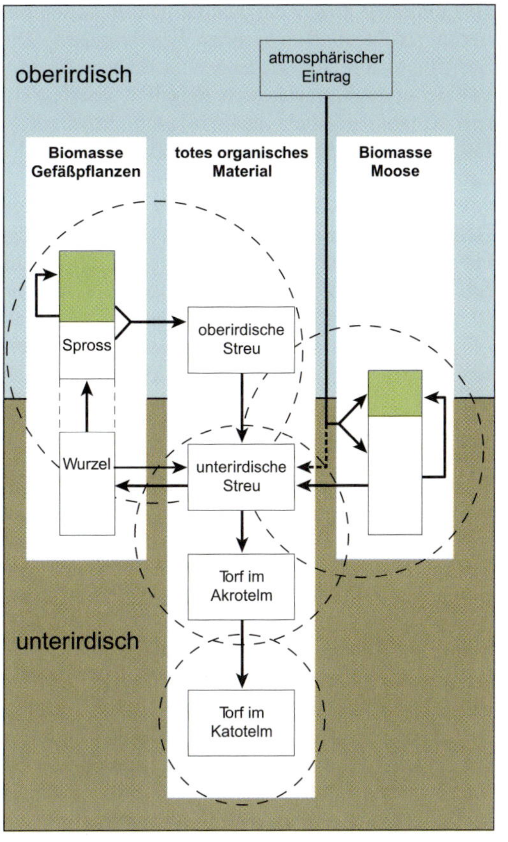

Abb. 51: Schematisiertes Modell für Nährstoffpfade und -senken in den Kompartimenten von Gefäßpflanzen mit ober- und unterirdischen Anteilen, Bryophyten und der basal abgesonderte Rohhumus, Akrotelm und Katotelm (nach MALMER 1993); weitere Erläuterungen im Text.

In den Kap. 1.1.2 und 5.3 wurden wachsende Moore charakterisiert durch ein Akrotelm mit Schichten geringer Lagerungsdichte und aeroben

5 Hartblättrigkeit

Bedingungen sowie ein Katotelm mit hoher Lagerungsdichte und anaeroben Verhältnissen. Die Stoffflüsse und -umsetzungen in diesem System vollziehen sich in vier sich räumlich überlagernden Kompartimenten: der Moosschicht, der Gefäßpflanzenschicht einschließlich ihrer Wurzeln, dem Akrotelm sowie dem Katotelm (Abb. 51).

In der **Moosschicht** sind unter ombrotrophen Bedingungen nasse und trockene Deposition die Hauptquellen der Mineralstoffversorgung. Die Stickstoff-Einbaurate in den Torfmoos-Köpfchen ist mit der atmosphärischen Deposition korreliert (Damman 1978). In den Torfmoos-Köpfchen werden N, P und K aktiv in die Chlorozyten eingeschleust; ihre Konzentration ist hier deutlich erhöht. Allerdings können Moose ihre Ionenaufnahme aus dem Haftwasser verglichen mit Gefäßpflanzen weniger gut regulieren, weil ihre Zellwände nur wenig Cutin enthalten (Lee & Woodin 1988). Der Einbau des atmosphärisch angelieferten Stickstoffs erfolgt unterschiedlich. Während Ammonium unmittelbar aufgenommen und umgesetzt werden kann, wird Nitrat durch das Enzym Nitratreduktase zu Nitrit und durch Nitritreduktase zu Ammonium umgebaut. Bei Torfmoosen wie bei den Gefäßpflanzen ist die Nitratreduktase substratinduzierbar (u. a. Melzer et al. 1992). Das mit den Niederschlägen angelieferte Nitrat kann somit effektiv genutzt werden, allerdings bei verschiedenen *Sphagnum*-Arten in unterschiedlichem Umfang.

Phosphor – wahrscheinlich auch Stickstoff und Kalium – wird von den absterbenden basalen zu den lichtexponierten, aktiv wachsenden Torfmoosabschnitten verlagert. Besonders beim Phosphor ist dieser interne Transport effektiv. Na, Mg und Ca werden demgegenüber überwiegend passiv an den Austauscherplätzen der Zellwände akkumuliert (Brehm 1971, Aulio 1982). Diese Ionen sind an den Torfmoosen ziemlich gleichmäßig verteilt.

Die Zusammensetzung und Konzentration der aufgenommenen Ionen schwankt in weiten Grenzen, und zwar sowohl innerhalb einer Art, innerhalb eines Vegetations- oder Standortstyps sowie in unterschiedlichen geographischen Regionen (Malmer 1993). Im überregionalen Vergleich sind die Unterschiede zwischen den einzelnen *Sphagnum*-Arten gering. Die Konzentrationen anderer Elemente wie Fe, Al, Pb, Zn, Cd, Cu steigen mit wachsendem Alter der Moosgewebe an. Sie werden unabhängig vom Stoffwechsel der Moose passiv aufgenommen. Vergleicht man die Elementgehalte der Moosschicht mit jenen im Niederschlagswasser, so steigt die Retention mit dem Adsorptionsvermögen für die jeweiligen Elemente in der folgenden Reihenfolge an:

$$\mathrm{Na} < \mathrm{S} < \mathrm{Ca}, \mathrm{Mg} < \mathrm{K} < \mathrm{N}, \mathrm{P}$$

Insgesamt ist die Moosschicht eine effektive Senke für die im Niederschlags- oder Oberflächenwasser mitgeführten Ionen. Unter natürlichen Verhältnissen werden N und P, Al und die meisten Schwermetalle in der Moosschicht absorbiert und wandern im Zuge der Torfbildung in das Katotelm. Na, Cl und S werden durch Perkolationswasser ausgewaschen, in geringerem Umfang auch K, Mg und Ca. Dabei akkumulieren die Torfmoose der Schlenken die Makronährstoffe in geringerem Umfang als jene der Bulten.

Neben dem atmosphärischen Eintrag bilden für die Bryophyten die aus der zersetzten oberirdischen Phanerogamen-Phytomasse mineralisierten N- und P-Reserven eine zusätzliche Nährstoffquelle. Eine spezifische Nische haben sich auf Dung und Knochen als Mikrohabitat spezialisierte Splachnaceen erschlossen (Abb. 52).

Die **Gefäßpflanzen** haben vor allem in den moosreichen oligo- und mesotrophen Mooren keinen unmittelbaren Zugriff auf atmosphärische Nährstoffeinträge. Ihre unterirdische Phytomasse übersteigt in Mooren, wie in Abb. 48 gezeigt, die oberirdische bei weitem. Die höchsten Konzentrationen von Makronährstoffen (NPK) finden sich in wachsenden Trieben und Blättern sowie in den Feinwurzeln (Malmer & Wallén 1986). Auch Na, Al, Fe und weitere Schwermetalle sind hier am stärksten angereichert. Eine Verlagerung von N, P und K von älteren Trieben in wachsende Triebe mindert die Verluste dieser Elemente bei der

Abb. 52: *Splachnum vasculosum* als Beispiel eines an nährstoffreiches, organisches Material (Knochen, Dung) adaptierten Laubmooses an Moorstandorten. Die unter der eigentlichen Kapsel angelegte, aufgeblasene Apophyse sondert Duftstoffe ab, die Insekten anlocken. Dadurch werden die Sporen selektiv an geeignete Lebensräume transportiert. Disko, Grönland.

Streubildung. Insgesamt sind die N- und P-Vorräte im Torf weit größer als ihr pflanzenverfügbarer Anteil.

Cyperaceen wie Seggen und Wollgras-Arten (Abb. 53) profitieren dank ihrer Rhizome und Wurzeln auch von den Nährstoffreserven des Katotelm. Während die oberirdische Phytomasse zwischen 100 und 1200 g TG m^{-2} schwankt, liegen die entsprechenden Werte für die unterirdische Phytomasse zwischen 150 und 1400 g TG m^{-2}. Die Primärproduktion mittelgroßer Arten kann bis zu 1400 g m^{-2} a^{-1} erreichen. Allgemein scheinen Bestände mit geringen Vorräten im Torflager, schwachem Wachstum und hoher Dichte Sprossabschnitte mit höherem Nährstoffspiegel aufzubauen. Frische Ramets sind erwartungsgemäß besonders nährstoffreich (BERNARD et al. 1988).

Die Sauergräser dominieren an den feuchtesten Standorten. Erst an den Bulträndern gewinnen niedrigwüchsige Ericaceen an Bedeutung. Besonders nässeertragende, weil flach wurzelnde Arten wie *Vaccinium oxycoccos* und *Andromeda polifolia* haben nur geringe Nährstoffgehalte in ihren Blättern und können bei einem kurzfristigen Stickstoffangebot auch nicht rasch eine hohe Nitrogenaseaktivität aufbauen (HÖGBOM & OHLSEN 1991). Das höhere Bultenniveau bietet schließlich auch den höherwüchsigen Ericaceen und Gehölzen günstige Entwicklungsmöglichkeiten, weil diese hier mit Hilfe ihrer Mykorrhizen teilweise die Nährstoffreserven der einer längeren Zersetzung im Akrotelm unterworfenen Torfe erschließen können. Die trockensten Flächen ombrotropher beziehungsweise stark saurer minerotropher Moore sind baumfähig.

Abb. 53: *Eriophorum vaginatum* (Scheidiges Wollgras), bezeichnendes Sauergras nährstoffarmer Moorstandorte. Die Blüten erscheinen in Mitteleuropa bereits im März. Owschlager Moor, (4/1987).

Einige Gefäßpflanzen begegnen der defizitären Nährstoffversorgung durch Insektivorie (Abb. 54). An *Drosera rotundifolia* ist eine Steigerung der Fitness-Charakteristika wie die Anzahl der Samenkapseln je Pflanze beziehungsweise der Blätter je Pflanze bei solchen Individuen belegt, die sich über Beutetiere zusätzlich Stickstoff und Phosphor erschlossen haben (CROWDER et al. 1990). Die energetische Investition der Pflanzen zur Entwicklung eines wirkungsvollen Systems für den Fang von Insekten, zur Resorption und zur Aufnahme ist indessen hoch, und die gleichzeitige Entwicklung eines bezüglich der Mineralstoffaufnahme effektiven Wurzelsystems ist offensichtlich nicht möglich. Insofern sind die Pflanzen zwar an Mangelstandorte adaptiert, können sich aber keine zusätzliche Nährstoffgaben über das Substrat erschließen und folglich auch nicht in ein verstärktes Wachstum umsetzen (KARLSSON et al. 1991).

Die Nährstoffgehalte in den Geweben der Gefäßpflanzen variieren wie bei den Kryptogamen intra- und interspezifisch in weiten Grenzen. Sie hängen unter anderem ab von saisonalen Witterungseinflüssen, vom Alter der Gewebe sowie von der Beschaffenheit des Lebensraumes, vor allem seinen Bodeneigenschaften. Bereits bei Pflanzen an einem Wuchsort und selbst zwischen den einzelnen Organen treten beträchtliche zeitliche und räumliche Unterschiede auf. (u. a. HAYATI & PROCTOR 1991, WASSEN et al. 1995). In den Geweben der an nährstoffarme Moorstandorte adaptierten Gefäßpflanzen ist der Mineralstoffgehalt zwar deutlich höher als im unvollständig aufgeschlossenen Pool des Torfes. Gleichwohl sind die Nährstoffgehalte im Spross der Moorpflanzen, insbesondere der ombrotrophen Standorte, im Vergleich zu solchen nährstoffreicher Standorte gering.

Die Wechselwirkungen zwischen Mineralstoffgehalten in Gefäßpflanzen und im Torfkörper beziehungsweise in der Bodenlösung sind variabel. WASSEN (1992) verglich die Nährstoffgehalte dominierender Gefäßpflanzen und Moose aus

Abb. 54: *Drosera intermedia* (Mittlerer Sonnentau) mit einer Mahlzeit aus *Ischnura elegans* (der Großen Pechlibelle), Nordfriesland, Schleswig-Holstein (6/1999).

Niedermooren unterschiedlicher Trophiestufe aus den Niederlanden und aus Polen (Vecht- und Biebrza-Niederung). In Nordost-Polen scheint Stickstoff für die produktiveren Systeme begrenzend zu sein (N < 1,4 % des Trockengewichtes), Phosphor für die schwach produktiven Systeme (P < 0,07 % des Trockengewichtes). Die Wuchsleistung der hoch aufgedüngten und intensiv bewirtschafteten Systeme der Vecht-Niederung betrachtete der Bearbeiter demgegenüber nicht als primär nährstofflimitiert.

Die Zersetzungsraten der Torfe determinieren die pflanzenverfügbaren Nährstoffmengen. Kalium wird am leichtesten wieder verfügbar, während Stickstoff und Phosphor langsamer mineralisiert werden. Demzufolge können die beiden letztgenannten Nährstoffe eher wachstumslimitierend werden. Wie sich aus dem mit Alter und Tiefe der organischen Ablagerungen enger werdenden C/N-Verhältnis abzeichnet, nutzen die Mikroorganismen unter aeroben Bedingungen im Akrotelm den Kohlenstoff in hohem Maße respiratorisch. Folglich stehen Gefäßpflanzen und Mikroorganismen in Konkurrenz um den mineralisierten Stickstoff.

Da die über N_2-Fixierung, atmosphärische Deposition und Mineralisation in den Torfkörper gelangenden pflanzenverfügbaren Stickstoffverbindungen rasch von der Vegetation aufgenommen, umgebaut (Reduktion von Nitrat zu Ammonium) und als Kation an Torfkolloiden adsorbiert werden, finden sich in der Bodenlösung von Torfen nur geringe beziehungsweise kurzfristig und kleinräumig stark schwankende Stickstoff-Vorräte. Bei der Torfbildung wird ein beträchtlicher Teil immobilisiert. Besonders hydrologisch nicht beeinträchtigte, wachsende Hochmoore sind demzufolge Stickstoffsenken, in denen zwischen 65 und 75 % des Eintrages zurückgehalten werden (siehe u. a. bei FRANKL 1996). Die jährlichen Umsatzraten liegen überschlägig etwa um das 6fache über den Einträgen (URBAN & EISENREICH 1987).

Im **Akrotelm** werden abgestorbene Moosreste kontinuierlich der obersten Torfschicht zugeführt, tote Phanerogamenteile dagegen vorwiegend als Rhizom- und Wurzelreste in tieferen Abschnitten abgelagert. In Bulten erfolgt der Abbau in den obersten 5 cm zunächst langsam, darunter bis zu einer Tiefe von etwa 15 cm Tiefe unter Flur beschleunigt. In Schlenken dagegen beginnt die rasche Zersetzung der Torfmoose unmittelbar unterhalb der photosynthetisch aktiven Zone. Mit fortschreitender Zersetzung verlieren die Torfe 70 bis 90% an Gewicht. Der Übergang von Torfen vom Akrotelm in das Katotelm hängt, wie erwähnt (S. 13), vom Moorwasserstand ab. Das Alter der Torfe in dieser Übergangszone beträgt in wachsenden Mooren im Minimum etwa 100-150 Jahre (MALMER & HOLM 1984, JOHNSON et al. 1990).

Die Zersetzung bedeutet den Verlust von Kohlenstoff und die Freisetzung der im organischen Material festgelegten Mineralien. Diese werden entweder von Pflanzen aufgenommen, von Mikroorganismen immobilisiert oder in gelöster Form aus dem System transportiert. N und P werden in wachsenden Mooren weitgehend immobilisiert oder rezykliert, andere Elemente wie Kalium verlagert oder ausgewaschen. Die Trends im Wechsel der chemischen Zusammensetzung in Torfprofilen mit der Tiefe sind recht gut dokumentiert (DAMMAN 1978, SHOTYK et al. 1992, SHOTYK 1996). Eine deutlich horizontal geschichtete, fortschreitende Zersetzung und eine daran geknüpfte steigende Konzentration der mineralischen Komponenten lässt sich nicht beobachten. Dafür sind die Zersetzungsraten der verschiedenen pflanzlichen Gewebe zu unterschiedlich, zudem variieren die Torfe kleinräumig in ihrer Zusammensetzung, Struktur und Dichte. Einzelne Ionen werden im Torf verschieden stark verlagert oder infolge des abfallenden Redoxpotentials festgelegt. Ionen-Analysen im Porenwasser des Akrotelm geben aufgrund der kleinräumig und mit unterschiedlicher zeitlicher Auflösung ablaufenden Prozesse keinen Aufschluss über die langfristigen Akkumulationsraten. Die in jüngerer Zeit mit trockener oder nasser Deposition regional steigenden Einträge in das Akrotelm, insbesondere für Ca, P, N und S, lassen sich daher bezüglich ihrer effektiven Festlegung in wachsenden Mooren kaum befriedigend bilanzieren.

Im **Katotelm** schließlich erfolgen Abbau- und Diffusionsprozesse im Vergleich zum Akrotelm äußerst langsam; die Zersetzung je Zeiteinheit wird auf weit weniger als 1/100 reduziert. Zahlreiche Elemente sind im Katotelm schwächer vertreten als im Akrotelm (DAMMAN 1978). Mit zunehmender Tiefe variable Ionengehalte sind daher Ausdruck zeitlich schwankender hydrologischer Verhältnisse und damit der Ablagerungsbedingungen der Torfe beim Übergang in das Katotelm. Ca und Mg, in der Bodenlösung von Niedermoortorfen angereichert, sind keine Mangelelemente, bestimmen aber durch ihre Anwesenheit die Basensättigung der Torfe und damit unter anderem die Löslichkeit potentiell toxisch wirkender Schwermetallionen sowie die Phosphatverfügbarkeit.

Niedrige Temperaturen, das Fehlen von Nitrat (als alternativem Elektronen-Akzeptor), eine schlechte Durchlüftung des Torfkörpers bei hohen Wasserständen und niedrige pH-Werte können auch ein toxisches Mn-Überangebot bedingen und erklären auf diese Weise die Unwirtlichkeit von Hochmooren und sauren Niedermooren für Gefäßpflanzen (MUKHOPADHYAY & SHARMA 1991). Auf die Aluminium-Toxizität stark saurer Moorstandorte haben bereits CLYMO (1963) und SPARLING (1967 a,b) verwiesen und durch Experimente an basiphytischen Arten wie *Carex lepidocarpa* und *Schoenus nigricans* belegt, dass gelöste Aluminium-Ionen selbst in geringen Konzentrationen das Wurzelwachstum merklich hemmen können. Einige basiphytische Arten wie *Saxifraga hirculus* oder *Stellaria crassifolia* haben in ihren Geweben besonders niedrige Gehalte an Fe, Mn, Zn und Al (OHLSON 1988b). Dies ist ein Indiz für eine wirksame Vermeidung der Schwermetallaufnahme und erklärt zugleich, warum solche Arten von stark sauren Substraten ausgeschlossen sind (z.B. WHEELER et al. 1985, WALDREN et al. 1987). Allerdings ist nicht allein die pflanzenverfügbare, toxisch wirksame Dosis maßgeblich für die Vitalitätseinbuße, sondern es können synergistische Effekte beispielsweise in Abhängigkeit von der angebotenen Stickstoffform auftreten. Die wuchshemmende Wirkung von Aluminium beispielsweise kann bei Nitrat-Angebot verstärkt, bei Ammonium-Gaben abgeschwächt werden (RORISON 1985).

6.2.3 Stickstoffdynamik

Nachdem im vorausgegangenen Kapitel der Mineralstoffhaushalt insgesamt zwischen Vegetation und Torfkörper erörtert worden ist, sollen in den beiden folgenden Kapiteln einige Angaben über solche Nährstoffe ergänzt werden, die für die Pflanzenernährung besonders bedeutsam sind.

Wie bereits erwähnt, können neben Stress durch anoxische Verhältnisse oder aufgrund eines ungünstigen Kleinklimas geringe Stickstoff-, Phosphor- oder Kaliumvorräte das Wachstum von Moorpflanzen beeinträchtigen. MURRAY et al. (1993) führen beispielsweise die Photoinhibition der Photosynthese bei Torfmoosen bei hohen Lichtintensitäten auf Stickstoffmangel zurück. WATT & HEINSELMAN (1965) konnten durch Nadelanalysen bei unterschiedlich wüchsigen Pflanzen von *Pinus mariana* zeigen, dass sich die Mangelstandorte durch besonders niedrige N-Gehalte ausgezeichnet haben.

Für nährstofflimitierte Moorstandorte lassen sich kritische Schwellenwerte definieren, deren Unterschreitung Mangel hervorruft (DE WIT et al. 1963, WASSEN et al. 1995). Düngungsversuche bei Gefäßpflanzen zeigen, dass N-Gehalte von 13–14 mg je g Trockengewicht in der Phytomasse vielfach von Mangelsymptomen begleitet ist. Entsprechende Werte liegen bei Phosphor unterhalb von 0,7 mg/g Trockengewicht und bei Kalium bei 8 mg/g TG. Bei Bryophyten bewegen sich die kritischen Werte für die N- und P-Gehalte in der gleichen Größenordnung. Kalium wird dagegen meist in deutlich geringeren Mengen gespeichert. Neben den absoluten Werten sind auch die Relationen der einzelnen Nährstoffe zueinander für die Beurteilung des Versorgungsgrades aufschlussreich. P/N-Verhältnisse $\geq$ 0,07 charakterisieren N-Defizite, $\leq$ 0,04–0,05 P-Defizite. Im Allgemeinen haben sich nach Düngungsversuchen mesotrophe Niedermoor-Gesellschaften basenreicher Standorte und solche der Hochmoore und Feuchtheiden vorwiegend als N-defizitär erwiesen, wobei durchweg auch die P-Vorräte in der Phytomasse niedrig sind. Das Wachstum eutropher Röhrichte ist dagegen selten durch Nährstoffmangel begrenzt (u. a. EGLOFF 1986).

Die Aufnahme, Speicherung und Verlagerung der Makronährstoffe hängt von den Entwicklungsphasen der Vegetation ab und unterscheidet sich sowohl artspezifisch wie bei unterschiedlichen Lebensformen. Unter den Gefäßpflanzen zeigen immergrüne Zwergsträucher die höchste Effektivität bei der Nutzung limitierender Nährstoffe (AERTS et al. 1999). Die Aufnahme im Verhältnis zu den Vorräten im Boden lässt sich am besten bei steilen standörtlichen Gradienten studieren, indem Torf- und Pflanzenanalysen miteinander verglichen werden. Eher selten stimmen dabei die Vorräte im Boden und die Konzentrationen in den jeweiligen Pflanzen eng überein. Die artspezifische Ressourcennutzung ist folglich Ausdruck einer Nischendifferenzierung unter den beteiligten Arten.

Stickstoff in pflanzenverfügbarer Form wird in Mooren als Ammonium, Nitrat oder in Form von Aminosäuren freigesetzt oder gelangt mit dem Grund- beziehungsweise Oberflächenwasser oder als atmosphärischer Eintrag auf die Moorflächen. Auf landwirtschaftlich genutzten Moorflächen ist direkte Düngung die bedeutsamste Stickstoffquelle. Die atmosphärische Deposition variiert regional und hängt von der Struktur der Flächen ab. Die ermittelten Gesamt-N-Frachten in der Niederschlagsdeposition schwanken in Mitteleuropa zwischen 6 und 80 kg ha^{-1} a^{-1}. In Hochmooren sind sie die wesentliche Eintragsquelle. Auf bewaldeten Moorflächen erfolgt gegenüber offenen Moorstandorten eine Anreicherung auf das bis zu 2,5fache (FRANKL 1996).

Eine biologische Stickstoff(N_2)fixierung erfolgt an Schlenken-Standorten durch Cyanobakterien, in Bruchwäldern und Moorgebüschen durch N_2-fixierende Aktinomyceten (*Frankia* spp.) an der Schwarz-Erle und am Gagel (*Myrica gale*). Die Knöllchendichte der *Alnus-Frankia*-Symbiose hängt vom Wasserhaushalt der Bruchwälder ab und erreicht Aktivitäten von 70–85 kg N ha^{-1} a^{-1} in hydrologisch weitgehend unbeeinflussten sowie von 40–45 kg N ha^{-1} a^{-1} in entwässerten Bruchwäldern (DITTERT 1992). Im Wirtschaftsgrünland auf vererdeten Nieder- und Hochmoortorfen hängt die N-Bindung vom Deckungsanteil der Fabaceen ab und schwankt zwischen 15 und 30 kg N ha^{-1} a^{-1}, wenn man eine Fixierung von etwa 3 kg N je Prozentpunkt Deckungsanteil Fabaceen zugrunde legt (TREPEL 2000).

Stickstoffeinträge mit dem Grund- und Oberflächenwasser sind der wesentliche Pfad für hydrologisch weitgehend unbeeinflusste Niedermoore (z. B. GROOTJANS 1985, WASSEN et al. 1989, VAN WIRDUM 1991) und prägen die Produktivität, Struktur und Zusammensetzung der Pflanzendecke. Bei entwässerten Niedermooren ist der Stoffeintrag mit dem Grund- und Oberflächenwasser gestört oder stark verändert (Kap. 11.3.1). Die dem Moor zugeführten Stickstoffverbindungen werden durch Mikroorganismen kurzfristig, durch Kryptogamen und Gefäßpflanzen längerfristig festgelegt. Am effektivsten wird Stickstoff durch die mikrobielle Huminstoffbildung und die Ablagerung wenig zersetzter Pflanzenreste bei der Torfbildung immobilisiert.

Der Stickstoffkreislauf in Mooren hängt vom Wasserhaushalt in den unterschiedlichen Bodentiefen ab. Als erste Mineralisierungstufe durch Mikroorganismen erfolgt eine Ammonifikation durch proteolytische Spaltung der Makromoleküle und anschließende Desaminierung. Die Mineralisation wird durch hohe Temperaturen und mittlere Wassergehalte begünstigt und kann sowohl unter aeroben wie anaeroben Bedingungen stattfinden (MITCH & GOSSELINK 1993). Ammonium wird von Torfkolloiden adsorbiert oder von den Pflanzen beziehungsweise Mikroorganismen aufgenommen und festgelegt. Unter aeroben Bedingungen bei nicht zu niedrigen pH-Werten wird das Ammonium mikrobiell zu Nitrat oxidiert. Im Gegensatz zum Ammonium wird das Nitrat-Ion an den Torfkolloiden kaum adsorbiert. Es bleibt in der Bodenlösung mobil und wird verlagert beziehungsweise ausgewaschen, sofern es nicht von den Pflanzenwurzeln unmittelbar nach der Bildung aufgenommen wird.

Unter anoxischen Bedingungen wird Nitrat durch mikrobielle Atmung stufenweise über Nitrit, NO und N_2O zu molekularem Stickstoff (N_2) reduziert (Nitratreduktion und Denitrifikation). Die Nitratreduktion zu Ammonium ist in Feuchtgebieten bislang kaum untersucht worden, scheint aber nicht von nennenswerter Bedeutung zu sein (AMBUS & HOFFMANN 1990). Die Denitrifikationsrate wird begrenzt durch die NO_3-Konzentration, den pH-Wert, die Temperatur sowie einen Elektronendonator als Energiequelle. Das pH-Optimum liegt bei breiter Streuung zwischen pH 6 und 8, die Temperaturen zwischen 0 und 60-70 °C. Die Energie wird durch den Abbau organischer Verbindungen (heterotrophe Denitrifikation) oder anderer Substanzen wie Pyrit (autotrophe Denitrifikation) bereitgestellt (VERHOEVEN & MEULEMAN 1999).

Die Ammonium-Konzentrationen steigen allgemein vom Akrotelm zum Katotelm an. Entzüge durch die Vegetation im Hauptwurzelhorizont steuern wesentlich dazu bei. Bei tiefen Wasserständen an einem Standort werden oftmals höhere Ammonium-Werte ermittelt – ein Indiz für die unter oxidativen Bedingungen verstärkte Mineralisation (u. a. HÖLZER 1977, BERTRAM 1988, FORST et al. 1997). Während des Spätsommers auftretende Ammonium-Spitzenwerte sprechen dabei für ein Angebot, das die Entzüge durch die Vegetation überschreitet. Unter stark sauren Bedingungen ist Nitrat aufgrund der Redoxpotentiale nicht beständig. Deswegen wurde es von den meisten Bearbeitern nicht oder selten nachgewiesen. Die ermittelten Werte liegen meist nahe der Nachweisgrenze der eingesetzten Messverfahren.

In ombrotrophen Torfen schwanken die N-Gehalte zwischen 0,3 und 1,3 %. Die höchsten Konzentrationen werden in ozeanischen Deckenmooren erreicht. In minerotrophen Torfen steigen die N-Gehalte mit dem dem Alter der Ablagerungen an. DAMMAN (1988) hat sich ausführlich mit der N-Immobilisierung in Torfprofilen verschiedener Herkunft und Genese auseinandergesetzt. Aus den Ergebnissen seiner Untersuchungen folgt, dass die mikrobielle Aktivität und N-Immobilisierung vornehmlich nährstoff-, wahrscheinlich P-limitiert ist. Stickstoff selbst limitiert die Mineralisation nicht. Diese läuft noch bei sehr weiten C/N-Verhältnissen zwischen 80 und über 100 ab, also selbst bei schlechter Verfügbarkeit. Die erhöhte N-Immobilisierung unter ozeanischen Bedingungen hängt offensichtlich von einer höheren Magnesiumverfügbarkeit ab, die eine biochemische Entbindung von Phosphor katalysiert und zu einer gesteigerten mikrobiellen Aktivität führt. Weiterhin folgert DAMMAN aus unregelmäßigen Schwankungen der N-Gehalte im Katotelm, dass in Phasen langsamer Torfakkumulation im Akrotelm die höchsten N-Gehalte aufgetreten sein müssen, zugleich aber auch die höchsten Verluste im Vergleich zu den ursprünglichen N-Gehalten.

Während sich Nährstoffimporte und ihre Festlegung auf die Qualität eines Lebensraumes auswirken, legen Exporte und Transformationen Zeugnis ab von der Bedeutung eines Ökosystems im Landschaftsverbund. Stickstoffausträge aus Mooren erfolgen mit dem Sickerwasser- oder Oberflächenabfluss, durch Denitrifikation sowie auf bewirtschafteten Flächen mit dem Erntegut. Sickerwasserausträge werden auf unterschiedlichen Bezugsebenen ermittelt (Messpunkt (z. B. Lysimeter), Standort, Einzugsgebiet). Entwässerungstiefe, Nutzungsintensität und witterungsabhängige Parameter wirken sich auf die gewonnenen Bilanzen aus. Diese können bei unterschiedlichen Niedermoor-Standorten zwischen 0 und 300 kg N ha^{-1} a^{-1} schwanken (TREPEL 2000).

6.2.4 Phosphor- und Kaliumhaushalt

Die geringe Wuchsleistung von Gefäßpflanzen vor allem in sauren Mooren belegt, dass ihr Produktionspotential offensichtlich nicht ausgeschöpft wird. Vor allem Phosphatdüngungen und Kalium-Gaben führen bei Gefäßpflanzen an bewirtschafteten Moorstandorten zu deutlichen Produktionssteigerungen; ihr Mangel unter oligotrophen Bedingungen begrenzt demzufolge für einzelne Organe oder ganze Pflanzen das Wachstum (u. a. CHAPIN 1980, EGLOFF 1983, KAPFER 1988). EGLOFF sieht Phosphat als den primär die Produktion limitierenden Nährstoff in Streuwiesen an. Demzufolge ist zu erwarten, dass an Phosphatmangelstandorte angepasste Arten einen effektiven Mechanismus zur P-Aneignung entwickeln. Tatsächlich konnten KROEHLER und LINKINS (1991) zeigen, dass *Eriophorum vaginatum* mit Hilfe von Phosphatasen an seinen Wurzeloberflächen organisch gebundenen Phosphor hydrolysieren kann und auf diese Weise rund 2/3 seines Phosphatbedarfes abdeckt.

Phosphor ist in der Bodenlösung von Torfen unter reduzierenden Bedingungen häufig nur zu einem geringen Anteil pflanzenverfügbar. Das Phosphat-Ion tendiert zur Komplexbildung und wird, abhängig von der Bodenreaktion und dem Redoxpotential, durch die Bildung schwerlöslicher Eisen-, Aluminium- und im basenreichen Milieu Calciumverbindungen festgelegt (SCHEFFER 1977). Ein beträchtlicher Teil ist über feste Wasserstoffbrücken an die Torfmatrix gebunden und damit nicht pflanzenverfügbar (SÆBØ 1969). Außerdem gehen Phosphat-Ionen hochmolekulare Komplexe mit Humin- und Fulvinstoffen ein und lassen sich daher in polyhumosen Gewässern und Böden messanalytisch nicht befriedigend erfassen.

In der Phytomasse bleibt das Phosphat nur zeitweilig festgelegt. Zwischen 35 und 75 % werden im Rahmen der Seneszenz am Ende der Vegetationsperiode wieder freigesetzt (RICHARDSON & NICHOLS 1985). Auch in wachsenden Mooren wird Phosphor nur zu einem geringen Anteil in Torfen festgelegt (0,5-2,4 kg P ha^{-1} a^{-1}) (NICHOLS 1983, RICHARDSON 1985). Auf bewirtschafteten Flächen kann ein beträchtlicher Entzug von P-Düngern über Ernten oder Beweidung erfolgen. Bei niedrigem pH-Wert und Redoxpotential (pH < 5,0 und –250 mV) gehen Fe^{2+}- und PO_4^{3-}-Ionen in Lösung (PATRICK et al. 1973).

Trotz der geringen P-Verfügbarkeit lehren Düngungsversuche, dass die Produktivität der Vegetation etwa in basenreichen Niedermooren nicht automatisch P-limitiert ist, da die an solche Standorte adaptierten Arten offensichtlich den anorganischen P-Komplex aufzunehmen können (u. a. VERHOEVEN et al. 1994). In sauren Niedermoor- und Hochmoortorfen kann das Phosphat in einer organisch komplexierten, mobilen Form vorliegen und wird so an entwässerten Standorten leicht ausgewaschen (u. a. BLANKENBURG 1983, SCHEFFER & KUNTZE 1989).

Die Bedeutung des Phosphats als wachstumsbegrenzender Nährstoff in Mooren hängt von der Trophiestufe ab. Die Wuchsleistung der Gefäßpflanzen ungestörter Hochmoore ist oft P-limitiert, jene von Niedermoor-Sippen häufig N-limitiert. Bei hohen atmosphärischen N-Einträgen geraten die Systeme aus einer N- in eine P-Limitierung. Gleiches gilt, wenn Phosphat bei hohen Calciumgehalten nicht pflanzenverfügbar festgelegt wird (BOYER & WHEELER 1989, AERTS et al. 1992). Gegenläufig wirkt sich eine Regenwasser-Infiltration aus als Folge einer Entwässerung basenreicher Durchströmungsmoore, weil mit zunehmender Ca-Auswaschung der Phosphat-Pool im Torf mobilisiert wird (WASSEN et al. 1990), ohne durch Ernteentzüge „geleert“ werden zu können. P-Auswaschung und damit Unterversorgung (WAUGHMAN 1980) treten erst wieder unter extrem sauren Bedingungen ein.

Bei Nutzung und Aufdüngung nährstoffreicher Niedermoor-Standorte werden Angaben zur Nährstofflimitierung unübersichtlich. KOERSELMAN & MEULEMAN (1996) schlagen vor, als Anhaltspunkt das N/P-Verhältnis in pflanzlichen Geweben zugrunde zu legen. Bei N/P-Verhältnissen < 16 liegt üblicherweise N-Limitation vor, bei höheren Werten P-Limitation.

Kalium erweist sich – wie auch Calcium und Magnesium – in Torfen als sehr mobiles Element, das sich mit dem aufsteigenden Kapillarwasser in den obersten Torfschichten beziehungsweise an den *Sphagnum*-Köpfchen anreichert (u. a. DAMMAN 1986). Daher tritt ein Mangel bei Bleichmoosen kaum auf, während die den Gefäßpflanzen, besonders den Cyperaceen, zur Verfügung stehenden K-Gehalte sowohl im Akro- wie auch im Katotelm sehr wohl wachstumsbegrenzend sein können (BEHRENDT & MUNDEL 1998, zur Bedeutung bei Restitutionsmaßnahmen KAPFER 1988).

Kalium ist in Torfen räumlich und zeitlich variabel verteilt. Das Muster der Aufnahmerate und der Speicherung ist bei Torfmoosen artspezifisch. So liegen beispielsweise die mittleren K-Gehalte bei *Sphagnum fallax* deutlich über jenen von *Sphagnum magellanicum* und *S. capillifolium* (GERDOL 1990). Auch Gefäßpflanzen verfügen über ein unterschiedliches Mineralstoff-Aneignungsvermögen und sind demzufolge spezifisch auf Habitate unterschiedlicher Elektrolytgehalte und Ionenverteilung eingenischt. Eine ungünstige Mineralstoffversorgung selektiert stresstolerante Spezialisten mit durchweg geringer Konkurrenzkraft. Mangel muss von Phanerogamen durch selektive Aufnahme und Speicherung kompensiert werden. GOODMAN & PERKINS (1968 b) konnten an *Eriophorum vaginatum* aus Wales belegen, dass Kalium-Gaben das Wachstum hier am wirkungsvollsten beeinflussten.

Bei der Überführung von Niedermooren in entwässertes und intensiv genutztes Moorgrünland kann Kalium ausgewaschen oder mit Ernteentzügen exportiert werden, sofern die Torfe keine oder nur geringe Schluff- oder Tonkomponenten enthalten. In diesen Fällen wird es primär produktivitätsbestimmend. Infolge Kalium-Mangels kann außerdem eine Reihe von Niedermoor- und Feuchtgrünland-Arten direkt aus den betroffenen Flächen verdrängt werden (siehe VAN DUREN et al. 1997).

Zusammenfassend sei festgehalten, dass die Verfügbarkeit unterschiedlicher Nährstoffe von edaphischen und von klimatisch-witterungsabhängigen Faktoren bestimmt wird, wobei sich letztere auf die Grundwasserstände und damit das Redoxpotential auswirken können (u. a. SNAYDON 1987, GROOTJANS et al. 1988, HOFFMANN 1998). An Sekundärstandorten können darüber hinaus verschiedene Nährstoffe durch Ernteentzüge ins Minimum geraten (u. a. KAPFER 1988, KOERSELMAN & VERHOEVEN 1995).

6.3 Biotische Faktoren

Verpflanzungsversuche und Langzeitbeobachtungen lehren, dass neben einer Nischendifferenzierung der Entwicklungsvorsprung einer Art bei der Besiedlung eines Habitats ausschlaggebender sein kann als ihre Konkurrenzkraft, und dass die Konkurrenzfähigkeit intrinsischen und jahreszeitlichen Schwankungen unterliegen kann. So verliert nach Untersuchungen in Dauerflächen *Sphagnum balticum* gegenüber *Sphagnum fuscum* im Herbst an Vitalität, während es sich zugleich gegenüber *Sphagnum tenellum* stärker durchzusetzen vermag und auf diese Weise gegenläufige Prozesse während des Sommers kompensieren kann (RYDIN 1993a,b). Die räumliche Ausdehnung oder der Rückgang der Populationen werden dabei durch die Variabilität in der Größe und Anzahl der Sprosse innerhalb eines Rasens abgepuffert. So verringert sich in einem Schlenken-Bult-Gradienten bei sinkenden Wasserständen die Köpfchengröße von Arten der Sektion *Cuspidata* im Vergleich zu solchen der Sektion *Acutifolia*. Dementsprechend sinkt auch ihre Konkurrenzüberlegenheit (RYDIN 1986).

7 Wesentliche Standortgradienten

Das standörtliche Gefälle in Mooren lässt sich in unterschiedlichen räumlichen und zeitlichen Skalen abbilden. Kleinräumig ergeben sich Veränderungen der Vegetationszusammensetzung entsprechend einem hydrologischen und zugleich mikroklimatischen Gradienten im Mikrorelief. Besonders in Niedermooren wird dieses Gefälle zusätzlich von einem Aziditätsgradienten von basenreichen Schlenken zu sauren Bulten akzentuiert.

Moorkomplexe zeigen einen floristischen Gradienten vom Moorrand zum Zentrum. Dieser ist üblicherweise mit einer ansteigenden Torfmächtigkeit korreliert. Da die Mehrzahl der an Moore gebundenen Arten lichtbedürftig ist, bestimmt zusätzlich das Ausmaß der Beschattung die Vegetationsverteilung vom häufig stärker von Gehölzen beschatteten Rand zum offeneren Zentrum hin. Insbesondere die Standorte ombrotropher und sauer-minerotropher Moorränder sind allgemein artenarm.

Überregional verändert sich die Vegetationsverteilung entsprechend einem Ozeanitätsgefälle und spiegelt einen klimaabhängigen Nord-Süd- wie auch einen Höhenstufengradienten.

Ferner lässt sich stratigraphisch aus der Abfolge der Torf bildenden Vegetationstypen auf hydrologische und trophische (die Primärproduktion betreffende) Fluktuationen und Sukzessionen im Verlauf der Torfbildung und Moorgenese schließen (vergl. Kap. 3.2). Die entwicklungsgeschichtliche Abfolge ist für die Interpretation der aktuellen Vegetation dabei ebenso von Bedeutung wie der Abgleich zwischen aktuellen Standortparametern und Vegetation.

Bezüglich der Nutzung von Mooren lässt sich außerdem ein Gefälle der Intensität anthropogener Eingriffe ausmachen, das die autogenen Prozesse der Moorentwicklung überlagern oder sogar vollständig abwandeln kann. Solche Nutzungsgradienten lassen sich als Hemerobiestufen charakterisieren (Kap. 7.4).

7.1 Wasserhaushalt

Wasser- und Nährstoffhaushalt bestimmen in Mooren die Zusammensetzung der Vegetation und ihre Musterbildung. Auf der Betrachtungsebene der Mikroformen wurden fünf Wasserstufen unterschieden: Kolke, Torfschlamm-Schlenken, Teppichhorizont, Rasenhorizont sowie Bulten (vergl. S. 28). Dem Feuchtigkeitsgradienten entsprechend verändern sich kleinräumig Mikroklima sowie Torfbildung und -zersetzung. In der Vegetationsverteilung wird dieser hydrologische Gradient durch die Bryophyten-Synusien meist schärfer abgebildet als durch die Gefäßpflanzen.

7.1.1 Einnischung von Kryptogamen auf Wasserstufen

Die Schlüsselarten der Kryptogamenschicht in Mooren zeigen zumeist eine deutliche Anbindung an Moorwasserstände (Abb. 55).

Die Wasserhaltefähigkeit in hydrologisch wenig beeinträchtigten, nährstoffarmen Mooren wird stark von den anatomisch-morphologischen Eigenschaften der beherrschenden Torfmoos-Sippen mitbestimmt (u. a. Clymo & Hayward 1982, Andrus 1986). So speichert etwa *Sphagnum magellanicum* das bis zu 24,5fache, *S. capillifolium* das bis zu 18,7fache und *S. fallax* schließlich nur das 17,5fache seines Trockengewichtes an Wasser. Volumenbezogen halten 100 cm³ *Sphagnum capillifolium* 46 g Wasser, *S. magellanicum* 19 und *S. fallax* 10 g. Ausschlaggebend für das unterschiedliche Wasserhaltevermögen ist die Dichte der Rasen. Daher unterscheiden sich die einzelnen Arten auch in ihrer Fähigkeit, nach Trockenphasen kapillar Wasser aufzunehmen. *Sphagnum magellanicum* und *S. capillifolium* sind dabei etwa 10-mal so effektiv wie *Sphagnum fallax*. Die Verdunstung optimal wasserversorgter Torfmoose ist in lockeren Decken der Schlenken deutlich größer als in dichten Polstern der Bulten. Folglich trocknen Schlenken in niederschlagsarmen Witterungsphasen rascher und stärker aus als Bulten (Overbeck 1975). Dies wirkt sich auf die Photosytheseraten und das Wachstum aus. In Phasen potentiell hoher Photosyntheseraten während des Sommers kann bei starken Feuchteschwankungen der Chlorophyllgehalt und damit die Leistung in den *Sphagnum*-Köpfchen bei empfindlicheren Arten abfallen (Gaberščik & Martincic 1987).

Die für die Torfbildung in nährstoffarmen Mooren hauptsächlich verantwortlichen Arten der Gattung *Sphagnum* (Abb. 56-58) wachsen im Bereich des Kapillarsaumes des Moorwassers strikt aufrecht. Photosynthetisch aktiv sind vornehmlich die gedrungenen apikalen Ästchen der Torfmoos-Köpfchen. Das Längenwachstum ist zwischen den einzelnen Torfmoospflänzchen zeitlich eng synchronisiert und erfolgt in den Sprossabschnitten unmittelbar unterhalb des Köpfchens (CLYMO 1973, MALMER 1988). Der Längenzuwachs variiert artspezifisch und standortabhängig zwischen etwa 1 und 10 cm im Jahr und entspricht damit dem jährlichen apikalen Sprosswachstum der konkurrierenden Gefäßpflanzen (WALLÉN et al. 1988). Langtagsbedingungen und höhere Temperaturen stimulieren bei ausreichender Wasserversorgung die Photosyntheseleistung, Kurztagsbedingungen und niedrige Temperaturen reduzieren sie (GERDOL 1995).

Zur Einnischung unterschiedlicher Torfmoos-Arten hinsichtlich ihres Wasser- und Nährstoffhaushaltes liegen aus jüngerer Zeit vergleichende Untersuchungen vor (u.a. LINDHOLM & MARKKULA 1984, RYDIN 1993b). RYDIN ermittelte in Trockenperioden die Wassergehalte im Köpfchen unterschiedlicher Arten. Die Austrocknung erfolgte in der Reihenfolge *S. fuscum* < *S. rubellum* < *S. balticum* < *S. tenellum*. Diese Reihung entspricht dem vertikalen Gradienten des Auftretens der Arten von Bulten zu Schlenken. Mitunter können vereinzelte Triebe von rascher abtrocknenden Sippen gemeinsam mit den dichter wachsenden Bultarten wie *S. fuscum* selbst dort noch auftreten, wo sie als geschlossene Rasen austrocknen würden. Bei diesem Beispiel für Kommensalismus profitiert die Art mit geringerem Wasserhaltevermögen von der besser adaptierten dichterwüchsigen Art. Transplantations-Experimente machen deutlich, dass sowohl *Sphagnum fuscum* als auch *S. rubellum* an den nasseren Standorten wachsen können, nicht aber *Sphagnum balticum* und *S. tenellum* an den trockeneren. Offensichtlich stabilisiert die höhere Wuchsdichte und damit das bessere Wasserhaltevermögen der Torfmoos-Köpfchen bei Arten wie *Sphagnum fuscum, S. capillifolium* oder *S. magellanicum* den Wasserhaushalt entscheidend – trotz des vermeintlich trockeneren Bult-Standortes. Die Zusammensetzung der Moos-Synusien auf den Bulten wird somit in erster Linie von der Austrocknungstoleranz der hier wachsenden Arten bestimmt, während bei den hygrophileren Sippen wie *Sphagnum cuspidatum, S. balticum* und *S. fallax* das Konkurrenzgeschehen die Artenverteilung regelt. Allerdings variieren in Freiland- und Laborexperimenten die Ergebnisse bei replizierten Konkurrenzversuchen beträchtlich (RYDIN 1997), und selbst bei längerer Versuchsdauer werden die jeweils unterlegenen Arten nicht vollständig verdrängt. Offensichtlich, so der Autor, sinkt die Konkurrenzkraft der jeweils überlegenen Art mit steigender Versuchsdauer.

Da sich die Zersetzungsraten der Torfmoose in erster Linie artspezifisch unterscheiden und nur in geringerem Umfang von Standortparametern beeinflusst werden (JOHNSON et al. 1990, JOHNSON & DAMMAN 1991, LÜTT 1992), führen schwankende Wasserstände bei vorgegebener fleckenhafter Ver-

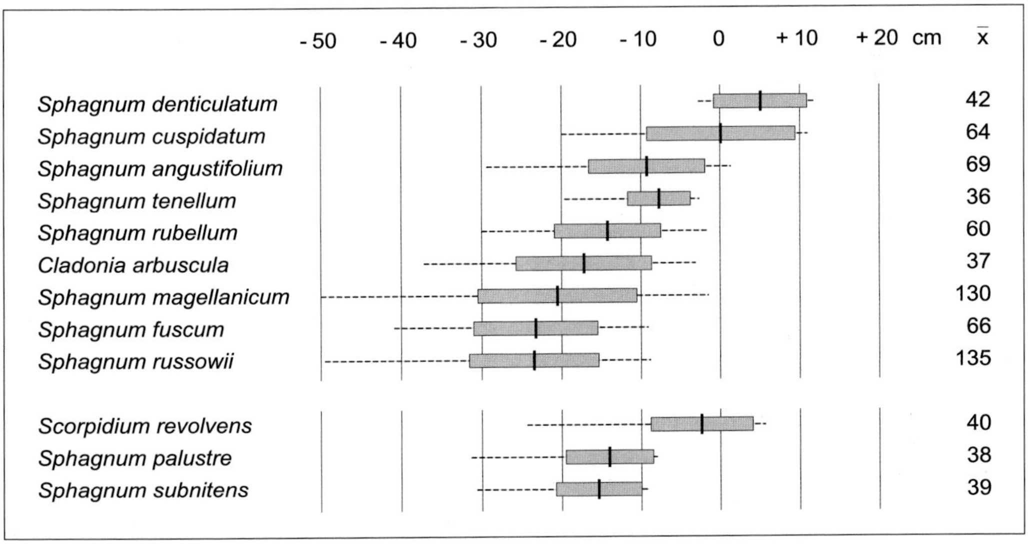

Abb. 55: Hydrologische Einnischung dominanter Kryptogamen in Mooren des Schwarzwaldes (nach DIERSSEN & DIERSSEN 1984); Wasserstände unter beziehungsweise über Flur; Mittelwert, Standardabweichung, Extremwerte, Anzahl der Messungen.

teilung unterschiedlich hygrophiler Torfmoos-Synusien zunächst zu einer Verstärkung selbst feinster Niveauunterschiede. Als Ergebnis konkurrenzgesteuerter positiver Rückkoppelungen können sich solche Niveauunterschiede im Laufe der Zeit zu Bulten und Schlenken verstärken (vergl. 3.3). In der Regel vergrößern klimatisch oder anthropogen ausgelöste Entwässerungen die Amplitude der Wasserstandsschwankungen. Dadurch ausgelöst verstärken sich die Unterschiede im Mikrorelief.

Nach GRIME's Klassifikation von Strategietypen (vergl. S. 175) sind *Sphagnum magellanicum* und *S. papillosum* in oligotrophen Mooren Konkurrenz-Strategen, *S. fuscum, S. capillifolium*, abgeschwächt auch *S. rubellum* und *S. angustifolium* stresstolerante Konkurrenz-Strategen auf Bulten. Eine vergleichbare Rolle kommt *Sphagnum balticum* in den Schlenken zu. Demgegenüber verhalten sich Arten wie *Sphagnum molle, S. compactum, S. tenellum* und *S. cuspidatum* „opportunistisch". Sie profitieren von gelegentlichen Störungen und können beispielsweise offene Torfflächen rasch besiedeln. Lebermoose wie *Calypogeia sphagnicola* oder *Cephalozia connivens* sind „ruderale" Stress- beziehungsweise reine Stressstrategen, die entweder an schattigen Orten oder in Stillstandskomplexen anzutreffen sind.

Auf gleichem Wasserstufen-Niveau macht sich zusätzlich ein Gradient bezüglich der Torf bildenden Potenz von Arten in der Kryptogamenschicht bemerkbar, von Flechten (regressiv) über Lebermoose zu stark torfaufbauenden Sphagnen (progressiv). Dieser Faktor ist nicht unmittelbar standortökologisch determiniert und auch nicht an das Sukzessionsgeschehen geknüpft, sondern offensichtlich an die Abbaurate der betroffenen Arten geknüpft – mit anderen Worten: abhängig von dem Widerstand, den die gebildeten Wandsubstanzen einer mikrobiellen Zersetzung entgegensetzen. Phanerogamen bilden diesen Gradienten nicht gut ab (OHLSON 1987, ØKLAND 1989a,b). Regressive Stadien finden sich vornehmlich in Schlenken und im Teppichhorizont, wohl als Ausdruck lokal begrenzter „Kleinstkatastrophen" wie Störungen durch Wassererosion oder Eis.

Abb. 56: *Sphagnum denticulatum*, oligotrophes Niedermoor bei Garlstorf, Nordheide, Niedersachsen (6/1993).

Abb. 57: *Sphagnum papillosum*, Felmer Moor, Dänischer Wohld, Schleswig-Holstein (9/1986).

Abb. 58: *Sphagnum pulchrum*, Lengener Meer, Oldenburg, Niedersachsen (7/1986).

Die erfolgreiche Neuansiedlung von Bryophyten auf Moorflächen spiegelt ein Muster von Feuchteansprüchen und initialem Ausbreitungspotential. *Aulacomnium palustre* etwa ist an oligotroph-sauren Standorten ein erfolgreicher Pionier mit weiter hydrologischer Amplitude. In der weiteren Entwicklung wird die Art allerdings von dem langsamer wachsenden, aber langlebigeren *Polytrichum strictum* abgelöst. Für Torfmoose ist die Etablierungsphase deswegen problematisch, weil die meisten von ihnen auf Habitate mit gleichmäßig hoher Durchfeuchtung angewiesen sind. Ist letztere gewährleistet, so sind sie anderen Bryophyten gegenüber die langfristig durchsetzungsfähigsten Sippen (Li & Vitt 1995). Ihre Ansiedlung kann dabei durch singuläre Ereignisse ausgelöst werden, beispielsweise abfallende Wasserstände in Torfschlamm-Schlenken und laterales Eindringen von *Sphagnum fallax, S. papillosum* oder *S. compactum* sowie die Zerstörung der Flechtenvegetation einer trockenen Bultfläche durch Brand und eine anschließende Invasion von *Sphagnum fuscum*. Rentierflechten (*Cladonia* spp., Sect. *Cladina*) sind häufig an die trockensten Mikroform-Komplexe gebunden. Sie erreichen auf hohen Bulten ihre beste Wuchsleistung und Vitalität. Zu den Schlenken hin fallen ihre Biomasse-Vorräte und Produktivitäten merklich ab.

7.1.2 Gefäßpflanzen der Moore im Feuchtegradienten

Für höhere Pflanzen sind Torf bildende Moorsysteme durchweg extreme Lebensräume. Hinsichtlich ihrer Biomasse, Produktivität und Streubildung reagieren sie variabel auf die unterschiedlichen Mikrohabitate. Wie in Abb. 48 (S. 62) gezeigt, produzieren sie zumindest in nährstoffarmen Mooren beträchtlich mehr Wurzeln und Rhizome als oberirdische Sprossabschnitte und Blätter. Die Wurzeln und Rhizome müssen an zeitweilig hohe Wasserstände beziehungsweise anoxische Verhältnisse im Wurzelraum angepasst sein, oder sie bleiben auf den obersten Bereich des Akrotelms konzentriert und sind so während der Vegetationsperiode zeitweilig von einer kontinuierlichen Wasserversorgung abgeschnitten. Die Xeromorphie und Hartlaubigkeit (Sempervirenz) bei den hier wachsenden Zwergsträuchern sind in diesem Sinne auch Anpassungssyndrome an zeitweiligen Wasserstress. Zugleich sind die Wurzeln der Ericaceen von dauerhaft durchnäßten Partien des Katotelm ausgeschlossen, weil ihre Mykorrhizen keine lange andauernden anoxischen Bedingungen ertragen. Wallén (1983) konnte durch ^{14}C-Markierungen an *Calluna vulgaris* zeigen, dass nur die obersten Wurzeln in Torfmoosrasen zu einer nennenswerten Assimilat-Translokation fähig sind. In älteren Wurzelabschnitten in über 10 cm Tiefe werden demnach kaum mehr Assimilate festgelegt (um 5 %), und die Umsatzraten bleiben gering. Sempervirenz in oligotrophen Mooren ist vor diesem Hintergrund eine Sparmaßnahme, um bei schwachem Wachstum und eingeschränkter Ressourcenverlagerung die verfügbaren Nährstoffreserven möglichst effektiv zu nutzen.

Im Gegensatz zu den Torfmoosen sind für die Gefäßpflanzen die nasseren Flächen konkurrenzärmere Stress-Standorte, während zu den Bulten hin der Konkurrenzdruck ansteigt und zunehmend das Artengefüge bestimmt. Nasse Schlenken mit mittleren Wasserständen über Flurniveau[6] sind folglich gefäßpflanzenarm. Nur wenige, an fluktuierende Wasserstände angepasste Arten können hier wachsen und sich ihre Nährstoffe aus dem Katotelm erschließen. Die Deckung bleibt meist gering. Im Teppichhorizont steigen Artenanzahl und Deckung der Gefäßpflanzen; Cyperaceen herrschen vor. Die Mikrohabitate zeichnen sich durch eine langfristige Wassersättigung des Porenraumes aus. Auf dem Bultniveau können die Gefäßpflanzen im Gegensatz zu den Kryptogamen mit Hilfe ihrer Feinwurzeln die Wasservorräte des Kapillarsaumes des Moorwassers erschließen. Da die Bodenporen allenfalls kurzfristig wassergesättigt sind, sind unter diesen Bedingungen Mykorrhiza bildende Ericaceen konkurrenzüberlegen.

Die Anpassungen von Gefäßpflanzen an saisonal und episodisch wasserbedeckte oder -gesättigte Lebensräume sind vielfältig. Die Pflanzen müssen zeitweilige Wasserbedeckung beziehungsweise anoxische Verhältnisse im Wurzelraum ebenso ertragen können wie zeitweilige Trockenheit. Tolerante Arten kombinieren eine Reihe von Adaptationsmerkmalen, die sich experimentell nur aus der Analyse der Reaktion ganzer Pflanzen in längeren Zeitreihen erschließen lassen. Genannt seien etwa die Entwicklung von Durchlüftungsgeweben, die einen Sauerstoffstrom von den Spaltöffnungen über den Spross in das Wurzelsystem möglich machen, die Fähigkeit zur raschen Enzymsynthese bei der Neubildung von Organen, eine effektive und rasche Translokation von Kohlenhydraten vom Spross in die Wurzeln, hormonal gesteuerte Prozesse sowie die Fähigkeit, unter anoxischen Ver-

6 In Schlenken mit locker flottierenden Moosrasen bezieht sich die Geländeoberfläche auf das Niveau des sedentären, zeitweilig trocken fallenden Torfes.

hältnissen ungiftige Stoffwechsel-Endprodukte zu synthetisieren. Auch das Wiedereintreten sauerstoffreicher Bedingungen nach anoxischen Phasen kann über Oxidationsreaktionen an Biomembranen Schäden auslösen, denen angepasste Arten eher gewachsen sind. Eine übersichtliche Darstellung gibt Crawford (1996) (Abb. 59).

Insgesamt gesehen sind Moor-Phanerogamen an Stress adaptiert (Xeromorphie, Sklerophyllie, Sempervirenz, geringe Wachstumsraten, unregelmäßige Blütenbildung, deutliche Tendenz zur vegetativen Vermehrung, teilweise hohe Fähigkeit zur internen Nährstofftranslokation, Mykorrhizabildung und Insektivorie). Sempervirenz und verringerte Wachstumsraten zeugen von guter Ressourcenökonomie unter Mangelbedingungen, Insektivorie steigert die Fitness unter nährstoffarmen Verhältnissen. Bei niedrigen Wasserständen fassen höherwüchsige, schattende Gehölze (Kapazitäts-Strategen) Fuß, senken ihrerseits durch eine erhöhte Transpiration die Wasserstände, spenden Schatten und unterdrücken dadurch die lichtbedürftigeren Sippen unter den Gefäßpflanzen und Kryptogamen.

„Störungen" in der Feldschicht treten vermehrt auf, je länger der Moorwasserspiegel an beziehungsweise oberhalb der Bodenoberfläche verbleibt. Dies äußert sich in einer steigenden Mortalität adulter Pflanzen vom Bulten- zum Rasenniveau hin, wie dies Backéus (1985) an *Andromeda polifolia* zeigen konnte, und vom Rasen- zum Teppichniveau, wie für *Drosera intermedia* belegt wurde (Ridder & Dhondt 1987). Gleichzeitig steigt für Gefäßpflanzen das Risiko, von Torfmoosrasen überwachsen zu werden.

7.2 Aziditätsgradienten

Unter allen Faktoren, die den Mineralstoffhaushalt an Moorstandorten beschreiben, lässt sich die Azidität über den pH-Wert besonders einfach erfassen. Sie ist mit anderen hydrochemischen Parametern wie der Leitfähigkeit oder den Ca- beziehungsweise Mg-Gehalten im Haftwasser der Torfmoose und Torfe korreliert. Die enge Wechselwirkung zwischen der Ionenverteilung im Haftwasser der Torfe und dem hydromorphologischen Moor-

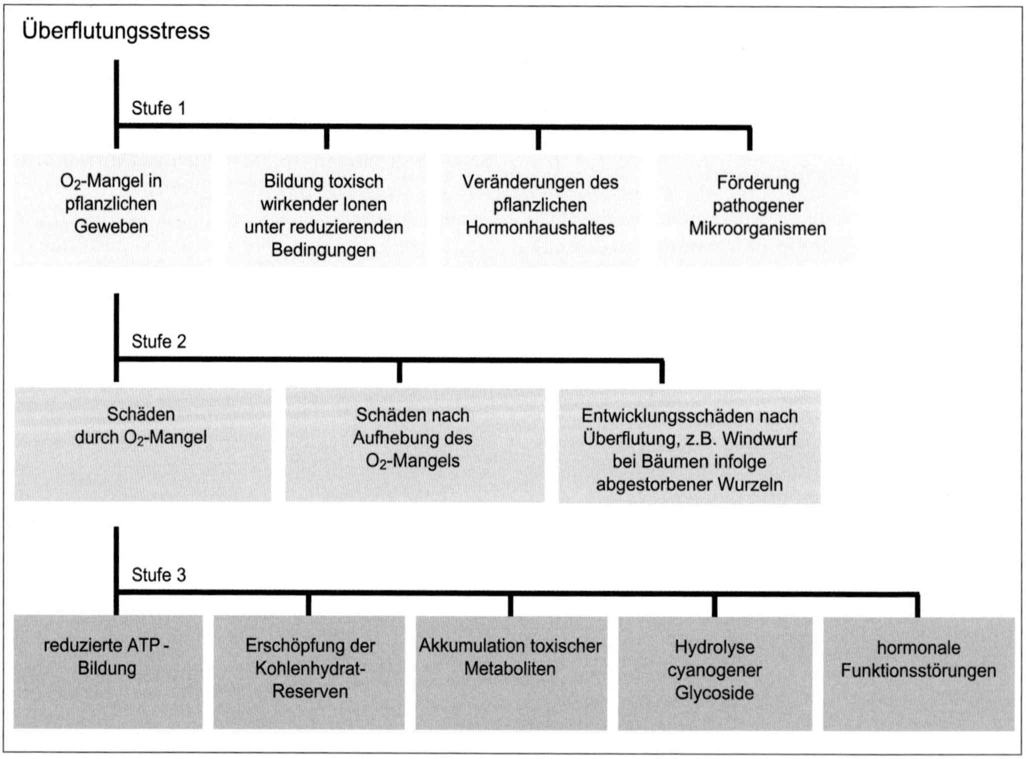

Abb. 59: Schematische Übersicht der möglichen durch Überstauung beziehungsweise Sauerstoffdefizite ausgelösten Störungen und Schäden bei Gefäßpflanzen. Die Stufen 2 und 3 charakterisieren eine Auswahl weiterer Konsequenzen (aus Crawford 1996).

typ wurde in Kap. 6.2.2 angesprochen. Zahlreiche Autoren belegen jahreszeitliche Schwankungen der pH-Werte besonders unter mesotrophen Verhältnissen und bei schwankenden Moorwasserständen. Kleinräumige pH-Gradienten zeigen sich zwischen Schlenken und Bulten. Vegetationswirksam wird dieses Gefälle vor allem in basenreichen Niedermooren.

Die Azidität des Torfkörpers beziehungsweise der Bodenlösung steuert eine Vielzahl bodenchemischer Prozesse und biochemischer Reaktionen in den pflanzlichen Geweben. Demzufolge sind die Gefäßpflanzen, Moose und Algen mehr oder weniger eng auf pH-Stufen eingenischt und lassen sich bei gleichzeitiger Berücksichtigung weiterer hydrochemischer Parameter lokal wie regional beispielsweise als Indikatoren eines abgestuften Mineralbodenwasser-Einflusses verwenden.

Oligotrophe, insbesondere ombrotrophe Moore zeichnen sich durch sehr niedrige pH-Werte aus. Der schon in den Kap. 1.1.1 und 6.2.2 skizzierte Trend einer Oligotrophierung im Verlauf der Entwicklung von Mooren ist mit folgenden Prozessen verknüpft:

- Unterliegen Torflager mit hoch anstehendem Grundwasser einer witterungs- oder klimabedingten Absenkung der Wasserstände, so bilden sich durch mikrobielle Oxidation von H_2S aus den unvollständig abgebauten organischen Verbindungen des Katotelm mineralische Säuren wie Schwefelsäure. Folglich sinken die pH-Werte in der Kontaktzone Akrotelm-Katotelm, besonders während der sommerlichen Tiefwasserstände (u.a. LÜTT 1992, FORST et al. 1997, MÜLLER 1999b).
- Bei natürlichen Wasserstandsschwankungen und verstärkt nach Entwässerungen wird in basenreichen Mooren mit den Niederschlägen das calcium- und magnesiumreiche Grundwasser durch (kohlen)saures Infiltrationswasser ersetzt, das mit den Niederschlägen angeliefert wird. Dieser Vorgang erniedrigt die pH-Werte im Hauptwurzelraum. Dadurch werden basiphytische Niedermoor-Gesellschaften von azidophytischen abgelöst (u.a. GROOTJANS 1985, WASSEN & JOOSTEN 1994, 1996).
- Vor allem in der Umgebung industrieller Ballungsgebiete kann zusätzlich ein Eintrag schwefelsaurer und salpetersaurer Immissionen die pH-Werte der Bodenlösung in Torfen extrem senken (DIERSSEN 1982, GORHAM et al. 1985).

Die genannten Prozesse fördern die Entwicklung von azidophytischen Arten zu Lasten basiphytischer.

- An torfmoosreichen Standorten erfolgt in den Zellwänden der Sphagnen ein effektiver Austausch von Ammonium- und Metallkationen gegen H^+-Ionen (u.a. BREHM 1971, HAYWARD & CLYMO 1983) und führt zur Ansäuerung des Haftwassers der Torfmoose beziehungsweise der Bodenlösung. Das Ausmaß hängt von den jeweiligen Gehalten an Polyuronsäuren in der Zellwand ab und ist artspezifisch.
- Schließlich entstehen bei dem unvollständigen Abbau der Torfmoose Fulvosäuren, die als ge-

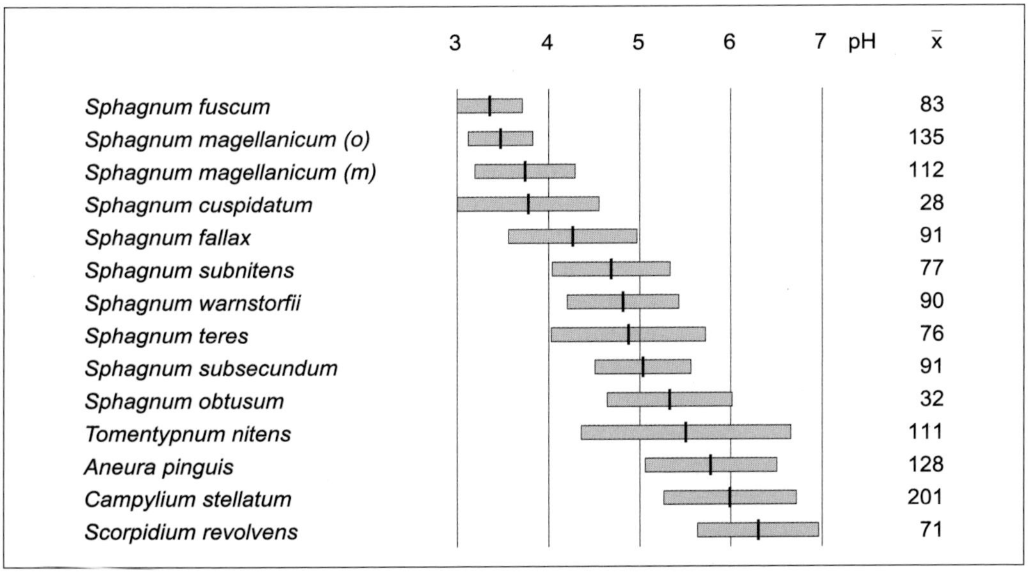

Abb. 60: pH-Amplituden ausgewählter Kryptogamen aus Mooren des Schwarzwaldes (Mittelwert, Standardabweichung, Anzahl der Messungen) (nach DIERSSEN & DIERSSEN 1984).

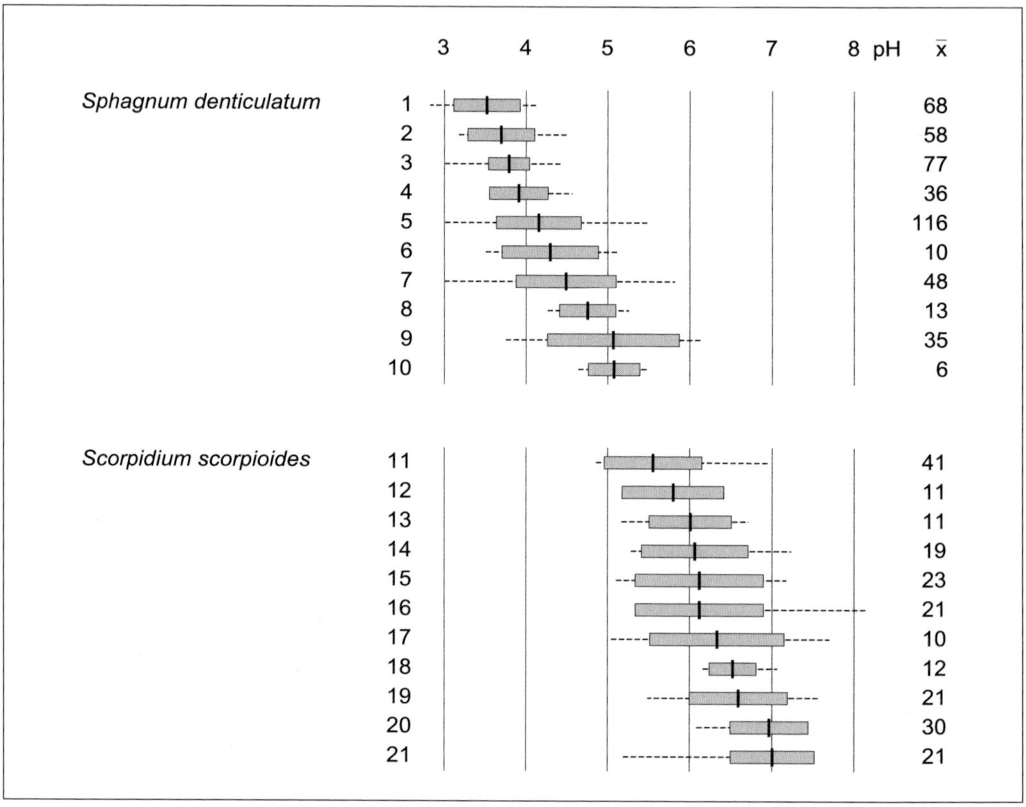

Abb. 61: pH-Amplituden von *Sphagnum denticulatum* und *Scorpidium scorpioides* in unterschiedlichen Vegetationstypen aus verschiedenen Regionen (Mittelwert, Standardabweichung, Extremwerte, Anzahl der Messungen): 1) *Pleurozio-Ericetum*, *Molinia*-Fazies, Irland, 2) *Pleurozio-Ericetum typicum*, Irland, 3) *Sphagno-Rhynchosporetum*, Brit. Inseln, 4) *Eleocharitetum multicaulis*, Britische Inseln, 5) *Pleurozio-Ericetum*, *Schoenus nigricans*-Fazies, Irland, 6) *Caricetum rostratae*, Brit. Inseln, 7) *Caricetum limosae*, Brit. Inseln, 8) *Sphagno-Rhynchosporetum*, Skandinavien, 9) *Caricetum lasiocarpae*, Brit. Inseln, 10) *Caricetum nigrae*, Brit. Inseln, 11) *Sphagno-Rhynchosporetum*, Skandinavien, 12) *Sphagno-Rhynchosporetum*, Schwarzwald, 13) *Scorpidio-Caricetum chordorrhizae*, Skandinavien, 14) *Caricetum lasiocarpae*, Skandinavien, 15) *Campylio-Caricetum dioicae*, Brit. Inseln, 16) *Eleocharitetum quinqueflorae*, Brit. Inseln, 17) *Caricetum rostratae*, Brit. Inseln, 18) *Campylio-Caricetum*, Brit. Inseln, 19) *Scorpidio-Caricetum diandrae*, Brit. Inseln, 20) *Junco-Schoenetum nigricantis*, Brit. Inseln, 21) *Caricetum microglochinis*, Skandinavien (nach Dierssen 1982, Dierssen & Dierssen 1984).

löster organischer Kohlenstoff (DOC) die mehr oder weniger intensive Färbung des Moorwassers auslösen und das Ionenmilieu mitbestimmen (u. a. Kilham 1982, Hemond 1980). Die Huminsäuren sind in der Bodenlösung nur schwach dissoziiert, und bei einem Anstieg der Protonenkonzentration fällt ihr Dissoziationsgrad ab. Somit stabilisieren sie als Puffersystem die pH-Werte, solange keine erheblichen atmosphärischen Einträge von Mineralsäuren erfolgen.

Die Bedeutung der jeweiligen Teilprozesse unterliegt vor allem kleinstandörtlich variablen Torfbildungsraten und regionalen Schwankungen des „chemischen Klimas" (Andrus 1986, Lütt 1992). Da beispielsweise im Porenraum von Niedermoortorfen das Verhältnis zwischen dem zuströmenden Grund- und Oberflächenwasser und dem mit den Niederschlägen eingetragenem Wasser witterungsbedingt schwankt, bauen sich vegetationswirksame hydrochemische Gradienten auf. Sie lassen sich allerdings nur bei genügend hoher zeitlicher Auflösung eindeutig nachweisen.

Als Sukzessionen abgelaufene Prozesse einer Oligotrophierung (vergl. Kap. 1.1.1) wurden stratigraphisch verschiedentlich aus Torf-Ablagerungen ermittelt (u. a. Grosse-Brauckmann & Dierssen 1973), lassen sich aber auch rezent beobachten. Eine anschauliche Beschreibung des „Umschlagspunktes" in einem aktuellen Vegetationsmosaik geben GRÜTTNER & WARNKE-GRÜTTNER (1996) am Beispiel des entwicklungsgeschichtlich jungen Federseeriedes. Dessen Genese hat sich ausgehend von kalkreichen Seemudden bis zu torfmoosbeherrschten, im Akrotelm sauren „Schichtwasser-Mooren" innerhalb von 200 Jahren vollzogen. Basiphytische Phreatophyten in dieser „*Carex elata-Sphagnum magellanicum*-Gesellschaft" wie *Carex elata, C. appropinquata, Tomentypnum nitens, Parnassia palustris*, *Senecio helenitis* oder gar *Pedicularis sceptrum-carolinum* sind heute Entwicklungsrelikte der vorausgegangenen Kalkniedermoore. *Aulacomnium palustre, Sphagnum angustifolium, S. magellanicum, S. capillifolium* sowie *Agrostis canina* sind neben vielen anderen die ersten vom sauren Infiltrationswasser geförderten Acidophyten und leiten eine Entwicklung zu Hochmooren ein. Gegenläufige Prozesse der Überführung saurer Moorstandorte in basenreiche sind unter natürlichen Verhältnissen eine eher seltene Ausnahme (GLASER et al. 1990).

Kalkreiches Grundwasser führt in Niedermooren zur Phosphatfällung, wodurch die Primärproduktion P-limitiert wird. An derartige Verhältnisse angepasste Arten können entweder durch die Ausscheidung P-mobilisierender Substanzen wirksamer Phosphor aufnehmen als ihre Konkurrenten, oder sie bauen einen effektiven internen P-Zyklus auf. Die realisierte Nische bezüglich der ermittelten pH-Werte von Habitaten ausgewählter Arten hängt unter anderem vom Vegetationstyp ab und unterscheidet sich regional. Soll ein Monitoring der Veränderung von Standortqualitäten über Indikatorarten erfolgen, so ist daher sowohl eine standörtliche wie eine regionale Kalibrierung der verwendeten Indikatorarten erforderlich (Abb. 60, 61).

7.3 Mikroklima

Gebietswasserhaushalt und jahreszeitliche Temperaturamplitude prägen die landschaftsgebundenen hydromorphologischen Moortypen (Kap. 4.1). Darüber hinaus wird die kleinräumige Verteilung der an Moorstandorte gebundenen Pflanzen und Tiere auch durch das Mikroklima gesteuert. Während des Sommers zuweilen auftretende Fröste und niedrige Bodentemperaturen können die Produktivität der an Moorstandorte angepassten Pflanzen einschränken und wärmebedürftige Arten von diesem Lebensraum ausschließen.

Bei Einstrahlung erwärmt sich ein Boden, bei Ausstrahlung kühlt er ab. Der Temperaturgradient an der Bodenoberfläche wird durch Wärmekapazität und -leitfähigkeit bestimmt. Bei Torfen hängen beide Größen von der Lagerungsdichte und dem Wasservolumen im Verhältnis zum Luftvolumen ab. Bei einem nassen Torf ist im Vergleich zum abgetrockneten

- die Temperaturleitfähigkeit etwa doppelt so hoch,
- die Wärmeleitfähigkeit etwa 7 x so hoch sowie
- die Wärmekapazität etwa 6 x so hoch (nach GEIGER 1961).

Dies erklärt die steilen Temperaturgradienten bereits bei Nano- und Mikroformen. So lässt sich am Beispiel kleinräumiger, hydrologisch differenzierter Vegetationskomplexe zwischen Schlenken (*Sphagno-Utricularietum stygiae, Caricetum limosae*), Rasengesellschaften (*Caricetum lasiocarpae, Caricetum elatae*) und Flachbulten (*Sphagnetum magellanici*) ein deutliches Mikroklimagefälle belegen (SCHMIDT 1997). Flache Schlenkengewässer zeichnen sich durch starke tageszeitliche Schwankungen der Sauerstoffgehalte und Temperaturen aus. Der Wasserkörper dämpft dabei die täglichen Temperaturamplituden in den Helophytenbeständen, verringert die Frosthäufigkeit und bedingt geringe Sättigungsdefizite. Teilbereiche der Schlenken zeigen im Vergleich zu ihrer Umgebung über das Jahr betrachtet eine günstige Wärmebilanz, bilden „Wärmeinseln" mit deutlich erhöhten Temperaturen. Zu diesem Effekt trägt die Strahlungsabsorption durch die Huminstoffe im Wasserkörper und im vegetationsfreien Torfschlamm des Schlenkenbodens bei. Auch das Mikroklima rasiger Seggenbestände in Schlenkennähe erweist sich aufgrund der hier geringen Amplituden von Temperaturen und Sättigungsdefiziten als mikroklimatisch „ozeanisch". Demgegenüber sind Bulten und zwergstrauchbeherrschte Stillstandskomplexe der Hochmoore im Jahresverlauf mikroklimatisch eher kühl. Die Tagesgänge sind bezüglich der Gegensätze im Sättigungsdefizit und der Temperaturen extrem. Dunkle, trockene Torfe erreichen aufgrund ihrer geringen Wärmeleitfähigkeit Temperaturen von über +60 °C. Auch die kleinräumig unterschiedlichen Wintertemperaturen greifen entscheidend in die Morphogenese der Mikrostrukturen auf den Mooren und die Phänologie der Pflanzengesellschaften ein, indem die unterschiedliche Eindringtiefe des Bodenfrostes das präformierte Gefälle im Mikrorelief akzentuiert.

Gefäßpflanzen und Kryptogamen kontrollieren die Evapotranspiration in unterschiedlicher Weise (vergl. S. 16). In nassen *Sphagnum*-Rasen mit geringem Deckungsanteil von Gefäßpflanzen werden bei Einstrahlung etwa zwei Drittel des Wasserdampfs als Evaporationsstrom von den Torfmoosen an die Atmosphäre abgegeben. Diese Evaporation fällt drastisch ab, wenn die Oberfläche der Sphagnen abtrocknet. Solange sich der Wasserspiegel in der durchwurzelten Zone befindet, absorbieren die Wurzeln der Gefäßpflanzen den spürbaren Wärmestrom, dessen Energie wiederum die Transpiration um bis zu einem Drittel steigert (KIM & VERMA 1996).

Die geschilderten thermischen Gradienten bestimmen nicht nur, gekoppelt mit dem Wasserhaushalt, das Verteilungsmuster und die Struktur der Vegetation, sondern auch die kleinräumige Einnischung stenöker Insektenpopulationen (u. a. BUCHWALD 1986, STERNBERG 1993).

7.4 Der menschliche Einfluss: Hemerobiestufen

Durch direkte menschliche Nutzung und indirekte anthroposphärische Stoffeinträge aus dem hydrologischen Einzugsgebiet von Niedermooren oder über die Luft verändern sich die Zusammensetzung der Vegetation und die Eigenschaften der Torfe. Durch Entwässerungen werden Torf bildenden Vegetationstypen ersetzt (JASNOWSKI 1972). Die Torfe werden mineralisiert und ihre physikalischen Eigenschaften verändert sowie Nährstoffe freigesetzt. Anthroposphärische Stoffeinträge verändern das Nährstoffmilieu. Der daraus folgende Wandel der Vegetationszusammensetzung umfasst die Bandbreite von der spontanen Vegetation lebender Moore bis hin zu intensiven Ackerkulturen. Die Böden reichen von wachsenden Torfen bis hin zu entwässerten, dadurch mehr oder minder stark vererdeten bis vermulmten Torfen mit unterschiedlich intensiv verlaufender, sekundärer Pedogenese. Durch Tiefpflugsanddeckkulturen oder Sandmischkulturen umgelagerte Böden unterliegen einer vollständig neuartigen Bodenentwicklung. Das Ausmaß der Veränderung von Vegetationszusammensetzung und Bodentextur bestimmt unter anderem die Stoffdynamik der Standorte, ihre Nutzungsfähigkeit, die Austräge von Energie und Stoffen sowie – unter Naturschutzaspekt – die Chance einer potentiellen Restitution sowie den Zeitraum, der für die Entwicklung angestrebter Zielzustände erforderlich ist. Die **Hemerobiestufe** des jeweiligen Systems kennzeichnet das Ausmaß menschlicher Eingriffe in Bezug auf Vegetationszusammensetzung und Standorteigenschaften. ZEITZ et al. (1998) sehen in der Hemerobie einen integrativen Schlüsselparameter zur Beurteilung des Entwicklungspotentials und der Funktionalität von Mooren. Je geringer der bisherige Grad der menschlichen Veränderung, umso größer sind die Schäden, die potentiell durch Eingriffe entstehen können, und je intensiver der Eingriff, umso aufwendiger und gegebenenfalls kostspieliger wird eine Restitution (Kap. 12).

Die folgenden Stufen lassen sich für Moorstandorte sowie Torflandschaften unterscheiden (modifiziert nach KOWARIK 1988):

- ahemerob (H0): unbeeinflusst; in Mitteleuropa aufgrund der anthroposphärischen Stoffeinträge nicht mehr gegeben; Akrotelm vollständig entwickelt;
- oligohemerob (H1): wachsende und/oder aktuell durch anthropogene Entwässerung allenfalls schwach beeinträchtigte Hoch- und Niedermoore, Akrotelm nur teilweise funktionsfähig;
- oligo- bis mesohemerob (H2): schwach entwässerte Moorstandorte, Streuwiesen; schwach mineralisierende Torfprofile mit beginnender Vererdung; mehr oder minder gehölzfreie Torfstiche mit wachsenden Torfflächen größerflächig entwickelt;
- mesohemerob (H3): Sekundärwälder und -gebüsche an anthropogen veränderten Moorstandorten, teilentwässertes und schwach gedüngtes Moorgrünland, Feuchtwiesen, teilweise deutlich mineralisierende, vererdende Torfe, in Restitution begriffene „bäuerliche“ Torfstiche von untergeordneter Bedeutung;
- meso- bis β-euhemerob (H4): entwässerte und/oder eutrophierte Sekundärgebüsche und -wälder auf vererdeten Torfen, stark abgetrocknete und produktive Brachestadien, überweidetes, verdichtetes und wechselnasses Moorgrünland, eutrophierte Vernässungsstadien auf Sapropel über vererdeten Torfen;
- β-euhemerob (H5): stark entwässerte und gestörte Sekundärvegetation auf maschinell abgetorften Flächen, ruderale Hochstaudenfluren und Brachen auf stark vererdeten Torfen, hypertrophierte Vernässungsstadien auf Sapropel;
- β-eu- bis α-euhemerob (H6): mäßig intensiv bewirtschaftete Ackerkulturen, Ackerbrachen und trockenes Queckengrünland oder Feuchtweiden in Kombination mit ruderalen Staudenfluren auf stark entwässerten, tiefreichend vererdeten Torfen;
- β-euhemerob (H7): Intensiväcker auf tiefreichend entwässerten, vererdeten Torfen oder Torf-Sandmischkulturböden, ruderale Brachen auf solchen Böden, aus dem maschinellen Torf-

abbau ohne torfkonservierende Maßnahmen entlassene Flächen mit Pioniervegetation;
- β-euhemerob bis polyhemerob (H8): Randbereiche industrieller Torfabbauflächen und Entwässerungsgräben mit zerstörten Torfprofilen und heterogenen Pioniervegetation aus moorfremden Arten;
- metahemerob: überwiegend vegetationsfreie Torfabbau- oder Frästorfflächen.

Maßgeblich für die Zuordnung von Beständen sind vor allem der Verlust an autochthonen Moorarten beziehungsweise deren Ersatz durch moorfremde, ubiquitär verbreitete Sippen sowie das Ausmaß der Bodenveränderungen. Die vorgestellte Gliederung ist grob und kann bei Bedarf, etwa für eine Erstellung von Pflege- und Entwicklungsplänen im Zusammenhang mit Restitutionsmaßnahmen auf regionaler und lokaler Ebene verfeinert werden. Beispielsweise lassen sich aus Vegetationsaufnahmen und Kartierungen der aktuellen Vegetation Nutzungsstufen ermitteln und bezüglich flächenbezogener Zieldefinitionen auswerten. Tab. 6 zeigt in stark verkürzter Form ein Beispiel unterschiedlich genutzter Rispenseggen-Bestände. Die in Spalte 1 zusammengefassten Aufnahmen stammen von unbeweideten, quellignassen Seeufer-Standorten. Der Artenbestand ist im Wesentlichen durch Grundwasser-indizierende Arten der Röhrichte und Großseggenrieder charakterisiert, etwa *Peucedanum palustre, Lycopus europaeus, Lysimachia vulgaris* und *Phragmites australis*. In Spalte 2 finden sich Indikatorarten für Bestände etwas trockenerer, extensiv beweideter Flächen. Diese sind zwar merklich artenreicher, aber in erster Linie infolge des verstärkten Hervortretens allgemein verbreiteter, beweidungstoleranter Feuchtgrünland-Arten. Durch die Absenkung der Wasserstände wurde also das Rispenseggenried beweidungsfähig. In Spalte 3 sind Aufnahmen von solchen Flächen vereinigt, die zwar auch zeitweilig beweidet worden sind, auf denen aber anschließend die Nutzung eingestellt wurde. Indikatoren der vorangegangenen Weidenutzung sind noch vertreten, aber zusätzlich treten verstärkt Arten nitrophiler Staudenfluren wie *Urtica dioica* und *Galium aparine* auf. Diese zeigen an, dass auf den Flächen keine Abschöpfung der Nährstoffvorräte durch Beweidung mehr stattfindet. Demzufolge erlangen bei hohen Nährstoffumsätzen produktive Arten Entwicklungsvorteile. Aufgrund der auftretenden Lichtkonkurrenz sinkt die Artenzahl der Bestände.

Vergleichende Kartierungen der aktuellen Vegetation in nassen Niederungsgebieten haben ergeben, dass Bestände des Typs 1 stark abnehmen,

Tab. 6: Indikation von Nutzungsstufen in Rispenseggenriedern als Grundlage für eine Entwicklung von Managementkonzepten (nach Dierssen et al. 1988 aus Schleswig-Holstein); Spalte1: mesohemerobe Stufe; Spalte 2: euhemerobe Stufe bei Entwässerung und Beweidung; Spalte 3: euhemerobe Stufe nach Entwässerung und Aufgabe der Weidenutzung; neben der beherrschenden Segge dominieren Nitrophyten; Stetigkeitsklassen vergl. Tab. 1; weitere Erläuterungen im Text.

Spalte:	1	2	3
Zahl der Aufnahmen:	27	57	14
Mittlere Artenzahl:	17	25	20
Carex paniculata	V	V	V
Poa trivialis	I	IV	V
Rumex acetosa	r	III	IV
Festuca rubra	+	III	II
Holcus lanatus	+	II	II
Lotus uliginosus	+	II	II
Urtica dioica	+	+	V
Galium aparine	.	+	IV

während jene des Typs 3 vom Flächenanteil her häufiger werden. Typ 1 lässt sich an eutrophen bis polytrophen Seen der mesohemeroben Stufe zuordnen, Typ 2 einer meso- bis β-euhemeroben Stufe, Typ 3 schließlich einer β-euhemeroben Stufe. Sofern auf einer konkreten Fläche hydrologische Veränderungen als Managementmaßnahme ausscheiden, lässt sich für den vorgestellten Fall über die Wahl eines geeigneten Nutzungssystems das Ziel eines vielfältigeren Landschaftsausschnittes ansteuern.

Dieses Beispiel mag beleuchten, wie eine flächenscharfe Erfassung von Hemerobiestufen in Mooren und Torflandschaften dazu beitragen kann, Ursache und Ausmaß von Störungen oder Veränderungen von Vegetation, Böden und Hydrologie auf einer Fläche zu kennzeichnen. Daraus lassen sich Prioritäten für den Restitutions- und Sanierungsbedarf ableiten beziehungsweise die Erfolgsaussichten von Entwicklungskonzepten formulieren. Der Übergang zwischen benachbarten Hemerobiestufen kann realistischer, kurzfristiger und weniger kostenaufwendig erreicht werden als etwa jener von einer euhemeroben zu einer oligohemeroben Stufe. Von metahemeroben Stufen ausgehende Restitutionen sind besonders kostspielig und zeitaufwendig. In festgelegten Abständen erfolgende Wiederholungskartierungen nach durchgeführten Restitutionsmaßnahmen machen eine Kontrolle der intendierten Entwicklungen möglich (vergl. Kap. 13).

7.5 Bioindikation und ökologische Artengruppen

Im Allgemeinen werden in Mooren die kleinräumigen Gradienten von Kryptogamen-Synusien beziehungsweise ihren Schlüsselarten schärfer abgebildet als von Gefäßpflanzen. Die Reaktion ausgewählter Kryptogamen auf den Wasser- und Mineralstoffhaushalt des Standortes bei abgestuftem Temperaturgefälle haben unter anderem Gignac et al. (1991) sowie Nicholson & Gignac (1995) in W-Kanada herausgearbeitet. Die dabei angetroffene Nischendifferenzierung lässt sich tendenziell auch auf europäische Verhältnisse übertragen (Abb. 62).

Für eine Erarbeitung ökologischer Gruppen von Moorpflanzen mit näherungsweise gleichartigen standörtlichen Ansprüchen ist es hilfreich, Gefäßpflanzen und Kryptogamen getrennt zu analysieren, da ihre Reaktionen auf die wesentlichen Standortfaktoren aufgrund der unterschiedlichen morphologischen und physiologischen Ausstattung und Rollenverteilung im Ökosystem voneinander abweichen. Die folgende Gliederung soll eine grobe Zuordnung soziologisch-ökologischer Gruppen in zentraleuropäischen Mooren möglich machen.

1) Schlenken, sauer, oligo-mesotroph (Rhynchosporion, Caricion lasiocarpae):
Cladopodiella fluitans, Gymnocolea inflata, Sphagnum balticum, S. cuspidatum, S. majus, S. pulchrum, S. riparium, S. tenellum, Warnstorfia exannulata, W. fluitans;

2) basenreiche Niedermoor-Schlenken (Caricion lasiocarpae, Rhynchosporion):

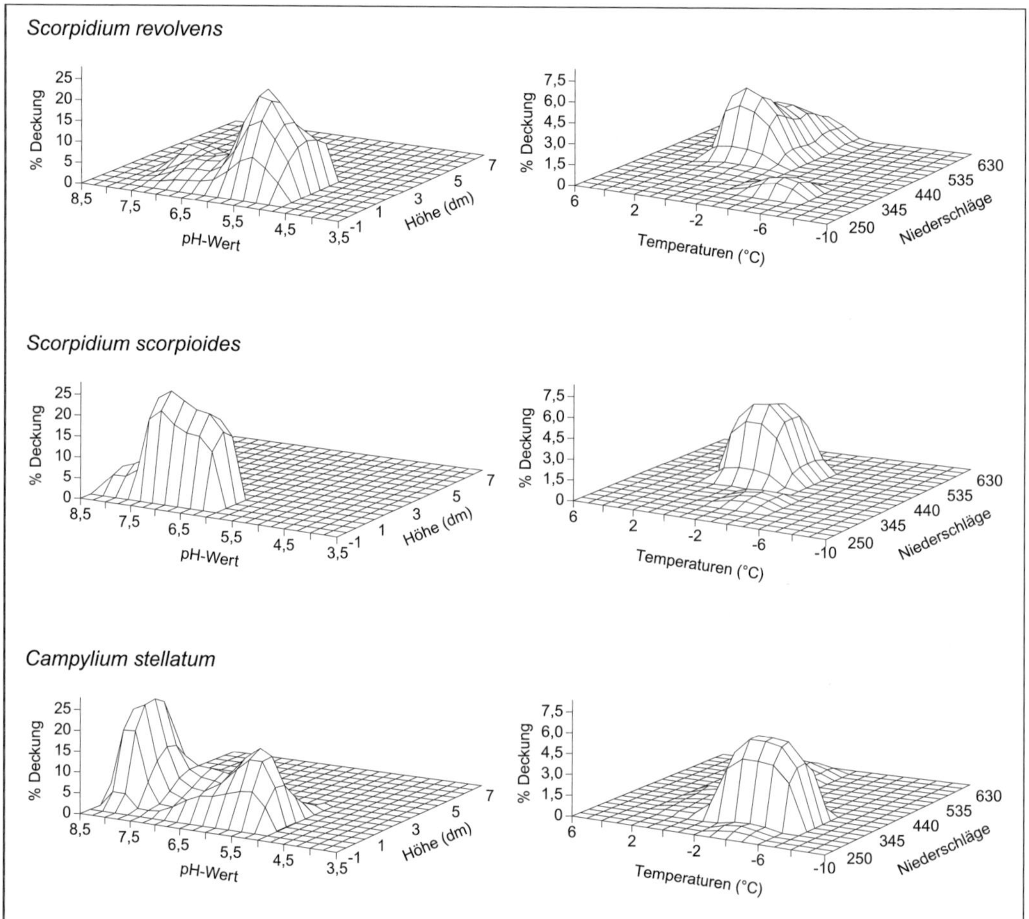

Abb. 62: Einnischung von Schlüsselarten basenreicher Niedermoore in W-Kanada in einem pH-, Feuchte- (Höhe über dem Grundwasserspiegel), Temperatur- (Jahresmitteltemperatur) und Niederschlagsgradienten (Jahresniederschlag) (aus Nicholson & Gignac 1995).

Carex chordorrhiza, Hammarbya paludosa, Juncus triglumis, Utricularia intermedia, U. stygia, Calliergon giganteum, C. richardsonii, C. trifarium, Lophozia rutheana, Scorpidium scorpioides, Sphagnum obtusum, S. platyphyllum, S. subsecundum;
3) saures Teppichniveau (Rhynchosporion, (Sphagnion magellanici)):
Carex pauciflora, Eriophorum vaginatum, (Trichophorum cespitosum), Sphagnum compactum, S. papillosum;
4) basenreiches Teppichniveau (Rhynchosporion, Caricion lasiocarpae):
Carex diandra, Eriophorum gracile, Pedicularis palustris, Cinclidium stygium, Meesia triquetra;
4a) Teppichniveau, pH-indifferent, Moorränder, auch hemerophil:
Calliergonella cuspidata, Climacium dendroides;
5) Schlenken- und Teppichniveau, pH-indifferent (Rhynchosporion, Caricion lasiocarpae): *Carex lasiocarpa, C. limosa, C. rostrata, Menyanthes trifoliata, Potentilla palustris, Rhynchospora alba, Scheuchzeria palustris;*
6) saures Rasenniveau, Moorränder (Caricion nigrae, Vaccinio-Piceetea): *Agrostis canina, Carex canescens, Carex echinata, Carex paupercula, Carex nigra, Equisetum palustre, Eriophorum scheuchzeri, Melampyrum pratense, Potentilla erecta, Succisa pratensis, Trientalis europaea, Viola palustris, Calliergon stramineum, Sphagnum fallax, S. flexuosum, S. girgensohnii, S. molle, S. russowii*;
6a) Übergang zur nächsten Gruppe; quellig, mäßig basenreich:
Equisetum sylvaticum, Calliergon sarmentosum, Paludella squarrosa, Sphagnum centrale, S. contortum, S. palustre, S. warnstorfii, S. teres;
7) basenreiches Rasenniveau (Caricetalia davallianae):
Bartsia alpina, Carex buxbaumii, C. capillaris, C. dioica, C. hostiana, C. pulicaris, C. viridula, Crepis paludosa, Dactylorhiza majalis, D. traunsteineri, Deschampsia cespitosa, Eriophorum latifolium, Gymnadenia conopsea, Kobresia simpliciuscula, Parnassia palustris, Pedicularis oederi, Pinguicula alpina, P. vulgaris, Saussurea alpina, Schoenus ferrugineus, Selaginella selaginoides, Trichophorum alpinum, Aneura pinguis, Campylium stellatum, Catoscopium nigritum, Drepanocladus sendneri, Fissidens adianthoides, Meesia uliginosa, Scorpidium revolvens, Tomentypnum nitens;
8) Rasenniveau, pH-indifferent:
Molinia caerulea, Trichophorum cespitosum, Aulacomnium palustre, Sanionia orthothecioides, Scapania irrigua;
9) saure, teilweise ombrotrophe, feuchte bis frische, niedrige Bulten:
Erica tetralix, Myrica gale, Barbilophozia kunzeana, Cephalozia loitlesbergeri, Kurzia pauciflora, Mylia anomala, Odontoschisma sphagni, Pleurozium schreberi, Pohlia nutans, Polytrichum strictum, Ptilidium ciliare, Racomitrium lanuginosum, Sphagnum angustifolium, S. fuscum, S. austinii, S. magellanicum;
10) saure, teilweise ombrotrophe, trockene und hohe Bulten:
Betula nana, Calluna vulgaris, Empetrum nigrum agg., *Rubus chamaemorus, Cladonia arbuscula, C. chlorophaea, C. portentosa, C. rangiferina, C. uncialis, C. stellaris, Dicranum bergeri, Hypnum jutlandicum, Leucobryum glaucum, Sphagnum capillifolium*;
11) meso-eutrophe Seggenrieder:
Calamagrostis canescens, Carex acuta, C. acutiformis, C. cespitosa, C. disticha, C. elata, C. paniculata, C. pseudocyperus, C. riparia, Carex vesicaria, Cicuta virosa, Cladium mariscus, Equisetum fluviatile, Lysimachia thyrsiflora, Stellaria palustris, Amblystegium riparium, Calliergon cordifolium;
12) eu-polytrophe Röhrichte: *Acorus calamus, Alisma plantago-aquatica, Butomus umbellatus, Iris pseudacorus, Lycopus europaeus, Mentha aquatica, Phragmites australis, Ranunculus lingua, Rorippa amphibia, Rumex hydrolapathum, Schoenoplectus lacustris, Sium latifolium, Typha angustifolia, T. latifolia;*
13) entwässertes, mäßig wechselfeuchtes bis mäßig trockenes Grünland (Saatgrasland) auf vererdeten und vermulmten Torfen: *Agrostis stolonifera, Cirsium arvense, Elymus repens, Glechoma hederacea, Stellaria media, Urtica dioica, Taraxacum officinale* agg.

8 Vegetation der Moore

8.1 Skalen vegetationskundlicher Mooranalyse

Die Vegetation lässt sich grundsätzlich nach strukturellen, floristischen und ökologischen Kriterien oder deren Kombination gliedern. Auf vegetationskundlichen Bearbeitungen mit unterschiedlichem methodischen Ansatz aufbauend beginnt sich in Mitteleuropa in jüngerer Zeit ein in den Grundzügen übereinstimmendes pflanzensoziologisches Gliederungskonzept durchzusetzen. Es fußt auf Assoziationen als floristisch durch Kennarten charakterisierten Grundeinheiten und entwickelt hierarchische Gliederungsniveaus ober- und unterhalb dieser Integrationsebene (u. a. DIERSSEN & DIERSSEN 1984, STEINER 1992, 1993, 1997, POTT 1995, SCHAMINEE et al. 1995, OBERDORFER 1998). Assoziationen sind Vegetationstypen mit weitgehend übereinstimmendem Inventar steter Arten und gegeneinander durch Charakterarten differenziert. Mitunter zeigen korrespondierende Subassoziationen „verwandter" Assoziationen untereinander eine größere Ähnlichkeit als die Subassoziationen innerhalb einer Assoziation. Dies ist bei heuristischen Gliederungskonzepten keineswegs unüblich (u. a. GOODALL et al. 1996).

Synsystematisch abweichende Gliederungskonzepte wie etwa jene von SUCCOW (1974) oder PASSARGE (1999) bei der Vegetation von Niedermooren oder von JENSEN (1961, 1987), bezogen auf die Hochmoore des Harzes, lassen sich in das folgende Konzept integrieren, indem man die standörtliche Variabilität, die über die floristische Vielfalt zum Ausdruck kommt, auf dem Gliederungsniveau unterhalb der Assoziation (Subassoziationen, Varianten etc.) darstellt. Abweichende Gliederungen sind auch aus der Tradition skandinavischer Schulen heraus entwickelt worden. Sie lassen sich gleichfalls in das hier verfolgte Konzept integrieren (vergl. DIERSSEN & DIERSSEN1996).

Einige Probleme bei der Bearbeitung vegetationskundlicher Daten lassen sich grundsätzlich schwer lösen. So unterscheiden sich die Auffassungen verschiedener Bearbeiter bezüglich einer zweckmäßigen Begrenzung von Probeflächengrößen. Aktivitätsmuster, Populationsschwankungen und standörtliche Einnischung definierter Organismengruppen lassen sich auf unterschiedlichen Skalen darstellen. Das methodische Vorgehen bei der Analyse muss dem Rechnung tragen. Homogenitätsberechnungen helfen nur begrenzt weiter, da man sich sowohl auf der Ebene von physiognomisch gleichförmigen Mikroformen als Grundeinheiten orientieren kann, wie dies beispielsweise die Mehrzahl der skandinavischen Moorkundler und die Verfasser praktizieren, aber auch auf jener der Mikroformen-Komplexe (vergl. S. 31). Auf unterschiedlich großen Bezugsflächen erhobene Daten lassen sich dann allerdings schwer interpretieren. Entsprechendes gilt für biozönologische Analysen.

In jüngerer Zeit verlagert sich der Schwerpunkt vegetationskundlicher Arbeiten zunehmend auf die Abgrenzung ökologisch charakterisierbarer Raumeinheiten und Gradienten mit Hilfe normierter Verfahren (z. B. WILDI 1977, WELLS 1996). Dabei häufen sich Arbeiten, in denen die Moorvegetation in ihrer Wechselbeziehung zu Standortgradienten mit multivariaten Verfahren analysiert und beschrieben wird. Die dabei gewonnenen ökologischen Artengruppen sind meist keinem synsystematisch-hierarchisierenden Gliederungskonzept „im klassischen Sinne" unterworfen. Dennoch zeigen sie in den Grundzügen eine weitgehende Übereinstimmung mit den konventionellen Gliederungsansätzen. Zu berücksichtigen bleibt, dass die aufgezeigten Gradienten in der Vegetations- und Nährstoffverteilung mit unterschiedlichen analytischen Ansätzen und Auswertungsverfahren erstellt worden sind und streng genommen nur für das jeweils bearbeitete Gebiet gelten. Angaben über Vergleichbarkeit der ökologischen Einnischung von Arten und ihre Nischenbreite lassen sich demzufolge ohne überregionale Kalibrierung und Validierung nicht oder nur eingeschränkt auf andere Gebiete übertragen.

Grundsätzlich sollten floristische Typisierungen der Moorvegetation die folgenden standörtlichen Gradienten berücksichtigen:

- die hydrologischen Gradienten von Bulten zu Schlenken und Kolken, die sich in der Zusammensetzung der Phanerogamen und der Kryptogamen ausdrücken,
- Gradienten der Mineralstoffversorgung (pH-Werte, Leitfähigkeit, Ca- und Mg-Gehalte), die sich besonders deutlich in der Bryophytenschicht abzeichnen, sowie

- ein floristisches Gefälle vom Moorzentrum zum Moorrand, in dem Unterschiede in der Mineralstoffversorgung, der Wasserzügigkeit und zum Teil der Quelligkeit zum Ausdruck kommen.

Mit dem hier durchgängig gewählten floristisch-soziologischen, („floristisch-induktiven") Ansatz wird versucht, dem Anspruch an eine praktikable standörtliche Interpretation pflanzensoziologischer Daten auf unterschiedlichen hierarchischen Niveaus (Verbänden, Assoziationen, Subassoziationen, Varianten u. a.) gerecht zu werden, ohne auf ein schlüssiges und überregional anwendbares Gliederungskonzept nach abgestufter floristischer Ähnlichkeit zu verzichten.

Der Versuch, die Moorvegetation hierarchisch nach floristischer Ähnlichkeit zu gliedern, sollte sinnvollerweise den gesamten Artenbestand einer Fläche berücksichtigen, also gleichermaßen Gefäßpflanzen wie Kryptogamen. Die Verfasser bevorzugen dabei floristisch wie standörtlich vergleichsweise weit gefasste, durch Kenntaxa charakterisierte Assoziationen. Die weitere Untergliederung erfolgt mit Hilfe von (Differential-)Artengruppen in Subassoziationen und Varianten, die für Wasser- und Nährstoffstufen spezifisch sind. Letztere spiegeln gleichsam ökologische Gruppen und decken sich auf dieser Ebene häufig mit den synusialen Gliederungen schwedischer und norwegischer Bearbeiter.

Den folgenden Beschreibungen der Vegetationstypen soll auf Verbandsniveau eine Charakteristik der wesentlichen Moos- und Flechten-Synusien beigefügt werden. Ein vergleichbares Konzept wurde von den Verfassern bei der Behandlung borealer und arktischer Vegetationstypen vorgelegt (Dierssen & Dierssen 1996) und beschreibend bereits 1954 von Poelt für Moosgesellschaften des Alpenvorlandes vollzogen. Anschließend werden die Assoziationen bezüglich ihrer standörtlichen Amplitude und räumlichen Verbreitung erörtert. Die folgende Übersicht der vertretenen Klassen dient zunächst einer groben Zuordnung:

Klasse **Scheuchzerio-Caricetea nigrae** – sauergrasbeherrschte Gesellschaften überwiegend oligo- bis mesotropher, meist organogener Ablagerungen mit hoch anstehenden Wasserständen, in ombrogenen und soligenen Mooren, unter topogenen Bedingungen selten überstaut;

Klasse **Oxycocco-Sphagnetea** – zwergstrauchbeherrschte Gesellschaften mäßig nasser bis zeitweilig trockener, ombrogener oder stark saurer, oligotropher Moor- und Anmoorstandorte;

Klasse **Phragmiti-Magnocaricetea** – von Helophyten aufgebaute, vorwiegend produktionsstarke Röhrichte und Großseggenrieder nährstoffreicher Seeufer und Sümpfe, vorzugsweise in zeitweilig überfluteten topogenen und fluviogenen Mooren;

Klasse **Alnetea** – Gebüsch- und Waldgesellschaften nährstoffreicher soligener, fluviogener und zeitweilig überfluteter topogener Moore;

Klasse **Vaccinio-Piceetea** – überwiegend auf Mineralböden vertretene Vorwald- und Waldgesellschaften, die aber auch an peripheren oder entwässerten Standorten oligo- bis mesotropher, ombrogener, topogener und soligener Moore vertreten sind;

Klasse **Molinio-Arrhenatheretea**, Ordnungen **Molinietalia, Agrostietalia stoloniferae** – Grünland-Gesellschaften an Standorten auf Mineralböden und an entwässerten Standorten von Hochmooren und Niedermooren unterschiedlicher Genese.

8.2 Sauergrasbeherrschte Gesellschaften nasser, nährstoffarmer Moorstandorte

(Kl. Scheuchzerio-Caricetea nigrae)

Die Klasse umfasst holarktisch verbreitete Vegetationstypen, die schwach bis mäßig produktive Bestände im weitgehend Gehölz- und zwergstrauchfreien Schlenken- und Teppichniveau von Hoch- und Niedermooren aufbauen, mitunter auch auf nassen Mineralböden im Litoral nährstoffarmer Seen. Sekundär entwickeln sich als Folge von Mahd oder Beweidung Bruchwälder und Weidengebüsche nährstoffarmer Standorte zu gehölzarmen, von Grasartigen dominierten Niedermooren. In der Feldschicht herrschen niedrigwüchsige bis mittelhohe Cyperaceen vor, in der Kryptogamenschicht je nach Basenversorgung *Amblystegiaceen* oder Vertreter der Gattung *Sphagnum*. Ihre Amplitude bezüglich der Bodenreaktion reicht vom stark sauren bis in den neutralen Bereich.

Die Abgrenzung der Klasse erfolgt nach floristischen Kriterien. Gemeinsames Merkmal bezüglich der Einnischung der bezeichnenden Arten sind hohe Wassersättigungen der Torfe während der Vegetationsperiode. Sowohl bodenkundliche wie auch moorgenetische Kriterien (Torfart, Niedermoor, Übergangsmoor, Hochmoor) decken sich mit der floristischen Standortcharakteristik nicht vollständig.

Zu der Ordnung **Scheuchzerietalia palustris** (Tab. 7) gehören Vegetationstypen oligo- und mesotropher, saurer bis basenreicher Schwingdecken und langfristig nasser bis überstauter Schlenken.

Die Gesellschaften sind vergleichsweise artenarm und in der Holarktis weit verbreitet, wie Angaben aus N-Amerika und Asien belegen (u. a. SJÖRS 1963, MIYAWAKI & FUJIWARA 1970). Der in der Literatur uneinheitlich verwendete Begriff Übergangs- oder Zwischenmoor deckt sich in weiten Teilen mit den Vegetationstypen dieser Ordnung. Als Verbände lassen sich ein **Rhynchosporion albae** und ein **Caricion lasiocarpae** unterscheiden. Ersteres ist durch niedrigwüchsige Schwingde-

Tab. 7: Gesellschaften der Ordnung Scheuchzerietalia; Spalte 1: *Caricetum limosae*; Spalte 2: *Sphagno-Rhynchosporetum*; Spalte 3: *Eriophorum angustifolium*-Gesellschaft; Daten Spalten 1-3 nach DIERSSEN und REICHELT (1988), Synopse aus Nord-, West- und Mitteleuropa; Spalte 4: *Caricetum rostratae*, STEINER (1992), Österreich; Spalte 5: *Caricetum lasiocarpae*, OBERDORFER et al. (1998), S-Deutschland; Spalte 6: *Drepanoclado-Caricetum aquatilis*, SCHAMINÉE et al. (1995), Niederlande; Spalte 7: *Scorpidio-Caricetum diandrae*; Spalte 8: *Scorpidio-Caricetum chordorrhizae*; Spalten 7 & 8 nach OBERDORFER et al. (1998), S-Deutschland; Spalte 9: *Sphagno-Caricetum appropinquatae*, STEINER (1992), Österreich (11), PALCZYNSKI (1975), Polen (20), Spalte 10: *Caricetum cespitosae*, PALCZYNSKI (1975), Polen; Stetigkeitsklassen vergl. Tab. 1.

Spalte:	1	2	3	4	5	6	7	8	9	10
Zahl der Aufnahmen:	2108	1377	288	350	95	14	49	78	44	20
Mittlere Artenzahl:	8	9	5	10	*	*	*	*	25	20
Carex limosa	V	I	.	I	II	.	II	IV	r	.
Scheuchzeria palustris	III	I	.	I	+	.	.	I	.	.
Rhynchospora alba	II	V	.	I	I	.	+	II	.	.
Sphagnum cuspidatum	+	II	II	I	.	.	.	.	.	.
Carex lasiocarpa	II	I	.	I	V	.	+	II	I	.
Carex aquatilis	.	.	+	.	.	V	.	.	.	.
Carex diandra	.	.	.	I	I	.	V	I	.	I
Carex chordorrhiza	I	r	.	.	r	.	r	V	r	.
Carex appropinquata	.	.	.	I	I	.	II	r	V	II
Carex cespitosa	.	.	.	.	.	.	.	.	II	V
Sphagnum majus	II	+	r	I	.	.	.	.	.	.
Sphagnum papillosum	I	II	r	I	.	.	.	.	.	.
Equisetum fluviatile	I	+	+	I	II	V	IV	III	II	IV
Potentilla palustris	I	+	+	I	IV	II	IV	V	III	V
Galium palustre	.	.	.	I	III	IV	III	II	II	V
Peucedanum palustre	+	.	.	I	IV	I	III	III	II	I
Calliergonella cuspidata	.	.	.	I	I	+	II	II	V	IV
Lysimachia vulgaris	.	.	.	I	III	III	II	I	I	I
Agrostis canina	.	.	.	I	II	.	II	II	III	III
Bryum pseudotriquetrum	.	.	.	I	r	II	III	I	III	II
Pedicularis palustris	.	.	.	I	I	II	II	I	.	I
Eriophorum angustifolium	II	III	V	II	II	II	II	III	II	II
Menyanthes trifoliata	III	I	+	II	III	+	III	III	II	V
Cares rostrata	II	I	I	V	III	II	II	III	II	IV
Carex nigra	.	.	+	II	+	II	r	II	III	III
Drosera intermedia	+	II	r	I	r	.	r	r	.	.
Drosera anglica	I	II	.	I	r	.	r	+	.	.
Carex echinata	.	.	.	II	r	.	r	I	+	.
Carex canescens	.	.	.	r	.	II	+	I	.	.
Calamagrostis stricta	.	.	.	.	.	.	+	.	II	V
Potentilla erecta	r	r	.	II	I	.	r	II	II	+
Molinia caerulea	I	I	.	II	I	.	+	II	II	.
Drosera rotundifolia	II	.	I	I	I	.	r	I	+	.
Oxycoccus palustris	II	.	I	I	I	.	r	II	r	.
Andromeda polifolia	II	.	+	I	.	.	.	+	r	.
Drepanocladus aduncus	.	.	.	.	+	.	II	I	II	V
Calliergon cordifolium	.	.	.	.	II	III	I	.	.	.
Carex acuta	.	.	.	.	.	I	.	.	r	IV
Warnstorfia exannulata	I	.	.	II	.	.	.	.	.	.
Glyceria maxima	.	.	.	.	.	V	.	.	.	II

cken- und Niedermoor-Gesellschaften oligotropher Torfe, seltener auch nasser Mineralböden mit hohen Wassergehalten charakterisiert. Die bezeichnenden, azonal verbreiteten Gesellschaften sind oft circumpolar in verschiedenen Vegetationszonen und Höhenstufen verbreitet. Die Elektrolytgehalte in den Schlenken sind im Vergleich zu Bulten auch bei ombrotrophen Mooren höher und die Makronährstoffe Stickstoff, Phospor und Kalium sind in den Schlenken durchweg stärker angereichert. Minerotraphente Schlenken- und Lagg-Systeme sind bei pH-Werten > 5,0 häufig reich an löslichem Eisen. Dadurch sind solche Arten ausgeschlossen, die ihre Eisenaufnahme nicht steuern können beziehungsweise bei hohen Aufnahmeraten Vergiftungserscheinungen zeigen. Umgekehrt führt die Eisenausfällung durch aerobe Bakterien (*Leptothrix* spp., *Siderodenna* spp.) oder die Exsudation von O_2 aus den aerenchymreichen Wurzeln der Cyperaceen zur Bildung und Ablagerung von Ockerplättchen. Diese legen Nährstoffe wie Phosphor fest oder erschweren die Nährstoffaufnahme (THUNMARK 1942, CRAWFORD 1989).

Die Kryptogamen-Synusien der Scheuchzerietalia-Gesellschaften bilden in erster Linie einem Aziditätsgradienten ab, abgeschwächt auch einem hydrologischen. Nicht alle in Tab. 8 vorgestellten Bryophyten-Synusien sind in sämtlichen hier unterschiedenen Vegetationstypen vertreten, und auch eine Vollständigkeit der vorgestellten Synusien wurde mit dieser Übersicht nicht angestrebt. Die differenzierenden Arten dominieren oft und lassen sich zur Abgrenzung von Subassoziationen und Varianten verwenden.

Rhynchosporion-Gesellschaften umfassen wenig produktive Bestände, vorwiegend aus Schlenken von Hoch- und nassen Niedermooren. Die Rhynchosporion-Gesellschaften stark saurer Standorte formen Mosaike mit Oxycocco-Sphagnetea-Gesellschaften auf den trockeneren Flächen, jene basenreicherer Biotope mit Phytozönosen der Ordnung Caricetalia davallianae.

Die Gliederung nach Aziditätsstufen innerhalb der einzelnen Rhynchosporion-Gesellschaften kann mit Hilfe der Moos-Synusien erfolgen. Kryptogamenarme Torfschlamm-Schlenken sind dabei bezüglich der Azidität euryök. Weniger eindeutig sprechen die Moos-Synusien auf Wasserstufen an. Im Vergleich zu Caricion lasiocarpae- und deutlicher noch Caricion elatae-Gesellschaften ist die Produktivität der Gesellschaften des Rhynchosporion P-limitiert (DE MARS et al. 1997).

Das Schlammseggenried (***Caricetum limosae***, Tab. 7, Spalte 1, Abb. 14, 63), in Mitteleuropa in der Feldschicht durch *Carex limosa* und *Scheuchzeria palustris* gekennzeichnet, bildet niedrigwüchsige Bestände auf Schwingdecken und in nassen Schlenken an Moorstandorten mit geringer

Tab. 8: Ausgewählte Moossynusien von Scheuchzerietalia-Gesellschaften am Beispiel des *Caricetum limosae*, Datengrundlagen aus West-, Nord- und Mitteleuropa, nach DIERSSEN & REICHELT (1988), etwas verändert.

Spalte:	3.9	4.0	4.1	4.3	4.4	4.5	5.3	5.4	5.9
Zahl der Aufnahmen:	110	338	153	66	146	52	70	46	277
mittlerer pH-Wert:	3.9	4.0	4.1	4.3	4.4	4.5	5.3	5.4	5.9
Sphagnum papillosum	V	I	I	II	I	r	r	+	I
Sphagnum cuspidatum	.	V	r	+	I	I	+	.	.
Sphagnum lindbergii	.	.	V	r	r	.	+	I	+
Sphagnum pulchrum	.	r	r	V	+	.	.	.	.
Sphagnum fallax	.	+	I	I	V	.	I	II	+
Sphagnum denticulatum	.	.	+	r	r	V	.	r	.
Sphagnum subsecundum	.	.	I	I	.	.	V	I	I
Sphagnum obtusum	.	.	.	.	I	.	.	V	+
Scorpidium scorpioides	.	+	.	.	r	.	.	.	V
Scorpidium revolvens	.	.	+	.	+	.	.	.	II
Calliergon trifarium	.	.	.	.	.	.	.	.	III
Gymnocolea inflata	I	I	I	I	I	II	r	.	I
Calliergon stramineum	.	I	I	I	II	+	I	IV	I
Warnstorfia fluitans	.	II	II	I	I	.	I	I	I
Sphagnum majus	.	II	III	III	II	I	I	.	I
Warnstorfia exannulata	.	.	II	I	I	I	I	I	I
Cladopodiella fluitans	.	I	+	I	I	II	r	.	.
Sphagnum balticum	.	I	II	r	I	.	+	r	.

Wasserbewegung. Die Deckung der Gefäßpflanzen liegt häufig um oder unter 20 %, jene der Kryptogamen, vorwiegend von *Sphagnum*-Arten und Amblystegiaceen, schwankt zwischen 0 % in Torfschlamm-Schlenken und 100 %. Die besiedelten Torfe bleiben das ganze Jahr hindurch wassergesättigt, zum Teil langfristig überstaut. Die Wasserstände variieren in der Größenordnung von maximal 0,5 m. Bezeichnend ist ein hoher Anteil der unterirdischen Phytomasse gegenüber der oberirdischen (97,3 % = 2540-3230 g m^{-2} gegenüber 70-90 g m^{-2}), wie SJÖRS (1991) aus einem kalkoligotrophen Niedermoor aus Mittelschweden belegt hat. Die größten Anteile der unterirdischen lebenden Phytomasse konzentrieren sich auf die obersten 30 cm des Torfprofils. Die Gesellschaft ist holarktisch von der Montanstufe der submeridionalen Zone bis in die boreale Zone verbreitet. Ihr Verbreitungsschwerpunkt liegt in der borealen Zone. Im temperaten Bereich ist das *Caricetum limosae* überwiegend subozeanisch bis subkontinental verbreitet. *Scheuchzeria palustris* hat ein engeres Areal als *Carex limosa* und ist unter ozeanischen Bedingungen deutlich seltener.

Die Schnabelried-Gesellschaft (***Sphagno tenelli-Rhynchosporetum albae***, Tab. 7, Spalte 2, Abb. 15, 16, 64) ersetzt das *Caricetum limosae* vorzugsweise im ozeanisch-subozeanischen Sektor der temperaten bis südborealen Moore, durchweg an etwas trockeneren Standorten auf stärker konsolidierten Torfen des Teppich-, seltener Rasenniveaus. Hydrologisch vermittelt die Gesellschaft damit zwischen dem Schlammseggenried und feuchten Ausbildungen von Oxycocco-Sphagnetea-Gesellschaften. Feuchtetolerante Ericaceen wie *Andromeda polifolia* oder *Vaccinium oxycoccos* sind daher stärker vertreten als im *Caricetum limosae*. Die weitere hydrologische Amplitude bezüglich der Wasserstände erlaubt den beiden Schnabelried-Arten im Vergleich zu den charakteristischen Sippen des *Caricetum limosae* ein stärkeres Übergreifen auf Sekundärlebensräume, bei *Rhynchospora alba* auf vorentwässerte oder verdichtete und schwach vererdete Hochmoortorfe mit Erico-Sphagnion-Gesellschaften (Abb. 64). *Rhynchospora fusca* wächst auch in Fahrspuren, entlang von Wildwechseln in Feuchtheiden sowie an oligotroph-sauren Flachgewässern.

Neben den beiden vorgestellten Vegetationstypen trifft man in hydrologisch wenig beeinträchtigten Mooren und an Sekundärstandorten *Eriophorum angustifolium*-Bestände an (Tab. 7, Spalte 3, Abb. 23, 24). Sie enthalten weder zusätzlich differenzierende Arten noch zeigen sie eine klare Na-

Abb. 63: *Caricetum limosae, Scheuchzeria palustris*-Aspekt einer trocken gefallenen Schlenke, Scheibenlechtenmoos, Menzenschwand, S-Schwarzwald (8/1996).

turraumbindung. In Kombination mit unterschiedlichen Bryophyten-Synusien stehen sie den übrigen Rhynchosporion-Gesellschaften floristisch wie standörtlich nahe. Sie sind weit verbreitet und bilden in gestörten und sekundär vernässten Mooren, in und an Torfstichen sowie entlang oligotroph-dystropher Flachgewässer langfristig stabile Stadien.

Der Verband **Caricion lasiocarpae** vereinigt Gesellschaften mesotropher Schwingdecken in Niedermooren sowie nährstoffarmer Nassstandorte im Hydro- bis Geolitoral an Seeufern. Wie beim Rhynchosporion lassen sich die verschiedenen Aziditätsstufen der jeweiligen Gesellschaften durch beherrschende Bryophyten-Synusien kennzeichnen. Im Vergleich zu den eutraphenteren Caricion elatae-Gesellschaften (vergl. S. 118) zeichnet sich die Mehrzahl der Bestände auf Torfen durch eine weitgehend geschlossene Bryophytendecke aus. Die Kapillarsäume der Grundwasserstände verharren in den hydrologisch nicht beeinträchtigten Mooren während der Vegetationsperiode langfristig auf Flurniveau. Bevorzugte Substrate sind Niedermoortorfe, im Verlandungsgürtel mesotropher Gewässer mitunter auch Mineralböden.

Im Vergleich zu Rhynchosporion-Gesellschaften ist in den Beständen der Gesellschaften des Verbandes die Wasserbewegung durch Wellenschlag oder laterale Wasserströmungen größer, verknüpft mit höheren Umsatzraten sowie einer im Vergleich zum Rhynchosporion gesteigerten Produktivität (u. a. ZIMMERLI 1988). Die ahemeroben bis oligohemeroben Bestände der Gesellschaften sind mesotraphent: unter sauren Verhältnissen aufgrund des allgemeinen Nährstoffmangels, an basenreichen Standorten vor allem deswegen, weil infolge hoher Kalkgehalte das Phosphat gebunden ist und so das Wachstum limitiert. Die Bestände basenreicher Standorte sind artenreicher und vielfach zugleich mit selteneren Sippen versehen (unter anderem *Carex buxbaumii, C. heleonastes, Eriophorum gracile, Liparis loeselii, Hammarbya paludosa, Saxifraga hirculus, Utricularia intermedia, Calliergon trifarium, Cinclidium stygium, Hamatocaulis vernicosus, Helodium blandowii, Meesia triquetra, Scorpidium scorpioides*). Bei Entwässerung tritt neben der Nährstoff-Freisetzung durch Mineralisation häufig eine Versauerung ein infolge des verstärkten Einflusses von Infiltrationswasser in den oberen Bodenhorizonten. Die Bestände werden dadurch produktiver, aber auch ärmer an stenöken Arten. Ubiquitäre Azidophyten und schwach nitrophytische Arten treten stärker hervor, etwa *Carex acutiformis, C. canescens, Epi-*

Abb. 64: Sekundäres *Sphagno-Rhynchosporetum albae* nach Moorbrand, Tinner Dose, Emsland, Niedersachsen (7/1986).

lobium palustre, Lythrum salicaria, Calliergonella cuspidata, Climacium dendroides, Drepanocladus aduncus, Plagiomnium ellipticum oder *Rhytidiadelphus squarrosus.*

Das Schnabelseggenried (***Caricetum rostratae***, Tab. 7, Spalte 4, Abb. 23, 65) ist weit verbreitet und in seiner Artenzusammensetzung variabel. Seine Standorte sind oft etwas saurer, aber P- und K-reicher als jene des standörtlich ähnlich eingenischten *Caricetum lasiocarpae* (RYCHNOVSKA 1993). Die Wasserstände können während des Sommers längerfristig über Flur liegen. In Niedermooren hat die Gesellschaft im oberen Schlenken- und im Teppichniveau ihren Schwerpunkt. An stärker sauren Standorten greift *Carex rostrata* mit abfallender Deckung und Vitalität auf Oxycocco-Sphagnetea-Gesellschaften über. Die bezüglich ihrer Mineralstoffversorgung plastisch reagierende Schnabel-Segge erträgt unter anderem hohe Fe-Konzentrationen (CROWDER & MACFEE 1986, OHLSON 1988b). Die P- und K-Aufnahmekapazität ist an nährstoffarmen Standorten besonders effektiv, einer der Gründe für die Fähigkeit der Art, unter stark sauren Bedingungen zu leben (u. a. ATWELL et al. 1988, BERNARD et al. 1988).

Auf eine Eutrophierung der Habitate reagieren die Bestände mit ansteigender Netto-Primärproduktion und damit wachsender Konkurrenzkraft (zwischen 10 und 1080 g m^{-2} a^{-1}, vielfach zwischen 450 und 600 g m^{-2} a^{-1} (MÖRNSJÖ 1969, BERNARD et al. 1988)). Solche hemerophilen Bestände zeigen floristische Überlagerungen mit Röhricht-Gesellschaften und sind vor allem in Dänemark und im Norddeutschen Tiefland häufig. Im Vergleich zu eutraphenten Arten wie *Carex vesicaria* setzt die Schnabel-Segge ein günstiges Nährstoffangebot weniger effektiv in Wachstum um (THERBURG & RUTHSATZ 1989).

Carex rostrata ist von alpinen Lagen der mediterranen Zone bis in die südliche Arktis gleichermaßen unter ozeanischen wie kontinentalen Bedingungen verbreitet (Abb. 65).

Das Fadenseggenried (***Caricetum lasiocarpae***, Tab. 7, Spalte 5, Abb. 66, 67) gedeiht auf nassen, mäßig nährstoffreichen, anmoorigen bis torfigen Böden, in Torfschlamm-Schlenken sowie auf Schwingdecken, im Lagg oligotropher Moore und an wasserzügigen Stellen von Hangmooren. Auch an seewärtigen Schwingrasenkanten dystropher Gewässer oder im Uferstreifen nährstoffarmer

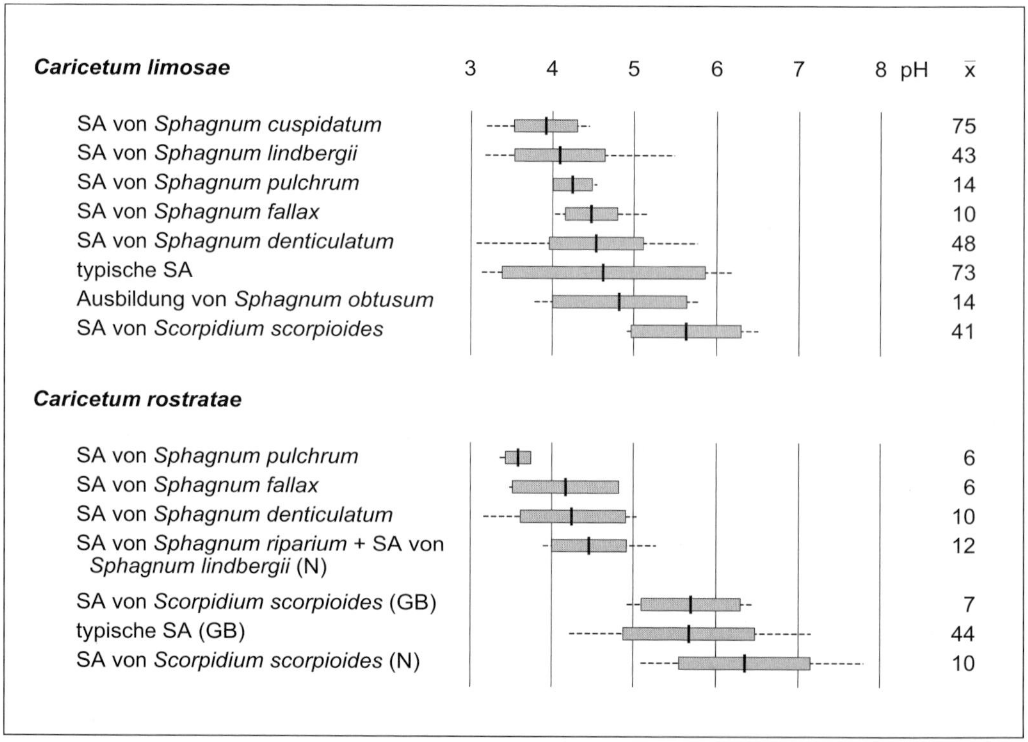

Abb. 65: pH-Präferenzen bei unterschiedlichen Subassoziationen des *Caricetum limosae* und des *Caricetum rostratae*; Daten der Verfasser aus Nord- und Westeuropa, N = Norwegen, GB = Großbritannien, SA = Subassoziation, bei fehlenden Angaben geographisch nicht differenziert.

Abb. 66: Episodisch überstautes und zur Streugewinnung genutztes *Caricetum lasiocarpae*, la Gazelle, Monts du Cantal, Massif Central, Frankreich (8/1997).

Abb. 67: Oligohemerobe, mesotrophe Niedermoore: *Caricetum lasiocarpae*, *Scorpidio-Caricetum chordorrhizae*, Wurzacher Ried, Baden-Württemberg (7/1996).

Seen sind Bestände häufig. Sie sind mäßig produktiv, da die P-Verfügbarkeit infolge höherer Eisengehalte der Standorte eingeschränkt sein kann Die Vorräte der Phytomasse streuen stark (oberirdisch 140–510 g m^{-2}, u. a. MÖRNSJÖ 1969, BERNARD et al. 1988). Aus nassen Niedermooren wurde ein hoher Anteil an unterirdischer Phytomasse belegt (um 96,5 % nach SJÖRS 1991). Bezüglich der Azidität ist die Gesellschaft euryök (KOTILAINEN 1928, GORHAM 1950); die Mehrzahl der Substrate ist vergleichsweise basenarm. Die Torfe haben ein C/N-Verhältnis zwischen 14 auf basenreichen und 35 auf basenärmeren und schwächer zersetzten Torfen. Die Gesellschaft ist mäßig drainageempfindlich und wird bei einer Eutrophierung der Standorte zunächst produktiver und schließlich von Röhrichten verdrängt (u. a. BALÁTOVÁ-TULÁCKOVÁ 1972, WASSEN & BARENDREGT 1992).

Die gesellschaftsaufbauende Faden-Segge ist in der Holarktis ähnlich verbreitet wie *Carex rostrata* und fehlt in der alpinen Stufe sowie der Arktis. In Westeuropa ist sie merklich seltener als die Schnabel-Segge.

Das Wasserseggenried (***Drepanoclado-Caricetum aquatilis***, Tab. 7, Spalte 6) ist in weit gefasster Form eine vergleichsweise produktive, besonders in der borealen Zone verbreitete Seggengesellschaft nasser, basenreicher Überflutungsmoore und anmooriger Böden an See- und Flussufern. Die Bestände in den Niederlanden und im nordwestlichen Niedersachsen werden meist als meso- bis eutrophe, dem *Caricetum acutae* nahestehende Großseggengesellschaft aufgefasst, die bei Überstauung mit nährstoffreichem Oberflächenwasser in das *Glycerietum maximae* übergehen (SCHAMINÉE et al. 1995). Die oberirdische Phytomasse schwankt zwischen 100 und 1400 gm^{-2} (BERNARD et al. 1988, VERHOEVEN et al. 1988). Während die Effektivität der P-Anreicherung unter oligotrophen Bedingungen hoch ist (CHAPIN & OECHEL 1983), sind die Wachstumsraten unter nährstoffreicheren Bedingungen im Vergleich zu der eutraphenteren *Carex acuta* reduziert. Dies erklärt die eingeengten Entwicklungsmöglichkeiten der Art am Südrand ihres Areals. Die vielgestaltige *Carex aquatilis* ist von der temperaten bis in die arktische Zone holarktisch verbreitet. Die Vorkommen am westlichen und südlichen Arealrand in Europa sind disjunkt.

Die Lebensräume des Drahtseggenriedes (***Scorpidio-Caricetum diandrae***, Tab. 7, Spalte 7, Abb. 68) sind durch günstige Basenversorgung gekennzeichnet. Die Gesellschaft ist oligo-mesotraphent und an Standorte mit deutlichem Zustrom an nähr-

Abb. 68: *Scorpidio-Caricetum diandrae*, Trenter Niederung bei Plön, Schleswig-Holstein (5/1992).

stoffarmem, aber elektrolytreichem Grundwasser gebunden. Dem *Caricetum lasiocarpae* vergleichbar ist die P-Verfügbarkeit oft durch höhere Eisengehalte im Oberflächenwasser begrenzt. Häufig sind die Flächen im Winter und nach der Schneeschmelze längerfristig flach überstaut. Die laterale Wasserbewegung im Hauptwurzelraum verhindert das Eintreten vollkommen anoxischer Verhältnisse. Die Lebensräume sind N- und K-arm, aber durchweg kalkreich mit pH-Werten über 5,0. Sie haben ein C/N-Verhältnis zwischen 20 und 50. Die ermittelte Produktivität der oberirdischen Phytomasse liegt zwischen 240–1500 g m^{-2} a^{-1} (WASSEN 1990, WASSEN & BARENDREGT 1992, TREPEL 2000).

Der in Europa vertretene Vegetationstyp ist in ähnlicher Zusammensetzung disjunkt holarktisch von der submeridionalen bis in die boreale Zone verbreitet. Die Gesellschaft hat ihren Verbreitungsschwerpunkt unter subkontinentalen Bedingungen und wird sowohl bei ozeanischen wie kontinentalen Bedingungen seltener. Die trockeneren Ausbildungen tendieren mitunter floristisch bereits zum Caricion davallianae. Für die Moosschicht sind *Hamatocaulis vernicosus* und *Drepanocladus aduncus* bezeichnend.

Die Stricksseggen-Gesellschaft (***Scorpidio-Caricetum chordorrhizae***, Tab. 7, Spalte 8, Abb. 67) ist in Mitteleuropa disjunkt in mäßig sauren bis basenreichen Schwingdecken sowie im Lagg von Hochmooren vertreten. Die Bestände sind eher niedrigwüchsig und vermitteln in der Produktivität zu den Rhynchosporion-Gesellschaften. *Carex chordorrhiza* bildet oft meterlange, sterile Kriechsprosse in nassen Niedermoor-Schlenken, während die aufrecht wachsenden Ramets kaum länger als 30 cm werden. Eine weitere seltene, aber bezeichnende Art der Gesellschaft ist *Carex heleonastes* (DIERSSEN 1986). Bei Deckungswerten zwischen 20 und 70 % der Gefäßpflanzen und 70 bis 100 % der Bryophyten bleiben die Bestände mäßig produktiv. Während der Vegetationsperiode ist der Boden wassergesättigt oder flach überstaut. Im Gegensatz zum *Caricetum rostratae* und zum *Caricetum lasiocarpae* fehlt die Gesellschaft auf Mineralböden an Seeufern.

Die Gesellschaft hat ihren eindeutigen Schwerpunkt in der borealen Zone der Holarktis. Disjunkte Vorkommen in der montanen und subalpinen Stufe submeridionaler bis temperater Gebirge reichen von der Iberischen Halbinsel bis zum Kaukasus. Ein zusammenhängendes Areal findet sich in den basenreichen Niedermooren des nördlichen Alpenvorlandes. Unter ozeanischen Bedingungen dünnen Art und Gesellschaft aus.

Das Schwarzschopfseggenried (***Sphagno-Caricetum appropinquatae***, Tab. 7, Spalte 9, Abb. 29, 69) ist durchweg an basenreiche, stark zersetzte Niedermoortorfe und Anmoorgleye an etwas quelligen Standorten mit schwach saurem bis neutralem pH-Wert gebunden. Die Wasserstände schwanken geringfügig zwischen Flurniveau und zwanzig Zentimetern unter Flur (Balátová-Tuláčková 1972, Rybníček 1974, Grüttner & Warnke-Grüttner 1996). Die oligohemeroben Vorkommen von nicht entwässerten Durchströmungs- und Überflutungsmooren sind mesotroph. Wassen et al. (1995) geben von Beständen mit hohem Kryptogamenanteil aus der Biebrza-Niederung oberirdische Phytomassevorräte von etwa 450 g TG m^{-2} an, wobei der unterirdische Anteil der Phytomasse den oberirdischen um das 6- bis 9fache überschreitet (Andrzejewska 1991).

Carex appropinquata ist disjunkt eurasisch von der Montanstufe der submeridionalen Zone von der Iberischen und der Balkanhalbinsel bis in das Tiefland der nordborealen Zone in Skandinavien verbreitet, vorzugsweise unter subkontinentalen Bedingungen.

Schwer fällt eine angemessene Beurteilung der standörtlichen Einbindung und pflanzensoziologischen Amplitude des ***Caricetum cespitosae*** (Tab. 7 Spalte 10, Abb. 70): zum einen, weil die Schlüsselart in Mitteleuropa ihre westliche Arealgrenze erreicht, zum anderen, weil sich hier praktisch sämtliche Beobachtungen auf anthropogen überformte, meso- bis euhemerobe Niedermoor-Standorte beziehen. In den Mittelgebirgen Süddeutschlands sind die meisten verbliebenen Bestände stark ruderalisierte Feucht-Brachen oder rudimentär entwickelte Calthion-Bestände auf stark vererdeten Niedermoortorfen (Winterhoff 1971, Philippi in Oberdorfer 1998). Das hohe Beharrungs-

Abb. 69: *Sphagno-Caricetum appropinquatae*, Durchströmungsmoor an den Biebrza südlich Grajewo, Nordost-Polen (7/1989).

Abb. 70: Entwässertes und eutrophiertes *Caricetum cespitosae*, Hellbachtal bei Gudow, Schleswig-Holstein (5/1984).

vermögen der Art bei Entwässerung und Beweidung der Standorte wird schon aus Aufnahmen deutlich, die STEFFEN (1931) aus Ostpreußen veröffentlicht hat, und denen bereits ein hoher Anteil an Molinietalia-Arten eigen ist. Oligohemerobe Primärstandorte liegen im Geolitoral von Seen mit schwacher Vermoorungstendenz oder in Überflutungsmooren wie dem Urstromtal der Biebrza in

Tab. 9: Gesellschaften der Ordnung Caricetalia nigrae, Spalte 1) *Caricetum nigrae*, OBERDORFER et al. (1998) (152), STEINER (1992)(118), SCHAMINÉE et al. (1995) (133), WITTIG (1999), Niedersachsen (372); Spalte 2) *Calamagrostis stricta*-Gesellschaft; PALCZYNSKI (1975); Spalte 3: *Caricetum magellanici*, STEINER (1992); Spalte 4: *Caricetum trinervi-nigrae*, SCHAMINÉE et al. (1995); Spalte 5: *Menyantho-Sphagnetum teretis*, STEINER (1992); Spalte 6: *Pallavicinio-Sphagnetum palustris*, SCHAMINÉE et al. (1995); Spalte 7: *Eriophoretum scheuchzeri* OBERDORFER et al. (1998) (21), STEINER (1992) (8).

Spalte:	1	2	3	4	5	6	7
Zahl der Aufnahmen:	775	20	60	48	66	178	29
Mittlere Artenzahl:	12	17	9	*	13	*	6
Agrostis canina	IV	V	I	+	I	II	.
Carex echinata	II	.	III	r	II	r	+
Viola palustris	II	r	II	.	III	II	.
Carex canescens	III	.	I	.	I	+	.
Juncus filiformis	II	.	I	.	II		+
Calamagrostis stricta	.	V	.	.	.	.	.
Drepanocladus aduncus	.	V	.	.	.	.	.
Carex paupercula	+	.	V	.	I	.	.
Carex trinervis	+	.	.	V	.	.	.
Juncus anceps	.	.	.	III	.	.	.
Sphagnum warnstorfii	r	.	.	.	V	.	.
Sphagnum teres	r	.	I	.	II	r	.
Paludella squarrosa	.	.	.	.	I	.	.
Sphagnum palustre	+	.	.	r	.	IV	.
Dryopteris cristata	.	.	.	.	.	III	.
Pallavicinia lyellii	.	.	.	.	.	III	.
Eriophorum scheuchzeri	r	.	.	.	.	.	V
Carex nigra	V	IV	IV	II	III	I	II
Eriophorum angustifolium	II	III	III	II	II	II	+
Carex rostrata	II	II	I	r	I	r	.
Calliergon stramineum	I	.	I	.	II	I	I
Potentilla palustris	II	III	.	IV	.	I	.
Menyanthes trifoliata	II	.	.	+	II	r	.
Warnstorfia exannulata	I	.	III	.	I	.	III
Sphagnum subsecundum	+	.	II	.	I	.	.
Calliergonella cuspidata	I	V	.	III	I	r	.
Aulacomnium palustre	I	r	.	.	II	IV	.
Galium palustre	I	IV	.	IV	.	I	.
Potentilla erecta	II	.	.	+	IV	II	.
Molinia caerulea	I	.	.	r	III	III	.
Stellaria palustris	I	II	.	r	.	.	.
Hydrocotyle vulgaris	II	.	.	IV	.	III	.
Ranunculus flammula	II	.	.	IV	.	r	.
Deschampsia cespitosa	I	.	.	.	.	.	II
Sphagnum angustifolium	+	.	.	.	II	.	.

Nordostpolen (PALCZYNSKI 1975). Auch diese Flächen dürften zeitweilig beweidet oder gemäht worden sein. Sie charakterisieren den gleitenden Übergang von Caricion lasiocarpae-Gesellschaften gleichermaßen zu Großseggen- und zu Schwarzseggenriedern in den großen Talvermoorungen sommertrockener Regionen des östlichen Mitteleuropas. Das Verbreitungsgebiet der Gesellschaft reicht von der submeridionalen Montanstufe der Balkanhalbinsel bis in die nordboreale Zone.

Die Gesellschaften der **Caricetalia nigrae** (Tab. 9) sind durchweg oligotraphent-produktionsschwach und vorzugsweise an Moor- und Quellrändern anzutreffen. Hemerophile Ausbildungen sind in Mitteleuropa heute häufiger als andere oligotraphente Niedermoor-Gesellschaften und breiten sich in stärker kultivierten Regionen zu Lasten von oligohemeroben Vegetationstypen noch aus. Als einziger Verband wird hier das **Caricion nigrae** unterschieden. Die Gesellschaften charakterisieren hydrologisch das Teppich- und Rasenniveau überwiegend saurer Niedermoore. Die Nährstoffversorgung und die hydrochemischen Charakteristika lassen eine deutliche Abgrenzung gegenüber weitgehend ombrotrophen (Oxycocco-Sphagnetea) und basenreichen Niedermoor-Standorten (Caricetalia davallianae) vergleichbarer Wasserstufen zu. Die pH-Werte (H_2O) liegen üblicherweise zwischen 3,8 und 5,5, die Ca-Gehalte zwischen 6 und 11 mequiv. austauschbarem Calcium je 100 g TG Torf. Die P-Gehalte liegen zwischen 170 – 200 mg P je 100 g TG Torf. Die C/N-Verhältnisse liegen meist an den primären Standorten auf nicht vererdeten Torfen > 18, das C/P-Verhältnis um 200 (u. a. BIRSE & ROBERTSON 1976, BRADY 1984, WITTIG 1999). Die oberirdische Phytomasse übersteigt selten 500 g m^{-2}.

Im Vergleich zu Caricetalia davallianae-Gesellschaften kommt an meso- bis euhemeroben Standorten der Gesellschaften neben elektrolytreichem Grundwasser auch saurem Infiltrationswasser eine hohe Bedeutung zu. Die Entwässerung basenreicher Niedermoore fördert daher allgemein Arten und Lebensgemeinschaften des Caricion nigrae. Innerhalb der einzelnen Gesellschaften lässt sich das standörtliche Gefälle nach Aziditäts- und Wasserstufen über Bryophyten-Synusien, nach Hemerobiestufen über die Einwanderung von Arten des Feuchtgrünlandes und sauren Magerrasen charakterisieren.

In der temperaten und borealen Zone auf mesotroph-sauren Niedermooren von den Tieflagen bis in die alpine Stufe am weitesten verbreitet ist die

Abb. 71: *Caricetum nigrae* in einem quelligen Hangmoor inmitten eines Weidfeldes, Menzenschwand, S-Schwarzwald (8/1996).

Braunseggen-Gesellschaft (***Caricetum nigrae***, Tab. 9 Spalte 1, Abb. 71). Bezeichnend ist die Präsenz von euryöken Arten wie *Agrostis canina, Carex canescens, C. echinata, C. nigra, Juncus filiformis* und *Viola palustris* bei gleichzeitiger Abwesenheit basiphytischer Sippen. Die genannten Arten sind allgemein unter feuchten und sauren, lichtoffenen Verhältnissen ausbreitungsfähig. Die Konduktivität beträgt zwischen < 200 und 300 µS cm^{-1} (WASSEN et al. 1989). Die C/N-Verhältnisse der Torfe liegen bei den oligo- bis mesohemeroben Ausbildungen oft über 35. Bei den mesohemeroben Torfen des Niedermoorgrünlandes werden sie im Oberboden bei weiter Streuung deutlich enger (< 20). Die K-Gehalte streuen bei unterschiedlichen Ausbildungen im Median zwischen 0,5 und 9,7 mg je100 g Boden, die Ca-Gehalte zwischen 23 und 101 mg je100 g Boden und die P-Gehalte zwischen 0,4 und 1,4 mg je 100 g Boden (WITTIG 1999). Bewirtschaftete Flächen zeigen mit Phytomasse-Vorräten < 350 g TG m^{-2} (TREPEL 2000) eine geringe Produktionskraft. Hemerophile Ausbildungen sind bezeichend für beweidete und dadurch etwas verdichtete, schwach vererdete Niedermoortorfe. Unter anderem sind hier *Deschampsia cespitosa, Nardus stricta, Galium saxatile* und *Potentilla erecta* im Kontakt zu Borstgrasrasen und Sandheiden stärker vertreten, *Anthoxanthum odoratum, Holcus lanatus, Ranunculus repens* sowie *Rumex acetosa* auf extensiv bewirtschaftetem Grünland entwässerter und vererdeter Hoch- und Niedermoortorfe (WITTIG 1999). Bei durchtretener Grasnarbe und dadurch „aufgeschlossener" Samenbank im temperaten bis südborealen Bereich kann auch *Juncus effusus* beherrschend werden. Die Gesellschaft ist auf sauren Torfen im Teppich- und Rasenniveau euryök, fehlt aber zentralen Niedermoorflächen mit größerer Torfmächtigkeit.

Die floristische Ausstattung der hier weit gefassten Gesellschaft ist heterogen. *Carex nigra* ist von der montanen und alpinen Stufe mediterraner Gebirge bis in die boreale Zone und vom Atlantik bis in den Ural verbreitet. *Carex canescens* hat ein fast geschlossenes holarktisches Verbreitungsgebiet. *Carex echinata* ist amphiatlantisch vom östlichen Nordamerika bis Osteuropa vertreten. *Agrostis canina* wächst disjunkt circumpolar von der Montanstufe mediterraner Gebirge bis in die mittelboreale Zone. *Viola palustris* schließlich ist amphiatlantisch verbreitet, in Europa von den Azoren bis Südgrönland.

An grundwassernahen Standorten in Dünentälern entlang der Nordsee wird das *Caricetum nigrae* von dem selteneren ***Caricetum trinervi-nigrae*** (Tab. 9 Spalte 4, Abb. 72) abgelöst, das schwach brackige Verhältnisse besser ertragen kann. Die Gesellschaft ist bezeichnend für schwach saure, oft wenig humose Mineralböden (SCHAMINÉE et al. 1995). Die kennzeichnende Sippe sowie *C.* x *timmiana*, der regional häufige Bastard mit *Carex nigra,* sind an der Atlantik- und Nordseeküste von Nordportugal bis Westjütland vertreten. Sie fehlen dabei sowohl den basenreichen wie auch den stärker entkalkten Substraten und fallen demzufolge in den Dünentälern in den Pionierstadien basenreicher Standorte aus.

Abb. 72: Durch einschürige, späte Mahd gepflegtes *Caricetum trinervi-nigrae*, Dünental mit mäßig sauren Anmoorgleyen auf Schiermonnikoog, Niederlande (8/1999).

In subalpin-alpinen Lagen treten unter anderem *Viola palustris* und *Carex echinata* stärker zurück. Die oligohemeroben, vielfach etwas nasseren, ansonsten aber standörtlich dem *Caricetum nigrae* vergleichbaren Bestände sind hier durch *Carex magellanica* charakterisiert (***Caricetum magellanicae***, Tab. 9, Spalte 3). Die Standorte sind durchweg flachtorfig, wasserzügig, oligotroph und mäßig sauer bis subneutral. *Carex paupercula* ist holarktisch verbreitet. Disjunkt, aber durchweg recht

Abb. 73: *Pallavicinio-Sphagnetum*, *Thelypteris palustris*-Aspekt, Müritz-Nationalpark, Mecklenburg (9/1998).

Abb. 74: *Eriophoretum scheuchzeri* in der alpinen Stufe des Oviksfjällen, Jämtland, Schweden (8/1998).

selten ist die Sippe in den Gebirgen Schottlands, den Alpen, im Böhmerwald, dem Erzgebirge und dem Riesengebirge sowie den Karpaten und im westlichen Kaukasus vertreten.

Von den bislang vorgestellten Gesellschaften standörtlich wie floristisch klar trennbar sind mäßig azidophytische Gesellschaften von Quellmooren entlang von Bächen oder in Hangmoorkomplexen im Umfeld von Helokrenen. Bezeichnende Arten sind vor allem Bryophyten wie *Sphagnum teres, S. warnstorfii, Paludella squarrosa* sowie *Tomentypnum nitens*, während die Zusammensetzung der lückigen Gefäßpflanzenschicht stärkeren Schwankungen unterliegt. Das zuerst aus Nordeuropa beschriebene ***Menyantho-Sphagnetum teretis*** (Tab. 9, Spalte 5) ist temperat-montan bis boreal verbreitet und tritt in Tieflagen der temperaten Region nur rudimentär in Quellmoorkomplexen auf. Die zwischen 0,5 und 1 m mächtigen, mäßig bis stark zersetzten Braunmoos- und *Sphagnum*-Torfe sind mäßig elektrolytreich, haben geringe Aschegehalte (7–10 % des Trockengewichtes) und sind mäßig bis schwach sauer. Die Grundwasserstände liegen während der gesamten Vegetationsperiode dicht unter Flur. Nur ausnahmsweise werden die Bestände längerfristig überflutet. Die bezeichnenden Bryophyten sind holarktisch verbreitet. Ihre disjunkten Vorkommen reichen südwärts bis in die montane bis alpine Stufe subtropischer Gebirge.

Wo in Verlandungszonen eutropher Seen der Schilftorf bis an die Gewässeroberfläche aufgewachsen ist, kann er sich so stark mit Infiltrationswasser aufsättigen, dass eine Ansiedlung von Torfmoosen möglich wird. Es entwickelt sich ein ***Pallavicinio-Sphagnetum*** (Tab. 9, Spalte 6, Abb. 73). Die Gesellschaft kennzeichnet den Übergang von Röhrichten zu mäßig sauren bis subneutralen oligotrophen Niedermooren. Häufig ist sie auch an sekundären Standorten wie minerotrophen Torfstichen anzutreffen, in denen neben *Phragmites australis* vor allem *Dryopteris cristata, Sphagnum palustre* und *Sphagnum fallax* hohe Stetigkeiten erreichen. *Phragmites* ist zwar aspektbildend, erreicht aber nur geringe Deckungen und zeigt eine reduzierte Vitalität. Ebenfalls bezeichnend für die Bestände sind – mit geringeren Stetigkeiten – *Pallavicinia lyellii, Dicranum bonjeanii, Sphagnum subnitens, Sphagnum fimbriatum* sowie mitunter *Thelypteris palustris*. Der Vegetationstyp wurde bislang aus Deutschland kaum belegt. Die kennzeichnenden Bryophyten haben ein vergleichsweise weites Areal; *Dryopteris cristata* ist amphiatlantisch verbreitet, im temperaten Europa mit subozeanisch-subkontinentalem Verbreitungsschwerpunkt.

Schließlich lässt sich in das Caricion nigrae das ***Eriophoretum scheuchzeri*** (Tab. 9, Spalte 7, Abb. 74) einbeziehen. Es kommt azonal in der subalpinen und alpinen Stufe der Gebirge in der Holarktis vor. Bezeichnende Substrate sind wechselnasse, anmoorige, langfristig wassergesättigte Sand- und Kiesrohböden in Alluvionen und in älteren Moränen. Selbst in Kalkgebieten sind die kiesigen bis feinsandigen Böden so stark ausgewaschen, dass an den Standorten azidophytische Arten vorherrschen. Nach der Schneeschmelze sind die Flächen vielfach mit Schwemmsanden und -schluffen bedeckt. Das die Bestände dominierende Wollgras ist an die geringe N-Verfügbarkeit seiner Lebensräume durch eine hohe Aufnahme-Effektivität gut angepasst (KOCH et al. 1991).

Innerhalb des Verbandes eher schwach charakterisiert ist die *Calamagrostis stricta (neglecta)*-Gesellschaft (Tab. 9, Spalte 2). *Calamagrostis stricta* hat eine weite ökologische Amplitude und kann als Pionierart in feuchten Dünen oder Schwemmfächern vor Gletschern ebenso vertreten sein wie im küstennahen oder binnenländischen Geolitoral von Gewässern oder in Überflutungsmooren an mäßig nährstoffreichen Standorten. Das Datenmaterial der Tabelle aus Nordostpolen dokumentiert mesotraphente Ausbildungen, die dem *Caricetum nigrae* nahe stehen. Weitere Lebensräume sind mesohemerobe Feuchtstandorte von Molinietalia-Gesellschaften oder „gestörten“ Scheuchzerietalia-Gesellschaften (GRÜTTNER & WARNKE-GRÜTTNER 1996). Die oligohemeroben Standorte in Polen zeichnen sich durch eine günstige K-Versorgung aus. Die oberirdische Phytomasse beträgt etwa 400 g TG m^{-2} (WASSEN et al. 1995). *Calamagrostis stricta* ist circumpolar verbreitet, tritt indessen in der temperaten Region überwiegend disjunkt auf, bevorzugt unter subkontinentalen bis kontinentalen Bedingungen.

Die Ordnung **Caricetalia davallianae** umfasst weitgehend baumfreie, basenreiche Niedermoor-Gesellschaften des Teppichniveaus von Mooren. Primäre Standorte sind kleinflächig und vor allem in der alpinen Stufe und der Arktis entwickelt. Sekundär haben sich Kleinseggengesellschaften basenreicher Standorte durch Waldweide, Streuwiesen- und Wässerwiesenbewirtschaftung auch in den Mittelgebirgen und im Tiefland regional erheblich ausbreiten können. Mit Aufgabe der extensiven Nutzung dieser Flächen sind die betroffenen Lebensräume stark bis sehr stark im Rückgang begriffen. Ihre Erhaltung an Sekundärstandorten bedarf somit einer kontinuierlichen extensiven Nutzung. Die Grundwasserstände sind im Jahresverlauf recht ausgeglichen und schwanken zwischen Maxima etwa in Flurniveau und sommerlichen Minima um 25 cm unter Flur (u. a. DIERSSEN & DIERSSEN 1984, FLINTROP 1994), was sie von Feuchtwiesen (Ordnung Molinietalia) mit tieferen Sommerwasserständen unterscheidet. Die pH-Werte der Bodenlösung liegen im Carbonat-Pufferbereich.

Die Ordnung umfasst zwei Verbände, das **Caricion davallianae** (Tab. 10) planarer bis subalpiner, seltener auch alpiner Lagen der temperaten und borealen Zone und das **Caricion atrofusco-saxatilis** (Tab. 11) vorwiegend subalpiner und alpiner Lagen. Die Gesellschaften des Caricion davallianae lassen sich vor allem nach Aziditätsstufen der Bryophyten-Synusien, nach Wasserstufen, nach Stufen der Nutzungsintensität sowie nach geographischen Rassen beziehungsweise Höhenstufenformen weiter gliedern.

Das Mehlprimel-Kopfbinsenried (***Schoenetum ferruginei***, Tab. 10, Spalte 1, Abb. 75, 76) ist vor allem von GÖRS (1964) vergleichend bearbeitet worden. Die Gesellschaft ist auf basenreichem Anmoor oder Seekreiden in Verlandungsmooren sowie in reliefreicherem Gelände auch in Durchströmungsmooren entwickelt, häufig auf schwach geneigten Hängen mit Quellwasseraustritten.

Die niedrigwüchsige Vegetation erlaubt auch konkurrenzschwachen, selteneren Arten günstige Entwicklungsmöglichkeiten. Im nördlichen Alpenvorland sind dies dealpine Arten wie *Aster bellidiastrum, Dactylorhiza traunsteineri, Gentiana verna, Gentiana asclepiadea, Pinguicula alpina, Selaginella selaginoides* und *Phyteuma orbiculare*, im subalpinen Bereich unter anderem *Carex capillaris, Kobresia simpliciuscula, Soldanella alpina, Saussurea alpina* oder auch *Carex frigida*, in Nordostdeutschland allgemein seltene Arten wie *Dactylorhiza curvifolia* (*D. russowii*) oder *Swertia perennis* subsp. *perennis*.

Die kaum mehr als 50 cm mächtigen Torfe sind mullartig und meist stark zersetzt (C/N-Verhältnis 14–17), haben pH-Werte um den Neutralpunkt und enthalten freie Carbonate. Die Phosphatgehalte schwanken oft zwischen 25 und 60 µmol P dm^{-3}.

Bei tiefergründigen Torfen (> 35 bis > 100 cm) können die pH-Werte in den subneutralen Bereich fallen; das C/N-Verhältnis wird dann weiter (19 bis 23), und die P-Gehalte liegen niedriger (5–13 µmol P dm^{-3} Boden) (TYLER 1979a,b). Die Austauschkapazität sinkt, und in den Torfen findet sich kein freies Carbonat mehr. Solche Bestände sind deutlich artenärmer und durch eher azidophytische Sippen wie *Vaccinium oxycoccos, Andromeda polifolia* und *Calluna vulgaris* gekennzeichnet.

Schoenus ferrugineus konnte sich offensichtlich im Voralpenraum mit zunehmender Streuwiesennutzung ausbreiten. Untersuchungen von DIEMER & PFADENHAUER (1987) sowie SCHOPP-GUTH et al.

Tab. 10: Gesellschaften des Verbandes Caricion davallianae; Spalte 1: *Schoenetum ferruginei,* 105 Aufn. STEINER (1992), 531 Aufn. OBERDORFER et al. (1998); Spalte 2: *Junco-Schoenetum nigricantis,* 165 Aufn. OBERDORFER et al. (1998), 159 Aufn. SCHAMINÉE et al. (1995); Spalte 3: *Caricetum davallianae,* 410 Aufn. STEINER (1992), 324 Aufn. OBERDORFER et al. (1998); Spalte 4: *Parnassio-Juncetum atricapilli,* SCHAMINÉE et al. (1995); Spalte 5: *Drepanoclado-Trichophoretum,* 179 Aufn., STEINER (1992), 132 Aufn. OBERDORFER et al. (1998) (als subalpine Form des ‚*Parnassio-Caricetum*'); Spalte 6: *Caricetum frigidae,* 80 Aufn. OBERDORFER et al. (1998), 11 Aufn. STEINER (1992); Spalte 7: *Campylio-Caricetum dioicae,* 119 Aufn. STEINER (1992), 74 Aufn. Oberdorfer et al. (1998), 46 Aufn. SCHAMINÉE et al. 1995.

Spalte:	1	2	3	4	5	6	7
Zahl der Aufnahmen:	636	324	734	23	311	91	239
Mittlere Artenzahl:	18	*	26	*	16	21	19
Schoenus ferrugineus	V	.	+		+	r	r
Primula farinosa	IV	+	II	.	+	+	r
Schoenus nigricans	I	V	+	III	.	.	r
Spiranthes aestivalis	.	II	.	.	.	.	.
Carex davalliana	II	+	V	.	r	+	I
Juncus anceps	.	I	.	V	.	.	.
Trichophorum cespitosum	+	.	I	.	V	I	r
Carex frigida	+	.	r	.	.	V	r
Bartsia alpina	I	.	I	.	III	II	r
Carex panicea	II	+	IV	.	II	II	V
Carex pulicaris	.	r	r	.	r	r	III
Carex flava agg.	II	III	IV	IV	II	II	IV
Parnassia palustris	IV	II	IV	V	III	II	IV
Equisetum palustre	III	+	IV	r	I	+	II
Campylium stellatum	IV	III	III	.	II	II	II
Scorpidium revolvens	III	r	III	.	II	II	I
Carex nigra	+	+	II	.	III	III	III
Eriophorum angustifolium	II	r	II	.	III	II	II
Pinguicula vulgaris	III	+	II	.	II	I	II
Juncus alpinus	I	II	III	.	II	I	+
Epipactis palustris	II	III	I	II	.	.	II
Eriophorum latifolium	III	+	IV	.	I	.	I
Carex hostiana	III	I	II	.	+	.	II
Tofieldia calyculata	III	.	III	.	I	I	+
Carex rostrata	+	.	I	.	II	+	I
Dactylorhiza incarnata	II	I	+	+	.	.	I
Menyanthes trifoliata	II	+	I	.	I	.	II
Fissidens adianthoides	II	+	I	.	+	.	I
Carex echinata	+	.	I	.	III	II	II
Eleocharis quinqueflora	r	I	I	I	.	I	I
Trichophorum alpinum	I	.	I		+	.	I
Carex dioica	r	.	r	.	.	.	r
Potentilla erecta	V	II	IV	+	IV	II	V
Deschampsia cespitosa	+	+	I	.	I	III	r
Cirsium palustre	I	II	I	.	+	+	II
Calliergonella cuspidata	I	I	II	.	+	.	II
Succisa pratensis	III	II	II	.	+	.	II
Molinia caerulea	V	II	III	.	III	.	IV
Palustriella commutata	I	.	I	.	+	r	r
Phragmites australis	II	III	I	II	.	.	I

(1994) belegen, dass die Fitness des Kopfriedes (Bildung fertiler Sprosse und Samenproduktion) und damit sein Durchsetzungsvermögen im Vergleich zu konkurrierenden Arten durch späte Mahd deutlich erhöht wird.

Das Mehlprimel-Kopfbinsenried ist von der Montanstufe submeridionaler Gebirge Südosteuropas und den Alpen mit seinem nördlichen Vorland bis in den südlichen Ostseeraum verbreitet. Westlich des Rheins und östlich der Karpaten finden sich nur noch wenige disjunkte Vorkommen.

Das Orchideen-Kopfbinsenried (***Junco subnodulosi-Schoenetum nigricantis*****,** Tab. 10, Spalte 2, Abb. 77) ist im Vergleich zum *Schoenetum ferruginei* an wärmere Tieflagen der submeridionalen und temperaten Zone gebunden. In Süddeutschland und der Schweiz liegt der Verbreitungsschwerpunkt unter 900 m NN, während das *Schoenetum ferruginei* hauptsächlich zwischen 800 und 1500 m NN vertreten ist. Die Kalkgehalte der Torfe sind vielfach größer als beim *Schoenetum ferruginei*, und das C/N-Verhältnis ist sehr eng (teilweise < 10).

Das geschlossene Vorkommen von *Schoenus nigricans* erstreckt sich von Marokko über Iberische-, Apenninen- und Balkanhalbinsel bis zu den Britischen Inseln sowie ostwärts bis Tschechien und Ungarn. Die Vorkommen im Ostseeraum und den westasiatischen Gebirgen sind disjunkt, ebenso solche in Amerika und Afrika. *Juncus subnodulosus* zeigt bei etwas engerem Areal eine ähnliche Verbreitung. Während die Bestände auf den Britischen Inseln eine weite Amplitude von Standorten unterschiedlicher Aziditätsstufen von Seekreiden über quellige Hangmoore sowie in Irland und Nordwestschottland auch die Ränder basenarmer Deckenmooren besiedeln, sind die mitteleuropäischen Vorkommen durchgängig basenreiche Seekreide- und Niedermoorflächen und unterliegen teilweise einer beträchtlichen sommerlichen Austrocknung (Kovacs 1962, Dierssen 1982, Rodwell 1991). Bezeichnend, aber seltener als das Schwarze Kopfried sind *Spiranthes aestivalis* und *Orchis palustris*, daneben auch Bryophyten wie *Moerckia hibernica* und *Scorpidium lycopodioides*. *Juncus subnodulosus* ist in den hydrolo-

Abb. 75: *Schoenetum ferruginei*, basenreicher Niedermoorkomplex, Ehrwald, N-Tirol (8/1999).

Abb. 76: *Dactylorhiza curvifolia* im *Schoenetum ferruginei* des Peenetales bei Gützkow, (6/1997).

Abb. 77: *Junco subnodulosi-Schoenetum nigricantis*, basenreiches Niedermoor auf quellig-anmoorigen Böden, Dünental auf Schiermonnikoog, Niederlande (8/1999).

gisch ausgeglicheneren Mooren Westeuropas steter vertreten als in den mittel- und südosteuropäischen Beständen.

Die Ausbildungen der feuchten Dünentäler auf den West- und Ostfriesischen Inseln („*Junco baltici-Schoenetum nigricantis*") sind floristisch an Niedermoor-Arten verarmt, enthalten dafür aber an schwach brackige Verhältnisse adaptierte fakultative Halophyten als Entwicklungsrelikte vorangegangener Vegetationstypen, so etwa *Glaux maritima, Juncus gerardii, Juncus maritimus, Eleocharis uniglumis* und *Carex distans*. Entkalkung bei wachsender Torfakkumulation, Austausch von basenreichem Grundwasser durch saures Infiltrationswasser bei Entwässerungen oder Eutrophierung beeinträchtigen neben dem Kopfried als Schlüsselart auch weitere an feuchte, basenreiche Dünentäler angepasste Arten nachhaltig (Sival 1997, Lammerts 1999). Unter solchen Bedingungen kann sich *Schoenus nigricans* zwar noch eine Weile am Standort halten, aber nicht mehr verjüngen, weil die Habitatbedingungen für die Sämlinge ungünstig werden (Ernst & van der Ham 1988).

Die primären Standorte der Davallseggen-Gesellschaft (***Caricetum davallianae*,** Tab. 10, Spalte 3, Abb. 78, 79) sind bezeichnend für quellige, basenreiche Hangmoore der montanen und subalpinen Stufe. Sekundärvorkommen finden sich innerhalb von Wässer- und Streuwiesen an Quellaustritten, also an Standorten ehemaliger Grauerlen-Auenwälder. Standörtlich umspannt die Davallseggen-Gesellschaft eine weitere pH-Amplitude als die beiden Kopfbinsenrieder. Vor allem die *Trichophorum cespitosum*-reichen Ausbildungen höherer Lagen sind durch mäßig saure bis subneutrale Verhältnisse ausgezeichnet. Entsprechend weiter sind die C/N-Verhältnisse der Torfe (zwischen 10 und 20 in den oberen Horizontabschnitten, z. B. Giugni 1991). Der Grundwasser-Flurabstand beträgt im Mittel etwa 15 cm (0-70 cm unter Flur). Die Mächtigkeit der organischen Lagen schwankt zwischen 0 und > 100 cm, der Gehalt an organischer Substanz liegt im Mittel bei 29 % (8–67 %)

Abb. 78: Primäres *Caricetum davallianae* in der hochmontanen Stufe, Thiersee, Nordtirol, Österreich (7/1997).

Abb. 79: Beweidetes *Caricetum davallianae* in einem Durchströmungsmoor am Warscheneck, Oberösterreich (7/1999).

(Leupi 1994). Regional zeigt die Gesellschaft eine deutliche floristische Höhenstufendifferenzierung (Görs 1963, 1998).

Der Verbreitungsschwerpunkt der Gesellschaft erstreckt sich vom Alpenraum und der westlichen Balkanhalbinsel bis zu den Mittelgebirgen Deutschlands und Tschechiens. In den Pyrenäen, in Italien, Griechenland und im osteuropäischen Raum bis Estland finden sich disjunkte Vorkommen.

Das ***Parnassio-Juncetum atrocapilli*** (Tab. 10, Spalte 4, Abb. 80) charakterisiert nasse, schwach humose, basenreiche Dünentäler vor allem der West- und Ostfriesischen Inseln. Die Standorte werden episodisch durch brackiges Wasser überflutet. Insofern ist die Artenzusammensetzung durch eine Überlagerung von fakultativen Halophyten und an nicht entkalkte Mineralböden angepasste Phreatophyten gekennzeichnet, wie sie für Übergangsbereiche zwischen Haloserie und Hydroserie in jungen Dünentälern des Küstenraumes zu erwarten ist. Halophyten wie *Glaux maritima, Juncus gerardii, Carex extensa* und *Juncus maritimus* differenzieren gegenüber den übrigen Gesellschaften des Verbandes. Die progressive Sukzession verläuft mit zunehmender Entsalzung bei ausreichender Zufuhr basenreichen Grundwassers zum *Junco-Schoenetum nigricantis*. Die Verbreitung von *Juncus anceps* umfasst nach bisherigem Wissensstand überwiegend Küstenregionen von Tunesien und der Adria bis nach Nordwest-Jütland.

Das Haarsimsenried (***Drepanoclado-Trichophoretum***, Tab. 10, Spalte 5, Abb. 81) ersetzt das *Caricetum davallianae* in wasserzügigen, basenreichen Hangmooren in montanen und subalpinen, seltener auch alpinen Lagen (Rybnicek 1974, Dierssen & Dierssen 1984, Steiner 1992). Im Alpenraum ist die Gesellschaft regional in der Flyschzone der Voralpen häufig. In der Feldschicht herrscht *Trichophorum cespitosum*; daneben sind in wechselnden Anteilen *Molinia caerulea, Eriophorum angustifolium, E. latifolium, Carex lasiocarpa* und *Trichophorum alpinum* vertreten. Mit abfallender Torfmächtigkeit (< 25 cm) und zunehmender Beweidung treten verstärkt Mo-

Abb. 80: *Parnassio-Juncetum atricapilli*, basenreiches und etwas brackiges Dünental auf Schiermonnikoog, Niederlande (8/1999).

Abb. 81: *Drepanoclado-Trichophoretum*, Hang- und Deckenmoorkomplex, Wiege, Verwallgruppe, Vorarlberg, Österreich (8/1996).

linietalia- und Nardetalia-Arten in den Vordergrund, unter anderem *Trollius europaeus, Willemetia stipitata, Nardus stricta* und *Phyteuma orbiculare.* Die Deckung von *Trichophorum* sinkt unter diesen Bedingungen und *Molinia caerulea* wird aspektbeherrschend. Die Bryophytenschicht ist artenreich und wird häufig von *Campylium stellatum* und *Scorpidium revolvens* dominiert. Die Torfmächtigkeiten schwanken abhängig von der Hangneigung und liegen im Mittel zwischen 20 und 50 cm. Die Grundwasserstände fluktuieren eher schwach; sie liegen nach der Schneeschmelze wenige Zentimeter unter Flur und fallen während des Sommers um 25 bis 30 cm. Die Gesellschaft ist in den montanen bis alpinen Stufe der Gebirge Mitteleuropas fast durchweg eine durch Beweidung oder Streuwiesennutzung induzierte Ersatzgesellschaft nasser Fichtenwälder basenreicher Standorte. Primärstandorte treten in Quellmoorkomplexen der subalpinen und alpinen Stufe auf. Die Verbreitung reicht von mediterranen Gebirgen mit rudimentären, artenarmen Beständen bis in die boreale Zone.

Die Eisseggenflur (***Caricetum frigidae***, Tabelle 10, Spalte 6, Abbildung 82) ist auf flachgründigen, stark zersetzten Anmoortorfen entlang von Bächen und Quellwasser-durchsickerten Standorten entwickelt. Sie vermittelt standörtlich zwischen Quellflur-Gesellschaften und dem *Caricetum davallianae* oder seltener, dem *Drepanoclado-Trichophoretum*. Wie beim *Caricetum davallianae* sind die Vorkommen subalpin-alpiner Lagen mit Sippen alpiner Rasen, Quellfluren und Schneeböden angereichert (*Polygonum viviparum, Gentiana bavarica, Ranunculus alpestris, Saxifraga aizoides, Arabis jacquinii*), während in der montan-subalpinen Stufe der Mittelgebirge ubiquitäre Sippen der Staudenfluren und des angrenzenden Grünlandes vertreten sind (*Sanguisorba officinalis, Anthoxanthum odoratum, Polygala vulgaris*).
Die Gesellschaft ist in den höheren Gebirgen von Mittel- bis Südeuropa und Nordafrika vertreten: vom Kantabrischen Gebirge und den Pyrenäen über Korsika, die Abruzzen und in den Alpen bis Krain.

Abb. 82: *Caricetum frigidae*, Ötztal bei Obergurgl, Tirol, Österreich (7/1997).

Die Gesellschaft der Zweihäusigen Segge (***Campylio-Caricetum dioicae***, Tab. 10, Spalte 7, Abb. 83) siedelt auf nassen, elektrolytreichen Niedermoortorfen in Durchströmungs- und Quellmooren und ersetzt hier das *Caricetum nigrae* basenarmer Standorte. Die Phytomassevorräte liegen bei 300 g TG m^{-2}, in eutrophierten Stadien auch deutlich darüber (Trepel 2000). Bezeichnend ist die Anreicherung basiphytischer Sippen wie *Carex dioica, C. hostiana, C. panicea, C. pulicaris, C. viridula, Parnassia palustris.* Die Verbreitungsschwerpunkte dieser Arten variieren regional: *C. viridula* und *C. pulicaris* sind in ozeanisch-subozeanischen Sektoren der temperat-hemiborealen Zone angereichert, *C. hostiana* unter eher subkontinentalen Bedingungen, *Carex dioica* und *C. flava* stärker in subalpin-alpinen Lagen. Azidophytische Ausbildungen mit *Carex canescens, C. echinata* und *Potentilla erecta* vermitteln floristisch wie standörtlich zum Caricion nigrae.

In Süddeutschland sowie im gesamten Alpenraum wird die Gesellschaft an den basenreicheren Standorten durch das *Caricetum davallianae* er-

Abb. 83: *Campylio-Caricetum dioicae*, kleines basenreiches Quellmoor am Dobersdorfer See bei Schlesen, Ost-Holstein (5/1992).

setzt. Im Tiefland nördlich der Mittelgebirgsschwelle sowie in West- und Nordeuropa tritt die Phytozönose vollständig an die Stelle des hier fehlenden Davallseggenriedes. Im Tiefland ist die Gesellschaft heute selten und nahezu ausschließlich an Sekundärstandorten vertreten (WITTIG 1999). In Hangmooren der montanen bis subalpinen Stufe wird sie häufiger, fällt aber in der alpinen Stufe ab (u.a. BICK 1985, DIERSSEN et al. 1988, STEINER 1992, SCHAMINÉE et al. 1995, OBERDORFER 1998 (als *Parnassio-Caricetum nigrae*)).

Einige weitere Caricion davallianae-Gesellschaften sind eher kleinflächig entwickelt und regional verbreitet. Das ***Eleocharitetum quinqueflorae*** etwa umfasst lückige und artenarme Pionierbestände in nassen Depressionen basenreicher, lichtoffener Niedermoor-Standorte.

In wasserzügigen, flachgründigen Niedermooren, in Rieselfluren und auf zeitweilig überschwemmten Alluvionen in der alpinen Stufe werden die Gesellschaften des Caricion davallianae durch solche des **Caricion atrofusco-saxatilis** (Tab. 11) ersetzt. Die bezeichnenden Arten sind vegetationsgeographisch bemerkenswert. *Carex maritima, Carex microglochin, Carex capitata* und *Juncus arcticus* s.l. sind so genannte bizentrische Arten, deren Entstehungsgebiet wahrscheinlich in Feuerland und Patagonien liegt, und die sich offensichtlich während und zwischen den Kaltzeiten über NW-Argentinien und N-Chile bis in die boreale und arktische Zone der Holarktis ausgebreitet haben. Während der Kaltzeiten vor dem Eisrand herwandernd, haben sie sich anschließend über die Karpaten bis in den Alpenraum, den Kaukasus und

Tab. 11: Gesellschaften des Verbandes Caricion atrofusco-saxatilis, nach Aufnahmen von BRESSOUD (1989) aus den Alpen.

Spalte:	1	2	3	4	5
Zahl der Aufnahmen:	53	179	96	91	13
Mittlere Artenzahl:	21	18	17	24	18
Juncus arcticus	V	I	+	I	.
Carex bicolor	II	IV	III	I	II
Carex maritima	I	III	+	I	.
Carex microglochin	+	+	V	II	.
Kobresia simpliciuscula	.	+	II	III	II
Scirpus pumilus	+	I	I	III	.
Carex atrofusca	.	.	.	.	V
Equisetum variegatum	IV	IV	V	V	IV
Juncus triglumis	I	III	II	II	III
Carex capillaris	I	II	II	III	IV
Saxifraga aizoides	+	III	III	I	V
Tofieldia pusilla	+	I	I	II	II
Catoscopium nigritum	r	I	I	+	IV
Oncophorus virens	r	I	+	+	II
Pinguicula alpina	r	I	II	I	.
Bryum pseudotriquetrum	III	V	IV	IV	V
Primula farinosa	II	II	III	IV	I
Juncus alpinus	IV	III	IV	III	I
Eleocharis quinqueflora	II	II	IV	III	I
Campylium stellatum	II	II	III	III	IV
Bartsia alpina	I	I	I	III	II
Selaginella selaginoides	+	I	I	III	I
Parnassia palustris	II	II	I	III	I
Carex davalliana	I	+	III	II	I
Carex nigra	III	II	II	II	I
Carex frigida	I	II	II	I	I
Eriophorum angustifolium	I	+	III	I	.
Carex flava	+	.	II	II	.
Agrostis stolonifera	IV	IV	III	IV	+
Polygonum viviparum	III	III	III	IV	V
Palustriella commutata	II	III	V	IV	IV
Aster bellidiastrum	II	+	I	III	II
Salix foetida	III	II	II	II	II
Deschampsia cespitosa	I	I	I	II	.
Tussilago farfara	III	I	+	I	.

Abb. 84: *Caricetum microglochinis*, Rieselfluren, Val Mora, Engadin, Schweiz (7/1997).

in den Atlas (*C. maritima*) ausgebreitet. Ein ähnliches, zum Teil hochdisjunktes Verbreitungsmuster von weiten Teilen der Holarktis bis in die mittel- und südeuropäischen Hochgebirge zeigen weitere Arten wie *Scirpus pumilus, Juncus triglumis, Carex atrofusca, Kobresia simpliciuscula* und *Tofieldia pusilla*. Bemerkenswert ist trotz der disjunkten Vorkommen das hohe Maß an floristischer und standörtlicher Übereinstimmung der Vegetationstypen zumindest zwischen West-Grönland, den skandinavischen Gebirgen und dem Alpenraum. Eine monographische Bearbeitung hat Bressoud (1989) vorgelegt; Tabelle 11 gibt einen Überblick über die bezeichnenden und stetesten Arten. Da die beteiligten Arten niedrigwüchsig, die Bestände nicht geschlossen sind und die Standorte häufig durch Eis, Wasser, Erosion, Umlagerung und Auftrag von Schluff, Sanden und Kiesen verändert werden, ist die Gesamtartenzahl hoch und die Zusammensetzung begleitender Sippen heterogen. Gelegentliche Beweidung der Standorte ist die Regel.

Abb. 85: Rieselflurenkomplex mit dem *Caricetum microglochinis*, Val Mora, Engadin, Schweiz (7/1997).

Das ***Juncetum arctici*** (Tab. 11, Spalte 1) gedeiht in den Alpen auf sandig-schluffigen, schwach kalkhaltigen, skelettarmen, ständig feuchten Alluvionen und Alluvialterrassen zwischen 1600 und 2200 m NN. Der Schwerpunkt der Vorkommen liegt in den Westalpen; Vorposten reichen bis in die südtiroler Dolomiten und Abruzzen.

Das ***Junco-Caricetum bicoloris*** (Tab. 11, Spalte 2) bevorzugt quellige, skelett- und basenreiche, aber humusarme Alluvialböden und Schmelzwasserrinnen, häufig in der Peripherie größerer Überflutungs- oder Überströmungsmoore. Wie beim *Juncetum arctici* sind die Standorte kontinuierlich durchfeuchtet und zeitweilig überflutet.

Das ***Caricetum microglochinis*** (Tab. 11, Spalten 3, 4, Abb. 84, 85) ist demgegenüber auf flachgründig vermoortem oder nass-humosem Hydromull in Mulden und Rieselfluren entwickelt, in den Westalpen überwiegend in Höhenlagen zwischen 2200 und 2500 m NN. Es wächst häufig in Bach- und Flussnähe oder eingebettet in alpine Rasengesellschaften. Seine Standorte sind basenreich, nach der Schneeschmelze durchsickert, aber selten und allenfalls kurzfristig überstaut. Während des Sommers trocknen sie zeitweilig ab. *Carex microglochin* dominiert an offenen, nassen Pionierstandorten (Spalte 3), während *Kobresia simpliciuscula* und *Scirpus pumilus* (Spalte 4) an trockeneren Standorten mit fortgeschrittener Bodenbildung geschlossenere Bestände aufbauen.

Das ***Caricetum atrofusco-vaginatae*** (Tab. 11, Spalte 5) schließlich ist im Alpenraum – ganz im Gegensatz zu Nordeuropa – die seltenste Gesellschaft des Verbandes. Die Mehrzahl der Vorkommen liegt in Höhen über 2000 m NN an sehr nassen, flachgründigen, sehr basenreichen, durchsickerten Niedermoor-Standorten in der Peripherie von Quellen und Quellbächen. Die Torfe sind stark mineralisiert und enthalten erhebliche mineralische Beimengungen.

Von den bezeichnenden Arten von Rieselfluren und beweideten Quellmooren haben *Triglochin palustre, Equisetum variegatum* und *Sedum villosum* eine weitere Verbreitung an beweideten oder zeitweilig offenen Sekundärstandorten. *Sedum villosum*, die seltenste von ihnen, gedeiht in Mittelgebirgen auf schwach gestörten, anmoorigen Böden im Umfeld von Quellaustritten. Die Beibehaltung der Beweidung an solchen Standorten ist für die Erhaltung der Populationen zwingend (Barth 1995).

8.3 Zwergstrauchbeherrschte Gesellschaften mäßig nasser, saurer Moorstandorte

(Kl. Oxycocco-Sphagnetea)

Die Klasse umfasst Vegetationstypen des Rasenhorizontes und der Bulten saurer, vielfach ombrotropher Moore. Die Artenzusammensetzung an diesen Nährstoffmangelstandorten ist recht einheitlich. Ihr kleinräumiger Wechsel ist vor allem hydrologisch bedingt. Bei den Kryptogamen-Synusien zeichnet sich dieser Gradient ab durch den Wechsel von deckenbildenden Torfmoosen über bultenaufbauende Arten zu Flechten-Gemeinschaften und deckenbildenden Laubmoosen (*Pleurozium schreberi, Hylocomium splendens*) auf den trockensten Bult-Kuppen. In der Feldschicht herrschen auf dem Rasenniveau Cyperaceen, und an den Bulträndern niedrigwüchsige Ericaceen. Die trockeneren Bulten schließlich bieten zunehmend auch höherwüchsigen Ericaceen, schließlich Bäumen wie *Pinus sylvestris* und *Pinus mugo* sowie bei schwachem Mineralbodenwasser-Einfluss auch *Betula pubescens* agg. günstige Entwicklungsmöglichkeiten.

Die Standorte sind nährstoffarm. Das C/N-Verhältnis der Torfe liegt in den obersten Zentimetern um 80 und wird im Zuge der Torfzersetzung in 20 bis 30 cm Tiefe enger (etwa 30), da hier bereits rund 60 % des ursprünglich festgelegten Kohlenstoffs freigesetzt worden sind. Da Stickstoff schwächer mineralisiert wird, steigen die N-Gehalte von 0,5 bis 0,6 % bei der Zersetzung im Akrotelm auf 1,4 % (Malmer & Holm 1984).

Wie schon bei den Scheuchzerio-Caricetea nigrae-Gesellschaften deckt sich die nach floristischen Kriterien vollzogene Abgrenzung der Klasse nicht vollständig mit den bodenkundlichen und moorgenetischen Charakteristika der Moorstandorte.

In Mittel- und Westeuropa lassen sich zwei Ordnungen unterscheiden: die **Sphagnetalia magellanici** der zwergstrauch- und torfmoosbeherrschten Hoch- und basenarmen Niedermoore der temperat-montanen bis borealen Zone sowie die **Erico-Sphagnetalia** der ozeanisch-subozeanischen Hoch- und Deckenmoore der temperaten bis südborealen Zone. Innerhalb der Sphagnetalia magellanici sind in Zentraleuropa zwei Verbände vertreten: das reliktisch auf die subalpine bis alpine Stufe der Gebirge beschränkte **Oxycocco-Empetrion** sowie das planar bis subalpin, mitunter auch alpin verbreitete **Sphagnion magellanici**. Die Gesellschaften lassen sich mit Hilfe ihrer Bryophyten-Synusien nach Wasserstufen gliedern sowie, bei schwachem bis moderatem Grundwasserzustrom, nach Mineralbodenwasser-Indikatoren in der Kraut- und Moosschicht. Weitere Feinabstufungen sind möglich, zum Beispiel nach dem Grad der Bewaldung, geographischen Rassen oder Höhenformen sowie nach Hemerobiestufen. Die Gesellschaften der Klasse sind in Tabelle 12 zusammengefasst. Die Übersicht greift im Wesentlichen auf einen breiten Datensatz zurück, der teilweise West- und Nordeuropa mit einschließt (DIERSSEN 1980).

Die Gesellschaften des Oxycocco-Empetrion sind vor allem durch *Betula nana, Vaccinium microcarpum, Rubus chamaemorus* und *Empetrum hermaphroditum* gekennzeichnet. Alle diese Sippen sind in Mitteleuropa heute selten und bleiben auf isolierte Vorkommen überwiegend in höheren Gebirgslagen beschränkt.

Tab. 12: Gesellschaften der Klasse Oxycocco-Sphagnetea, Synopse nach DIERSSEN (1980) , etwas vereinfacht, und ergänzt um Spalte 10, nach SCHAMINÉE et al. (1995).

Spalte:	1	2	3	4	5	6	7	8	9	10	11
Zahl der Aufnahmen:	1164	1104	391	1242	964	504	136	2268	365	124	23
Mittlere Artenzahl:	17	14	13	10	10	21	13	14	15	*	12
Ledum palustre	.	IV	.	.	.	r	IV	.	.	.	.
Trichophorum cespitosum*	I	+	V	IV	r	+	.	+	r	.	II
Sphagnum compactum	.	.	V	r	.	.	.	r	III	r	III
Sphagnum lindbergii	r	.	III	.	.	.	.	.	.	.	.
Betula nana	III	IV	II	r	r	r	.	r	r	.	.
Vaccinium microcarpum	III	IV	II	r	.	.	r	.	.	.	.
Rubus chamaemorus	V	IV	II	.	.	.	.	r	r	.	.
Empetrum hermaphroditum	II	II	II	.	.	.	.	.	r	.	.
Pinus mugo agg.	.	.	.	r	r	V	.	.	.	.	.
Empetrum nigrum	II	II	r	I	I	+	II	I	+	III	.
Salix repens	.	.	.	.	.	.	.	.	.	V	.
Vaccinium uliginosum	III	IV	II	II	II	IV	II	r	r	.	r
Polytrichum strictum	II	III	+	II	II	II	III	I	I	.	.
Sphagnum angustifolium	III	IV	r	II	III	IV	V	I	r	.	r
Sphagnum fuscum	IV	IV	r	+	II	I	II	+	.	.	.
Carex pauciflora	I	I	II	II	II	+	.	.	r	.	.
Sphagnum russowii	II	II	+	II	+	+	.	.	.	.	I
Dicranum bergeri	I	I	.	+	I	II	+	.	r	.	+
Vaccinium vitis-idaea	II	III	r	+	+	IV	II	r	.	r	.
Molinia caerulea	r	r	I	I	I	II	I	III	IV	II	IV
Potentilla erecta	.	.	.	I	r	.	r	II	II	IV	II
Hypnum jutlandicum	.	.	.	r	.	.	r	II	III	II	II
Juncus squarrosus	.	.	.	r	.	.	r	+	III	+	IV
Erica tetralix	r	.	r	+	r	.	.	IV	V	V	.
Trichophorum germanicum*	.	.	.	r	.	.	.	II	III	.	V
Odontoschisma sphagni	.	.	.	.	.	.	.	II	I	.	I
Narthecium ossifragum	r	.	.	r	r	.	.	III	II	.	.
Vaccinium oxycocccos	III	III	II	IV	V	IV	V	III	r	r	r
Aulacomnium palustre	II	I	r	I	II	III	III	II	I	II	II
Sphagnum magellanicum	II	II	r	III	IV	IV	IV	III	r	.	r
Drosera rotundifolia	II	II	II	II	III	II	III	III	II	I	.
Sphagnum rubellum	II	r	r	II	III	II	III	II	r	.	r
Mylia anomala	IV	II	r	II	II	II	r	II	I	.	+
Sphagnum capillifolium	I	I	.	+	+	II	I	II	r	r	r
Eriophorum vaginatum	V	IV	III	IV	IV	V	V	III	II	.	.
Andromeda polifolia	IV	IV	V	III	III	III	III	III	r	.	.
Sphagnum tenellum	+	r	III	II	+	r	.	II	II	.	III
Sphagnum papillosum	r	r	II	I	+	r	.	III	I	.	.
Calluna vulgaris	III	I	+	III	IV	IV	III	IV	IV	II	V
Pleurozium schreberi	II	III	r	II	+	IV	III	I	II	+	II
Eriophorum angustifolium	I	I	II	+	I	I	I	IV	III	II	.
Vaccinium myrtillus	II	II	.	I	+	IV	III	r	r	.	r

Das im nördlichen und westlichen Skandinavien in ombrotrophen Mooren vorherrschende ***Empetro-Sphagnetum fusci*** (Tab. 12, Spalte 1) ist in rudimentärer Form (in den Alpen ohne *Rubus chamaemorus*) aus dem Riesengebirge (HADAC & VANA 1967, BERCICOVÁ 1977) sowie aus der Steiermark belegt worden (STEINER 1992). Das Mikrorelief in den Beständen ist deutlich entwickelt. Die trockensten Flächen sind flechtendominiert: *Cladonia rangiferina, C. portentosa, Cetraria islandica.* Die mäßig hohen Bulten und die Bultflanken zeichnen sich teilweise durch geschlossene Torfmoosrasen aus, die in erster Linie von *Sphagnum fuscum, S. angustifolium* und *S. magellanicum* aufgebaut werden. Entsprechend der Höhenlage der Vorkommen überwiegen schwach minerotrophe Stillstandskomplexe. Vertreter der basenarmen Niedermoore und Waldelemente sind demzufolge vergleichsweise stet, so etwa *Carex rostrata, C. nigra, Pinus cembra, Homogyne alpina* und *Rhododendron ferrugineum.*

In der subkontinentalen borealen Zone wird das Empetro-Sphagnetum durch das ***Ledo-Sphagnetum fusci*** (Tab. 12, Spalte 2) ersetzt. Neben *Ledum palustre* sind *Chamaedaphne calyculata* und das mit hoher Stetigkeit vertretene *Vaccinium vitis-idaea* für die trockenen Ausbildungen der Gesellschaft bezeichnend. Nach Südwesten reicht das Verbreitungsgebiet dieser Gesellschaft bis Lettland, Litauen und das nördliche Ostpreußen und Nordpolen (u.a. STEFFEN 1931, BRUNDZA et al. 1936, MASING 1959). Der Übergang zum *Sphagnetum magellanici* der temperaten und hemiborealen Zone ist gleitend.

Das ***Trichophoro cespitosi-Sphagnetum compacti*** (Tab. 12, Spalte 3) ist eine artenarme, strukturell und standörtlich einprägsame Gesellschaft des Rasenniveaus subozeanisch-borealer Aapamoore. *Trichophorum cespitosum, Sphagnum compactum* und in Nordeuropa *Cetraria delisei* haben an schwach minerotrophen Moorstandorten in dieser Gesellschaft ihren Verbreitungsschwerpunkt. Standörtlich vermittelt der Vegetationstyp zwischen dem *Caricetum limosae* auf dem Schlenkenniveau und dem *Eriophoro-Trichophoretum* auf dem Rasenniveau. Hohe und lange anhaltende Frühjahrs-Wasserstände und stärkere Wasserstandsschwankungen während der Vegetationsperiode schränken die Vitalität der gegenüber *Sphagnum compactum* konkurrenzkräftigeren Sphagnen ein. Häufige Kammeisbildung hält die Flächen offen und verhindert eine nennenswerte Torfakkumulation. Das *Trichophoro-Sphagnetum* hat seinen Schwerpunkt in subalpinen Lagen der borealen Zone. STEINER (1992) konnte kleinflächig entwickelte Bestände von Erosionskomplexen nährstoffarmer Moore aus der alpinen Stufe in den westösterreichischen Zentral- und Kalkalpen belegen.

Die meisten ombrotrophen und stark sauer-oligotrophen Hoch- und Kesselmoore im östlichen und südlichen Mitteleuropa werden von vier weit gefassten Gesellschaften des **Sphagnion magellanici** beherrscht. Der Verband ist floristisch schwach gekennzeichnet. Die für das Oxycocco-Empetrion bezeichnenden Arten mit borealem Verbreitungsschwerpunkt fallen weitgehend aus. Als einzige „neue“ ombrotraphente Art der montanen bis alpinen Stufe tritt *Pinus mugo* agg. auf. Im Vergleich zum Oxycocco-Empetrion sind unter den Torf bildenden Arten *Sphagnum magellanicum, Sphagnum rubellum* und *Aulacomnium palustre* mit höherer Deckung und Stetigkeit vertreten, während die Bedeutung von *Sphagnum fuscum* deutlich zurückgeht.

Die großräumig in der montanen Stufe vorherrschende Gesellschaft des Rasen- und Bultenniveaus stark saurer Moore ist das ***Sphagnetum magellanici*** (Tab. 12, Spalte 5, Abb. 15, 16, 86). Stete Arten mit teilweise hohen Deckungen sind *Sphagnum magellanicum, S. rubellum, Eriophorum vaginatum* sowie *Sphagnum angustifolium,* konstante Arten der Kraut- und Zwergstrauchschicht neben der beherrschenden *Calluna vulgaris* vor allem *Vaccinium oxycoccos, Andromeda polifolia* und *Carex pauciflora.* Das Mikrorelief wird durch die Abfolge von Kryptogamen-Synusien nachgezeichnet.

Die Gesellschaft ist aus Zentraleuropa aus subozeanischen bis subkontinentalen Gebieten reichlich belegt worden; Nachweise reichen vom Massif Central über die Alpen, Jura, Vogesen und Schwarzwald bis in den Thüringer Wald, das Erzgebirge und die Karpaten. Im Tiefland und in der unteren Montanstufe sind floristisch entsprechende Bestände in der hemiborealen Zone vertreten, so in Russland (Ostpreußen), den baltischen Ländern und Südschweden.

In der subalpinen und alpinen Stufe von Massif Central, Alpen, Jura, Vogesen, Schwarzwald, Bayerischem Wald, Harz, Riesengebirge und Karpaten wird das *Sphagnetum magellanici* durch das ***Eriophoro-Trichophoretum cespitosi*** (Tab. 12, Spalte 4, Abb. 14, 31) ersetzt. *Trichophorum cespitosum* subsp. *cespitosum* als beherrschende Art prägt die Struktur der Bestände. Im Südschwarzwald liegt die Grenze zwischen beiden Assoziationen bei 950 bis 1 000 m ü. NN, im Bayerischen Wald teilweise bereits bei 600 m. Im Harz kommt in Höhen um und über 800 m aus-

Abb. 86: *Sphagnetum magellanici* im Komplex mit dem *Pino mugo-Sphagnetum magellanici*, Kläperfilz an der Wieskirche nordöstlich Füssen, Bayern (8/1996).

schließlich das *Eriophoro-Trichophoretum* vor. Ausschlaggebend sind offensichtlich die Mikrostruktur der Mooroberfläche und das Ausmaß der Torfbildung. *Trichophorum* bevorzugt Standorte im Bereich des Teppich- und Rasenhorizontes. Seine Deckung nimmt in vitalen *Sphagnum*-Decken oder auf höheren Bulten ab. Da das Wachstum der Torfmoose von der Montanstufe zur subalpinen und unteren alpinen Stufe zurückgeht (Dierssen & Dierssen 1984), die klimatischen Feuchtigkeitsüberschüsse aber gleichzeitig zunehmen, erklärt dies zumindest teilweise die wachsende Bedeutung der Rasenbinse mit zunehmender Höhe über NN. Für die Vegetationskomplexe der betroffenen Moore sind regional zwei weitere Aspekte auffällig: Das *Sphagno-Rhynchosporetum* fehlt Komplexen mit dem *Eriophoro-Trichophoretum* weitgehend, und auch das *Pino mugo-Sphagnetum* tritt in den meisten Mittelgebirgen häufiger im Kontakt zum *Sphagnetum magellanici* auf als an den Rändern der *Eriophoro-Trichophoretum*-Moore.

Das ***Pino mugo-Sphagnetum magellanici*** (Tab. 12, Spalte 6, Abb. 86, 87) kennzeichnet die mit der Berg-Kiefer bestockten nährstoffarmen Moore von den Tallagen bis in die subalpine Krummholzstufe des südlichen und östlichen Mitteleuropa. Seine Verbreitung reicht von den Westalpen und dem Jura über die Vogesen, den Schwarzwald und die Alpen über die herzynischen Gebirge bis in die Karpaten. Die Bergkiefern-Sippen (*Pinus mugo* agg.) der Hochmoore bergen sippensystematische Probleme. Sandoz (1987) trennt zwei primäre Sippen des Aggregates unterschiedlicher ursprünglicher Herkunft: die hochwüchsig monocorme *Pinus uncinata* Ramond (Spirke) von der Iberischen Halbinsel und aus den Westalpen sowie die prostrate *Pinus mugo* Turra s.str. (Latsche) aus dem Karpatenraum. Im Verlauf der pleistozänen Vereisungen sind nach Auffassung des Autoren beide Sippen miteinander in Kontakt gekommen und haben im Überschneidungsbereich der Ausgangsareale introgressive Hybridschwärme mit intermediären Merkmalen entwickelt (*Pinus* × *rotundata* Link), die sich bislang morphologisch erst teilweise stabilisiert haben.

Der geographische Gradient in der morphologischen Erscheinungsform der Spirken und Latschen wird überlagert durch einen standörtlichen in den Mooren. An den Moorrändern wächst *Pinus rotundata* vital, ist aber dem Konkurrenzdruck vor allem der Fichte ausgesetzt und kann sich bei starker Beschattung nicht effektiv verjüngen. In den nasseren Moorzentren überwiegen zwergwüchsige prostrate Wuchsformen mit geringer Wuchsleistung. Diese lockeren Bestände der Latschen und Spirken in zentralen Moorteilen sind wohl – seit langem – natürlich und zeigen in ungestörten Mooren keine ausgeprägte Dynamik. An trockenen Mikrostandorten können sie teilweise ein recht hohes Alter erreichen (< 250 Jahre, nach dendrochronologischen Untersuchungen von Freléchoux 1997). An den nassesten Stellen wurzeln sie flach, sterben bereits nach 100 bis 130 Jahren ab und werden durch nachrückende Jungpflanzen ersetzt. Die hochwüchsigen Spirken der westeuropäisch-montanen Moore mit Höhen bis über 10 m sind offensichtlich raschwüchsiger und zugleich jünger (< 150 Jahre) bei weniger variabler Altersklassenverteilung. Freléchoux konnte durch moorgeschichtliche und dendrochronologische Untersuchungen an Hochmooren des Schweizer Jura belegen, dass eine starke Expansion der geschlossenen Spirkenbestände der Hochmoorränder zumindest in der Etablierungsphase überwiegend durch Entwässerungen ausgelöst beziehungsweise gefördert worden ist.

Abb. 87: *Pino mugo-Sphagnetum magellanici*, trockene Zwergstrauch-Fazies, Spiegelau, Bayerischer Wald (8/1996).

Abb. 88: *Ledo-Sphagnetum magellanici*, Birken-Fazies, Nemunas-Delta, Litauen (9/1998).

Das ***Ledo-Sphagnetum magellanici*** (Tab. 12, Spalte 7, Abb. 88) vermittelt floristisch zwischen dem *Sphagnetum magellanici* der montanen Lagen in der temperaten Zone und dem *Ledo-Sphagnetum fusci* im subozeanischen und subkontinentalen Bereich der hemiborealen und südborealen Zone. Auffällig ist das Verhalten von Wald-Kiefer, Moor-Birke und Porst bei Torfkörpern unterschiedlicher Größe. In kleinen Kesselmooren mit weitgehend ombrotrophen Oberflächentorfen sind schüttere Gehölzbestockung und stetes, aber spärliches Auftreten von *Ledum palustre* die Regel (u. a. TIMMERMANN 1999). Auf den ausgedehnten, nassen Zentralflächen der baltischen Hochmoore im ehemaligen Ostpreußen und in Litauen spielen diese Gehölze dagegen keine nennenswerte Rolle. Hier herrschen verschiedene Ausbildungen des *Sphagnetum magellanici* vor. Die gehölzreichen Bestände bleiben auf Teile des Randgehänges und den Lagg beschränkt. Erst eine Entwässerung macht eine Invasion von Bäumen und das deckende Auftreten des Porst im Unterwuchs möglich. Birke und Kiefer unterscheiden sich bezüglich ihrer standörtlichen Präferenz in dieser Gesellschaft kaum. Nach Bränden sind die Kiefern regenerationsfähiger.

Die Ordnung **Erico-Sphagnetalia** umfasst ombrotraphente und stark saure minerotraphente Phytozönosen der Moore und Feuchtheiden des ozeanisch-subozeanischen Sektors der temperaten bis südborealen Zone W-Europas. Die Jahresgänge von Temperatur und Bodenfeuchte sind ausgeglichener als bei den Sphagnetalia magellanici-Gesellschaften. Die Torfe zeichnen sich durch niedrige Ca-Verfügbarkeit aus (2–4 meq/100 g TG Torf), geringe Gesamt-P-Gehalte (< 120 mg/100 g TG Torf) und C/N-Verhältnisse > 30, C/P-Verhältnis zwischen 550 und 1100 (BIRSE & ROBERTSON 1976, HAYATI & PROCTOR 1991).

Auf der Ebene von Verbänden lassen sich Gesellschaften tiefgründiger Torfe (**Oxycocco-Ericion tetralicis**) in den Tieflagen der temperaten Region von solchen der Feuchtheiden auf Anmoorgleyen (**Ericion tetralicis**) trennen.

Am weitesten verbreitet ist die Glockenheide-Bultengesellschaft (***Erico-Sphagnetum magella-***

nici, Tab. 12, Spalte 8, Tab. 13, Abb. 19, 20, 89). Bezeichnende Arten sind *Erica tetralix, Narthecium ossifragum, Odontoschisma sphagni* sowie, in Deutschland heute sehr selten, *Sphagnum austinii* (S. *imbricatum* agg.). Gegenüber den Feuchtheiden differenzieren die Weißtorf-bildenden Sphagnen, vor allem *Sphagnum magellanicum* und *S. papillosum*. Auch *Eriophorum vaginatum* klingt an flachtorfigen Standorten aus. Die im Wesentlichen Wasserstufen charakterisierende Gliederung der Gesellschaft folgt aus Tab. 13. Die feuchtesten Flächen des Rasenniveaus, durchweg im Kontakt zum *Sphagno-Rhynchosporetum* des Schlenken- und Teppichniveaus, sind durch das ***E-S sphagnetosum cuspidati*** charakterisiert. Auf weniger nassen, ebenen, überwiegend schwach minerotrophen Flächen mit ausgeglichenem Wasserhaushalt ist das ***E-S sphagnetosum pulchri*** anzutreffen. Über das ***E-S typicum*** der Bultfuß-Bereiche, in dem unter anderem *Sphagnum papillosum* (Typische Phase), *S. austinii*, kleinflächig auch *Sphagnum fuscum, Polytrichum strictum* oder *Leucobryum glaucum* dominieren können, schließen sich auf trockenen Bulten flechtenreiche Ausbildungen an (***E-S cladonietosum uncialis***). In hyperozeanischen Regionen sind vielfach *Racomitrium lanuginosum*-Bulten Aspekt bildend.

Minerotraphente Ausbildungen des *Erico-Sphagnetum* im Randbereich der Moore sind durch *Molinia caerulea* und *Myrica gale* charakterisiert.

Das *Erico-Sphagnetum* ist die bezeichnende Gesellschaft der ausgedehnten Hochmoore des nordwestdeutschen Tieflandes. Vorkommen in den Niederlanden sind rudimentär entwickelt und treten ausschließlich an Sekundärstandorten auf. Weitere Vorkommen finden sich in Belgien im Hohen Venn, in der Eifel sowie im Bergischen Land, hier überwiegend als anmoorige Hangvermoorungen auf anthropogenen Ersatzstandorten von Birkenbrüchern (Herhaus 1996) und im Ebbegebirge (Schröder 1989).

Feuchtheiden des **Ericion tetralicis** haben ihren Schwerpunkt in der planaren bis unteren montanen Stufe der temperaten Zone Europas. Die durchweg flachtorfigen Mineralböden unterschei-

Tab. 13: Moossynusien der Oxycocco-Sphagnetea am Beispiel des Erico-Sphagnetum magellanici (zusammengestellt nach Dierssen (1982) aus SW-Norwegen).

Spalte: Zahl der Aufnahmen:	1 6	2 7	3 31	4 8	5 44	6 9	7 7	8 10	9 30	10 8
Sphagnum cuspidatum	V	.	.	.	.	.	.	.	.	.
Sphagnum pulchrum	I	V	.	.	+	.	.	.	.	.
Polytrichum strictum	.	.	.	V	+	II	.	+	.	.
Sphagnum austinii	.	I	.	.	V	.	.	.	.	.
Sphagnum fuscum	.	.	.	I	r	V	.	+	.	.
Leucobryum glaucum	.	.	.	.	.	.	V	.	+	.
Cladonia arbuscula	.	.	.	.	+	.	I	V	III	.
Cladonia uncialis	.	.	.	.	.	.	I	III	IV	.
Cladonia rangiferina	.	.	.	.	.	+	I	III	II	.
Cladonia portentosa	.	.	.	.	.	.	II	I	III	.
Cladonia chlorophaea	.	.	.	.	.	.	I	III	II	.
Racomitrium lanuginosum	.	.	.	.	+	.	.	.	V	V
Sphagnum compactum	.	.	r	.	.	.	.	.	r	IV
Sphagnum strictum	.	.	.	.	.	.	.	.	.	II
Sphagnum papillosum	V	V	V	II	II	II	I	+	I	IV
Sphagnum rubellum	IV	III	III	III	III	V	.	II	r	.
Sphagnum magellanicum	III	II	III	IV	I	IV	.	+	r	.
Sphagnum tenellum	III	III	III	.	II	.	I	I	I	IV
Odontischisma sphagni	.	.	+	.	r	I	III	.	II	I
Sphagnum molle	I	.	I	I	.	.	.	.	+	IV
Kurzia pauciflora	.	.	.	.	r	I			r	
Mylia anomala	.	.	.	.	I	III	.	.	.	.
Pleurozium schreberi	.	.	r	.	.	+	I	.	+	I
Hypnum jutlandicum	.	.	.	.	r	.	III	I	II	II
Cladopodiella fluitans	I	II	+	.	.	.	.	+	.	.
Calliergon stramineum	.	.	I	III	III	II	.	.	.	.

Abb. 89: Minerotrophes *Erico-Sphagnetum magellanici* im Blühaspekt der Moorlilie (*Narthecium ossifragum*), Schierhorn, Nordheide, Niedersachsen (6/1993).

den sich von jenen des Erico-Sphagnion durch eine bessere K-Versorgung und höhere Fe- und Mn-Verfügbarkeit. Wie in den ombrotrophen Mooren bleiben Stickstoff und Phosphor die wesentlichen wachstumsbegrenzenden Nährstoffe. Im Vergleich zu sauren Niedermoor-Standorten ist das C/N-Verhältnis weit (> 26).

Die beherrschende Feuchtheide-Gesellschaft W-Europas ist das ***Ericetum tetralicis*** (Tab. 12, Spalte 9, Abb. 90). Ihr Verbreitungsgebiet umfasst den größten Teil der Britischen Inseln, W-Frankreichs, Belgiens, der Niederlande, Norddeutschlands, Dänemarks, SW-Schwedens und SW-Norwegens. Die Deckung der Gefäßpflanzen ist höher als in den Mooren. An Torfmoosen können sich lediglich *Sphagnum tenellum* und *S. compactum* mit höherer Stetigkeit und Deckung halten. Die Bestände sind überwiegend anthropogen und haben sich infolge Beweidung zu Lasten ehemaliger Wälder ausgedehnt. Das Artengefüge ist durch jahreszeitlich stärker schwankende Grundwasserstände geprägt. In sommerlichen Trockenphasen können die Grundwasserstände um bis zu 50 cm unter Flur abfallen.

Nährstoffeinträge, vor allem von Phosphat, fördern *Molinia caerulea* gegenüber *Erica tetralix*. Nur bei überdurchschnittlich hohen Grundwasserständen bleibt die Glockenheide konkurrenzüberlegen. Die zugrunde liegenden produktionsbiologischen Mechanismen sind einfach: *Molinia* reagiert auf steigende P- (oder N-)Gaben gegenüber dem Zwergstrauch mit verstärktem Wachstum, produziert mehr photosynthetisch aktive Oberfläche, erreicht so eine im Vergleich höhere Photosyntheseleistung und kann über einen effektiveren Assimilattransport in den Wurzelraum seine Nähr-

Abb. 90: *Ericetum tetralicis* auf Anmoorgleyen zwischen Heidekolken; Gildehauser Venn, Emsland, Niedersachsen (5/1985). Die Standorte können von Birken-Bruchwäldern besiedelt werden.

stoffaufnahme optimieren (Aerts & Berendse 1988). Die oberirdischen Phytomasse-Vorräte in einem Ericetum liegen nach Untersuchungen in S-Schweden bei 6300 g m^{-2}, die unterirdischen bei 10 000 g m^{-2}. Damit ist das Verhältnis im Vergleich zu trockenen Sandheiden zugunsten der unterirdischen Phytomasse verschoben (Tyler 1973).

An grundwassernahen Standorten in Dünentälern wird das mesohemerobe *Ericetum tetralicis* durch die oligohemerobe Krähenbeeren-Glockenheide (***Empetro-Ericetum***, Tab. 12, Spalte 10, Abb. 91) ersetzt. Die Böden sind im Vergleich zum *Ericetum tetralicis* wenig ausdifferenzierte Gleye ohne oder mit nur schwacher Podsolierungstendenz. Der Auflagehumus ist weniger sauer. Regional sind Arten saurer bis mäßig basenreicher Niedermoore im *Empetro-Ericetum* vertreten. Das küstengebundene Areal der Gesellschaft erstreckt sich nach bisherigem Wissen von den Niederlanden über NW-Deutschland bis Jütland und SW-Norwegen.

Auf flachgründigen Sattelvermoorungen der Mittelgebirge in Mittel- und Westeuropa fällt die Glockenheide *(Erica tetralix)* weitgehend aus, aber weitere ozeanisch verbreitete Sippen in den Feuchtheide- und Anmoor-Standorten bleiben vertreten, so vom Nordschwarzwald bis in die Pyrenäen *Trichophorum cespitosum* subsp. *germanicum* und in Frankreich *Selinum pyrenaicum*. Solche Bestände lassen sich zu dem ***Sphagno compacti-Trichophoretum germanici*** (Tab. 12, Spalte 11, Abb. 34) zusammenfassen. Die Mehrzahl der aktuellen Standorte verdankt ihre Existenz der Waldvernichtung in Höhenlagen der Gebirge seit der Bronzezeit oder den mittelalterlichen Rodungsphasen.

8.4 Gesellschaften produktionsstarker Röhrichte und Großseggenrieder

(Kl. Phragmiti-Magnocaricetea)

Verlandungsröhrichte (**Phragmition**) und Großseggenrieder (**Caricion elatae**) sind großflächig auf nährstoffreichen Sedimenten im Litoral von Seen und Flüssen entwickelt (Tab. 14). Im Zuge der Seenverlandung sind sie in der progressiven Sukzession mesotraphenten Verlandungsmooren vorgeschaltet oder lösen im Zuge regressiver Sukzessionen bei einer Gewässereutrophierung mesotraphente Vegetationstypen etwa der Scheuchze-

Abb. 91: In nassen, sauren Dünentälern, die in den Wintermonaten überflutet sind, entwickeln sich Vegetationsmosaike aus Strandlings-Gesellschaften, dem *Caricetum nigrae* und dem *Empetro-Ericetum tetralicis*; bei Rantum auf Sylt, Schleswig-Holstein (6/1989).

Tab. 14: Ausgewählte Phragmiti-Magnocaricetea-Gesellschaften an Moorstandorten; Spalte 1: *Schoenoplecto-Phragmitetum*; Spalte 2: *Schoenoplecto-Bolboschoenetum maritimi*; Spalte 3: *Glycerietum maximae*; Spalte 4: *Caricetum elatae*; Spalte 5: *Caricetum paniculatae*; Spalte 6: *Cladietum marisci*; Spalte 7: *Caricetum acutae*; Spalte 8: *Galio-Caricetum ripariae*; Spalte 9: *Calamagrostietum canescentis*; Spalte 10: *Phalaridetum arundinacei*; Spalten 1, 2, 3, 4 (76 Aufn.), 5, 7, 8, 9, 10 Dierssen et al. (1988), Spalten 4 (43 Aufn.) und 16 (59 Aufnahmen) Schaminée et al. (1995).

Spalte:	1	2	3	4	5	6	7	8	9	10
Zahl der Aufnahmen:	814	204	253	119	98	59	395	118	199	375
Mittlere Artenzahl:	9	3	11	16	21	*	18	14	18	12
Schoenoplectus lacustris	I	r	.	.	.	I	.	.	.	.
Typha latifolia	+	+	.	+	r	+	.	.	I	r
Typha angustifolia	II	I	.	.	.	I	.	.	.	r
Bolboschoenus maritimus	r	IV	.	.	.	.	.	.	.	+
Schoenoplectus tabernaemontani	r	III	r	r	.	r	.	.	.	.
Glyceria maxima	I	r	V	I	+	.	.	I	.	II
Carex elata	r	.	r	V	+	r	.	r	r	+
Carex paniculata	r	.	r	+	V	+	.	+	r	r
Cladium mariscus	r	.	.	.	.	V	.	.	.	.
Carex acuta	+	.	+	+	r	.	V	+	II	r
Carex riparia	+	.	+	I	.	+	.	V	r	r
Calamagrostis canescens	I	.	+	III	II	+	I	II	V	r
Phalaris arundinacea	II	.	r	I	r	r	III	I	II	V
Phragmites australis	V	+	I	II	+	IV	I	IV	II	II
Mentha aquatica	II	.	r	II	+	III	II	III	I	I
Equisetum fluviatile	+	.	II	II	III	I	III	r	II	I
Galium palustre	+	.	II	III	III	II	IV	III	III	II
Iris pseudacorus	I	.	I	II	I	r	I	II	I	I
Rumex hydrolapathum	II	r	II	I	I	+	+	+	.	+
Lysimachia thyrsiflora	+	.	I	II	II	II	+	+	I	r
Lycopus europaeus	I	.	.	II	II	II	r	I	I	r
Scutellaria galericulata	I	.	III	I	II	.	r	I	I	r
Peucedanum palustre	I	.	.	III	II	II	+	I	III	.
Alisma plantago-aquatica	I	r	+	I	r	.	.	r	.	.
Lythrum salicaria	I	r	I	II	I	II	I	II	II	II
Agrostis stolonifera	II	+	III	r	I	.	III	II	I	II
Caltha palustris	II	r	III	+	II	.	IV	II	I	II
Lysimachia vulgaris	I	.	+	III	III	.	I	II	III	I
Ranunculus repens	+	.	+	I	I	.	III	I	II	r
Cirsium palustre	r	.	+	I	III	.	r	I	II	I
Poa trivialis	+	.	I	+	III	.	II	III	II	I
Lotus uliginosus	r	.	+	I	II	.	+	r	I	I
Filipendula ulmaria	+	.	II	.	III	.	II	I	II	II

rietalia ab, und zwar selbst an Standorten ehemaliger Hochmoore (u.a. Burrichter 1969). Bei günstiger Nährstoffversorgung entwickeln die Gesellschaften aufgrund ihrer hohen Produktivität eine erhebliche Expansionskraft. Unter kontinentalen Bedingungen und in der submeridionalen und mediterranen Region bilden Großröhrichte in Flussästuaren und nassen Geländemulden die beherrschende Vegetation der Überflutungs- und Verlandungsmoore (Abb. 92). Die bestandsaufbauenden Helophyten sind an Lebensräume mit einer defizitären Sauerstoffversorgung im Wurzelbereich angepasst (u.a. Crawford 1989, 1996). Sie werden hier in knapper Form behandelt. Eine detaillierte Darstellung findet sich bei Pott & Remy (2000) in dieser Reihe.

Das **Phragmition australis** umfasst Großröhricht-Bestände in Verlandungsserien zwischen Laichkraut-Gesellschaften und Bruchwäldern beziehungsweise Großseggenriedern. Bei Aufgabe der Nutzung von Niedermoorgrünland expandieren Röhrichte vor allem an nährstoffreichen Standorten stark in die Brachen und tragen so zu einer floristischen Monotonisierung der Flächen bei.

Abb. 92: *Cyperetum serotini* mit *Typha laxmanii*-Fazies, Valeko-Niederung am Schwarzen Meer, Südost-Bulgarien (8/1997).

Die vielgestaltigste und häufigste Gesellschaft ist das Schilf-Röhricht (***Schoenoplecto-Phragmitetum***, Tab. 14, Spalte 1, Abb. 1). Das Schilf ist in Europa die produktivste und konkurrenzkräftigste Art der Feuchtgebiete. Seine ökologische und pflanzensoziologische Amplitude reicht von sauer- und kalkoligotrophen über brackige oder eu- und hypertrophen Flachwasserzonen bis zu zeitweilig überfluteten Ufern. Aufgrund seiner trittempfindlichen Rhizome wird das Schilf an beweideten Standorten zurückgedrängt. Seewärtig wird es durch Wellenschlag beeinträchtigt, besonders dort, wo an stark eutrophen Standorten die Widerstandsfähigkeit der Halme reduziert ist, weil eine luxurierende Nährstoffversorgung die Sklerenchymentwicklung verringert. Infolge Eutrophierung auch bei Vernässungen ehemals entwässerter Niedermoore nimmt der Flächenanteil von Schilf-Röhrichten regional zu. Bezogen auf Moorsysteme ist das Schilf wärmebedürftig. In den Alpen erreicht es seine Höhengrenze bei etwa 1800 m ü. NN.

Unter schwach brackigen Bedingungen sowie bei stärkerem Wellenschlag entlang großer Ströme können Schilf-Röhrichte vom Strandsimsenried (***Schoenoplecto (triquetri)-Bolboschoenetum maritimi***, Tab. 14, Spalte 2) abgelöst werden. Beide Röhricht-Gesellschaften bilden den beherrschenden Teil der natürlichen Vegetation auf den Küsten-Überflutungsmooren im Geolitoral entlang der südlichen Ostsee.

Neben dem Schilf-Röhricht ist auch das Wasserschwadenried (***Glycerietum maximae***, Tab. 14, Spalte 3) hemerophil und daher auf nährstoffreichem Sapropel in Ausbreitung begriffen. Die Standorte sind teilweise lange überstaut. Die Wasserstände können im Jahresverlauf Amplituden von > 1 m erreichen, zumal die stark zersetzten Sapropele und Torfe Wassergehaltsschwankungen kaum durch Sackung und Rückquellung ausgleichen. Die Mineralstoffversorgung ist durchweg gut (Konduktivitäten > 500 µS/cm). Vor allem bei Überstauung mit sulfatreichem Wasser erreichen die Bestände hohe Produktivitäten (DE MARS et al. 1997).

Floristisch zwar mit einigen Arten basenreicher Niedermoore ausgestattet, ist das Zwergrohrkolbenried (***Equiseto-Typhetum minimae***, Abb. 93) strukturell und funktionell gleichfalls eine Röhricht-Gesellschaft auf feinsandig-schluffigen Ablagerungen in Alluvionen größerer Flüsse des Alpenvorlandes. Für die Kontinuität der Populationen und ihrer Phytozönose ist die stete Umlagerung von Schotter- und Feinmaterial mit kontinuierlich neu auftretenden offenen Flächen essenziell. Im Zuge der Regulierung perialpiner Wildflusslandschaften ist diese Röhricht-Phytozönose im perialpinen Raum insgesamt extrem im Rückgang begriffen und europaweit gefährdet (MÜLLER 1991).

Im **Caricion elatae** sind die Bestände hochwüchsiger Seggen und anderer Grasartiger zusammengefasst, die sich gegenüber den Röhrichten durch kürzere Nassphasen und durch eine durchweg geringere Produktivität auszeichnen. Kleinräumig bilden Großseggenrieder die natürliche Vegetation in Quell- und Überflutungsmooren, im Lagg von Hochmooren und in Verlandungsserien von eutrophen Gewässern. Durch die Rodung und Entwässerung von Bruchwäldern haben sich einige Gesellschaften regional ausgebreitet. Die folgende Übersicht umfasst die häufigsten Gesellschaften auf Niedermoortorfen oder deren vererdeten Abbaustadien.

Das Steifseggenried (***Caricetum elatae***, Tab. 14, Spalte 4, Abb. 94) zeichnet sich strukturell durch seine oft mächtigen Bulten aus. Die Bestände sind neben Verlandungsmooren unter anderem bezeichnend für mesotrophe Ränder und Laggzonen

Abb. 93: *Equiseto-Typhetum minimae*, Rheindelta bei Dornbirn, Vorarlberg, Österreich (7/1996).

von Kessel- und Hochmooren. Infolge langfristiger Überflutungen während des Winters und bei vor allem unter subkontinentalen Verhältnissen stärker abfallenden Wasserständen während der Vegetationsperiode können die Amplituden der Wasserstände um und sogar über 1 m erreichen. Die Standorte sind mineralkräftig (Konduktivitäten > 500 µS/cm) und mäßig produktiv (Erträge auf Brachflächen bei 400 g TS m^{-2} (Mitte Oktober)). Das C/N-Verhältnis der Phytomasse (Oktober) liegt um 58 (PFADENHAUER 1989).

Im Vergleich zum Steifseggenried ist die Rispenseggen-Gesellschaft (***Caricetum paniculatae***, Tab. 14, Spalte 5, Abb. 95) zwar auch bisweilen in Verlandungsmooren vertreten, kennzeichnet aber überwiegend Standorte mit günstiger Sauerstoffversorgung und höherer Wasserzügigkeit. Bezeichnende Lebensräume sind Quellmoorkuppen oder Quellwasseraustritte am apikalen Rand von Durchströmungsmooren. Die in Abb. 95 gezeigte Quellkuppe wird aus Quellkalk- und Radizellentorfen mit einer Mächtigkeit von bis zu 12 m aufgebaut (PÄZOLT 1999). Die Wasserzufuhr erfolgt am hydrologisch ungestörten Standort kontinuier-

Abb. 94: *Caricetum elatae* bei niedrigen Frühsommer-Wasserständen, Lagg eines Kesselmoores an der Schlei, Schleswig-Holstein (6/1998).

licher als beim Steifseggenried. Durch Entwässerung werden die Bestände tendenziell geschwächt und ruderalisieren.

Das Schneidenried (***Cladietum marisci***, Tab. 14, Spalte 6, Abb. 96) bildet vorwiegend artenarme Polykormone auf meist geringmächtigen, stark zersetzten Niedermoortorfen und Mudden in Kalkquellmooren sowie im Litoral kalkoligotropher Seen, häufig auf oder über Seekreiden oder kalkreich-sandigen Substraten. Die Böden sind basenreich (pH-Werte zwischen 6,7 und 8,7, Basensättigung > 70 %), seltener schwach sauer und gelegentlich brackig (EGGERS 1994, SUCCOW 1997). Die Schneide bevorzugt seicht überschwemmte, windgeschützte, sommerwarme Lebensräume, gerne in Muldenlagen. Die weltweit disjunkt verbreitete Art toleriert keine starken Schwankungen der Wasserstände. Die Produktivität vitaler Bestände ist durch K-, N- und P-Mangel eingeschränkt und bewahrt die Standorte vor einer Verschilfung.

Das Schlankseggenried (***Caricetum acutae***, Tab. 14, Spalte 7, Abb. 26) charakterisiert meso- und eutrophe Durchströmungs- und Überflutungsmoore sowie deren Abbaustadien nach Entwässerung und Bewirtschaftung als Grünland. Die nassesten Flächen sind bis in den Frühsommer hinein

Abb. 96: *Cladietum marisci*, Eggstedt-Hemmhofer Seenplatte, Bayern (8/1996).

überstaut, und die sommerlichen Minima liegen maximal 0,2 bis 0,4 m unter Flur. Infolge extensiver (Mahd-)Nutzung dürfte sich die Ausdehnung der Flächen regional vergrößert haben. Bei verstärkter Entwässerung und zunehmender Verbrachung überwiegen heute im Norddeutschen Tiefland eutraphente Stadien und ruderaliserte Brachen an landwirtschaftlichen Grenzertragsstandorten. Die Schlanksegge wird unter diesen Bedingungen vielfach von den wuchskräftigeren Sippen *Carex riparia* und vor allem *Carex acutiformis* abgelöst.

Das Uferseggenried (***Galio-Caricetum ripariae***, Tab. 14, Spalte 8, Abb. 26, 97) tritt kleinflächig in Verlandungsmooren eutropher Gewässer im Kontakt zu Schilf-Röhrichten auf, größerflächig auf vererdeten Niedermoortorfen in ehemaligen Durchströmungsmooren sowie in Überflutungsmooren großer Flusssysteme. Die Gesellschaft wächst üblicherweise an nasseren Standorten als das *Caricetum acutae*; lange Überstauung fördert die Entwicklung der Ramets deutlich. Mit dem Wasser werden überdies die Samen effektiv ausgebreitet. Die Standorte sind basen- und nährstoff-

Abb. 95: Beweidetes *Caricetum paniculatae* auf einer Quellmoorkuppe im Ückertal bei Göritz, Brandenburg (6/1996).

Abb. 97: *Galio-Caricetum ripariae* in einem schwach brackigen Versumpfungsmoor bei Langballigau, Flensburger Förde (7/1998).

reich. Im Vergleich zu anderen höherwüchsigen Seggen ist *Carex riparia* an brackige Standorte angepasst und wird durch den Zustrom schwach bis stärker brackigen Grund- und Oberflächenwassers tendenziell gefördert (> 6 meq Cl l^{-1}, > 2 meq Ca l^{-1}, Konduktivität > 700 µS cm^{-1}) (WASSEN et al. 1989, MARTI 1994).

Das Sumpfseggenried (***Caricetum acutiformis***) ist in degradierten Niedermooren die heute am weitesten verbreitete Seggengesellschaft. Trockenheitsertragend, durch Eutrophierung gefördert und dabei konkurrenzkräftig, breiten sich vor allem ruderalisierte Bestände aus, insbesondere auch nach Wiedervernässung entwässerter Calthion-Wiesen (HARTER & LUTHART 1997). Der Abbau der anfallenden Streu hängt stark von den hydrochemischen Bedingungen ab; an stark regenwasserbeeinflussten Standorten mit niedrigen pH-Werten erfolgt die Umsetzung deutlich verzögert (VERHOEVEN & ARTS 1992). Daher unterbinden die Streuvorräte der Polykormone eine erfolgreiche Etablierung lichtbedürftiger Sippen. Durch extensive Beweidung lässt sich die strukturelle

Abb. 98: *Calamagrostietum canescentis* als Folgegesellschaft eines eutrophierten *Caricetum elatae*, Salemer Moor, Südost-Holstein (8/1996).

Vielfalt der Flächen verbessern und die Anzahl der Arten in den Beständen erhöhen (Voss 2001).

Das Sumpfreitgrasried (***Calamagrostietum canescentis***, Tab. 14, Spalte 9, Abb. 98) schließt sich im Regelfall dem *Caricetum elatae* oder anderen Seggenriedern in Feuchtgrünlandbrachen an. Besonders an verhältnismäßig nährstoffreichen und entwässerten Standorten „vergreisen" ältere *Carex elata*-Bulten zu Reitgras-Stadien. Eine effektive Polykormonbildung des Reitgrases führt rasch zu Dominanzbeständen. Während mittelproduktive oder junge Stadien floristisch noch recht vielgestaltig sein können, verschlechtern sich die Keimungsbedingungen für konkurrenzschwächere Kräuter mit wachsender Streuakkumulation in den älteren Brachestadien.

Oligohemerobe Rohrglanzgras-Röhrichte (***Phalaridetum arundinaceae***, Tab. 14, Spalte 10, Abb. 26) finden sich im Geolitoral von Fließgewässern, vorwiegend auf gut durchlüfteten, meist sandigen Sedimenten. In entwässerten und regulierten Auensystemen und Überflutungsmooren überwiegen gegenwärtig meso- bis euhemerobe Ausbildungen auf vererdeten Niedermoortorfen trockenerer Standorte. Eine Aufgabe der Mahd- oder Weidenutzung führt wie beim Sumpfreitgrasried zu einer beträchtlichen Streuakkumulation und damit zu einer Reduktion der Artenvielfalt.

8.5 Moorgebüsche und Bruchwälder

(Kl. Alnetea glutinosae, Vaccinio-Piceetea)

Gehölze an Moorstandorten steuern durch ihre bei günstiger Wasserversorgung starke Transpiration den Wasserhaushalt der Böden stärker als alle übrigen Pflanzen. Voraussetzung dafür ist zunächst ein gut entwickeltes Wurzelsystem, das möglichst wenig durch anoxische Verhältnisse im Torfkörper beeinträchtigt wird. Daraus ergeben sich sowohl für natürliche wie für anthropogen veränderte Moorstandorte Rückkopplungen:

- Haben sich Gehölze an einem Moorstandort etabliert (klimatisches Sättigungsdefizit oder anthropogene Entwässerung), lösen sie durch den Wasserverbrauch im Kronenraum eine weitere Entwässerung des Wurzelraumes aus.
- Wird der Wurzelraum von Gehölzen auf Torflagern durch anoxische Bedingungen geprägt (klimatischer Niederschlagsüberschuss, anthropogener Einstau), so führt dies in der Regel zu einem Vitalitätsverlust, im Extremfall zum Absterben der Gehölze.

Damit wird deutlich, wann und wo Wälder in „offene" Moorgesellschaften eindringen können: bei labilen Wasserständen insbesondere bei kleinen Torfkörpern, an klimatischen Grenzen offener Moore mit abfallenden Niederschlags- oder Oberflächenzufluss-Überschüssen sowie bei anthropogenen Veränderungen des Wasserhaushaltes der Standorte.

Die Anzahl der in Mooren auftretenden Gehölzarten in Europa ist gering: beteiligt sind Kiefern (*Pinus sylvestris, P. mugo* agg.), Birken, besonders *Betula pubescens*, die Fichte (*Picea abies*), Weiden, vor allem *Salix cinerea, S. aurita, S. myrsinifolia, S. pentandra*, und schließlich die Schwarz-Erle (*Alnus glutinosa*). Die Präferenzen der Gehölzarten hängen stärker von der Nährstoffverfügbarkeit ab als vom Wasserhaushalt. Die nährstoffärmsten Standorte werden von den Kiefern erschlossen, oligo- bis mesotrophe Habitate von der Fichte und den Birken, meso- bis eutrophe von den Weiden und eutrophe von der Erle. Pflanzensoziologisch lassen sich die Kiefern-, Fichten- und Birken-Bruchwälder der Klasse Vaccinio-Piceetea anschließen, die Weiden- und Erlen-Bruchwälder der Klasse Alnetea glutinosae. Ein Teil der lichtoffenen Kiefernbestände oligotropher Moore lässt sich den Oxycocco-Sphagnetea zuordnen (vergl. S. 112).

Oligohemerobe Moorbirken-Bruchwälder (***Vaccinio uliginosi-Betuletum pubescentis***, Abb. 99, 100) treten auf Schwingdecken in kleinen Kesselmooren, im Verlandungsgürtel oligotroph-dystropher Seen und in Versumpfungsmooren über basenarmem Substrat auf. Solche Bestände sind meist kleinflächig entwickelt und vergleichsweise selten. Vermutlich waren floristisch ähnlich zusammengesetzte Birkenbrücher in der Naturlandschaft auch im Lagg von Hochmooren der Norddeutschen Tiefebene vertreten (Grosse-Brauckmann 1969). Nur sind solche Lebensräume im Zuge der Moorkultivierung zuerst verändert worden. Meso- und euhemerobe Birkenbrücher bilden in Norddeutschland, den Niederlanden und Dänemark weit verbreitete Degradationsstadien entwässerter Hochmoore (z.B. Wagner 1994). Bei ihnen bestimmen vornehmlich die Geschichte der Vornutzung und die aktuellen Wasserstände das Artengefüge. Neben Schatten ertragenden Arten mit Verbreitungsschwerpunkt an lichtoffenen Moorstandorten sind Grundwasser-Indikatoren an flachtorfigen Standorten und in beschränktem Umfang azidophytische Sippen nährstoffarmer Nadelwälder vertreten (*Empetrum nigrum, Vacci-*

Abb. 99: Primäres *Vaccinio-Betuletum pubescentis* auf mesotrophen Schwingdecken eines Kesselmoores an der Schlei, Schleswig-Holstein (6/1998).

Abb. 100: Sekundäres *Vaccinio-Betuletum* mit alten Torfstichen und Pfeifengras-Stadien auf den abgetrockneten Torfbänken, Bullensee bei Rothenburg, Niedersachsen (10/1995).

nium myrtillus, Dicranum polysetum, Calypogeia neesiana, Pleurozium schreberi). Von den Niederlanden, Nordrhein-Westfalen und Niedersachsen nach Brandenburg und Polen lässt sich ein floristischer Gradient in den Beständen ausmachen: im Westen sind *Erica tetralix* und teilweise *Myrica gale* in den Birkenbrüchern häufig. Ostwärts gewinnen *Vaccinium uliginosum* und *Ledum palustre* zunehmend an Bedeutung. Der Wechsel korrespondiert mit dem Wandel vom *Erico-Sphagnetum* zum *Ledo-Sphagnetum* und *Sphagnetum magellanici* an den offenen Moorstandorten.

In der Montanstufe der Mittelgebirge Mittel- und Süddeutschlands sowie im Alpenraum wird die Moor-Birke *(Betula pubescens* subsp. *pubescens)* zunehmend von der Karpaten-Birke *(Betula pubescens* subsp. *carpatica)* abgelöst. Die Bestände dieses ***Vaccinio uliginosi-Betuletum carpaticae*** stocken üblicherweise auf vererdeten Torfen entwässerter Moorränder sowie älteren Torfbänken entlang von Torfstichen, aber auch kleinflächig in flachtorfigen, quelligen Hangmoorkomplexen. Im Kontakt sind häufig das *Sphagnetum magellanici* an offenen, nasseren Moorstandorten sowie das *Pino mugo-Sphagnetum* und das *Vaccinio uliginosi-Pinetum sylvestris* entwickelt. Letzteres entspricht floristisch wie standörtlich weitgehend dem *Vaccinio-Betuletum carpaticae.* Beide Kiefern-Arten sind der Karpaten-Birke an der Mehrzahl der Wuchsorte konkurrenzüberlegen.

Moorbeeren-Waldkiefern-Bruchwälder (***Vaccinio uliginosi-Pinetum sylvestris***) sind mit subkontinentaler Verbreitungstendenz im zentraleuropäischen Raum weit verbreitet. Oligohemerobe Vorkommen finden sich auf Schwingdecken an dystrophen Seen, in Kesselmooren sowie in quelligen Hangmooren von den Tieflagen Norddeutschlands bis in die Mittelgebirge wie Schwarzwald, Rhön und Hunsrück, ferner auch Ostdeutschland und Polen im Lagg nährstoffarmer Moore (u. a. Bohn 1981, Dierssen & Dierssen 1984, Bushart 1989, Ruthsatz & Holz 1997).

Neben diesen oligohemeroben Beständen sind zahlreiche Waldkiefernfilze meso- bis euhemerob, zumindest was ihr aktuelles Vorkommen auf zum Teil abgetorften, partiell auch wiedervernässten Torfkörpern betrifft. Im Vergleich zu Bergkiefernfilzen und schütter kiefernbestockten Torfmoosdecken (*Ledo-Sphagnetum magellanici*) enthalten die Waldkiefern-Bruchwälder einen geringeren Anteil an Oxycocco-Sphagnetea-Arten, dafür aber einen bezeichnenden Grundstock an Arten oligotropher Kiefernwälder. Die Wald-Kiefer erreicht an nicht zu nassen Standorten Wuchshöhen von über 25 m.

Abb. 101: Fichten-Bruchwald (*Bazzanio-Piceetum*) bei Bruck, Mariazeller Gebirgsumrandung, Steiermark, Österreich (8/1995).

In höheren Mittelgebirgslagen sowie im Alpenraum treten in der Peripherie oligotropher Moore auch oligohemerobe Fichtenwälder auf (***Bazzanio-Piceetum***, Abb. 101). In Höhenlagen zwischen 600 und 900 m grenzen diese etwa im Schwarzwald an die moorseitig entwickelten Pino-Sphagneten. In hochmontanen Lagen der herzynischen Gebirge sowie im Alpenraum dringen sie selbst in den Lagg der oligotrophen Moore ein oder grenzen an das *Eriophoro-Trichophoretum.* In dieser „Kampfzone“ zwischen offenem Moor und Fichten-Bruchwald fallen Deckung und Wuchsleistung der Fichte deutlich ab.

An eutrophen Nassstandorten auf stark zersetzten, an Holzresten reichen Niedermoortorfen ist der Walzenseggen-Roterlen-Bruchwald ***(Carici elongatae-Alnetum glutinosae***, Abb. 1, 102) in der submeridionalen bis südborealen Zone Mittel- und Osteuropas die beherrschende Waldgesellschaft. Die Standorte haben sich vielfach durch Entwässerung sowie an Seeufern durch den Eintrag nährstoffreichen Oberflächenwassers stark verändert. Standörtlich wurden dadurch Torf-

Abb. 102: Erlen-Bruchwald (*Carici elongatae-Alnetum*) am Rande eines quelligen Versumpfungsmoores, westlich Templin, Brandenburg (8/1997).

schrumpfung und -mineralisation, Nitrifikation sowie an stärker entwässerten Standorten auch Versauerung durch Fe- und Mn-Oxidation ausgelöst (Kazda et al. 1992). Dabei ersetzten ubiquitäre Nitrophyten (*Urtica dioica, Rubus fruticosus* agg.) vielfach die autochthonen Phreatophyten.

Obwohl auf stark zersetzten Torfen mit Erlenholz-Resten stockend, ist die Torf bildende Potenz der Bruchwälder durch dieses Substrat nicht automatisch belegt. Vielmehr scheint die Erle oft erst im Verlauf einer Eutrophierung in mesotraphente, Torf bildende Pflanzengesellschaften eingewandert zu sein und hat dort so genannte Verdrängungstorfe gebildet (Grosse-Brauckmann 1979). Autochthone Bruchwaldtorfe können sich nur bei aufsteigendem Grundwasserzustrom beziehungsweise ansteigenden Wasserständen bilden.

Die Weidengebüsche in Moorkomplexen (**Salicion cinereae**) haben im Vergleich zu den Bruchwäldern Vorwald- beziehungsweise Pioniercharakter. Neben strauchförmigen Weiden können teilweise niedrige Gehölze am Aufbau beteiligt sein, unter oligotrophen Bedingungen Birken und Faulbaum (*Frangula alnus*), an eutrophen Standorten auch die Schwarz-Erle.

In Mitteleuropa am weitesten verbreitet ist das meso- bis eutraphente Grauweidengebüsch (***Frangulo-Salicetum cinereae***, Abb. 1, 103). Es ist gegenüber Überstauung toleranter als der Erlen-Bruchwald und baut daher diesem vorgelagert Gebüschsäume im Kontakt zu Röhrichten an eutrophen Gewässern auf. In Überflutungs- und Versumpfungsmooren sind Grauweidengebüsche an wasserzügigen Standorten angereichert und breiten sich bei Entwässerung und Eutrophierung stark aus. Entsprechend der Vorgeschichte der Bestände und der breiten standörtlichen Amplitude der Schlüsselart ist die Phytozönose floristisch heterogen, und besonders kleinere Bestände sind reich an „zufälligen" Arten. An weniger nassen Standorten oder mit fortschreitender Sukzession wird die Gesellschaft von Erlen-Bruchwäldern abgelöst. Röhricht- und Großseggen-Arten sowie Erlen-Bruchwald-Begleiter dominieren in der Krautschicht. Die morphologisch vielgestaltige *Salix cinerea* ist von Westeuropa (subsp. *atrocinerea*) bis Westsibirien von der Montanstufe mediterraner Gebirge bis in die südboreale Zone weit verbreitet. Ähnliches gilt für weitere lichtliebende Gehölze der Gesellschaft wie *Frangula alnus* sowie *Salix pentandra*.

Unter oligo- bis mesotrophen Verhältnissen wird das Grauweidengebüsch durch das niedrigerwüchsige Ohrweidengebüsch (***Salicetum auritae***) ersetzt. Die Bestände finden sich kleinflächig an den Rändern oligotropher Moore. Neben der Ohr-Weide sind auch die Hybride mit *Salix cinerea* (*S.* × *multinervis*) und *Betula pubescens* agg. stet. In der Krautschicht dominieren vielfach Arten des Caricion nigrae. Das Areal von *Salix aurita* reicht von den Pyrenäen und den Britischen Inseln bis an den Ural. Im Gebirge steigt die Art höher als die Grau-Weide, in Skandinavien reicht ihre Verbreitung weiter nach Norden.

Das Gagelgebüsch (***Myricetum gale***) wächst auf nährstoffarm-sauren Torfen am Rand von Hochmooren oder sauren Versumpfungsmooren sowie auf Dy an dystrophen Heidekolken oder in nassen Dünentälern. Sekundär hat sich der Gagel häufig in bäuerlichen Handtorfstichen ausgebreitet. Voraussetzung für sein Auftreten sind hohe Grundwasserstände, aber keine ombrotrophen Verhältnisse. Kontaktgesellschaften sind an Moorrändern das *Erico-Sphagnetum* und das *Vaccinio-Betuletum*, an Kolken wasserseitig Gesellschaften des Caricion lasiocarpae.

Abb. 103: Weidenbruchwaldgebüsche (*Frangulo-Salicetum cinereae*) in einem Mosaik mit mesotrophen Seggenriedern mit *Ligularia sibirica*. Das Kesselmoor liegt in einem Maar, Puy de Combegrasse, Monts Dôme, Massif Central, Frankreich (8/1997).

Myrica gale ist in den Tieflagen der submeridionalen bis borealen Zone disjunkt holarktisch verbreitet. In Europa und Ostasien (var. *tomentosa*) zeigt der Gagel eine enge Bindung an Regionen mit ozeanisch-subozeanischem Klima; vor allem im Ostseeraum bleibt die Sippe auf küstennahe Bereiche beschränkt.
Das Strauchbirkengebüsch (***Betulo humilis-Salicetum repentis***) wächst im mittleren und östlichen Europa in präalpinen Versumpfungs- und Verlandungsmooren sowie in den Urstromtälern Nordostdeutschlands und Polens in Durchströmungsmooren. Die Bestände mit *Betula humilis* und *Salix rosmarinifolia* als bezeichnenden Arten sind niedrigwüchsig und produktionsschwach. Die oberirdischen Phytomassevorräte liegen um 600–700 g m^{-2}.

Bei insgesamt geringen Wasserstandsschwankungen (0,3 m), treten kaum Überstauungen auf. Die Standorte sind schwach sauer bis subneutral sowie schwach bis mäßig kalkreich (Ca^{2+} um 24 mg/l). Bei Entwässerung der Standorte wird die Gesellschaft vom *Frangulo-Salicetum cinereae* oder vom *Carici elongatae-Alnetum* abgelöst. Die polymorphe *Betula humilis* ist disjunkt in Eurasien verbreitet. Das Verbreitungsgebiet überlagert sich in weiten Teilen mit jenem von *Salix rosmarinifolia*.

8.6 Vegetation sekundärer Moorstandorte und entwässerter Torflagerstätten

(Kl. Molinio-Arrhenatheretea)

Bruchwälder, Verlandungsmoore und die Moorniederungen großer Flusstäler sowie ehemalige Hochmoorlandschaften nach dem Torfabbau sind bis in jüngste Zeit in landwirtschaftliche Nutzflächen überführt worden. Bei vergleichsweise hoch anstehendem Grundwasser sind auch diese sekundären Moorstandorte von Grundwasser indizierenden Arten beherrscht. Sie lassen sich nach Nutzungsform und -intensität detaillierter gliedern. **Feuchtwiesen (Calthion palustris)** sind nährstoffreiche, ein- bis zweischürige Wiesen, die in der traditionellen Bewirtschaftung einer Ersatzdüngung, einer Bewässerung (Wässerwiesen) und gelegentlich einer Nachweide unterworfen wurden. Stärkere Entwässerung und intensivere Düngung haben in den vergangenen dreißig Jahren vielerorts eine Nutzung als Stand- oder Umtriebsweide möglich gemacht. Diese intensivere Bewirtschaftung hat so zu großenteils grundwasserunabhängigen Vielschnitt-Wiesen oder Mähweiden beziehungsweise Fettweiden ohne Grundwasserzeiger geführt.

Streuwiesen (überwiegend Pfeifengras-Wiesen, **Molinion caeruleae**) sind demgegenüber ungedüngte, ertragsschwache und spät gemähte Flächen, auf denen kein Viehfutter geerntet wurde, sondern überwiegend Einstreumaterial für die Viehställe. Nutzungsaufgabe oder die Umwandlung in Intensivgrünland haben diesen heute betriebswirtschaftlich ineffektiven Bewirtschaftungstyp in vielen Regionen aus der Landschaft verschwinden lassen.

Nasse **Hochstaudenfluren** (Mädesüß-Pestwurz-Fluren, **Filipendulo-Petasition**) sind kleinflächig entwickelte, natürliche Elemente lichter Auenwald-Komplexe von Fluss- und Bachtälern. Großräumig haben sie sich aus brachgefallenem, ehemaligem Feuchtgrünland in Auen- und Niedermoorsystemen entwickelt. Besonders der Anteil ruderalisierter Bestände stark entwässerter und ehemals intensiv bewirtschafteter Bereiche steigt regional noch deutlich an.

Abb. 104: Die Kohldistel-Feuchtwiese (*Angelico-Cirsietum oleracei*) auf quelligen, anmoorigen Hängen, Mariazeller Gebirgsumrandung, Steiermark, Österreich (8/1995).

Feuchtweiden schließlich umfassen extensiv bis intensiv bewirtschaftetes Grünland grund- oder stau- beziehungsweise haftwassergeprägter Standorte (**Potentillion anserinae**).

Traditionell bewirtschaftete **Calthion**-Gesellschaften waren nur mit leichtem Gerät zu mähen und allenfalls spät im Jahr zu beweiden. Für das Erzielen hoher Futtererträge wurden mittlere Wasserstände um etwa 0,4 m angestrebt (Klapp 1971). Im Winter steigen die Wasserstände infolge temperaturbedingt höherer Niederschlagsüberschüsse.

Heute überwiegen im Wirtschaftsgrünland an Phreatophyten stark verarmte Basalgesellschaften des Calthion, deren Artenzusammensetzung gerade noch eine Zuordnung auf Verbands- oder Ordnungsniveau zulässt.

Die ertragskräftige Kohlkratzdistel-Nasswiese (***Angelico-Cirsietum oleracei***, Tab. 15, Spalte 1, Abb. 104) ist nicht auf Niedermoortorfe beschränkt, sondern kann auch auf Gleyen vertreten sein. In Mooren sind die Bestände bezeichnend für vererdete, stark zersetzte Torfe besonders in Versumpfungs- und Durchströmungsmooren. Das C/N-Verhältnis im Oberboden schwankt zwischen 12 und 20, die Basensättigung liegt meist über 75 %. Die N- und P-Umsätze sind hoch. Die Wasserstände liegen im Hauptwurzelhorizont, sinken aber bei trockeneren Standorten während des Sommers auf unter 40 cm ab. Die Erträge in Süddeutschland liegen bei Mahd um Mitte August zwischen 300 und 600 g TS m^{-2}. Die N-Gehalte in der Phytomasse erreichen nur bei früher Mahd Werte über 20 mg N je g Trockensubstanz; das C/N-Verhältnis der Phytomasse (Oktober) liegt < 27 (Pfadenhauer 1989).

Die Wassergreiskraut-Nasswiese (***Bromo-Senecionetum aquatici***, Tab. 15, Spalte 2, Abb. 105) hat ihren Verbreitungsschwerpunkt im ozeanisch-subozeanischen Sektor West- und Mitteleuropas. Im Vergleich zum *Angelico-Cirsietum* ist die Basensättigung der Torfe meist niedriger, sofern die Standorte nicht zur Ertragssteigerung aufgekalkt wurden. Die C/N-Verhältnisse liegen über 13, und die P-Versorgung der Standorte ist eher mäßig (< 1,7 mg P/100 cm^3). Die Gesellschaft ist vergleichsweise produktionsschwach. Die Bestände,

Abb. 105: Wasser-Greiskraut-Feuchtwiese (*Bromo-Senecionetum aquatici*) in einem entwässerten Verlandungsmoor, Hohner See westlich Rendsburg, Schleswig-Holstein (6/1989).

vielfach an Grenzertragsstandorten, verbrachen gegenwärtig zunehmend oder werden durch Nutzungsintensivierung in Intensiv-Feuchtweiden (*Ranunculo-Alopecuretum*) überführt. Empfindliche Arten werden unter anderem durch Vorverlagerung der Mahd (*Bromus racemosus*), produktionsschwache durch Lichtkonkurrenz infolge Düngung zurückgedrängt (u. a. FRESE & MÜLLER 1996).

Ebenfalls ozeanisch-subozeanisch verbreitet, aber noch ertragsschwächer ist die Waldbinsen-Sumpfwiese (***Crepido-Juncetum acutiflori***, Tab. 15, Spalte 3). Sie ist größtenteils durch einschürige Mahd oder Beweidung aus Beständen des *Caricetum nigrae* hervorgegangen. Die Standorte sind leicht bis mäßig quellig und überwiegend stark bis mäßig sauer. Im Alpenvorland sind auch basenreichere Bestände entwickelt, die standörtlich und floristisch zu Gesellschaften des Caricion davallianae vermitteln. Bei Verbrachung wird die Wald-Binse eher gefördert. In Westeuropa sind die Bestände um ozeanisch verbreitete Sippen angereichert, unter anderem *Cirsium dissectum, Carum verticillatum* oder *Anagallis tenella.*

Die Fadenbinsen-Feuchtwiese (***Juncetum filiformis***, Tab. 15, Spalte 4) gehört gleichfalls zu den produktionsschwachen Calthion-Gesellschaften an Standorten saurer Versumpfungsmoore. Sie ist ebenfalls durch schwache Entwässerung und Intensivierung der Nutzung aus Beständen des Caricion nigrae hervorgegangen. Die Mehrzahl der Vegetationsaufnahmen aus Mitteleuropa ist älter, da die Bewirtschaftung der Flächen zwischenzeitig entweder aufgegeben wurde oder die Nutzung intensiviert worden ist.

Die Bachkratzdistel-Wiese (***Cirsietum rivularis***, Tab. 15, Spalte 5) löst das *Angelico-Cirsietum* auf basenreichen, vererdeten Niedermoortorfen und Anmoorgleyen der Tieflagen mit sommerwarmem Allgemeinklima ab. Ihr Areal erstreckt sich von Nordspanien und Südfrankreich über das Alpenvorland und die Tieflagen der Alpentäler bis Polen, den Karpatenraum und die nordwestliche Balkanhalbinsel. Die bewirtschafteten Bestände sind meist durch schwache bis mäßige Entwässerung aus dem *Schoenetum ferruginei* hervorgegangen. Zur Hydrologie sei auf Abb. 5.2 verwiesen.

Die Sumpfstorchschnabel-Hochstaudenflur (***Filipendulo-Geranietum palustris***, Tab. 15, Spalte 6) ist in ursprünglicher Form an quelligen Mineralböden und Torfen im Ufersaum von Bächen und Flüssen oder auch an Gräben entwickelt. Die

Standorte sind durchweg basenreich. Sekundär ersetzt die Gesellschaft nach Aufgabe der Nutzung Bestände des *Angelico-Cirsietum*.

Die Staudenflur des Arznei-Baldrian (***Valeriano-Filipenduletum***) ist hinsichtlich der Azidität und der Quelligkeit der Standorte weniger eng eingenischt als das ***Filipendulo-Geranietum***. Primäre Standorte sind wiederum Ufersäume, sekundäre die Brachestadien der eher sauren und nährstoffärmeren Calthion-Gesellschaften.

Bei hohen Nährstoffvorräten im Boden beziehungsweise starker Mineralisierung können Nitrophyten wie *Urtica dioica*, *Galium aparine* oder *Galeopsis tetrahit* agg. die Bestände dominieren. Teilweise zeigen höherwüchsige Arten der in der Sukzession vorausgegangenen Feuchtwiesen ein beträchtliches Beharrungsvermögen, etwa *Cirsium oleraceum* oder *Angelica sylvestris*. Die Mehrzahl der stark entwässerten und sehr produktiven Filipendulion-Bestände in intensiv bewirtschafteten Landschaften lässt sich heute keiner der beschriebenen Assoziationen mehr zuordnen. Arten der ruderalen Staudenfluren frischer bis feuchter Standorte (Convolvuletalia) dominieren.

Prägend für die Bewirtschaftung der Pfeifengras-Wiesen (**Molinion caeruleae**) war in der Vergangenheit eine späte Mahd zur Gewinnung von Einstreu für Ställe. Edaphisch sind Streuwiesen nicht auf vererdete Niedermoortorfe beschränkt, sondern auch auf Gleyen und sogar Pseudogleyen in Hanglage vertreten. Hydrologisch sind die Standorte wechseltrocken bis wechselfeucht, bezüglich der Nährstoffversorgung durchgängig stickstoffarm und basisch bis mäßig sauer. Die

Tab. 15: Ausgewählte Grünland-Gesellschaften an entwässerten Moorstandorten; Spalte 1: *Angelico-Cirsietum oleracei*; Spalte 2: *Bromo-Senecionetum aquatici*; Spalte 3: *Crepido-Juncetum acutiflori*; Spalte 4: *Juncetum filiformis*; Spalte 5: *Cirsietum rivularis*; Spalte 6: *Filipendulo-Geranietum palustris*; Spalte 7: *Selino-Molinietum*; Spalte 8: *Cirsio-Molinietum*; Spalte 9: *Ranunculo-Alopecuretum geniculati*; Spalten 1, 2, 9 Dierssen et al. (1988), Spalten 4-7 Oberdorfer et al. (1998), Spalten 3, 8, Schaminée et al. (1996).

Spalte:	1	2	3	4	5	6	7	8	9
Zahl der Aufnahmen:	226	115	58	30	143	118	439	268	776
Mittlere Artenzahl:	38	32	*	*	*	*	*	*	13
Cirsium oleraceum	V	.	.	+	IV	IV	II	.	.
Bromus racemosus	II	IV	.	.	I	.	.	r	.
Senecio aquaticus	r	III	+		II	.	r	+	.
Juncus acutiflorus	.	.	V	.	.	.	.	II	.
Juncus filiformis	r	r	.	V	.	.	.	.	.
Cirsium rivulare	.	.	.	r	V	.	.	.	.
Caltha palustris	V	V	II	IV	IV	III	I	+	I
Lychnis flos-cuculi	V	V	IV	III	V	r	+	I	r
Lotus uliginosus	IV	II	V	III	I	+	+	II	.
Myosotis palustris agg.	III	III	III	IV	V	I	r	.	r
Crepis paludosa	III	II	r	I	I	I	+	r	.
Dactylorhiza majalis	II	I	I	r	I	r	+	+	.
Geum rivale	III	II	.	I	IV	II	r	.	.
Geranium palustre	.	.	.	.	.	V	.	.	.
Polemonium caeruleum	.	.	.	.	.	III	.	.	.
Filipendula ulmaria	IV	III	III	II	III	V	II	II	r
Selinum carvifolia	.	.	.	r	.	r	III	.	.
Serratula tinctoria	.	.	.	.	r	r	III	.	.
Laserpitium prutenicum	.	.	.	.	.	.	I	.	.
Cirsium dissectum	.	.	r	.	.	.	.	V	.
Carex hostiana	.	.	r	.	.	.	I	III	.
Succisa pratensis	r	.	I	II	+	r	IV	IV	.
Molinia caerulea	.	.	I	+	I	r	V	V	.
Potentilla erecta	.	.	II	I	I	r	IV	IV	.
Gentiana pneumonanthe	.	.	.	.	.	.	II	II	.
Agrostis stolonifera	II	II	+	I	II	I	r	+	V
Ranunculus repens	V	V	III	II	III	r	+	.	III
Alopecurus geniculatus	I	II	r	.	.	.	.	.	IV
Glyceria fluitans	II	III	r	.	.	.	.	.	III

Abb. 106: Einschürige Streuwiesen (*Selino-Molinietum*) im *Laserpitium prutenicum*-Aspekt, Oberammergau, Bayern (8/1996).

Verbreitung der Gesellschaften reicht von der kollinen bis in die montane Stufe. Besonders gut entwickelte Bestände mit hohem Artenreichtum (über 50 Arten auf 4 m^2) sind in der submontanen bis montanen Stufe des präalpinen Bereiches anzutreffen (z. B. BRAUN 1983). Grundsätzlich ist ihre Produktivität P-limitiert. Empfindliche, konkurrenzschwache Arten wie *Schoenus nigricans* werden durch Düngung langfristig (> 19 Jahre) aus dem System eliminiert. Davon profitieren ubiquitäre Arten nasser Standorte wie *Cirsium palustre* (EGLOFF 1983, 1998). Unter einer Vielzahl beschriebener Streuwiesen-Gesellschaften kommt den folgenden Einheiten eine überregionale Bedeutung an Moorstandorten zu.

Die Silgen-Pfeifengraswiese (***Selino-Molinietum caeruleae***, Tab. 15, Spalte 7, Abb. 106, 107) wächst an nassen bis wechseltrockenen, basenreichen Standorten, die durch Bewirtschaftung aus Gesellschaften des Caricion davallianae hervorgegangen sein dürften. Bezeichnende Arten sind unter anderem *Inula salicina, Dianthus superbus, Serratula tinctoria, Carex hartmanii, Gladiolus palustris, Iris sibirica* und *Selinum carvifolia.* Der Verbreitungsschwerpunkt und die stärkste regionale floristische Differenzierung liegt im nördlichen Alpenvorland und den Alpentälern. Die maximalen Erträge liegen bei Ernten im August um 300 g m^{-2} TS. Hohe Eiweißgehalte im Mahdgut lassen sich nur bei früher Mahd und dann geringen Erträgen (um 130 g m^{-2} TS) erzielen. Das C/N-Verhältnis der Phytomasse liegt bei später Ernte (Oktober) > 46 (PFADENHAUER 1989).

Der früher weit verbreitete Streuwiesentyp ist, da er sich gut in einen intensiver zu bewirtschaftenden Zustand überführen lässt, in jüngerer Zeit besonders stark im Rückgang begriffen.

Im westlichen Europa wird das *Selino-Molinietum* vom ***Cirsio dissecti-Molinietum*** (Tab. 15, Spalte 8) abgelöst. Neben den in der Tabelle aufgeführten Arten sind im Vergleich zum *Selino-Molinietum* stärker azidophytische Sippen mit höherer Deckung und Stetigkeit in den Beständen vertreten, etwa *Danthonia decumbens, Agrostis canina* und *Hydrocotyle vulgaris.*

Unter binsenreichen Pfeifengras-Wiesen („***Junco-Molinietum***“, Abb. 108) werden floristisch schwach differenzierte Feuchtwiesen mit Schwerpunkt in den ozeanisch-subozeanisch geprägten Tieflagen von den Niederlanden bis Dänemark und Mecklenburg-Vorpommern zusammengefasst. Neben *Molinia caerulea* sind *Potentilla*

Abb. 107: Detailaufnahme eines *Selino-Molinietum*, unter anderem mit *Molinia caerulea, Laserpitium prutenicum, Serratula tinctoria, Potentilla erecta* und *Allium carinatum*, Murnauer Moos, Bayern (8/1996).

erecta, Hydrocotyle vulgaris, Succisa pratensis sowie seltener *Gentiana pneumonanthe* bezeichnend, vor allem aber die Dominanz der euryöken Binsen *Juncus effusus* und *Juncus conglomeratus*. Solche Bestände finden sich derzeit als entwässerte, artenarme Rudimente der Ordnung Molinietalia an den Rändern oligotropher Moore. Die Erträge liegen unter 250 g TS m^{-2} (Mitte August), die N-Gehalte bei sehr geringen Erträgen (< 100 g TS m^{-2}) um 25 mg N g^{-1} TS, und das C/N-Verhältnis der Phytomasse (Oktober) erreicht Werte > 50 (PFADENHAUER 1989). Genau genommen charakterisiert dieser Vegetationstyp keine Streuwiesen, sondern nachlässig genutzte oder verbrachende Caricion nigrae-Bestände auf schwach vererdeten, oligotrophen Torfen.

Mineralboden-Standorte in Flussauen unterliegen oft starken Wasserstandsschwankungen; die hier wachsenden Kriechrasen-Gesellschaften, so genannte Flutrasen (**Potentillion anserinae**), sind aus Arten zusammengesetzt, die sowohl längere

Abb. 108: Vernachlässigtes Moorgrünland auf vererdeten Hochmoortorfen (‚*Junco-Molinietum*') mit *Juncus effusus* als Aspekt bildender Art. Tielener Moor östlich Erfde, Schleswig-Holstein (9/1999).

Überstauung als auch Trockenphasen unbeschadet überdauern können. In den Überflutungsphasen werden im Wasserkörper suspendierte Partikel in die Bodenporen eingelagert (Einlagerungsverdichtung) und dadurch der Wasser- und Gasaustausch in den Bodenporen erschwert. An entwässerten Moorstandorten wird kaum allochthones Material eingelagert, sondern der Anteil der Grobporen verringert sich infolge Sackung und Mineralisierung der Torfmatrix (Sackungsverdichtung). In beiden Fällen entstehen je nach den regionalklimatischen Bedingungen wechselnasse oder wechseltrockene Grünland-Standorte. Eine mechanische Verdichtung durch Beweidung besonders in den Nassphasen verstärkt diesen Prozess. Unter ozeanisch-subozeanischen Bedingungen entwickelt sich ein produktives Feuchtgrünland, die Kriechhahnenfuß-Knickfuchsschwanz-Weide ***(Ranunculo-Alopecuretum geniculati*,** Tab. 15, Spalte 9, Abb. 109), auf dem je nach Düngungsintensität erhebliche Phytomassevorräte aufgebaut werden können (350 bis 1500 g TG m^{-2}, Stickstoffvorräte in der Phytomasse 33–209 kg N ha^{-1} (SACH 1999)). In sommertrockenen Regionen auf vermulmten Niedermoortorfen wird die Quecke zur vorherrschenden Art (z. B. SUCCOW 1986). Die durch eine Intensivierung der Bewirtschaftung ausgelöste Entwicklung des Feuchtgrünlandes an Niedermoor-Standorten von episodisch genutzten Großseggenriedern über Calthion-Wiesen zu Knickfuchsschwanz-Weiden lässt sich anschaulich mit einer stark veränderten N-Dynamik der Systeme belegen (Abb. 110).

Abb. 109: Von Rindern bultig getretene Feuchtweide (*Rancunculo-Alopecuretum geniculati*) auf vererdeten Torfen eines Durchströmungsmoores in der Eiderniederung westlich Kiel (6/1995).

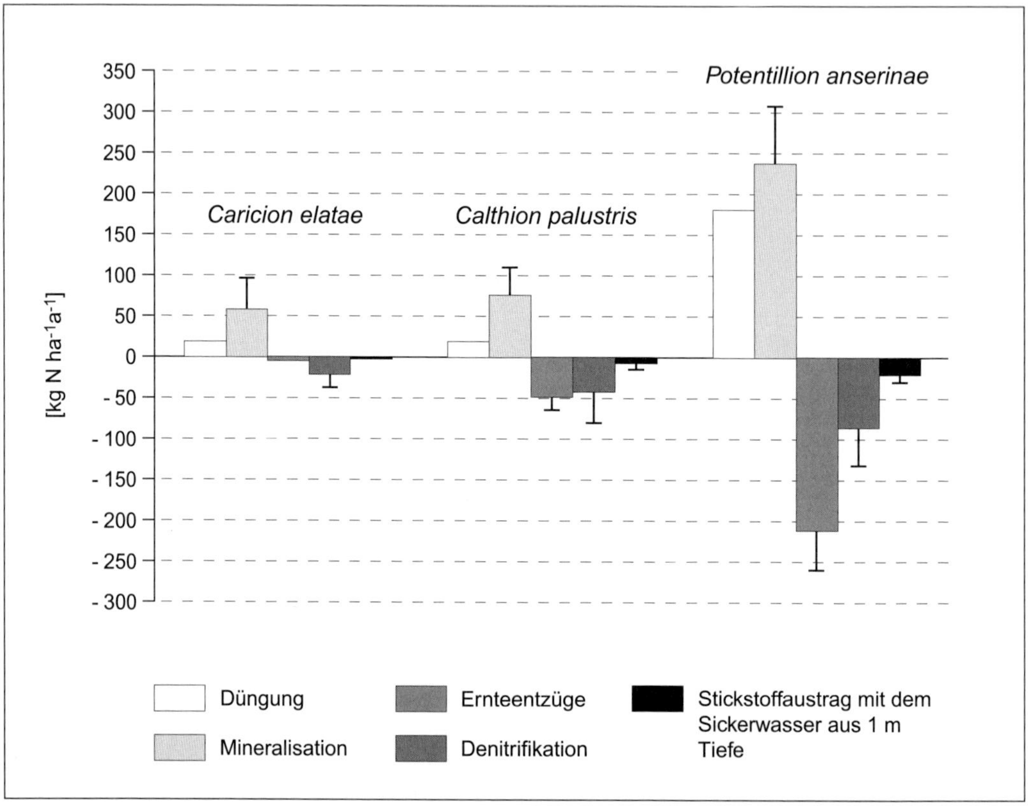

Abb. 110: Bilanzgrößen des Stickstoff-Haushaltes von Beständen des Caricion elatae, des Calthion palustris und des Potentillion anserinae an Niedermoor-Standorten; Mittelwerte und Standardabweichungen über einen Simulationszeitraum von 9 Jahren (nach Trepel 2000).

9 Gliederungsansätze für Vegetationskomplexe von Mooren

9.1 Vegetationskomplexe

Das Artengefüge von Phytozönosen in Mooren wird weit stärker von hydrologischen und ernährungsbiologischen Bedingungen bestimmt als von klimatischen Gradienten. Somit sind viele der moorspezifischen Vegetationstypen in weitgehend ähnlicher floristischer Zusammensetzung für ein geographisch weites Verbreitungsgebiet bezeichnend. Was auf der Betrachtungsebene der Phytozönosen zutrifft, gilt nicht für die Moorkomplexe insgesamt. In Kap. 4 (S.34) wurde angesprochen, dass die strukturelle Morphogenese von Mooren sowohl vom Relief der Landschaft wie auch vom Landschaftswasserhaushalt geprägt wird, bei Hochmooren speziell von den klimatischen Wasserbilanzen. Somit hängt die Differenzierung zwischen zonaler und azonaler Vegetation bei genauerer Betrachtung von der gewählten räumlichen Skala ab. Das Verteilungsmuster zwischen nassen und trockenen Moorpartien zeigt regionalklimatische Abhängigkeiten (vergl. etwa Abb. 22 S. 32). Diese Beobachtung findet Eingang in verschiedene Versuche zur überregionalen Gliederung hydromorphologischer Moortypen (unter anderem durch Kac 1958 für Nordeurasien und Nordamerika, Moore & Bellamy 1976 für Europa, Botch & Masing 1983 für Russland, Zoltei & Pollett 1983 für Kanada, Succow & Jeschke (1986) für Mitteleuropa, Succow & Joosten 2000 für Europa). Für solche hydromorphologischen Typisierungen sind floristische wie vegetationskundliche Kriterien bislang nachrangig verwendet worden. Die europäischen Hochmoore hat Aletsee (1967) nach floristischen Kriterien zu typisieren versucht, allerdings ohne auf Vegetationstypen und ihr Verteilungsmuster einzugehen.

9.2 Moor-Naturraumtypen

Wie beispielsweise Wälder bilden auch Moore naturraumspezifische Vegetationsmosaike und lassen sich entsprechend für landschaftsökologische Raumgliederungen verwenden. Eine jeweils isolierte Beschreibung auf der Basis vorherrschender Vegetationstypen, ausgewählter Arten oder spezifischer Moorstrukturen bleibt unbefriedigend, weil dabei weder das standörtliche Mikromosaik und die daraus resultierenden ökologischen Bedingungen noch der Artenbestand anschaulich charakterisiert werden können. Ein übersichtliches und hinreichend gut auflösendes Konzept kann die Beschreibung von Vegetationskomplexen sein. Legt man definierte Vegetationstypen zugrunde, so lassen sich diese in einem Moorkomplex in ihrer räumlichen Verteilung in einer Vegetationsaufnahme (des Komplexes) ebenso zusammenfassen wie Arten bei der Aufnahme von Mikroformen (vergl. S. 27). Die Aufnahme solcher Vegetationskomplexe und ihre tabellarische Bearbeitung führt zu naturraumspezifischen Komplextypen, die über die aufgenommenen Elemente (Pflanzengesellschaften) zugleich eine indirekte Information über die standörtlichen Verhältnisse zulassen. Die räumliche Verteilung der Vegetationskomplexe von Moortypen kann auf überregionaler und lokaler Ebene ermittelt und als Planungsunterlage ausgewertet werden (Dierssen & Dierssen 1980, 1984). In beiden Fällen lassen sich gleichermaßen strukturelle (Vegetationszusammensetzung) wie standortökologisch-funktionale und chorologische Charakteristika integrieren. Eine nachvollziehbare Typisierung der Vegetation durch Aufnahmen von Vegetationskomplexen setzt allerdings aufwendige Geländeuntersuchungen voraus. Aus diesem Grunde steht ein Vergleich von Vegetationskomplexen naturraumspezifischer Moore auf europäischer Ebene derzeit aus. In der folgenden Übersicht wird versucht, auf der Basis bislang vorliegender Daten eine grobe Synopse zu entwerfen (Abb. 111).

Für das ozeanische Westeuropa von W-Norwegen über die Britischen Inseln und W-Frankreich bis N-Portugal sind oligotrophe Hangmoor-, Deckenmoor-, Hochmoor- und Feuchtheidekomplexe bezeichnend (Region 1). In W-Irland, NW-Schottland, dem Lake District und Wales (1.1) prägen solche Deckenmoore großräumig die Landschaft, obgleich regional in einer durch Abtorfung, Grünlandnutzung und Aufforstung bereits stark veränderten Form. Vor allem in Irland treten in diesen Mooren unter ombrotrophen Verhältnissen „anspruchsvolle" Arten auf, etwa *Schoenus nigricans* und das Lebermoos *Pleurozia purpurea* (*Pleurozio-Ericetum*). In Mittel- und Ostirland und in S-England (1.2) schließen sich als beherrschende Moorkomplexe Hochmoore und Moor-

Abb. 111: Naturraumspezifische Moorkomplexe; weitere Erläuterungen im Text.

heiden an (kennzeichnend: *Erico-Sphagnetum*, *Ericetum tetralicis*), regional Kesselmoore. Deckenmoorkomplexe bleiben hier im Wesentlichen auf die Montanstufe beschränkt (u. a. Wicklow Mountains, Pennines, Cambrian Mountains, Dartmoor) und sind infolge Überweidung und Brand in großen Teilen anthropogen überformt; pfeifengrasreiche Stadien und ausgedehnte Erosionskomplexe überwiegen. Der den Skanden westlich vorgelagerte Bereich Norwegens (1.3) umfasst aufgrund beträchtlicher Reliefenergie verschiedenartige hydrologische Moortypen: Deckenmoore, Hochmoore mit ausgeprägten Kermis und Hangmoorkomplexe mit Mosaiken ombro- und minerotropher Stadien. Großräumig herrschen Gesellschaften des Erico-Sphagnion vor.

In Südnorwegen, SW-Schweden, Jütland, NW-Deutschland und den Niederlanden nehmen ozeanische Hochmoore (vorherrschender Vegetationstyp: *Erico-Sphagnetum*) (1.4) beziehungsweise ihre Degradationsstadien teilweise beträchtliche Flächenanteile ein. In den westlichen Niederlanden sind ehemalige Hochmoorsysteme infolge von Meerestransgressionen „ertrunken“ und wurden überwiegend von eutrophen Niedermoorkomplexen ersetzt. Von W-Belgien entlang der Atlantikküste südwärts fehlen derzeit bei insgesamt abfallendem Mooranteil ombrotrophe Moore (1.5). In Mulden innerhalb von Feuchtheiden sind hier kleinräumig Torf bildende, saure Niedermoorkomplexe integriert. Floristisch ist die Kombination von Ericion-, Caricion nigrae- und Littorelletea-Elementen bezeichend, unter anderem mit *Anagallis tenella, Carex durieui, Carum verticillatum, Hypericum elodes, Juncus acutiflorus, Narthecium ossifragum, Ranunculus omiophyllus, Sphagnum denticulatum* sowie *S. pylaisii.*

In weiten Teilen der borealen Zone Nordeuropas sind Aapamoore mit minerotrophen Schlenkenkomplexen und weitgehend ombrotrophen Bulten beziehungsweise Strangsystemen landschaftsbeherrschend (2). Im Norden Schwedens und Finnlands kann ihr Flächenanteil regional über jenem der Wälder liegen. In der nordborealen Zone Skandinaviens sind in den Aapamooren teilweise Palsas (vergl. S. 46) entwickelt (2.1). Bezeichnend für die trockeneren Moorstrukturen sind Gesellschaften des Oxycocco-Empetrion, für die nassen Systeme (Rimpis), die im Norden von der Flächenausdehnung her überwiegen, Gesellschaften der Scheuchzerietalia, unter eher oligotrophen Bedingungen unter anderem mit *Carex rotundata, Eriophorum russeolum* und *Sphagnum jensenii*, unter mesotrophen Verhältnissen mit *Carex rostrata, C. chordorrhiza* und *C. aquatilis*. Südwärts steigt der Flächenanteil trockenerer Strukturen, wobei gleichzeitig die Unterschiede im Mikrorelief geringer werden (2.2). Floristisch bleiben die Unterschiede zu den nördlicheren Aapamooren eher gering, unterliegen aber abhängig von Relief und Basenverfügbarkeit des zuströmenden Oberflächenwassers einer erheblichen standörtlichen wie regionalen Variabilität. Die Moorkomplexe der Tieflagen Islands unterscheiden sich davon deutlich (2.3). Die Einlagerung basenreicher vulkanischer Aschen lässt hier nur selten die Ausbildung oligotroph-saurer Bultkomplexe zu. Die Vegetation der nassen Teilsysteme entspricht im Wesentlichen jenen basenreicher Schlenken in Skandinavien. Küstennahe, teilweise brackigen Verhältnissen unterworfene Versumpfungsmoore werden von der im östlichen Nordamerika weiter verbreiteten *Carex lyngbyei* dominiert.

Südlich der Aapamoorregion schließen sich Hochmoorkomplexe an, in der mittelborealen Zone als exzentrische Hochmoore mit ausgeprägten Kermis entwickelt und strukturell den Aapamooren ähnlich. In der südborealen Zone sind die Kermis überwiegend konzentrisch ausgerichtet (3.1). Oxycocco-Empetrion-Gesellschaften beherrschen die offenen Moorflächen, Kiefern- und Fichten-Bruchwälder die Randzonen. *Carex globularis* und *Sphagnum wulfianum* sind für letztere vor allem unter subkontinentalen Bedingungen bezeichnend. Unter hemiboreal-temperaten Verhältnissen schließen sich im südöstlichen Ostseeraum Plateau-Hochmoore an (3.2). Als Torf bildende Vegetationstypen der Moorweite wie der randlichen oligotrophen Bruchwälder herrschen Gesellschaften des Sphagnion magellanici (*Sphagnetum magellanici*, *Ledo-Sphagnetum magellanici*). In den Schlenkensystemen wird das *Sphagno-Rhynchosporetum* beherrschend, in basenreicheren Moorkomplexen der gleichen Region neben Caricion lasiocarpae-Gesellschaften das *Betulo humilis-Salicetum*.

Mit sinkenden Niederschlagsüberschüssen in der temperaten Zone werden Hochmoore durch minerotrophe Verlandungs- und Versumpfungsmoore ersetzt beziehungsweise bei Entwässerung und Nutzung der Torfstandorte durch deren Rudimente (4). Alle diese Moorkomplexe sind an hydrologisch geeignete Geländeausschnitte gebunden: solche Bereiche, in denen Oberflächen- oder Grundwasser angereichert wird und dadurch eine Torfbildung initiiert werden kann. Im temperaten Europa finden sich solche Regionen im Tiefland Südost-Englands (4.1), wo überwiegend nährstoffreiche, tonige Ablagerungen anstehen und die primäre Sukzession an Feuchtstandorten vorwiegend zu eutraphenten Röhricht-Gesellschaften und Erlenbrüchern verläuft. Arm an oligotroph-sauren Mooren sind außerdem ausgedehnte Bereiche der südlichen Ostsee von Ostjütland, Fünen, Seeland über das südliche Schonen bis zu den Inseln Öland, Gotland, Ösel und Dagö und den Åland-Inseln (4.2). Neben den edaphischen Bedingungen (u. a. mineralkräftige schluffig-tonige Böden oder flachgründige Standorte auf devonischen Kalken) sind für diese Region geringe Sommerniederschläge bezeichnend. Regional sind basenreiche Niedermoore hoher Qualität und Vielfalt entwickelt. Unter ozeanisch-subozeanischen Bedingungen überwiegen in Tieflagen als Versumpfungsmoore saure Komplexe (Caricion nigrae), in Quellmooren und Durchströmungsmooren bei kalkreichem Ausgangsgestein dagegen Niedermoore mit beherrschenden Caricion davallianae-Gesellschaften (4.3). Mit ansteigender Sommertrockenheit fällt die Tendenz zur Versauerung durch Infiltrationswasser in den Mooren ab. Unter stärker kontinentalen und meridionalen Bedingungen begrenzt die Sommertrockenheit eine kontinuierliche Wasserversorgung an flachgründig-quelligen Niedermoor-Standorten (4.4). Unter diesen Bedingungen fallen demzufolge die Arten des Caricion davallianae beziehungsweise diejenigen seiner nutzungsbedingten Ersatzgesellschaften sukzessive aus (u. a. *Carex davalliana, C. hostiana, Eriophorum latifolium, Primula farinosa, Trichophorum alpinum, Swertia perennis, Schoenus ferrugineus, Schoenus nigricans* sowie *Sesleria uliginosa*). In den Niedermoorsystemen verbleiben die besser an starke Wasserstandsschwankungen angepassten Sippen des Caricion lasiocarpae und des Caricion elatae. Abgesehen von den Phytozönosen offener Moorstandorte sind in den kalkoligotrophen bis eutrophen Überflutungsmooren weiträumig Bruchwaldkomplexe entwickelt, an sauren Standorten das *Vaccinio uliginosi-Pinetum* und das *Ledo-Sphagnetum magellanici*, an eutrophen das *Carici elongatae-Alnetum* sowie Weiden-Bruchwälder.

Extrazonal sind in der Region 4 ombrotrophe Moorkomplexe in montanen und subalpinen Lagen vertreten, so vor allem im Massif Central, dem Hohen Venn und der Eifel, dem Schweizer Jura, den Vogesen, dem Schwarzwald, Harz, Thüringer Wald, Rhön, Fichtelgebirge, Bayerischer Wald, Böhmerwald, der Böhmisch-Mährischen Höhe, dem Erzgebirge und den Sudeten. Mit Ausnahme des Hohen Venns, wo Degradationsstadien des *Erico-Sphagnetum* großflächig dominieren, werden diese ombrotrophen Systeme von Gesellschaften des Sphagnion magellanici beherrscht. Deckenmoorkomplexe sind in den Hochlagen von Massif Central und Vogesen entwickelt.

Im Waldsteppengebiet östlich der Karpaten und nordwestlich des Schwarzen Meeres bleiben Niedermoorkomplexe extrazonal meist auf Überflutungsstandorte beschränkt (5). Bezeichnend sind eutrophe Versumpfungsmoore an stehenden Gewässern und Überflutungsmoore in Flusstälern, vornehmlich mit Röhricht-Gesellschaften (*Schoenoplecto-Phragmitetum, Caricetum elatae, Caricetum acutae*) und Bruchwäldern (*Carici elongatae-Alnetum*, seltener *Vaccinio-Pinetum*). An wechselnass-brackigen Standorten sind Gesellschaften des Bolboschoenion entwickelt.

Submeridionale und mediterrane Gebiete sind in Europa arm an Feuchtstandorten und noch ärmer an Moorsystemen (6). Die großflächig entwickelten basenreichen Überflutungs- und Durchströmungsmoore der Pripyat-Polessye-Region im südwestlichen Weißrussland sind innerhalb der vergangenen 25 Jahre infolge Entwässerung und Torfabbau von etwa 3800 km² auf 440 km² geschrumpft (Kozulin & Flade 1999). Abgesehen von diesem niedermoorreichen Naturraum treffen wir kleinräumig entwickelte Moorsysteme überwiegend als nährstoffreiche Sümpfe in Ästuaren und in Küstennähe an, oder in Mulden sowie als Versumpfungszonen entlang von Gewässern in subalpinen und alpinen Lagen.

Deutlich verschieden von dieser zonalen Anordnung von Moorkomplexen sind die Moorsysteme höherer Gebirge sowie der Arktis (7). Spitzbergen, in großen Teilen vergletschert, gehört bereits zur nördlichen arktischen Zone (7.1). Ausgedehnte Vermoorungen fehlen hier; die flachgründigen Anmoor-Standorte entsprechen in ihrer Zusammensetzung in den Grundzügen den Bryophyten-Synusien basenreicher Niedermoore der borealen Zone. Beherrschende Gefäßpflanzen sind circumpolar in der Hocharktis verbreitete Sippen, unter anderem *Arctophila fulva, Dupontia fisheri, D. psilosantha, Eriophorum angustifolium* subsp. *triste* und *Saxifraga cespitosa* (Abb. 39).

Die skandinavischen Hochgebirge (7.2) sind regional aus Gesteinen unterschiedlicher mineralischer Zusammensetzung aufgebaut. Entsprechend vielgestaltig sind die in subalpinen und alpinen Lagen flachgründigen Moorkomplexe zusammengesetzt. Vollständig ombrotrophe Systeme fehlen der alpinen Stufe. Bezeichnend für die strukturell durch Kryoturbation und Solifluktion geprägten Niedermoore sind Gesellschaften des Caricion nigrae und des Caricion atrofusco-saxatilis: u. a. *Eriophoretum scheuchzeri*, *Calliergono-Carice-*

tum saxatilis, *Caricetum atrofusco-vaginatae*, *Caricetum microglochinis*. Die Niedermoorkomplexe in der subalpinen und alpinen Stufe auf Island (7.3) sind ähnlich zusammengesetzt wie in den Skanden.

In Mittel- und Südeuropa sind die subalpin-alpinen Niedermoorkomplexe teilweise andersartig zusammengesetzt. Die Gesellschaften des Caricion atrofusco-saxatilis sind reliktär entwickelt, seltener und eher kleinräumig vertreten. Für basenreiche Standorte sind die Gesellschaften des Caricion davallianae bezeichend (vor allem *Caricetum davallianae*, *Caricetum frigidae*, *Schoenetum ferruginei*), für die sauren jene des Caricion nigrae, in tieferen Lagen auch des Sphagnion magellanici. In den Alpen (7.5), dem Alpenvorland, den herzynischen Mittelgebirgen und den Karpaten wird das *Pino mugo-Sphagnetum* zur beherrschenden Gesellschaft oligotropher Moorsysteme. Die Gesellschaften des Caricion davallianae erreichen in den Kalkalpen und dem nördlichen Alpenvorland vom Flächenanteil her ihre größte Bedeutung und floristisch ihre größte Vielgestaltigkeit. Dies gilt auch für die durch Bewirtschaftung teilweise aus ihnen hervorgegangenen Streuwiesen. Sowohl nach Westen in den nordiberischen Gebirgen (Serra da Estrela, Cantabrische Cordilliere, Pyrenäen) (7.4), nach Süden im Apennin und nach Osten und Südosten (Karpaten, Dinaren, Balkan, Rodopen) (7.6) nimmt mit ansteigender Sommertrockenheit auch in den Gebirgen der Flächenanteil der Moore merklich ab. Gesellschaften des Sphagnion magellanici, des Caricion lasiocarpae, des Caricion nigrae sowie des Caricion davallianae bleiben vielfach rudimentär und kleinflächig entwickelt.

10 Moore als Ökosysteme

Ökosystemar betrachtet sind Moore Lebensräume biogener Torf-Ablagerungen einschließlich der sie aufbauenden und besiedelnden Lebensgemeinschaften. Für entwässerte Moore trifft dies nur eingeschränkt zu: die in solchen Systemen verbliebenen Biozönosen bilden keine Torfe mehr. Die Torflager sind demzufolge nicht mehr Senken, sondern Quellen von Kohlenstoff und Nährstoffen. Akrotelm und Katotelm haben sich von wachsenden in sich zersetzende Torflager umgewandelt (ein „Nekrotelm").

Die ersten vergleichenden ökosystemaren Untersuchungen von Moorkomplexen erfolgten im Rahmen des Internationalen Biologischen Programmes über Tundraökosysteme (1964 bis 1974). Analysiert wurden Moorkomplexe in Alaska, auf der Halbinsel Taimyr, Sibirien, in Stordalen bei Abisko, Schweden sowie in Moor House in Nordengland und Glenamoy in Mayo, W-Irland (ROSSWALL & HEAL 1975). Das Ziel war es, das Wissen über die Produktivität und Stofflüsse der untersuchten Systeme zu erweitern. Zwar haben sich mittlerweile die Möglichkeiten beträchtlich verbessert, Energie-, Stoff- und Informationsflüsse in und zwischen Ökoystemen zu erfassen, in ihrer räumlichen und zeitlichen Dynamik zu modellieren und zu verstehen. Dennoch verdanken wir diesen ersten Ansätzen einer funktionalen Charakterisierung von Moorsystemen bereits wesentliche Einsichten über den Stoffhaushalt, die Primär- und Sekundärproduktion sowie die Autökologie wichtiger Schlüsselarten.

Tab. 16: Primärproduktion (g m^{-2} a^{-1}) dominanter Sippen und Vegetationstypen von Moorstandorten (im Wesentlichen nach BRADBURY & GRACE 1983).

Vegetationstyp	Herkunft	Produktivität oberirdisch	unterirdisch	Quelle
Phragmition				
Glyceria maxima	S-England	960–1240	–	BUTTERY & LAMBERT (1975)
Phragmites australis	N-England	1140–2500	–	GORHAM & PEARSALL (1956)
	Tschechien	1614		KVET (1971)
Schoenoplectus lacustris	Dänemark	420–1325	1224	ANDERSON (1976)
Typha angustifolia	Dänemark	807	1800	ANDERSON (1976)
	Tschechien	2592		KVET (1971)
Caricion elatae				
Carex elata	S-Schweden	340–550		MÖRNSJÖ (1969)
Rhynchosporion				
undifferenziert	C-Finnland	80–395		REINIKAINEN & al. (1984)
Caricion lasiocarpae				
Carex rostrata	Minnesota (U.S.A.)	780	197	BERNHARD (1974)
undifferenziert	C-Finnland	80–303		REINIKAINEN & al. (1984)
Oxycocco-Empetrion	N-Schweden	157		ROSSWALL & HEAL (1975)
	C-Finnland	136–400		REINIKAINEN & al. (1984)
Erico-Sphagnion	N-England	360–770		FORREST & SMITH (1975)
	Irland	523		MOORE & al. (1975)
Vaccinio-Pinetum	Rumänien	740		COLDEA & PLAMADA (1982)

10.1 Phytomasse und Primärproduktion

Die Primärproduktion ist eine wichtige Kenngröße zur Beurteilung der Funktion von Ökosystemen. Sie lässt sich entweder durch ein sequentielles Ernten der Phytomasse erfassen oder durch Gaswechselmessungen der Photosyntheseraten ermitteln. Mittlerweile liegt eine Reihe von Abschätzungen der Primärproduktion von Moorstandorten vor allem aus der temperaten und borealen Zone der Holarktis vor. Ein Teil der Angaben ist indirekt aus Bestimmungen der maximalen oberirdischen Phytomassevorräte geschlossen worden. Dadurch wird die Produktivität durchweg unterschätzt, weil der Anteil der abgestorbenen Phytomasse selten in die Berechnungen eingeht. Angaben zur unterirdischen Produktion sind rar und methodologisch kritisch zu beurteilen. Gegenwärtig ist die Datenlage noch zu dürftig, um die unterschiedlichen Vegetations- und Moortypen hinsichtlich ihrer Produktionseigenschaften hinreichend zu charakterisieren. In Tabelle 16 sind einige Angaben aus der Literatur zusammengestellt, gegliedert nach der Produktivität der analysierten Bestände. Da die produktionsbiologischen Untersuchungen nur selten durch Bestandsbeschreibungen abgedeckt sind, werden sie an der bestandsbeherrschenden Schlüsselart ausgerichtet.

Allgemein liegt, wie in den Kap. 1.1.2 und 6.1 ausgeführt, die Produktivität in eutrophen Röhrichten mit Werten zwischen 1500 und 2000 g m^{-2} a^{-1} am höchsten und überschreitet Werte von 3000g m^{-2} a^{-1} kaum (Bradbury & Grace 1983, Wheeler & Shaw 1991). Eine günstige Nährstoff- und die nahezu unbegrenzte Wasserversorgung sind die Bedingungen für derartig hohe Wuchsleistungen. Die Primärproduktion in oligo- und mesotrophen Mooren liegt zwischen 300 und 1000 g m^{-2} a^{-1}. Bei günstiger Wasserversorgung geraten hier einzelne Nährstoffe ins Minimum, weil sie im Torf längerfristig nicht pflanzenverfügbar festgelegt sind.

Der Anteil der Kryptogamen, insbesondere der Torfmoose, an der Gesamtproduktion ist besonders bei oligo- bis mesotrophen Standorten hoch. Von Lütt (1992) in Schleswig-Holstein ermittelte Daten über die Produktivität von Torfmoosen oligotropher Moorstandorte unterschiedlicher Feuchtestufen schwanken zwischen 75 und 990 g m^{-2} a^{-1}. Zum Vergleich herangezogene Literaturwerte liegen in der gleichen Größenordnung. Sie fallen erwartungsgemäß zu arktischen Gebieten und höheren Gebirgslagen hin deutlich ab. Kurze Vegetationsperioden mit niedrigen Temperaturen sind dort produktionsbegrenzend.

10.2 Fauna (Konsumenten)

Auch wenn in dieser Bearbeitung die Vegetation im Vordergrund steht, so soll doch bei ökosytemaren wie naturschutzbezogenen Aussagen die Fauna nicht vernachlässigt werden.

Mehr als drei Viertel der Biospezies auf der Welt werden von Tieren gestellt; ein beträchtlicher Anteil davon dürfte sich zumindest zeitweilig in Moorsystemen aufhalten. Auch für die Fauna sind die Lebensbedingungen in Mooren teilweise extrem, vor allem, weil Feuchte- und damit verknüpft Kleinklimabedingungen zeitlich oszillieren und sich auf engstem Raum ändern. Entsprechend viele Spezialisten und disjunkt verbreitete, reliktäre Arten treten auf (u.a Riecken 1992, Bölscher 1994, Böcker 1997), aber zugleich auch solche, die in eutrophierten und strukturarmen Landschaftsausschnitten die insgesamt weniger produktiven und zugleich strukturreichen Rückzugsräume aufsuchen. Neben Spinnen, Zikaden, Wanzen, Heuschrecken, Ameisen und Schmetterlingen (Spitzer 1986, Meinecke 1982a,b, 1985, Spitzer & Zumr 1982, Karisch 1998) sind besonders tyrphobionte[7] und tyrphophile Coleopteren an ungestörten wie vom Menschen beeinträchtigten Moorstandorten reichlich vertreten (Peus 1932, Mossakowski 1970a,b, Paje & Mossakowski 1984, Irmler et al. 1998). Vögel sind innerhalb von Moorkomplexen oft an nährstoffreichere Habitate gebunden oder nutzen oligotrophe Systeme überwiegend im Verbund mit anderen Lebensraumkomplexen.

Zahlreiche entomologische Inventarisierungen konzentrieren sich auf das Moorgrünland. Bei Entwässerung und wirtschaftlicher Nutzung verändert sich die Artenzusammensetzung stark, ohne dass zwangsläufig die Artenvielfalt reduziert wird. So nimmt der Biomasseanteil saprophager Lumbriciden und Collembolen deutlich zu und auch das Ressourcenangebot für Phytophage steigt, besonders bei den Nematoden und Dipteren (Kajak et al. 1985). Dagegen treten stenotope Sippen zurück (s. Kap. 11.4.1).

Über die funktionale Bedeutung der Fauna für Moorlebensräume ist bislang wenig bekannt. Unstrittig prägen Tiere die Dynamik der Moorlebensräume mit. So trägt beispielsweise die nesterbauende Ameise *Formica transcaucasica* zur Mikrosukzession in trockenen Bulten bei, indem sie mit ihren Kolonien die Durchlüftung und Austrock-

7 Peus (1932: 35) bezeichnet die streng an Hochmoore gebundenen Tierarten als tyrphobiont, die hier mit deutlichem Verbreitungsschwerpunkt vertretenen Sippen als tyrphophil.

nung von Bulten fördert und dadurch beispielsweise die Besiedlungsmöglichkeit für *Polytrichum strictum* verbessert (Kaschek & Königsschulte 1982).

Ökosystemar betrachtet bilden Tiere Konsumenten-Nahrungsnetze. Beteiligt sind Herbivoren, Detritovoren, Carnivoren, Parasiten und schließlich als Nahrungsnetz-Endglieder Top-Prädatoren. Besonders der räumliche Aktionsradius großer Herbivorer und Carnivorer überschreitet die Systemgrenze von Mooren erheblich.

Über die Nahrungsnetze der Tiergemeinschaften oligotropher Moore existieren vergleichsweise wenige, zudem räumlich begrenzte Informationen. In Stordalen, N-Schweden, erreicht die Biomasse der Boden-Evertebraten nurmehr 0,6 g m^{-2}. Die wichtigsten beteiligten Gruppen sind Nematoden (4 000 000 Individuen je m^2 (Biomasse 0,2 g)), Rotatorien (900 000 je m^2), Tardigraden (45 000 je m^2), Milben (200 000 je m^2) sowie Collembolen (76 000 je m^2 (Biomasse etwa 0,2 g)). Enchytraeiden (*Cognettia lapponica*) sind in dem oligotrophen System mit geringen Populationsdichten vertreten (< 1000 Individuen je m^2). Insgesamt macht die jährliche Produktion der Boden-Arthropoden weniger als 1 % der geschätzten mikrobiellen Produktivität aus (Rosswall et al. 1975).

In ozeanischen Deckenmooren (Glenamoy, Irland) weicht die Zusammensetzung der Konsumenten-Gemeinschaften von jener borealer Moore ab: der Enchytraeiden- und Tipuliden-Anteil ist höher, die geschätzte Biomasse etwa doppelt so hoch (1,15 g m^{-2}). Auf Grünland an ehemaligen Hochmoor-Standorten in der gleichen Region steigt die Konsumenten-Biomasse auf den 10fachen Wert (11,77 g m^{-2}) (Moore et al. 1975).

In montanen Deckenmooren (Moor House, N-England) ist die Boden-Mesofauna von saprophagen Enchytraeidae (Oligochaeta) und Tipulidae (Diptera) beherrscht. Die Nahrungsgrundlagen der Tipulidae ist teilweise lebendes, teilweise abgestorbenes Pflanzenmaterial einschließlich der mikrobiellen Zersetzerorganismen. Die Produktivität der Enchytraeidae mit *Cognettia sphagnetorum* als dominanter Art wird auf 2,3 g m^{-2} a^{-1} geschätzt (Standen 1973), jene der häufigsten Schnake *Tipula subnodicornis* auf 5,2 g m^{-2} a^{-1} (Coulson in Mason & Standen 1983). Nach der Artenzahl und Individuendichte, nicht aber vom Anteil an der Biomasse und Produktivität her sind wohl Ameisen, Collembolen und Nematoden besonders reich vertreten (Blackith 1974) und bezüglich ihrer Nahrungsaufnahme unterschiedlich eingenischt. Die Testaceen-Mikrofauna ernährt sich offensichtlich vom Detritus in *Sphagnum*-Decken und erreicht Individuenzahlen von 16 x 10^6 m^{-2} entsprechend einer Biomasse von etwa 1 g m^{-2} (Heal 1964).

Größere Herbivore in der untersuchten Region sind vor allem Schafe und Schneehühner, wobei Schafe die Deckenmoor-Flächen im Vergleich zu dem produktiveren Grünland der Region wenig aufsuchen. Schneehühner (*Lagopus lagopus scoticus*) fressen selektiv an *Calluna*, speziell junge Sprossspitzen mit hohem Eiweißgehalt. Evertebrate Herbivoren finden sich oft monophag und teilweise in großem Biomasseanteil an *Calluna*: *Lochmaea suturalis*, *Strophingia ericae.* Während der Heidekäfer (*Lochmaea*) bei Massenvorkommen die Bestände beeinträchtigen kann, lässt sich der Einfluss der Hemipteren auf die Primärproduktion vernachlässigen (Hodkinson 1973). Carnivore Evertebraten sind überwiegend Spinnen (Liniphyiidae, Lycosidae).

Zusammenfassend betrachtet ist in den oligotrophen Systemen die oberirdische Phytomasse zahlreicher Moorpflanzen für Herbivoren offensichtlich ungenießbar. Daher bleiben Artenanzahl und Körpergröße der Konsumenten eher gering. Die Herbivoren sind weitgehend monophag. Folglich bringen sie wenig totes beziehungsweise zersetztes organisches Material in das System ein, was wiederum auch die Anzahl und Populationsgröße der saprovoren Arten einschränkt.

Unter eutropheren Systemen sind vor allem Röhrichte intensiv untersucht worden. Die Mehrzahl der Benthos-Evertebraten in Röhrichten ist detritovor. Imhof & Burian (1972) ermittelten für die beherrschenden Sippen an Schilf-Beständen des Neusiedler Sees eine Produktivität von etwa 8,1 g m^{-2} a^{-1}. Ihre Bedeutung liegt vor allem in der Verringerung der Partikelgröße und damit in der Beschleunigung von Abbauprozessen. Der Einfluss von Säugern und Vögeln kann in diesem System erheblich größer sein als jener von Insekten. Bisamratte und Nutria, in Schilf- und Großseggen-Beständen von Rhizomen und frischen Sprossen lebend, können bei starkem Auftreten und selektivem Fraß die oberirdische Phytomasse um rund 40 % reduzieren und dadurch Struktur und Artenzusammensetzung der Bestände nachhaltig verändern (u. a. Pelikan et al. 1970).

10.3 Zersetzer

Das tote Pflanzen- und Tiermaterial wird entweder direkt oder in einer von den Konsumenten aufbereiteten Form von den Mikroorganismen umgesetzt. Konsumenten- und Zersetzer-Gilden lassen sich nur unscharf gegeneinander abgrenzen, da omnivore (saprophage) Evertebraten funktionell zwischen beiden Gruppen vermitteln. Die Zersetzungsrate hängt neben edaphischen und klimatischen Faktoren entscheidend von der Phytomasse- beziehungsweise Streuzusammensetzung ab. An Standorten günstiger Nährstoffverfügbarkeit liegen schwer abbaubare phenolische Komponenten in der Phytomasse nur in geringem Umfang vor. Die Umsetzung erfolgt rasch und weitgehend vollständig. Bei schlechter Nährstoffverfügbarkeit der Standorte ist die phenolische Komponente in der Phytomasse meist höher, die Zersetzungsrate geringer, und Ectomykorrhizen gewinnen für die Bereitstellung von Nährstoffen an Bedeutung. In *Sphagnum*-reichen Torfprofilen verzögert sich der Abbau aufgrund einer Zunahme zerfallsresistenter Verbindungen. Es fehlen solche Energiequellen, die sich von den Destruenten leicht aufschließen lassen (u. a. Yavitt & Lang 1990).

Somit ist an nährstoffreichen Standorten die Zersetzung eher unter anoxischen Verhältnissen limitiert, an nährstoffarmen durch verzögerte Abbauraten.

Am Abbau der oberirdischen Phytomasse und Streu in Mooren sind Pilze (u. a. *Penicillium* spp.) entscheidend beteiligt. Die jeweils dominanten Arten fluktuieren von Jahr zu Jahr stark, und ein beträchtlicher Teil der Mycelien (3 bis 69 %) sowohl in der Streu wie auch in den Torfen bleibt steril (Hayes & Rheinberg 1975). In den oberen Torfschichten oligotropher Moore wurden Pilz-Biomassen von etwa 58 g m^{-2} und Bakterien-Biomassen von 22 g m^{-2} geschätzt (Hanssen & Goksøyr 1975, Clarholm et al. 1975). Anaerob lebende Bakterien sind in erheblichen Mengen vertreten. Ihr Anteil nimmt vom Akrotelm zum Katotelm hin zu. Die Produktivität der Bakterien wird auf 140 g m^{-2} a^{-1} geschätzt, jene der Pilze auf etwa 80 g m^{-2} a^{-1} (Hanssen & Goksøyr 1975, Clarholm et al. 1975). Sie übersteigt damit im untersuchten Gebiet (Stordalen/Abisko) jene der Primärproduktion mit 156 g m^{-2} a^{-1}. Entscheidend für eine Beurteilung dieses Vergleiches sind die unterschiedlichen jährlichen Umsatzraten. In den obersten Schichten des Akrotelm können sich jährlich etwa 9 Bakteriengenerationen entwickeln, so dass einer bakteriellen Umsatzrate von etwa 6,3 eine solche der Gefäßpflanzen von 0,2 gegenübersteht (Rosswall 1975).

10.4 Lebende Moore als Kohlenstoff- und Nährstoffsenken

Oligohemerobe Moore haben wichtige Funktionen für den Landschaftswasser- und -stoffhaushalt. Im Landschaftswasserhaushalt wirken sie aufgrund ihres Porenraumes als Wasserspeicher, im Stoffhaushalt aufgrund der Festlegung verschiedener Substanzen im Torf als Senken. Darüber hinaus erfolgen biologische und chemische Transformationen, die zur Reduktion der Konzentration im Wasser gelöster Stoffe führen.

Trotz absolut gesehen geringer jährlicher Akkumulationsraten für Kohlenstoff werden, über längere Zeiträume betrachtet, beträchliche Vorräte gespeichert. Durchschnittlich werden in Niedermooren jährlich zwischen 0,2 und 0,3 t ha^{-1} festgelegt (entsprechend 20 bis 30 g C m^{-2} a^{-1}). In Hochmooren ist die Größenordnung ähnlich (Armentano & Menges 1986, Gorham 1991). In Gebieten mit kürzeren und kälteren Vegetationsperioden und reduzierter Produktion ist die Kohlenstoffbindung geringer.

Unter günstigen Verhältnissen werden deutlich höhere Nettoakkumulationsraten ermittelt. In *Sphagnum fallax*-Schwingdecken betragen sie bis zu 300 g C m^{-2} a^{-1} (entsprechend 3 t ha^{-1} a^{-1}) (Lütt 1992). 50 Jahre alte Erlen-Bruchwälder können durch die Photosynthese jährlich rund 2280 g C m^{-2} a^{-1} einbinden. Abzüglich der Atmungsverluste und des jährlichen Laubfalls verbleiben davon jährlich 330 g C m^{-2} im System, allerdings in Form von Holz gebunden und damit kürzerfristig festgelegt als in Torfen (Kutsch et al. 2000).

Die CO_2-Efflux-Raten aus Mooren schwanken jahreszeitlich und kleinräumig erheblich. Sie liegen zwischen 0,27 und 0,54 t C ha^{-1} a^{-1} bei ombrotrophen Mooren und zwischen 1,6 und 1,8 t C ha^{-1} a^{-1} in basenreichen Niedermooren.

Beim Abbau organischer Verbindungen unter anoxischen Bedingungen wird Methan freigesetzt (vergl. Kap. 6.1 S.60). Produktive Röhrichte emittieren mehr als oligo- und mesotrophe Moore, weil die Aktivität der methanogenen Bakterien von der Zusammensetzung der organischen Komponenten in der Phytomasse (C/N-Verhältnis) abhängt: von Schilf- über Braunmoos- zu *Sphagnum*-Torfen fällt die Methan-Emission ab (u. a. Nilsson & Bohlin 1993, Buttler et al. 1994). Primärproduktion beziehungsweise Trophiestufe und CH_4-Bildung sind folglich eng gekoppelt. Die Methan-Emission schwankt zwischen 0,01 und 0,1 t C ha^{-1} a^{-1}, kann aber in basen- oder nährstoffreichen Niedermooren bei hohen Wasserständen auf > 0,4 t ha^{-1} a^{-1} ansteigen (u. a. CLYMO & REDDAWAY 1971, SVENSSON & ROSSWALL 1984, MOORE 1986, ALM et al. 1997).

Die N-Fixierung durch aerobe, heterotrophe Bakterien an feuchten, stark sauren Moorstandorten ist gering. Dagegen kann Stickstoff in Schlenken und Kolken durch epiphytische Cyanobakterien auf Sphagnen und *Warnstorfia*-Arten erfolgen. Für ein Hochmoor in Minnesota bilanzieren URBAN & EISENREICH (1988) atmosphärische Einträge von 10 kg ha^{-1} a^{-1} und eine N-Fixierung von nur 0,5 bis 0,7 kg ha^{-1} a^{-1}. Da lediglich im Akrotelm eine begrenzte Mineralisation stattfindet, liegt die Retention des eingetragenen Stickstoffs bei etwa 65 %. Die jährlichen Umsetzungsraten im Akrotelm (rund 65 kg ha^{-1} a^{-1}) überschreiten die Einträge deutlich. Die Aufnahme vor allem durch die Gefäßpfanzen ist eng mit der Freisetzung durch die Mineralisationsprozesse im Akrotelm verknüpft. Je nach Mächtigkeit des Akrotelm gelangen zwischen 7 und 12 kg N ha^{-1} a^{-1} in das Katotelm und sind damit nicht mehr für Pflanzen verfügbar. Im untersuchten Gebiet enthält das Katotelm 96 % der N-Vorräte in langfristig festgelegter Form, während im Akrotelm 2,9 % mit einer mittleren Verweildauer verbleiben. In der lebenden Phytomasse bleiben 1,1 % temporär festgelegt. Diese Befunde lassen sich nur eingeschränkt auf Mitteleuropa übertragen, weil hier die atmosphärische Deposition meist über 20 kg N ha^{-1} a^{-1} liegt.

Die N-Dynamik in basenreicheren Niedermooren weicht von jener der oligotroph-sauren Moore ab. Bei kontinuierlichem Zufluss von Oberflächenwasser können in ersteren größere Stickstoffmengen in gelöster Form eingetragen werden. Zusätzlich werden durch Cyanobakterien erhebliche Stickstoffmengen fixiert, mit deutlichen Konsequenzen für die Umsatzraten, die Verfügbarkeit und damit verknüpft die Artenzusammensetzung. Nährstoffbedürftige und rascher wachsende Seggen-Arten bestimmen den Aspekt. Deren Streuzersetzung, Wurzelexsudate und höhere NPK-Umsätze in der unterirdischen Phytomasse führen zu einer stärkeren und rascheren Zersetzung und damit im Vergleich zu oligotroph-sauren Mooren zu einer geringeren Torf- und N-Akkumulation (GRANHALL 1981).

Für den Landschaftshaushalt sind nährstoffreiche Niedermoore aufgrund der in ihnen ablaufenden Transformationsprozesse von Bedeutung. Denitrifikation, Aufnahme durch die Pflanzen und Speicherung bei anschließender Torfbildung wirken entlastend für den Landschaftshaushalt. Der wesentliche Prozess ist die Denitrifikation (u. a. JANSSON et al. 1994, VERHOEVEN & MEULEMAN 1999). Wichtig für die „Reinigungskraft" des Torfkörpers ist in diesem Zusammenhang die Verweildauer des zuströmenden Wassers sowie das Verhältnis zwischen Fracht und aktiver Oberfläche des Torflagers. Bei langen Retentionszeiten und damit hohem Denitrifikationspotential bilden sich hypertrophe Systeme, deren Bedeutung als Lebensraum für eine spezifische Tier- und Pflanzenwelt eher gering ist.

10.5 Entwässerte Moore als Kohlenstoff- und Nährstoffquellen

Damit sich Torfe bilden können, muss die Produktivität der Phytomasse höher sein als ihr Abbau und die Torfmineralisation. Daher verändern Entwässerungen den Stoffhaushalt der Moore einschneidend (Kap. 11.3.1). Bei Absenkung der Wasserstände vergrößert sich der durchlüftete Abschnitt des Torfkörpers und die organisch gebundenen Kohlenstoff- und Nährstoffvorräte werden stärker mineralisiert. Generell ist die Emission aus Niedermooren größer als aus Hochmooren, aus Schlenken höher als von Bulten. Primär steuern die chemischen Torfeigenschaften und die Temperaturen die Geschwindigkeit des mikrobiellen Umsatzes (vergl. Kap. 5.2), mit sinkendem Wasserspiegel auch der Sauerstoffzutritt (UPDEGRAFF et al. 1995).

Bereits partiell noch wachsende beziehungsweise hydrologisch wenig beeinträchtigte Hochmoore emittieren aus ihren Stillstands- und Erosionskomplexen CO_2. Für Stillstandskomplexe im Roten Moor bei Braunlage/Harz ermittelten MÜLLER et al. (1997) CO_2-Emissionen von jährlich 362 $\pm$ 70 g m^{-2}. Temperaturen und Grundwasserstände bestimmen bei strukturell weitgehend gleichförmig zusammengesetzten Torfen die räumliche und zeitliche Variabilität der Flussraten. Bereits eine Anhebung der mittleren Wasserstände um 5 cm, soweit er sich realisieren ließe, könnte den CO_2-Fluss aus dem untersuchten System um 10 % senken.

Diese an nährstoffarmen Moorstandorten gewonnenen Befunde lassen sich teilweise auf nährstoffreiche Niedermoore und bewirtschaftetes

Abb. 112: Stickstoffkreisläufe in wachsenden (a) und entwässerten (b) Hochmooren, schematisiert; die Radien der Kompartimente sowie die Breite der Pfeile symbolisieren deren relative Bedeutung.

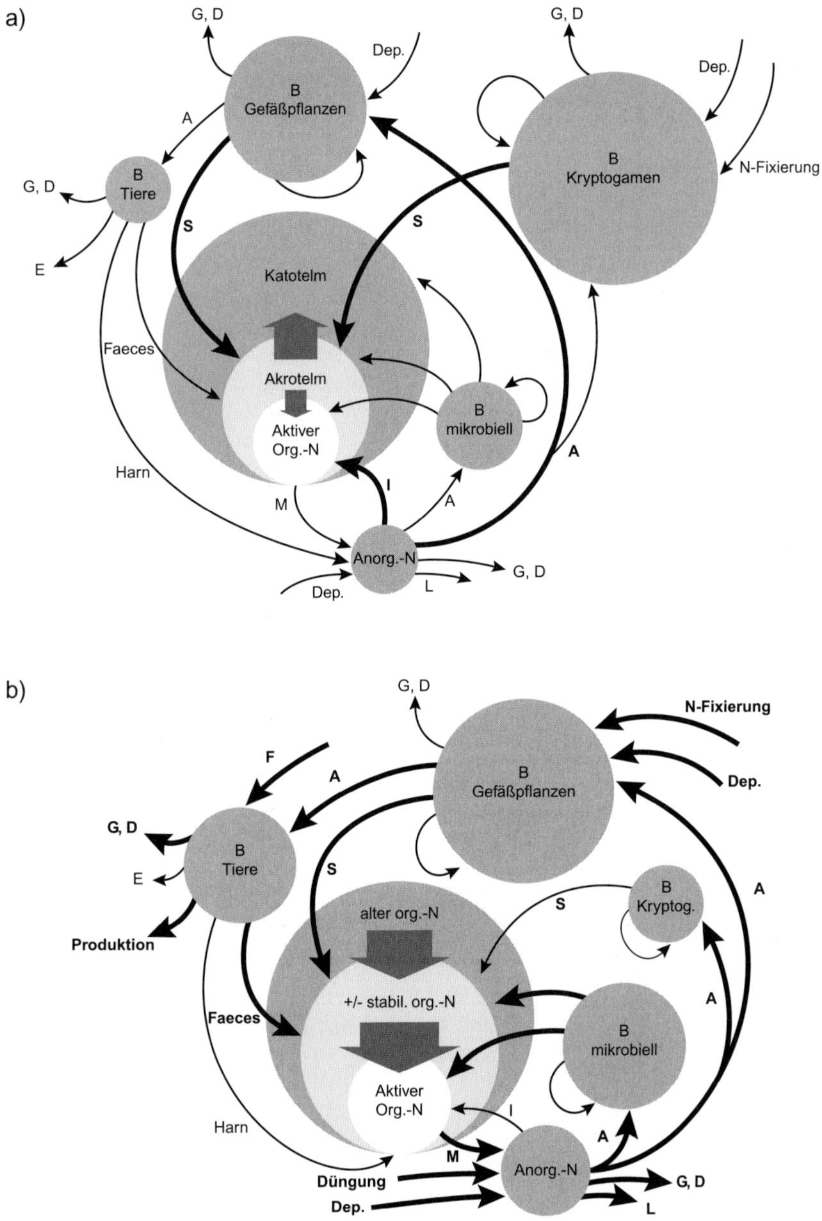

A Aufnahme
B Biomasse
D Denitrifikation
Dep. Deposition
E Exkretion
F Futter
G gasförmige Verluste
I Immobilisierung
L Auswaschung
M Mineralisation
N Stickstoff
S Streu

Moorgrünland übertragen. Auch dort nimmt nach Lysimeteruntersuchungen das Ausmaß der CO_2-Emission mit der Entwässerungstiefe zu (BEHREND et al. 1993). Bei mittleren Flurabständen des Moorwassers von 70 bis 80 cm werden aus Niedermooren bis zu 600 g C m^{-2} a^{-1} (entsprechend 6 Tonnen je Hektar und Jahr) freigesetzt. Bei tieferen Wasserständen vergrößert sich die Rate nicht mehr nennenswert, da zeitweiliger Wassermangel im vererdeten Oberboden sowie eine mineralisationsbedingte Sackung die Emission einschränken. Freilanduntersuchungen bestätigen die Größenordnung der mit Lysimetern gewonnenen Befunde (u. a. NYKÄNEN et al. 1995, SILVOLA et al. 1996).

Dagegen nimmt die Methan-Emission aus Mooren mit wachsender Entwässerungstiefe ab (FREEMAN et al. 1993, MOORE & DALVA 1993). Daher zeigen Schwingrasen und vernässte Restitutionsflächen vormals entwässerter Moore hohe Emissionsraten zwischen 0,2 und 0,4 t CH_4-C ha^{-1} a^{-1} (u. a. MOORE 1989, AUGUSTIN et al. 1996), Hochmoore und entwässertes Moorgrünland demgegenüber eher geringere zwischen 0 und 0,04 t (u. a. NYKÄNEN et al. 1995, VAN DEN POL-VAN DASSELAAR & OENEMA 1996).

Bei Torfzehrung wird neben Kohlenstoff auch Stickstoff freigesetzt. Die Erstellung von Stickstoffbilanzen in Mooren erfordert eine realistische Abschätzung der Einträge, der Speicherung sowie der Austräge. Außer der Differenz zwischen Ein- und Austrägen (Netto) müssen für die bewirtschafteten beziehungsweise entwässerten Flächen die Mineralisationsprozesse einbezogen werden. Lässt man solche Mineralisationsvorgänge außer Acht, so zeichnen sich nicht bis schwach entwässerte und extensiv genutzte Bestände (Schwingrasen, Seggenrieder, Erlenbrücher) durch positive beziehungsweise ausgeglichene Bilanzen aus. Bei Feuchtweiden erfolgen selbst ohne Ergänzungsdüngung beträchtliche Austräge. Wird die Mineralisationsleistung als interner Eintragspfad mit berücksichtigt, so zeigen sämtliche Systeme deutliche N-Überschüsse. Eine Quantifizierung der unterschiedlichen Austragspfade (Denitrifikation, Immobilisierung, Auswaschung) steht noch in den Anfängen, weil die zugrunde liegenden Prozesse räumlich und zeitlich sehr variabel sind.

Bei der N-Mineralisation werden vor allem Ammonium und Nitrat freigesetzt. Mit einem Torfschwund von 1 cm ist ein Verlust von etwa 1000 kg N ha^{-1} verbunden (GÖTTLICH & KUNTZE 1990). Wie die C-Abgabe hängt auch die N-Umsetzung von der Entwässerungstiefe ab (SCHWARTZE 1992, SACH 1999), ferner vom C/N-Verhältnis der Torfe und den Bodentemperaturen. Die Verengung des C/N-Verhältnisses führt über gesteigerte Abbauraten zu einer rascheren Umsetzung und destabilisiert so die Torflager als N-Senke. In Röhrichten mit Flurabständen des Grundwassers zwischen 0 und 10 cm werden jährliche N-Mineralisationen von bis zu 100 kg erreicht, in extensiv bewirtschafteten Feuchtwiesen von bis zu 200 kg, in tief entwässerten Weidelgras-Weißkleeweiden von bis zu 600 kg N ha^{-1} a^{-1}. Auf basenreichem, vererdetem Niedermoor kann die Mineralisation noch höher sein. Für entwässerte Erlen-Bruchwälder am Niederrhein nennen KAZDA et al. (1992) eine jährliche Torfzehrung von 1 cm und ermitteln daraus eine N-Mineralisation von 700 kg ha^{-1} a^{-1}.

Bewirtschafteten Standorten werden über Ernten maximal 200 bis 300 kg Stickstoff entzogen. Die oft beträchtlichen Überschüsse werden zwar teilweise immobilisiert (KUNTZE 1993), zu einem erheblichen Prozentsatz aber auch ausgewaschen oder durch Denitrifikation (N_2, N_2O) freigesetzt. In Durchströmungsmooren und Wässerwiesen dänischer Flusstäler wurden zwischen 42 und 2180(!) kg NO_3 ha^{-1} a^{-1} festgelegt, transformiert oder denitrifiziert (HOFFMANN 1998). Dies entspricht einer Effektivität zwischen 56 und 99 %, bezogen auf den Eintrag aus angrenzenden, landwirtschaftlich intensiv genutzten Flächen. Bei Wässerwiesen mit oberflächigem Abfluss ist aufgrund der geringeren Verweildauer die Denitrifikation reduziert (48 bis 72 %).

Außer der gesamten Denitrifikation interessiert das Verhältnis von N_2 zu N_2O, weil Distickstoffoxid (= Lachgas, N_2O) ein atmosphärenwirksames Gas ist, das im Vergleich zum Kohlendioxid für einen Betrachtungszeitraum von 20 Jahren ein 260fach höheres Treibhauspotential hat. Die N_2O-Konzentration der Atmosphäre steigt derzeit jährlich um 0,2 bis 0,3 % an (PRINN 1994). Die Emission von Distickstoffoxid aus Mooren hängt offensichtlich stark von der Trophie der Moore und ihrer Entwässerungstiefe ab (FREEMAN et al. 1993, LÅNG et al. 1995). In oligohemeroben und oligotrophen Mooren liegt sie unter 0,004 kg N_2O-N ha^{-1} a^{-1} (MARTIKAINEN et al. 1993). Mit wachsender Nutzungsintensität nimmt die N_2O-Emission zu, da bei hohen Nitrat-Konzentrationen im Boden die Reduktion von N_2O zu N_2 gehemmt ist. Besonders hohe Werte treten nach Grünlandumbruch und nach intensiver Stickstoffdüngung auf (DE KLEIN & VAN LOGTESTIJN 1994). Die höchsten Werte für den N_2O-Anteil an der Gesamtausgasung von Stickstoff aus Moorböden sind mit rund 70 % beträchtlich (u. a. VINTHER 1984).

Des Weiteren ist die Stickstoffauswaschung im

Nährstoffhaushalt entwässerter Moorlandschaften eine entscheidende Größe. Sie hängt von den hydrogeologischen Bedingungen des Einzugsgebietes ab und den daraus folgenden Torfeigenschaften. Zusätzlich sind Entwässerungstiefe, Nutzungsart, Düngungsintensität und Witterungsverlauf bedeutsam. Nach Lysimeter-Untersuchungen in Brandenburg können bei Wasserständen um 50 cm unter Flur 10 bis 20 kg N ha^{-1} a^{-1} ausgewaschen werden, bei Flurabständen von über einem Meter dagegen zwischen 50 und 150 kg, bei Silomais als Deckfrucht bis zu 300 kg (Behrendt et al. 1994). Unter Standortsbedingungen schwanken die ermittelten Austräge stark. Besonders hohe Austräge zwischen 40 und 80 kg ha^{-1} a^{-1} wurden an basenreichen Niedermoor-Standorten ermittelt (u. a. Scheffer 1994). Während des Winterhalbjahres steigt der Nitrataustrag an, da der Dränwasserzufluss ansteigt und gleichzeitig die Entzüge durch die Vegetation geringer werden.

Neben Kohlenstoff und Stickstoff sind in Torfen weitere Stoffe festgelegt, die bei Entwässerung freigesetzt werden. Ein zeitweilig sauerstoffarmes Akrotelm wirkt chemisch reduzierend. Bei stärker schwankenden Wasserständen resultieren Veränderungen im Redoxpotential und wirken sich auf die Stoffflüsse aus. Nitrat wird bereits unter schwach reduzierenden Bedingungen in Ammonium überführt. Bei stärker anoxischen Verhältnissen wird Fe^{3+} zu Fe^{2+} reduziert, ferner Sulfat in Sulfid, und organische Verbindungen werden in Methan umgewandelt. Urban et al. (1987) konnten zeigen, dass auf diese Weise ein beträchtlicher Anteil des Schwefeleintrags in Mooren zurückgehalten werden kann. Umgekehrt kann in niederschlagsarmen Witterungsphasen oder bei Entwässerung die Reoxidation von Sulfiden und ihre Auswaschung bei anschließenden Niederschlägen in den ableitenden Gewässern zu Schäden bei Fischen und anderen Organismen führen (Gosling & Baker 1980, Braekke 1981).

Die Ein- und Austräge von Kationen wurden von Müller & Bauche (1998) auf der Basis von Niederschlägen und Oberflächenabflüssen im Roten Bruch im Harz ermittelt. Mit Ausnahme von Stickstoff überwiegen aus dem durch Stillstandskomplexe charakterisierten Moor (Abb. 17) die Austräge. Diese sind im Frühjahr und Herbst an die Einträge gekoppelt, nach Trockenperioden dagegen entsprechend den sich verändernden Redox-Verhältnissen von den Einträgen entkoppelt. Bemerkenswert ist, dass sich bereits in diesem oligohemeroben Moor mit weitgehend ungestörter Mikrostruktur und Vegetationszusammensetzung Austräge von toxisch und basisch wirkenden Elementen ebenso abzeichnen wie von organischen und Mineralsäuren.

10.6 Moore im Wandel: globale Aspekte

Unstrittig wirkt sich die Kohlenstoffbindung in Mooren auf den globalen Kohlenstoffhaushalt aus. Das zeitweilige Absinken der atmosphärischen CO_2-Gehalte hat im Übergang Karbon/Perm und am Ende des Tertiär beträchtliche Klimaschwankungen und Kaltzeiten ausgelöst (Berner 1993). Demzufolge wird wachsenden Mooren eine bedeutsame Rolle bei der globalen Klimaregulation zugewiesen.

Weltweit bedecken Moore eine Fläche von etwa 4 Mio. km^2 entsprechend 3 % der Landmasse. Dazu kommen rund 2 430 000 km^2 Feuchtgebiete, deren Akkumulationsleistung für organische Substanz weitgehend unbekannt ist. Wie viele Torflager entwässert und abgebaut werden, ist ebenso unsicher wie die exakte Ausdehnung der aktuellen Torfvorräte; geschätzt werden etwa 5000 bis 6000 Gm^3 (Lappalainen 1996). Rund 90 % der Moorflächen finden sich in der temperaten und borealen Zone der Holarktis, vor allem in Russland und Kanada. Die borealen Moore sind für die Biosphäre derzeit eine Kohlenstoff-Senke und eine Methan-Quelle (Boer et al. 1990, Korhola et al. 1996).

Die in Torfen festgelegten Kohlenstoffvorräte vor Beginn der anthropogenen Nutzung auf der Erde werden auf 329 bis 528 Gt geschätzt (Immirzi et al. 1992), die aktuellen auf 234 bis 252 Gt (Lappalainen 1996). Diese Werte entsprechen in der Größenordnung einer Einbindung von etwa 21 g C m^{-2} a^{-1} (Clymo et al. 1998). Dem stehen etwa 1600 bis 1800 Gt festgelegter C-Vorräte in Mineralböden gegenüber (Bowman 1990). Damit enthalten die Moore derzeit zwischen 12 und 13 % der weltweit in Böden vorhandenen C-Vorräte. Ohne den Einfluss des Menschen würde die Rate der Festlegung weltweit näherungsweise 100 Mt C a^{-1} betragen (Maltby & Proctor 1996). Durch Drainagen für Land- und Forstwirtschaft frei werdender Kohlenstoff in der Größenordnung von 100 bis 200 Mt a^{-1} und freigesetzter Kohlenstoff durch Torfabbau für Energienutzung und Erwerbsgartenbau mit 55 Mt jährlich sind diesem Wert gegenzurechnen. Weltweit haben sich Moore insofern von Kohlenstoffsenken zu -quellen entwickelt, in besonderem Maße in Mitteleuropa.

Torfabbau kann zu Emissionen zwischen 180 und 225 t CO_2 ha^{-1} a^{-1} führen, ackerbauliche Nut-

Abb. 113: Aufforstungen von Deckenmooren mit *Pinus sylvestris* und *Picea sitchensis*, Flow Country, Caithness, N-Schottland (9/1989).

zung entwässerter Moorflächen zu C-Austrägen zwischen 41 t CO_2 ha^{-1} a^{-1} in der temperaten Zone und bis zu 150 t CO_2 ha^{-1} a^{-1} in den Tropen (Immirzi et al. 1992). Aufforstung und Grünlandnutzung entwässerter Torfböden bedingen in der temperaten Zone einen Kohlenstoff-Efflux zwischen 1 und 10 t ha^{-1} a^{-1}. Die land- und forstwirtschaftliche Nutzung von Moorflächen betrifft etwa 300 000 km^2 und wächst jährlich um rund 500 km^2. Damit führt die landwirtschaftliche Nutzung von Torfböden weltweit zu einer CO_2-Emission zwischen 425 und 730 Mt CO_2 a^{-1}. Dies entspricht 3,5 % der Emissionen durch fossile Brennstoffe und mehr als 12 % der Emissionen, die bei der derzeitigen Entwaldung der Tropen anfallen. Kumulativ dürften seit Ende des 18. Jahrhunderts durch Entwässerungen und Torfabbau weltweit etwa 30 Gt CO_2 emittiert worden sein. Dies entspricht dem 300fachen der geschätzten Einbaurate in native Systeme. Der Prozess ist keineswegs abgeschlossen. Armentano & Menges (1986) gehen davon aus, dass etwa 20 % der kanadischen und bis zu 44 % der russischen Torflager heute netto keinen Kohlenstoff mehr akkumulieren.

Regional lassen sich exaktere Zahlen angeben. Auf den Britischen Inseln haben die Moore in der Vergangenheit insgesamt etwa 2,1 Gt Kohlenstoff gespeichert. Gegenwärtig verursacht allein der Torfabbau für den Erwerbsgartenbau auf den Britischen Inseln jährliche CO_2-Emissionen von rund 0,6 Mt (entsprechend 0,04 % der Vorräte) (Immirzi et al. 1992). Ferner fallen durch Aufforstung, überwiegend mit *Picea sitchensis*, weitere bislang Torf bildende Moorflächen als dauerhafte Kohlenstoffsenke aus. Sie emittieren nun CO_2, ohne dass näherungsweise eine vergleichbare Festlegung im Holz der neu entstandenen Forsten gewährleistet wäre. Man beachte die unterschiedlichen Zeitskalen der Einbindung und Festlegung! (Abb. 113).

Wichtig für Bilanzierungen ist neben der CO_2-Emission der an die Atmosphäre abgegebene Methananteil. Feuchtgebiete (vorwiegend Moore) emittieren weltweit jährlich 115 (100 bis 200) Mio. t CH_4 (Fung et al. 1991). Sie sind damit als bedeutsamste „natürliche" Quelle zu 23 % an der Gesamtemission von CH_4 beteiligt. Oligohemerobe Moore emittieren erhebliche Mengen Methan. Bei entwässerten Mooren ist dieser Vorgang rückläufig und wird von einer verstärkten CO_2-

Freisetzung abgelöst. Folglich gilt es, als gegenläufige Prozesse CO_2- und CH_4-Emission zu bilanzieren. Im Vergleich zu einem Molekül CO_2 hat ein Molekül CH_4 bei einem Betrachtungszeitraum von 20 Jahren das 35fache Treibhauspotential (PRINN 1994). Nach Schätzungen aus Mittelschweden kompensiert die sinkende CH_4-Emission die zugleich ansteigende und den Treibhauseffekt forcierende CO_2-Emission um etwa 15 % (RODHE & SVENSSON 1995).

Abgesehen davon, dass sich die regionalen Niederschlagsüberschüsse bei Klimaszenarien kaum prognostizieren lassen, sind, bezogen auf das jeweilige Gebiet, unterschiedliche Entwicklungen zu erwarten. Hohe Wasserstände in warmen Sommern dürften die CH_4-Emission forcieren, trockenere Verhältnisse die Grenze von Hoch- und Aapamooren nach Norden verschieben. Letzteres lässt sich als vegetationsgeschichtlicher Vorgang in den Moorregionen des südlichen Skandinavien teilweise bereits seit dem Atlantikum belegen (TOLONEN 1967).

Am Südrand des Hochmoor-Verbreitungsgebietes ist bei sinkenden Niederschlagsüberschüssen und daher sinkenden mittleren Wasserständen eine zunehmende Bewaldung wahrscheinlich. Diese wird bereits heute beobachtet, beispielsweise als Invasion der Berg- und der Wald-Kiefer in den Mooren des nördlichen Alpenvorlandes und des Schweizer Jura. Sie korreliert zumindest in jüngerer Zeit mit dem Sinken der mittleren monatlichen Moorwasserstände und des Gebietsabflusses sowie einem Anstieg der Evapotranspiration. In den von FRANKL (1996) untersuchten Rottauer Filzen südlich des Chiemsees sank der Moorwasserstand in den offenen Zentralflächen von 1959 bis 1980 um etwa 10 cm, in den randlichen Bereichen zwischen 1981 und 1994 um rund 5 cm (s. Abb. 6 S. 19).

Die vorliegenden Abschätzungen sollen nicht darüber hinwegtäuschen, dass Bilanzierungen der Kohlenstoff- und Nährstoffgehalte über weite Regionen hinweg schwierig und fehlerbehaftet sind: zu unterschiedlich sind die physikalischen und chemischen Eigenschaften der verschiedenen Torflager, und ihre Mächtigkeit schwankt oft auf engem Raum. Da zahlreiche Parameter mit breiten Fehlerbalken in Gesamtbilanzen eingehen, sind derzeit eindeutige Prognosen zur klimawirksamen Pufferfunktion von Mooren kaum möglich.

11 Nutzung, Gefährdung, Schutz

Seit geraumer Zeit greift der Mensch in Kulturlandschaften in die Moorentwicklung ein (überregionale Übersichten u. a. LAINE 1982, VAN ECK et al. 1984). Seine Ziele waren die Umwandlung von Mooren in land- und forstwirtschaftliche Nutzflächen und die Nutzung von Torf als Heiz- und Baumaterial sowie neuerdings im Erwerbsgartenbau. Waldrodung, Brand und Waldweide haben bereits im Neolithikum und in der Bronzezeit die Bildung ausgedehnter Deckenmoore auf den Britischen Inseln ausgelöst. In Mitteleuropa hat die Öffnung der Landschaft in den mittelalterlichen Rodungsphasen regional die Transpiration der Vegetation verringert, die Abflussraten erhöht und damit die Genese und Ausbreitung von Mooren ausgelöst oder doch gefördert.

11.1 Historischer Abriss der Moornutzung

Vom Menschen unbeeinflusste Moore wurden ursprünglich als Ödland angesehen, das für Besiedlung, Ackerbau und Viehhaltung weitgehend ungeeignet schien. Frühe Versuche der Moorkultivierung sind vor dem Hintergrund einer Ausweitung von Siedlungsgebieten zu sehen, später auch jenem eines wachsenden Bedarfs an Nahrungsmitteln und Brennstoffen. Bereits während der Römerzeit waren die Moorränder in Südholland, Seeland und Flandern besiedelt. Plinius[8] übermittelte die bei den Chauken Ostfrieslands praktizierte Verwendung des Torfes als Brennmaterial. Die Niedermoore der großen Flusssysteme Norddeutschlands dürften seit der römischen Kaiserzeit zumindest teilweise als Weiden genutzt worden sein.

In Norddeutschland wurde seit der zweiten Hälfte des 11. Jahrhunderts in küstennahen und -ferneren Regionen Torf gestochen. In Nordfriesland wurde durch die Kombination von Bedeichung und Entwässerung großflächig versumpfter und vermoorter Gebiete der Siedlungsraum beträchtlich ausgedehnt (Abb. 114). Die gewonnenen Torfe dienten als Brennmaterial und aufgrund ihres hohen Salzgehaltes der Salzgewinnung (HÄBERLIN & JENSEN 1934) oder wurden abgeräumt, um an die unter den Torfen liegenden, für den Ackerbau wertvolleren Kleischichten zu gelangen. Die Urbarmachung eines Moores setzte eine Absenkung des Grundwasserspiegels voraus und hatte eine Sackung der Torfe zur Folge. In den küstennahen Moorgebieten der südlichen und östlichen Nordsee haben Moorkultivierung und das Abgraben von salzhaltigem Torf binnendeichs neben Landsenkung und Meeresspiegelanstieg die mittelalterlichen und frühneuzeitlichen Landverluste mit ausgelöst oder doch verstärkt (zeitgenössische Darstellung etwa HORST 1592, zusammenfassende landschaftsgeschichtliche Charakteristik für die schleswig-holsteinische Westküste BANTELMANN 1966).

Um der weiteren Versumpfung kultivierten Landes entgegenzuwirken, wurden seit 1408 in den westlichen Niederlanden neben Entwässerungsgräben windgetriebene Entwässerungsmühlen eingesetzt. Ständige Entwässerung und Landsenkung haben dazu geführt, dass heute in den Moorgebieten Westhollands die Bodenoberfläche um bis zu 3 m unter dem aktuellen Meeresniveau liegt (BORGER 1992).

Die planmäßige Brenntorfgewinnung nahm als so genannte **Fehnkultur** in den holländischen Provinzen Groningen, Drenthe und Friesland ihren Ausgang. Erste Versuche zur Nutzbarmachung von Mooren gehen hier auf das Jahr 1250 zurück. Das Konzept war ein großflächiger Brenntorf-Abbau und die Überführung der verbliebenen Bereiche in landwirtschaftliche Nutzflächen. Die einer Verfehnung vorangehende Entwässerung gewährleisteten breite Kanäle am Moorrand, von denen in regelmäßigen Abständen rechtwinkelig angelegte Seitenkanäle in das Moor abzweigen. Das Gesamtnetz sich verjüngender Wasserläufe entwässerte den Torfkörper und schaffte zugleich Zugangsverbindungen zu den abgelegenen Moorflächen. Als Brenntorf war am besten der so genannte **Schwarztorf** geeignet, ein stark zersetzter, im Subboreal gebildeter Hochmoortorf. Der darüberliegende **Weißtorf** des Subatlantikum wurde als „**Bunkerde**" abgeräumt und nach vollzogener Abtorfung auf der Moorbasis, dem „**Leegmoor**", als etwa 50 cm dicke Schicht ausgebreitet und mit Sand in einer Mächtigkeit von 10 bis 15 cm überschichtet. Durch Pflügen wurden beide Schichten durchmischt, und mit Hilfe von Düngern ließ sich ein ertragskräfti-

8 Natur hist. lib. 14, 1.

ges Acker- und Grünland erstellen. In Deutschland wurden die ersten Fehnkolonien nach holländischem Vorbild in den Jahren 1630 bis 1633 in Papenburg und Ostfriesland gegründet. Eine ausführliche Dokumentation der Moorkultivierung verdanken wir EISELEN (1795, 1811).

In dünn besiedelten Moorlandschaften der Niederlande und Nordwestdeutschlands kam mangels geeigneter Absatzmärkte für Brenntorf die kostenaufwendige Anlage von Fehnkolonien nicht in Betracht. Wo auch Dünger nicht in ausreichendem Maße zur Verfügung stand, bot Brandfruchtbau oder **Moorbrandkultur**, etwa zeitgleich entwickelt wie die Fehnkultur, die einzige Möglichkeit, aus den Mooren zumindest einen dürftigen wirtschaftlichen Nutzen zu ziehen. Voraussetzung

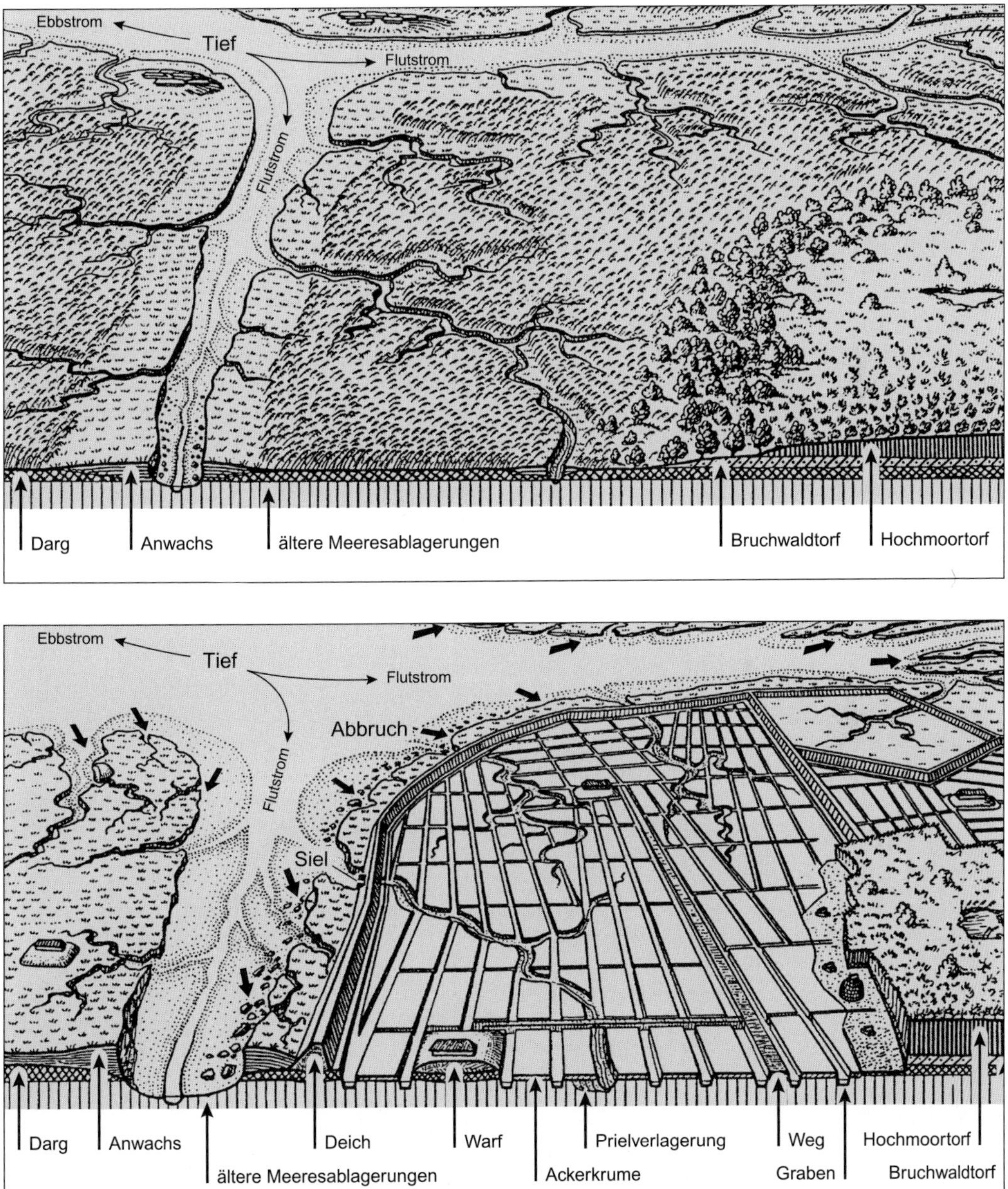

Abb. 114: Nordseeküste in Nordfriesland vor der Bedeichung und mittelalterliche Kulturmaßnahmen auf alter, vermoorter Marsch unter Deichschutz (aus BANTELMANN 1966).

war ein dichtes, flaches Grabennetz zur Entwässerung. Die dazwischen liegenden Flächen wurden im Herbst durch Hacken oder Pflügen gelockert und die aus Heide-Rohhumus und zersetztem Torf aufgebaute Schicht im Frühjahr nach dem Trockenfallen gebrannt. Dadurch wurden die gebundenen Nährstoffe soweit freigesetzt, dass in die Asche ohne weitere Düngung Buchweizen, seltener auch Hafer eingesät und Kartoffeln gesetzt werden konnten. Während dieses Verfahren in den ersten fünf Jahren nach Nutzungsaufnahme einige Erträge abwarf, erschöpften sich die verfügbaren Nährstoffvorräte trotz des Brennens so stark, dass 20- bis 30-jährige Brachephasen mit Schafhaltung eingeschoben werden mussten. Da Buchweizen-Aussaaten frostempfindlich sind, kam es in manchen Jahren praktisch zum Totalausfall der Ernte – mit fatalen Folgen für die Moorkolonisten. Unterstellt man eine Nutzung von etwa 200 Jahren, so ergeben sich bei 5 bis 7 Brandperioden Verluste in der Torfmächtigkeit zwischen 100 und 140 cm. Dazu kommen Verluste durch Abplaggen der Heidevegetation (zwischen 8 und 10 cm bei einer Sodenentnahme), Winderosion und Höhenverluste infolge Torfsackung (EGGELSMANN & BLANKENBURG 1990).

Das letztendlich unwirtschaftliche und mit starker Rauchbelästigung einhergehende Moorbrennen kam zunehmend zum Erliegen, nachdem 1877 durch den Verein gegen das Moorbrennen die Bremer Moorversuchsstation gegründet wurde. In dem mit Versuchsfeldern und Labors ausgerüsteten Institut wurde das **Deutsche Hochmoorkultur**verfahren entwickelt. Dabei wurde nicht abgetorft, sondern direkt durch Entwässerung und Bodenbearbeitung kultiviert. Durch starke Kalkung und Mineraldüngung sowie die Beimpfung mit Futterpflanzen wie Weiß-Klee gelang es, die Ertragsfähigkeit der Standorte zu steigern.

Stärker noch als in Hochmoorregionen wurde in Landschaften mit hohem Niedermooranteil versucht, die Flächen zu entwässern und einer Nutzung als Grünland oder für den Ackerbau zuzuführen. So wendete bereits Friedrich der Große für die Entwässerung und Inkulturnahme von 2500 km² Niedermoorflächen der „im Frieden gewonnenen Provinzen" des Oder-, Warthe- und Netzebruches innerhalb von 25 Jahren rund 40 Mio. Taler auf, entsprechend 8 % der gesamten Staatseinnahmen (HOERING 1915). Die Kultivierung der Niedermoore schloss eine forstliche Nutzung entwässerter Bruchwälder mit ein.

Andernsorts diente die Energiegewinnung aus Torfen unter anderem der Glasherstellung. So ließ Herzog Julius von Braunschweig schon 1571 die Harzmoore westlich des Brocken auf ihre Abbauwürdigkeit untersuchen. Nach dem Dreißigjährigen Krieg wurde im Harz in 40 eisernen Meilern Torf verkokt (ZUCKERT 1763).

Alle diese Formen der Torfnutzung bis zum Be-

Abb. 115: Plaggenkate im Nordloher Moor, Oldenburg, Niedersachsen, bewohnt bis 1916, Foto J. Duis.

Abb. 116: ‚Mammut' zur Moorkultivierung.

ginn des 20. Jahrhunders haben zwar die Landschaftsgestalt verändert; die jährlich abgebauten Torfmengen blieben freilich im Vergleich zur Gegenwart gering. Die Entwicklung einer den Abbau und die Nutzung forcierenden Torfindustrie vollzog sich um die Jahrhundertwende. Das wahrscheinlich älteste Torfwerk in Deutschland wurde 1872 in Neudorf-Platendorf bei Gifhorn in Niedersachsen gebaut. 1907 wurde in Wiesmoor ein Torfkraftwerk errichtet: Torfverkokung und Gasgewinnung wurden aktuell (SCHNEIDER 1982). Die politischen und sozialen Verhältnisse in der Weimarer Republik und verstärkt im Dritten Reich führten, zunächst unter dem Stichwort „Produktive Erwerbslosenfürsorge", zu einer verstärkten Moor- und Ödlandkultivierung, bei der Aspekte des Natur- und Landschaftsschutzes nachrangig blieben. Nach dem 2. Weltkrieg stieg die Moor- und Torfnutzung weiterhin an. Erst seit den 60er Jahren lässt sich neben den dominierenden ökonomischen Interessen verstärkt eine Diskussion über ein systematisches, nicht ausschließlich am Einzelobjekt orientiertes Vorgehen bezüglich des Schutzes von Mooren in Deutschland ausmachen.

Als Folge dieser vergleichsweise spät einsetzenden neuen Wertbestimmung sind die ursprünglichen Lebensgemeinschaften der ehemals großflächig entwickelten Moor-Ökosysteme beeinträchtigt, in Rückgang begriffen oder weiträumig bereits vollständig verschwunden. Allein im Bereich der Landwirtschaftskammer Weser-Ems wurden von etwa 1950 bis 1965 mehr als 40 000 ha Hochmoor durch Tiefpflügen beseitigt (HAYEN 1982).

Im ursprünglich moorreichen Niedersachsen beispielsweise sind heute praktisch sämtliche großflächig entwickelten Nieder- und Hochmoore durch Torfabbau und Kultivierung zerstört. Für die ehemalige preußische Provinz Hannover (Niedersachsen ohne Oldenburg und Ostfriesland) gibt HOERING (1915) 3032 km² Hochmoore und 1603 km² Niedermoore an, die Hochmoore damals zu 20 %, die Niedermoore bereits zu 78 % kultiviert. Von den ehemaligen Hochmoorflächen Niedersachsens sind nach Satellitenbildern heute nur etwa 262 km² verblieben, freilich in überwiegend oder vollständig degradiertem Zustand und trotz naturschutzrechtlicher Sicherung teilweise noch zur Abtorfung freigegeben (u. a. STÄHLE et al. 1997). Selbst die von ZICKERMANN (1996) und MEYER (1996) untersuchten Kleinmoore in Dolinen, Toteislöchern oder Ausblasungssenken (Schlatts) sind überwiegend durch eine für ehemalige Torfstichflächen bezeichnende Sekundärvegetation gekennzeichnet. Die mit der Moorkultivierung einhergehende vollständige Veränderung der

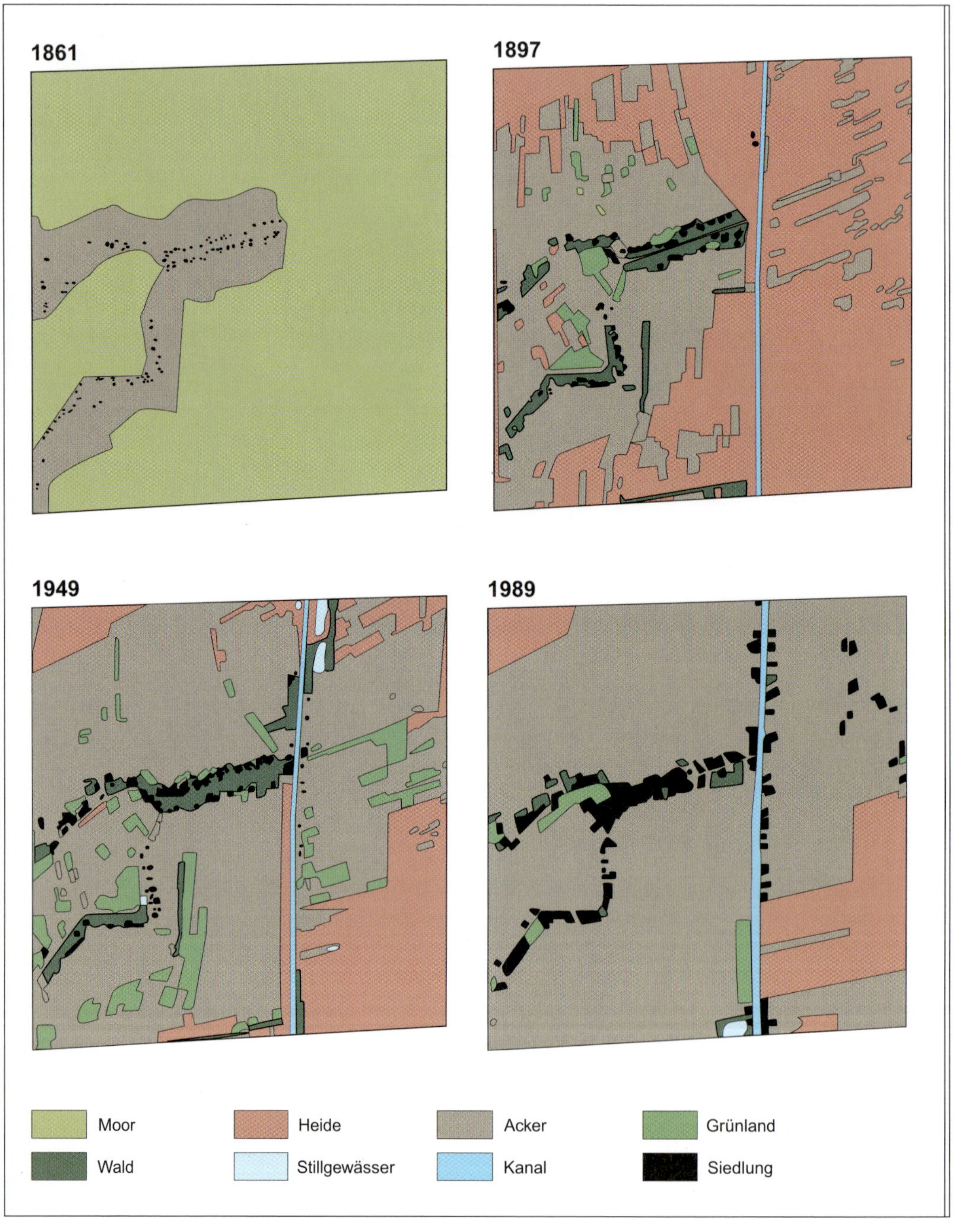

Abb. 117: Veränderung der Landnutzung im Zuge der Moorkultivierung in Hebelermeer, Oldenburger Emsland (nach DREYER 1995).

Landschaftsstruktur lässt sich durch einen Vergleich historischer Karten mit der heutigen Situation nachzeichnen (Abb. 117).
In jüngerer Zeit lassen sich selbst nach Nutzungsaufgabe beträchtliche Veränderungen der Vegetationszusammensetzung und -struktur ausmachen: Verbuschung und Bewaldung, das Eindringen eutraphenter Röhricht-Arten in Lebensgemeinschaften ehedem nährstoffarmer Standorte sowie eine verstärkte Ausbreitung trockenheitsertragender Zwergsträucher und Gehölze sind die Indizien eines solchen Wandels. Gleichzeitig vollzieht sich ein regional drastischer Rückgang moorspezifischer und gefährdeter Arten. Die Ursachen dafür sind vor allem die fortschreitende (schleichende) Entwässerung, das Eindringen nährstoffreichen Oberflächenwassers sowie diffuse Nährstoffeinträge. Unstrittig löst bereits die Vorgeschichte der zeitweiligen Nutzung von Mooren beispielsweise für die Brenntorfgewinnung Sekundärsukzessionen aus, die sich langfristig auf die Hydrologie und Nährstoffdynamik ganzer Moorregionen auswirken können.

Abb. 118: Frästorf-Gewinnung, Esterweger Dose, Oldenburg, Niedersachsen (10/1999).

11.2 Moore als Torflagerstätten

Während bäuerlicher Torfstich von Hand frühzeitig praktiziert wurde und in Krisenzeiten etwa nach den Weltkriegen bei akutem Brennstoffmangel wieder auflebte, ist der maschinelle Torfabbau mit wachsendem Energiebedarf im Zuge der Industrialisierung in Europa sprunghaft angestiegen. Für die Beheizung von Lokomotiven sowie zahlreicher Fabrikationsanlagen wie Brauereien, Brennereien, textilverarbeitende und chemische Betriebe, Zuckerfabriken und Ziegelbrennereien

Abb. 119: Abbaufläche mit gestapelten Torfsoden, Venner Moor, Diepholzer Moorniederung (6/1984).

wurde Torf verwendet, in Irland bis in die Gegenwart auch für Kraftwerke zur Stromerzeugung (LIEBEL 1911, FEEHAN & O'DONOVAN 1996).

Energetisch gesehen liegt der Heizwert von Torfen bei mittleren Kohlenstoffgehalten um 55 % zwischen jenem von Holz und dem der Braunkohlen. Durch Pressen und Trocknung lässt sich die Verwendung etwa in Kraftwerken beträchtlich verbessern. Weltweit werden derzeit etwa 50 % des abgebauten Torfes für die Energieerzeugung verwendet, vor allem in moorreichen Regionen wie Russland, Finnland, Irland und den Baltischen Ländern (ASPLUND 1996). In Regionen mit knappen oder teuren anderen Energiequellen zeichnen sich bei künftig zu erwartenden kostensparenden Herstellungstechniken für kleine, effektive Kraftwerke wachsende Chancen ab für eine effektive Nutzung von Torf als Brennmaterial – als Möglichkeit einer dezentralen Energieerzeugung und -versorgung.

Auch im technischen Bereich ist Torf ein wichtiges Ausgangsmaterial. Zur Herstellung von Aktivkohle werden jährlich in der Bundesrepublik rund 25 0000 t Industrietorf verwendet; dies entspricht etwa 20 % der aktuellen Torfgewinnung (GÜNTHER 1990).

Eine beträchtliche Rolle spielt in den Industrieländern die Torfnutzung für landwirtschaftliche und gartenbauliche Zwecke. In Europa enthalten 95 % aller im Gartenbau verwendeten Substrate und bodenverbessernden Medien in unterschiedlichen Anteilen Torfe. Etwa 20 Mio. m^3 werden jährlich für gartenbauliche Zwecke eingesetzt. Rund 60 000 Gewächshäuser im EU-Bereich mit einer Gesamtfläche von 20 000 ha versorgen die Konsumenten unter anderem mit Tomaten, Salat, Usambara-Veilchen und Rhododendren: die weltweit energieaufwendigste Form der Pflanzenproduktion. Der Aufwand für die Erzeugung niederländischer Gewächshaus-Tomaten liegt bei über 50 MJ je kg Tomaten – bei einem Energiegehalt von etwa 0,5 MJ enspricht dies einem Input-Output-Verhältnis von > 100:1 (V. WEIZSÄCKER et al. 1995).

Fortschritte hat in jüngerer Zeit die Substitution von Torfen als Kultursubstrat gemacht. Rindenhumus, Holzfasern und verschiedene Komposte werden zunehmend als Substratkomponenten und Bodenverbesserer eingesetzt. Teilweise hohe Salzgehalte, eine partiell hohe Schwermetallbelastung und die Risiken starker N-Freisetzung und -Immobilisierung beeinträchtigen derzeit noch die Eignung von Grün- und Biokomposten als Substrat für Kulturpflanzen (u. a. GRABBE 1992, GRANTZAU 1998).

11.3 Land- und forstwirtschaftliche Nutzung

In Deutschland werden gegenwärtig von etwa 10 603 km^2 Niedermoor über 95 % landwirtschaftlich genutzt, vorwiegend als Weideland. Ackerbau und forstwirtschaftliche Nutzung sind demgegenüber nachrangig. Darüber hinaus werden 2100 km^2 entsprechend 58 % der ehemaligen Gesamtfläche deutscher Hochmoore derzeit ebenfalls als Grünland genutzt (STEFFENS 1996). Wie in Kap. 11.1 geschildert, haben land- und forstwirtschaftliche Moornutzung Tradition. Für das Pfrunger Ried in Südwestdeutschland stammen die ersten Dokumente von Weidewirtschaft und Holznutzung aus dem 13. Jahrhundert (ZIER 1985). Bis ins 19. Jahrhundert wurden insbesondere Niedermoore im Rahmen der Allmendwirtschaft weiträumig als Triftweide genutzt. Die ungeregelte Nutzung von „Moorödland" zur Futter- oder Streubergung oder auch für eine Beweidung wurde jahrhundertelang und in verschiedenen Naturräumen mit unterschiedlichen Verfahren praktiziert. In der ersten Hälfte des 20. Jahrhunderts erreichte vor allem im Alpenvorland von Österreich bis in die Schweiz und Frankreich die Nutzung solcher Standorte als im Herbst gemähte Streuwiesen (vergl. S.130) ihren Höhepunkt (RINGLER 1995, SCHWINEKÖPER et al. 1996). Zugleich entstanden in ganz West- und Mitteleuropa früh gemähte und gelegentlicher Nachweide unterworfene Feuchtwiesen.

Im Zuge der jüngeren agrarindustriellen Veränderungen ging seither die Streuwiesennutzung infolge Intensivierung oder Nutzungsaufgabe stark zurück (u. a. KONOLD & HACKEL 1990, KAPFER & KONOLD 1996). Die Feuchtwiesen an Moorstandorten werden zumindest regional weiterhin stark entwässert und in Feuchtweiden überführt. Der damit verknüpften Veränderung der Lebensgemeinschaften sowie einer floristischen wie faunistischen Verarmung versucht man durch staatliche Naturschutzprogramme (Nutzungsextensivierung und Vermeidung von Brachen) zu begegnen, wobei aus betriebswirtschaftlichen Gründen eine Weidenutzung gegenüber der Mahd favorisiert wird. Entsprechendes gilt für die Bewirtschaftung von so genanntem Hochmoorgrünland in Niedersachsen und Schleswig-Holstein.

Um eine starke Mineralisation der Torfsubstanz zu vermeiden, wird heute allgemein empfohlen, auf eine ackerbauliche Nutzung zu verzichten. Als besonders Ressourcen-vernichtend wird der energieaufwendige Gemüseanbau gesehen, wie er gegenwärtig für Supermarktketten in den Nieder-

Abb. 120: Ackerbauliche Nutzung auf ehemaligem Hochmoor, Bourtanger Moor, Niedersachsen (8/1997).

Abb. 121: Grünland auf ehemaligem Hochmoor, Bourtanger Moor, Niedersachsen (8/1997).

landen, Ost-England und Nordamerika praktiziert wird. Grünlandnutzung ist somit als die – mit deutlichen Vorbehalten – noch am ehesten standortgemäße Nutzungsform anzusehen. Derzeit werden in Niedersachsen etwa 11 3000 ha Hochmoorgrünland landwirtschaftlich genutzt. Da die natürliche Bodenfruchtbarkeit gering ist, hängen die erzielbaren Energieerträge vornehmlich von der Intensität der Düngung ab. Bei Düngergaben von 300 kg N, 90 kg P_2O_5 und 240 kg K_2O liegen die Erträge bei vierfacher Schnittnutzung bei 71,5 GJ NEL ha^{-1} a^{-1} [9], entsprechend einem wirtschaftseigenen Futterertrag von 2,0 bis 2,2 Großvieheinheiten (v. BORSTEL 1996). Eine solche Bewirtschaftung führt in Verbindung mit regelmäßigem Grünlandumbruch unter ozeanischen Klimaverhältnissen zu einer Torfzehrung von bis zu 1 cm jährlich und zugleich zu beträchtlichen Nährstoffaustragsraten (SCHEFFER 1976a, b).

Vor diesem Hintergrund wird erörtert (LWK Hannover und Weser/Ems 1992, WEIßBACH 1993), wie künftig eine „nachhaltigere" Bewirtschaftung von Grünland an Hochmoor-Standorten aussehen könnte. Intensive Nutzungsvarianten erhalten derzeit N-Gaben bis zu 300 kg ha^{-1} a^{-1} bei einen Besatz von bis zu 2,5 Großvieheinheiten (Milchviehhaltung). Dies entspricht einem Nettoertrag von etwa 71,5 GJ NEL ha^{-1}. Extensive Bewirtschaftungsvarianten kalkulieren bei einer NP-Grunddüngung und Verzicht auf Stickstoffdüngung einen Nettoertrag von 40,8 NEL ha^{-1} eine Besatzdichte von etwa 1,5 Großvieheinheiten. Das Verhältnis Input:Output ist bei dieser extensiven Nutzung am günstigsten, die Energiebilanz bei einer semi-intensiven Nutzung (100 kg N, 1,9 Großvieheinheiten) (DIERSSEN & HÖRMANN 1999). Bei der „nachhaltigeren" Nutzung ist Jungrinderaufzucht und Mutterkuhhaltung betriebswirtschaftlich zweckmäßig. Die schonendere Bewirtschaftung orientiert sich in ihrer Wettbewerbsfähigkeit nicht mehr an einer hohen Flächen- und Tierproduktion, sondern soll sich durch die Kostenminderung infolge der eingesparten Betriebsmittel tragen.

Basenreiche Niedermoor-Standorte eignen sich vor allem deswegen gut für eine landwirtschaftliche Nutzung, weil bereits bei schwacher Entwässerung durch die Torfmineralisierung Nährstoffreserven mobilisiert werden und zudem die mineralische Komponente in den Torfen hoch sein kann. Dazu kommt das hohe Speichervermögen der Böden für eingebrachte Nährstoffe. Insgesamt liefern die Standorte in günstigen Fällen ein ertragkräftiges Futter.

Eine aus forstwirtschaftlicher Sicht effektive Nutzung von Mooren setzt wie in der Landwirtschaft eine Entwässerung voraus. Nach PÄIVÄNEN (1996) werden derzeit in der borealen und temperaten Zone um 150 000 km^2 Moore und Feuchtgebiete für forstliche Zwecke drainiert, überwiegend in Finnland, Russland und Schweden, aber auch in den baltischen Ländern, England und Norwegen. In Deutschland sind es immerhin noch 1100 km^2.

11.3.1 Entwässerung und Bewässerung

Eine Entwässerung von Mooren macht aus Kohlenstoff- und Nährstoffsenken Kohlenstoff- und Nährstoffquellen (Kap. 10.4 bis 10.6). Dabei belegen historische Landschaftsanalysen über Entwässerungen zweierlei: die totale Vernichtung von Moor-

9 Gigajoule Netto-Energie-Laktation.

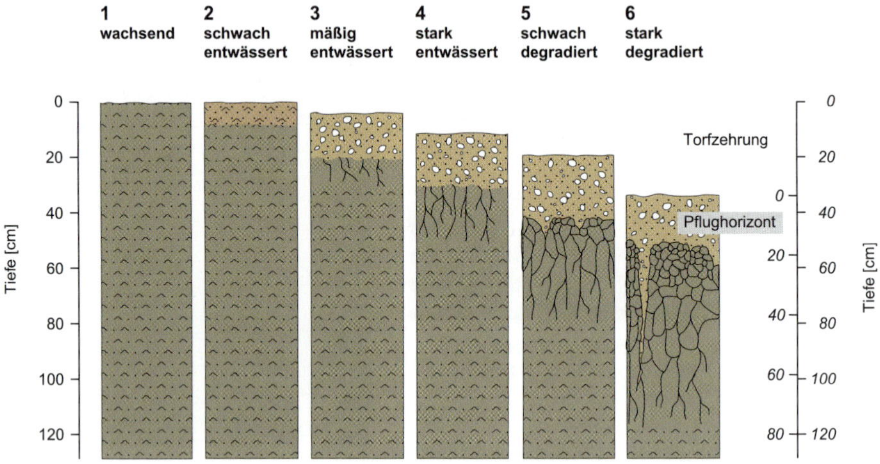

Bodenentwicklung	unvererdet	beginnende schwache Vererdung	mäßige Vererdung	starke Vererdung	beginnende Vermullung	starke Vermullung
Bodentyp	Ried	Fenried	Fen	Erdfen	Fenmulm	Mulm
Grundwasserstand im Sommer (cm)	in oder über Flur	10 - 25	25 - 45	45 - 70	70 - 100	100 - 150
kapillare Aufstiegshöhe (cm)	> 60	> 60	≥ 50	40 - 50	30 - 40	< 30
Wasserstufe	nass	sehr feucht	feucht	mäßig feucht	wechselnass	mäßig wechseltrocken

Abb. 122: Veränderung von Bodenprofilen bei der Vererdung und Vermulmung von Niedermoortorfen (nach SUCCOW 1986).

standorten aus der über Kartenvergleiche erschließbaren Flächenreduktion sowie einen Wandel in der Nutzungsintensität und -form, der mit einer Entwässerung der Standorte einhergeht. So zeigen SCHWINEKÖPER et al. (1996) für einen Teilraum des württembergischen Allgäus, dass sich zwischen 1832 und 1992 der Flächenanteil mit moorspezifischer Vegetation von ursprünglich etwa 502 ha auf 85 ha reduziert hat. Waren 1831 etwa 51 % der Flächen nicht oder wenig entwässert, so verblieben 1992 nurmehr 4 % wenig entwässerte Standorte. Entsprechend haben sich die Torfmächtigkeiten in diesem Zeitraum durch Sackung und Mineralisation durchschnittlich um rund 110 cm verringert. Dies entspricht einer Abnahme von etwa 30 %. Die stärksten Sackungen erfolgen aufgrund des Auftriebsverlustes bei entwässerten Kesselmooren. So belegen Nivellements aus der Pohnsdorfer Stauung in Ostholstein bereits innerhalb von nur 4 Jahren einen Höhenverlust von bis zu 1,8 m (EGGELSMANN 1990). Besonders kritisch ist die Entwicklung in sommertrockenen Regionen wie den ausgedehnten Talmooren Ostdeutschlands oder entlang der Donau. Im Donaumoos ist der Torfkörper seit 1836 um 3 m geschwunden. Führt man einen Meter davon auf Torfentnahme zurück, so verbleibt infolge Mineralisation ein durchschnittlicher Schwund von jährlich 1,3 cm.

Die mit einer landwirtschaftlichen Folgenutzung verbundenen Eingriffe in den Wasserhaushalt lösen sekundäre Bodenbildungs-Prozesse aus: Mineralisation, Sackung, Schrumpfung, Vererdung. Die Intensität der Umformung hängt vor allem von der Entwässerungstiefe und der Nutzungsintensität ab (Abb. 122). Als Folge der Umwandlung nehmen der Zersetzungsgrad des Torfes und die Lagerungsdichte merklich zu, letztere um das bis zu vierfache. Der Gehalt an organischer Substanz kann von über 80 % auf unter 20 % abfallen. Dadurch verringert sich das Porenvolumen und damit die Speicherkapazität für Wasser und Gase. Verdichtung und Vererdung forcieren Staunässe und erhöhen die Tendenz der Standorte zur Wechselfeuchte. Lang anhaltende Entwässerung bei Entwässerungstiefen unter einem Meter verändern die Torfmatrix vollständig. Diese **Vermulmung** ist gekennzeichnet durch hohe Benetzungswiderstände und führt bei geöffneter Vegetationsdecke zur Ausblasung (u. a. SUCCOW 1986, ROESCHMANN et al. 1993, KUNTZE 1994).

Im Gegensatz zu der geschilderten Verschlechterung der bodenphysikalischen Eigenschaften verbessert sich im Zuge der Entwässerung und Vererdung die Nährstoffverfügbarkeit aufgrund der Verengung des C/N-Verhältnisses. Die Folge ist eine gesteigerte Produktivität. Für viele Systeme, Rasengesellschaften entwässerter Moorstandorte eingeschlossen, besteht dabei eine enge Wechselbeziehung zwischen oberirdischer Phytomasse und Nährstoffvorräten im Boden einerseits und botanischer Artenvielfalt und niedrigen Phytomassevorräten andererseits. Vielfach steigt die Artenvielfalt an niedrigproduktiven Standorten (oberirdische Phytomasse < 400–500 g m^{-2}) mit wachsenden Phytomassevorräten eher an, während sie auf höherproduktiven (> 400–500 g m^{-2}) merklich abfällt (VERMEER & BERENDSE 1983).

Allgemein führt bei Niedermooren eine Absenkung des Grundwasserspiegels zum Austausch von vergleichsweise basenreichem Grundwasser durch stärker saures Infiltrationswasser (s. Kap. 7.2). Das Muster ist immer ähnlich: die Produktivität steigt an, pH-Wert, Bodenfeuchte und Artenreichtum werden geringer (TER BRAAK & WIERTZ 1994). Dabei fallen – bezogen auf die Basenversorgung – anspruchsvolle und selten gewordene Arten wie *Parnassia palustris, Selinum carvifolia* oder *Ophioglossum vulgare* aus, während ubiquitäre Grünlandarten wie *Anthoxanthum odoratum, Holcus lanatus* oder *Plantago lanceolata* gefördert werden.

Neben der Entwässerung wurde in der Vergangenheit auch eine gezielte Bewässerung von Moorstandorten betrieben. Offensichtlich gar nicht selten sind bereits seit dem Mittelalter vor allem Durchströmungs- und Überflutungsmoore als Wässerwiesen bewirtschaftet und für die Nutzung aufgewertet worden. In einigen Gebieten hat sich diese Nutzungsform bis ins 20. Jahrhundert gehalten, lokal und rudimentär bis in die Gegenwart (u. a. LENGERKE 1836, HASSLER et al. 1995, RAAB 1995). In Dänemark geht die Unterhaltung von Wässerwiesen zumindest bis in das 17. Jahrhundert zurück. Sie hat einen Aufschwung gegen Mitte des 19. Jahrhunderts und ihren Höhepunkt zu Beginn des 20. Jahrhunderts gehabt. In diesem Zeitraum mag die Gesamtausdehnung etwa 10 000 ha betragen haben (RASMUSSEN 1964). Bei der so genannten Trübwässerung sedimentierten über den Torfkörpern durch gezieltes Poldern und Überstauen weiträumig Deckschichten aus Schwebstoffen wie Lösslehmen und Lössen. Das Verfahren war so erfolgreich, dass teilweise nach nur zehn Jahren Trübwässerung nasse Moorwiesen zu Ackerland umgebrochen werden konnten (RAAB 1997).

11.3.2 Schadstoffeinträge und Eutrophierung

Nährstoffeinträge über das Oberflächen- und Grundwasser sowie gasförmige und partikuläre Einträge aus der Atmosphäre können sich stark auf die Vegetationszusammensetzung und -entwicklung von unbewirtschafteten Flächen wie den Mooren in der Kulturlandschaft auswirken (vergl. Kap. 6.2.2).

Kritische Eintragswerte (critical loads) über die atmosphärische Deposition, die längerfristig zu Veränderungen oligotropher Moorstandorte führen können, liegen für Stickstoff zwischen 7 und 12 kg N ha^{-1} a^{-1} (LILJELUND & TORSTENSSON 1988, DE VRIES 1993). Solche Werte werden in mitteleuropäischen Mooren deutlich überschritten (u. a. LÜTKE TWENHÖVEN 1992, FORST et al. 1997).

Bei den Torfmoosen der Hochmoore können hohe atmosphärische Nitrat- und Ammoniumeinträge die Aktivität der Nitratreduktase hemmen; auch Ammonium allein wirkt als Inhibitor (MELZER et al. 1992, LÜTKE TWENHÖVEN 1992). Bei hohem Angebot ereignet sich folgendes:

Solche Torfmoos-Arten, die ein erhöhtes N-Angebot rasch in verstärktes Wachstum umsetzen können, etwa *Sphagnum fallax*, werden gegenüber „weniger nitrophytischen“ wie *Sphagnum magellanicum* gefördert. Das Konkurrenzgefüge unter den Torfmoosen verändert sich auf unterschiedlichen Wasserstufen (Abb. 123). Damit verknüpft verringert sich die Torfakkumulation, da *Sphagnum fallax* zwar rascher wächst als *S. magellanicum*, die Zersetzungsrate aber höher ist. Die verstärkte Umsetzung stabilisiert zugleich die Nährstoffvorräte im Substrat auf einem höheren Niveau (LÜTT 1992). Die derzeitigen atmosphärischen Einträge von über 20 kg N ha^{-1} a^{-1} in weiten Teilen Mitteleuropas schränken folglich die Konkurrenzkraft von *Sphagnum magellanicum* als wichtiger Weißtorf bildender Art gegenüber dem euryöken *Sphagnum fallax* ein.

Sobald das eingetragene Nitrat von den Sphagnen nicht mehr ausreichend zurückgehalten wird, gelangt es verstärkt in den Wurzelbereich der Gefäßpflanzen. Damit verändert sich das Konkurrenzgefüge der gesamten Phytozönose zugunsten der Gefäßpflanzen. Eine abgeschwächte Wuchsleistung von *Sphagnum magellanicum* auf Bulten und ein weiteres Abfallen der Torfbildungsrate sind die Folgen.

Bei oligohemeroben Hochmooren spielt ein Nährstofftransfer mit dem Grund- und Oberflächenwasser für die zentralen Flächen keine Rolle. Bei Niedermooren dagegen können Nährstoffimporte mit dem Oberflächen- und Grundwasser aus dem Einzugsgebiet Sukzessionen zu eutropheren Systemen hin auslösen. Dabei werden beispielsweise Braunmoose der Gattungen *Warnstorfia* und *Scorpidium* zunehmend durch *Calliergonella cuspidata* ersetzt. Unter stark sauren Bedingungen werden oligotraphente Torfmoos-Arten wie *Sphagnum magellanicum* und *Sphagnum rubellum* von dem euryöken und eher mesotraphenten *Sphagnum fallax* abgelöst, unter weniger sauren Verhältnissen von *Sphagnum squarrosum* (u. a. KOOIJMAN & BAKKER 1995).

Während die progressive Sukzession in oligohemeroben Mooren vielfach durch eine Oligotrophierung gekennzeichnet ist (vergl. S. 11), ist also bei Nährstoffeinträgen durch Immissionen oder mit dem Oberflächenwasser die Entwicklung gegenläufig. Gefördert werden in der Regel an oligotrophen Standorten meso- bis eutraphente Sippen, in Hochmooren etwa *Sphagnum fallax* gegenüber *Sphagnum magellanicum* oder *Molinia caerulea* gegenüber *Eriophorum vaginatum*. An mesotrophen Standorten werden mäßig produktionskräftige Seggen-Arten wie *Carex diandra* oder *C. lasiocarpa* durch produktionskräftigere Seggenried- und Röhricht-Arten ersetzt: *Carex acutiformis, Calamagrostis canescens, Phragmites australis* sowie *Typha latifolia*. Die jeweils konkurrenzkräftigeren Arten zeichnen sich durch eine effektivere Nährstoffaufnahme bei steigendem Nährstoffangebot aus. Mit wachsendem Nährstoffangebot beschleunigen sich die Umsatzraten, und zugleich steigen die Nährstoffausträge aus dem System. Dadurch stabilisieren sich die eutrophen bis hypertrophen Verhältnisse, so dass wiederum die Bestände eutraphenter Arten expandieren können. Gut analysiert sind die Verhältnisse bei basenreichen Niedermooren und Streuwiesen. In den oligotraphenten Systemen kann im Porenwasser auftretendes Nitrat unmittelbar mit der Ausbringung von Wirtschafts- oder Mineraldünger in angrenzenden, intensiv genutzten Flächen im Zusammenhang stehen (PFADENHAUER et al. 1985, WEY 1988, WARNKE-GRÜTTNER 1990). Entsprechend verschiebt sich die Artenzusammensetzung im Kontakt zwischen bewirtschafteten Niedermooren und Intensivgrünland zugunsten produktiver Staudengesellschaften.

N- und P-Verbindungen sind nicht die einzigen Substanzen, die das Konkurrenzgefüge an Moorstandorten beeinflussen. Auch phytotoxisch wirksame Gase und gelöste Teilchen wirken sich auf die Moorvegetation aus, wie es sich beispielsweise in Deckenmooren in der unmittelbaren Nähe von Industriegebieten zeigt. Vor allem hohe SO_2-Gehalte schädigen die Sphagnen beträchlich. Ombrotraphente Arten werden stärker beeinträchtigt als minerotraphente (u. a. LEE et al. 1990, 1993).

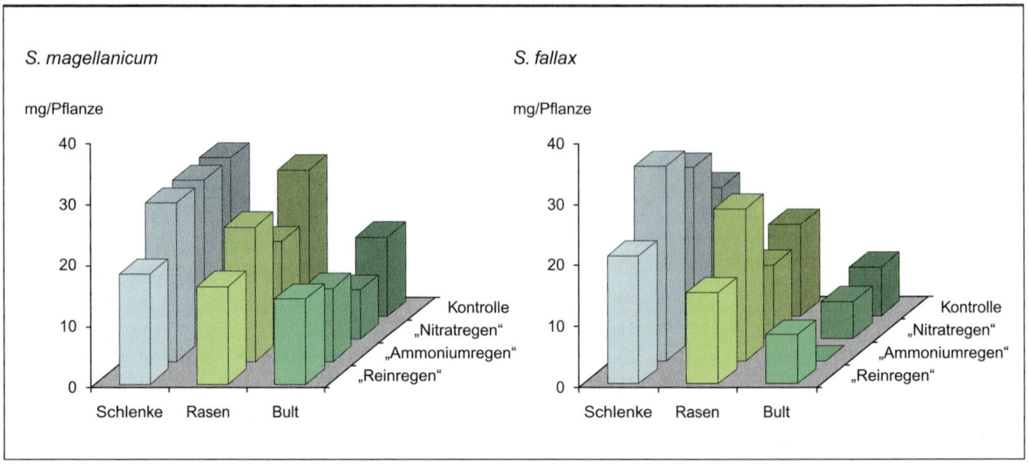

Abb. 123: Produktion von *Sphagnum magellanicum* und *Sphagnum fallax* in Abhängigkeit von der Wasser- und Nährstoffversorgung; Reinregen 12 µM NO_3^-, 6 µM NH_4^+; Ammoniumregen 59 µM NO_3^-, 372 µM NH_4^+; Nitratregen 300 µM NO_3^-, 131 µM NH_4^+, Kontrolle unbehandeltes Niederschlagswasser, im Mittel 67 µM NO_3^-, 82 µM NH_4^+ (nach LÜTKE TWENHÖVEN 1992).

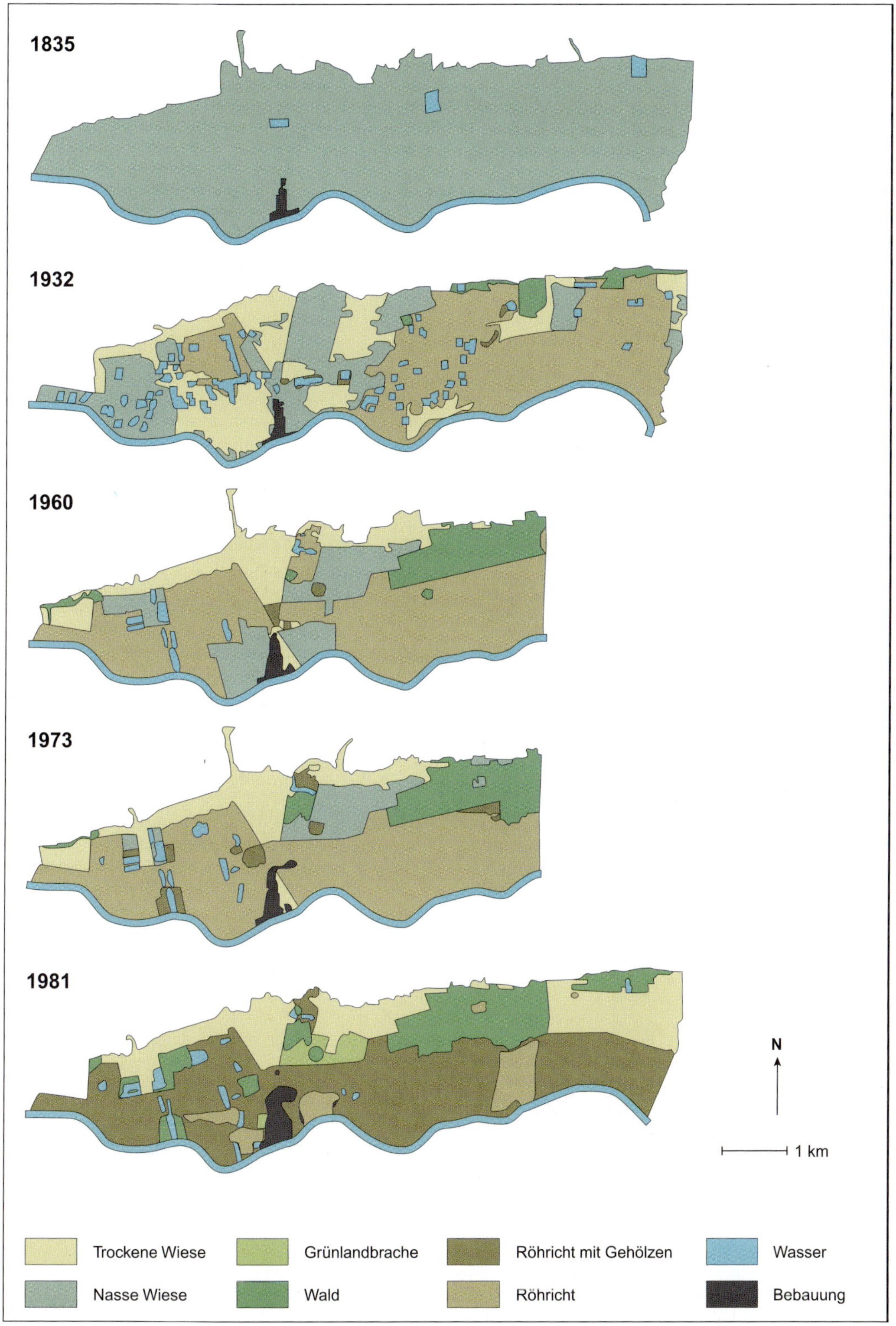

Abb. 124: Veränderung der Landnutzung im Peenehaffmoor nördlich von Anklam, rekonstruiert aus topographischen Karten (nach VAN DIGGELEN & WIERDA 1994).

11.3.3 Dynamik der Moore in der Kulturlandschaft: Sukzessionen und Moorbrachen

Vielerorts ist heute in Mitteleuropa die wirtschaftliche Nutzung von Moorstandorten rückläufig. Regional hat sich ausgedehntes Moorbrachland entwickelt, das sich hydrologisch, bodenchemisch wie -physikalisch und bezüglich der Vegetationsstruktur und -zusammensetzung von oligohemeroben Mooren unterscheidet. Auf S. 26 wurden die Moorentwicklung und die oligohemerobe Vegetation eines Durchströmungs- und Überflutungsmoorkomplexes im Peenetal vorgestellt. Für einen Zeitabschnitt von etwa 150 Jahren lässt sich aus dem Vergleich von topographischen Karten oder Luftbildern die jüngere Entwicklung und der Nutzungswandel rekonstruieren (Abb. 124).
Der Anteil landwirtschaftlich bewirtschafteter Flächen ist seit 1835 kontinuierlich zurückgegangen. Das ehemals ausgedehnte Grünland dürfte aus weitgehend baumfreien, nährstoffreichen Feuchtwiesen (Calthion) oder auch Streuwiesen (Molinion) bestanden haben. Die nassesten Flächen wurden bereits um die Jahrhundertwende nurmehr unregelmäßig genutzt und sind zwischenzeitig zunehmend verschilft. Zugleich setzte auf diesen Flächen eine ungeregelte Torfgewinnung ein. Die weitere Entwicklung ist durch Entwässerung und Nutzungsintensivierung auf der einen, Nutzungsaufgabe auf der anderen Seite gekennzeichnet. Die Röhrichtbestände wurden noch bis zu Beginn der 70er Jahre als baumfrei klassifiziert, also zumindest episodisch gemäht. Seither steigt der Gehölzanteil rapide an. Die weitere Entwicklung ohne steuernde Eingriffe dürfte bis auf die langfristig überfluteten Röhricht- und Großseggenried-Bestände zu Gebüsch- und Waldstadien führen.

Weite Teile der Moorflächen liegen mittlerweile infolge Torfsackung zwischen 0,25 und 0,4 m unter dem Mittelwasserstand der Peene. Die Unterhaltung der Deiche und Schöpfwerke ist kostenaufwendig und angesichts eines nachlassenden Nutzungsinteresses nicht zu vertreten. Eine Neuregulierung des hydrologischen Systems führt demzufolge bei partiellem Rückbau der Deiche zu

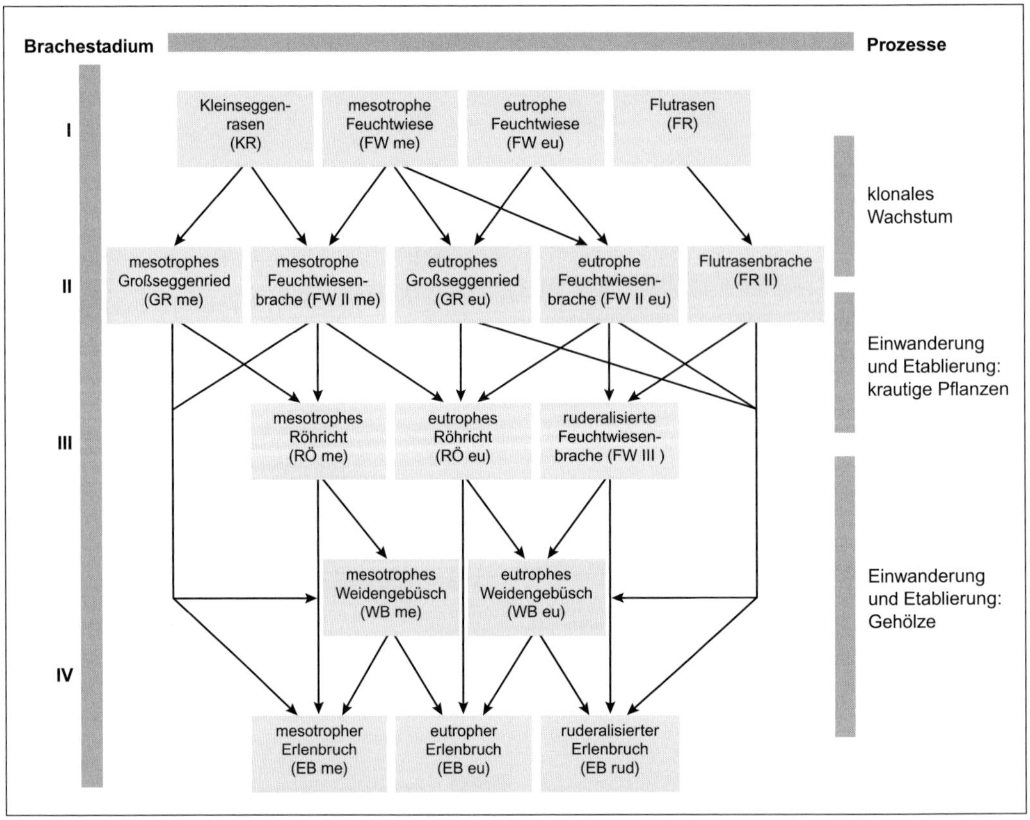

Abb. 125: Ablauf von sekundären progressiven Sukzessionen auf Feuchtgrünland-Brachen an Niedermoor-Standorten in Schleswig-Holstein (nach SCHRAUTZER & JENSEN 1998).

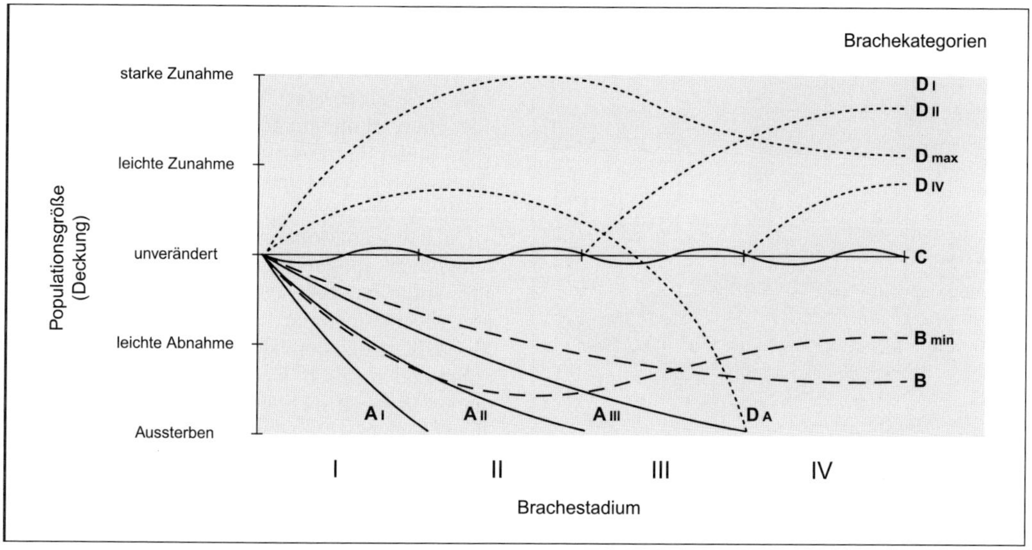

Abb. 126: Veränderung der Deckungsanteile von Arten auf Feuchtgrünland-Brachen in verschiedenen Brachestadien (A = Abnahme und Ausfallen in definierten Brachestadien, B = Rückgang in Brachestadien, C = keine gerichtete Veränderung, D = Zunahme mit ansteigender Dauer der Brache) (nach SCHRAUTZER & JENSEN 1998).

eutrophen bis hypertrophen Versumpfungs- und Überflutungsmooren.

Neben einer Nutzungsintensivierung und Eutrophierung löst also auch die Nutzungsaufgabe an landwirtschaftlichen Grenzertragsstandorten auf organogenen Böden beträchtliche Veränderungen in der Vegetation aus. Im Verlauf der Sukzession treten Gesetzmäßigkeiten auf, aus denen sich ein Sukzessionsmodell ableiten lässt (u. a. SCHRAUTZER & JENSEN 1998) (Abb. 125). Nach strukturellen und floristischen Kriterien lassen sich verschiedene Brachestadien unterscheiden, im gewählten Beispiel vier. Zunächst führt eine Nutzungsaufgabe zu initialen Brachen mit artenreichen Beständen und einer weitgehend dispersen Verteilung der aufbauenden Arten (Brachestadium I). Im weiteren Verlauf expandieren die klonal wachsenden Pflanzen des Ausgangsbestandes und setzen sich als dominierende Sippen durch (Brachestadium II). Anschließend wandern zusätzlich hochwüchsige Arten ein und können zur Dominanz gelangen (Brachestadium III). Einjährige und niedrigwüchsige Arten haben in den Brachestadien II und III nur dann eine Chance, wenn sie auf den rasch anwachsenden Streulagen keimen und sich etablieren können. Die weitere Entwicklung hin zur Ansiedlung von Gehölzbeständen (Brachestadium IV) setzt Störungen der aktuellen Vegetation voraus, beispielsweise durch Wildschweine. Erst diese Störungen eröffnen Gehölzsämlingen die Möglichkeit, an „safe sites" langsam die Raumkonkurrenz hochwüchsiger Stauden zu überwinden. Die vorgestellten Entwicklungen vollziehen sich an Standorten unterschiedlicher Hydrodynamik prinzipiell ähnlich.

Die Einnischung von Arten in definierte Entwicklungsstadien nach Nutzungsaufgabe lässt sich klassifizieren. Mit Hilfe von über 3000 Vegetationsaufnahmen aus bewirtschafteten Niedermooren wurden Frequenz und mittlere Deckung von 253 Gefäßpflanzen der betroffenen Standorte ermittelt. Die Veränderungen der Deckungsanteile im Sukzessionsverlauf dienen der Festlegung von Brache-Kategorien (Abb. 126).

Die Deckungsanteile von Arten der Brache-Kategorien A und B gehen im Verlauf der Sukzession zurück; Arten der Kategorie A fehlen den späten Brachestadien. Die Arten der Kategorie C verändern ihre Deckung mit anhaltender Brache kaum, solche der Kategorie D erhöhen ihre Deckungsanteile. Die Konsequenzen betreffen den Artenschutz. Der Anteil gefährdeter Gefäßpflanzen ist in den Brache-Kategorien A und B besonders hoch. Diese Sippen werden nach der Aufgabe der Nutzung von Feuchtgrünland-Standorten zurückgehen oder lokal aussterben. Ihre Erhaltung setzt folglich eine kontinuierlich extensive Nutzung voraus.

Ähnlich wie Brache-Kategorien lassen sich auch solche der Intensivierung (Hemerobiestufen) ermitteln und das Auftreten von Arten im Nutzungsgradienten klassifizieren (Kap. 7.4). Die Überlagerung beider Klassifikationskonzepte

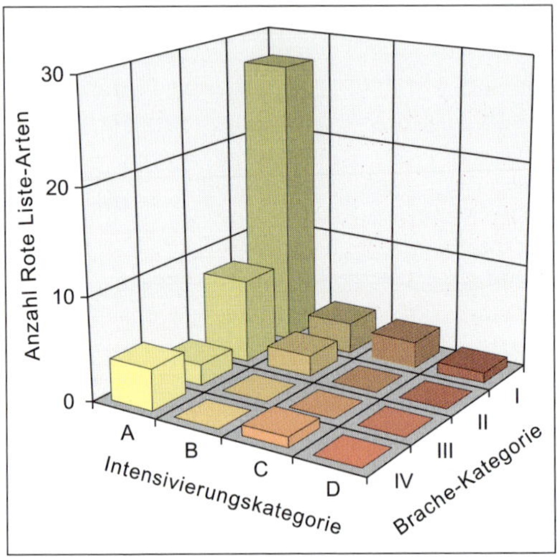

Abb. 127: Verteilung regional gefährdeter Gefäßpflanzen des Feuchtgrünlandes auf Niedermoor-Torferden in Schleswig-Holstein in Abhängigkeit von Nutzungsintensitäts- und Brachestufen (aus SCHRAUTZER & JENSEN 1998): A-D: ansteigende Nutzungsintensität; I-IV: Brachestadien von genutzten Flächen bis zu frühen Gehölzstadien.

zeigt, dass sich empfindliche Arten des bewirtschafteten Feuchtgrünlandes nur bei geringer Nutzungsintensität (Kategorie A) in bewirtschafteten Flächen beziehungsweise in frühen Brachestadien (Kategorie I) wirksam und langfristig sichern lassen (Abb. 127).

11.4 Schutzziele und Schutzkonzepte

Die Wertschätzung von Mooren als Objekte des Naturschutzes ist keine 100 Jahre alt. Die vorausgegangene Zeit war ausschließlich vom Wunsch der Bevölkerung geprägt, Moore zu nutzen. Diese Auffassung hat sich gewandelt. In Deutschland ist die Zahl der als Naturschutzgebiete ausgewiesenen Moore von 142 (1945) auf 1778 (1997) angestiegen. Die von diesen Gebieten eingenommene Fläche ist im gleichen Zeitraum von 14 744 ha auf 321 372 ha angewachsen. Dies entspricht etwa 4,4% der derzeitigen Moorfläche (STEFFENS 1996), sagt aber nichts aus über die aktuelle Qualität der Flächen.

Die Beurteilung von Mooren in der Naturschutzgeschichte des 20. Jahrhunderts orientierte sich zunächst an einzelnen Strukturen oder Arten sowie der Erhaltung, Förderung oder Entwicklung von Pflanzen- oder Tiergemeinschaften. Das hiermit verknüpfte Leitbild der Bewahrung „letzter Reste unberührter Naturlandschaften" blendet die vorgeschichtlichen und historischen, durchaus rabiaten Verfahren einer Moornutzung durch Brand oder Beweidung und deren Auswirkungen auf die Tier- und Pflanzenwelt der betroffenen Lebensräume weitgehend aus (hierzu z.B. CHAMBERS 1997).

Die heutigen Moore in Mitteleuropa sind erdgeschichtlich junge, kulturgeschichtlich dagegen alte, lange genutzte Lebensräume. Eine Restitution beeinträchtigter, meso- bis euhemerober Moore lässt sich durch planendes Vorgehen vorbereiten und auslösen. Bei einem Entwicklungszeitraum von meist mehreren Jahrtausenden kann in überschaubaren Zeitabschnitten kein Zielzustand erreicht werden, der näherungsweise einem von Menschen unbeeinflussten Zustand entspricht. Überdies: selbst eine erfolgreiche Restitution schließt keine durch Torfabbau oder -zehrung aufgetretene Ablagerungslücke. Dies gilt freilich nur für die oligohemeroben Standorte, die heute in der Kulturlandschaft, vor allem im Tiefland, ohnehin eine Rarität sind.

Die anzustrebenden Ziele für anthropogen überformte Moorstandorte sind anders zu beurteilen. Meso- bis euhemerobe Lebensräume sind die Folge nutzender Eingriffe in der Vergangenheit. Sollen diese einschließlich ihres Artenbestandes erhalten bleiben, so ist ein Management notwendig. Ein solcher Aufwand bedarf einer rationalen Begründung. Neben der Definition eines anzustrebenden Zieles stellt sich daher die Frage nach seiner Realisierung in einem überschaubaren Zeitraum sowie der Absicherung, dass die dafür erforderlichen Kosten von der Gesellschaft getragen werden können und sollen.

Die Entwicklungsziele orientieren sich an Schutzgütern. Allgemein sind die in Gesetzen und Verordnungen genannten Schutzgüter auf unterschiedlichen strukturellen und funktionalen Niveaus miteinander verknüpft. Außer dem Menschen sind dies:

- Arten und die von ihnen aufgebauten Populationen,
- von den Populationen unterschiedlicher Arten aufgebaute Gemeinschaften,
- Lebensräume sowie die in ihnen verfügbaren medialen Ressourcen,
- Ökosysteme, die ihrerseits Lebensräume und deren Lebensgemeinschaften integrieren und zugleich als offene Systeme zu einer gewissen Eigenregulation fähig sind („Naturhaushalt", „Integrität"), sowie
- Landschaftsausschnitte und der von ihnen ver-

mittelte visuelle und ästhetische Eindruck. In ihnen vollziehen sich zugleich raum-zeitliche Wechselwirkungen zwischen verschiedenen Ökosystemen, die sich abhängig von der Landnutzung entwickelt haben und verändern.

Der Gesetzgeber in der Bundesrepublik stellt diese Güter gleichrangig nebeneinander und verlangt bei einer Zieldefinition eine Abwägung bezüglich des oder der jeweils vorrangig zu verfolgenden, am Schutz und der Entwicklung der genannten Güter orientierten Ziele. Unstrittig ist für Moore eine Integration unterschiedlicher Teilziele zu einem ganzheitlichen Schutzkonzept geboten, nicht etwa eine isolierte Konzentration auf den Artenschutz, aber eben auch nicht seine vollständige Vernachlässigung.

Unter funktionellem Aspekt lässt sich ein nachhaltiger Schutz gefährdeter Schutzgüter nur realisieren, wenn es gelingt, den Natur- oder Landschaftshaushalt so zu steuern beziehungsweise durch anthroposphärische Einflüsse so wenig zu beeinträchtigen, dass nachteilige Entwicklungen ausbleiben oder zumindest gedämpft werden.

11.4.1 Schutz von Arten und Populationen

Für Flora und Fauna sind Moore Lebensräume stenöker Sippen nasser, meist nährstoffarmer Lebensräume. Zugleich sind sie Rückzugsgebiete für Sippen, die in intensiv genutzten Räumen bedroht und stark im Rückgang begriffen sind.

Viele von ihnen haben in Mooren disjunkt-reliktäre Vorkommen außerhalb ihres Hauptverbreitungsgebietes, beispielsweise die in der borealen Zone Eurasiens weit verbreitete *Betula nana* in Hochlagenmooren der Mittelgebirge und der Alpen. *Ligularia sibirica,* aus ihrem eurasiatischen Verbreitungsgebiet disjunkt bis in die Baltischen Länder und Polen vertreten, hat isolierte Vorposten in den östlichen Pyrenäen und im Massif Central (Abb. 128). *Juncus stygius, Carex capitata* und *Carex microglochin* haben außerhalb ihres Hauptareals in der borealen Zone der Holarktis kleine Enklaven in den Alpen, im nördlichen Alpenvorland, in den Karpaten und in Schottland. Ähnliche Beispiele sind auch von Tieren bekannt, etwa von Lepidopteren (u. a. Meineke 1982, 1985, Mikkola & Spitzer 1983) oder Vögeln wie der Restpopulation der mitteleuropäischen Rasse des Goldregenpfeifers (*Pluvialis apricaria apricaria*) (Heckenroth & Lüderwaldt 1997).

Isolierte Populationen stenöker Arten sind nicht nur empfindlich gegenüber sich ändernden Standortqualitäten, sondern sie sind infolge des Risikos

Abb. 128: *Ligularia sibirica* ist vor allem in subkontinentalen und kontinentalen Mooren Eurasiens disjunkt verbreitet. Die westeuropäischen Vorkommen in den Pyrenäen und im Massif Central sind stark isoliert und reliktisch. Puy de Combegrasse, Monts Dôme, Massif Central, Frankreich (8/1997).

von Inzucht und genetischer Drift potentiell dem Risiko einer abfallenden Fitness ausgesetzt. Von dem in Deutschland fast ausgestorbenen Moor-Steinbrech (*Saxifraga hirculus*) mit einem Verbreitungsschwerpunkt in basenreichen Quellmooren sind beispielsweise in Dänemark noch etwa 90 Vorkommen bekannt, von denen Ende der 80er Jahre nurmehr 15 mit blühenden Pflanzen angetroffen wurden (Warncke & Olesen 1991). Blütenbiologische Untersuchungen zeigten, dass 90 % der Flüge von bestäubenden Insekten einen Aktionsradius von 2 m unterschritten und dass die mittlere Samenausbreitung bei nur 0,13 m lag (Oleson & Warncke 1989a,b, 1990). Kreuzungsexperimente belegten, dass die Keimfähigkeit der Samen bei einer Bestäubung von Pflanzen zweier verschiedener Populationen signifikant höher war als innerhalb einer lokalen Population, ein Hinweis auf Inzucht-Depression (Abb. 129, 130).

Da die Art strikt protandrisch ist, erreichen bei kleinen Populationen zur Antherenreife nur wenige Pollenkörner empfängnisbereite Narben. Gegen Ende der Bestäubungsperiode gerät dann die Zahl befruchtungsfähiger Pollenkörner ins Minimum (Pollenlimitation). Folglich sinkt die Frequenz der sexuellen Reproduktion in kleinen Populationen im Vergleich zu größeren (Dahlgaard & Warncke 1995). Bezeichnenderweise produzieren die von Ohlson (1988a, 1989) untersuchten größeren schwedischen Populationen denn auch mehr als doppelt so viele Samen je Kapsel als jene in Jütland. Die Interaktion mit sich ändernden Standortfaktoren ist positiv rückgekoppelt: Der Verlust an genetischer Variabilität verringert die

Abb. 129: *Saxifraga hirculus* auf einer Quellmoorkuppe südöstlich Augustow, Nordost-Polen (8/1978).

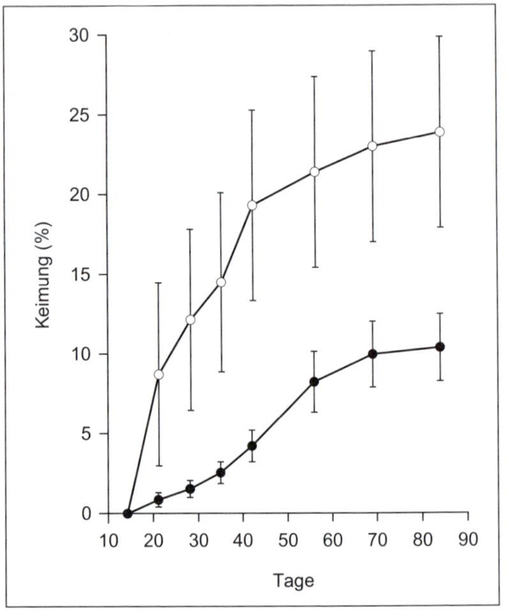

Abb. 130: Keimungsraten bei Samen, die von Befruchtungen zwischen verschiedenen *Saxifraga hirculus*-Populationen stammen (o) sowie solchen, wo die Bestäubung sich innerhalb der Populationen vollzogen hat (•) (nach Dahlgaard & Warncke 1995).

Fähigkeit, sich an veränderte oder auch nur stärker fluktuierende Umweltbedingungen wirksam anzupassen.

Vor allem qualitative Veränderungen der Standorte können die Überlebensfähigkeit von Populationen drastisch einschränken. *Gentiana pneumonanthe* geht in den Feuchtheiden und oligotrophen Mooren der Niederlande und Norddeutschland stark zurück, da durch Habitatzerstörung und -fragmentierung geeignete Lebensräume ausfallen, und infolge Entwässerung und Eutrophierung konkurrierende Arten wie *Molinia caerulea* gefördert werden. Bei verstärkter Streuakkumulation etablieren sich weniger Keimlinge des Enzians. Die Fitness der Pflanzen verschlechtert sich und die aktuellen Populationen überaltern (Abb. 131). Die rückläufige Entwicklung verstärkt sich noch bei stark spezialisierten Insekten, die wie der Lungenenzian-Ameisenbläuling (*Maculinea alcon*) monophag an den Enzian als Wirtspflanze gebunden und zusätzlich auf Habitatstrukturen wie Ameisennester angewiesen sind (Wynhoff et al. 1996).

Über die spezifische Tierwelt der Moore sind wir schlechter informiert als über die Flora. Jüngere ausführliche Analysen aus Mitteleuropa beziehen sich überwiegend auf teilweise bis großflächig zerstörte Moorstandorte, in denen mit unterschiedlich hohem Aufwand Restitutionsmaßnahmen angelaufen sind. Die an solche sekundären Moorstandorte gebundene Tierwelt ist artenreich, zum Teil gefährdet und damit schutzwürdig, aber nur zu einem geringen Anteil standortspezifisch (tyrphobiont). Von etwa 600 in Moorgebieten Baden-Württembergs angetroffenen Großschmetterlingsarten hält Meineke (1982) nur 13 für tyrphobiont, also regional streng an Hochmoore gebunden, nur weitere 11 für stark tyrphophil, also bevorzugt in Hochmooren auftretend. Bemerkenswert ist, dass sich an gestörten, strukturreichen Moorstandorten deutlich mehr Sippen (300) nachweisen ließen als in den strukturarmen Flächen offener Hochmoore (175 Sippen). Kaum überrascht dagegen die Bindung stenöker Sippen an oligohemerobe Moorstandorte und ihr Fehlen auf Restitutionsflächen (Utschick 1990). Die Hoffnung, beispielsweise durch Wiedervernässungen geeignete Voraussetzungen zu entwickeln, damit sich eine moortypische Flora und Fauna „von allein" einstellen könne (Eggelsmann 1989), ist zumindest für die Erhaltung reliktischer und disjunkter Sippen unrealistisch.

Außerdem dürfte für allgemein seltene, aber nicht stenök-moorspezifische Organismen eine im Zuge von Restitutionsmaßnahmen vorgesehene Oligotrophierung von Moorflächen nur zeitweilig eine Perspektive bieten (u. a. Stroud 1989).

Dem einzelobjektbezogenen Arten- und Populationsschutz wird spätestens seit der Einbeziehung der Agenda 21 der Rio-Konferenz in internationale und nationale Naturschutzkonzepte ein weltweiter Schutz der **Biodiversität** an die Seite gestellt. Dieser muss, um wirksam zu sein, besonders im regionalen und lokalen Bereich umgesetzt werden. Diversitätsfördernd sind unter anderem Alter (Kontinuität) der Entwicklung und Besiedlung von

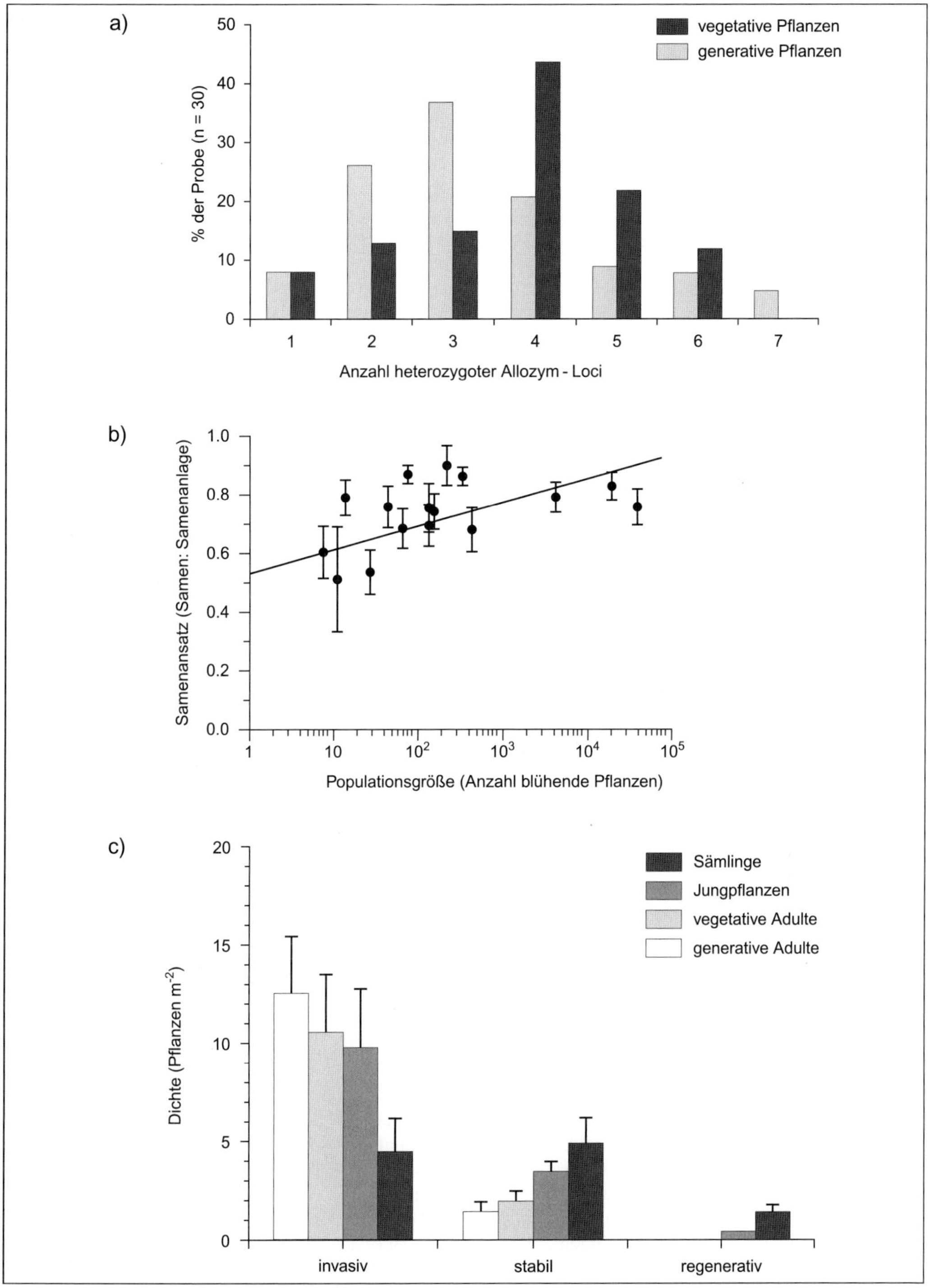

Abb. 131: Populationscharakteristika bei *Gentiana pneumonanthe*: Wechselwirkungen zwischen der Allozym-Heterozygotie und dem Blühansatz (a), zwischen Samenanzahl je Samenanlage und Populationsgröße (b) sowie der Aufbau unterschiedlich vitaler Populationen bezüglich der Zusammensetzung unterschiedlicher Lebenszyklus-Stadien (c) (nach OOSTERMEIJER 1996).

Lebensräumen, Struktur- und Nutzungsvielfalt von Flächen, diversitätsmindernd wirken starke und häufige Störungen, extreme Standortbedingungen, limitierende Ressourcen sowie Konkurrenz durch dominierende Arten (Ädifikatoren).

In Mooren schwankt der Artenreichtum je Bezugsfläche bereits auf engem Raum beträchtlich. Allgemein steigt die Diversität von sehr nassen und sauren Standorten hin zu trockeneren und basenreicheren an (abfallender Stress, ansteigende Strukturvielfalt, u. a. Dierssen & Dierssen 1984, Karlin & Bliss 1984, Wheeler & Shaw 1991). Die Arten der Feld- und Bodenschicht reagieren dabei auf Störungen unterschiedlich und voneinander entkoppelt. Eine schwache Entwässerung und Düngung von Mooren führt im Allgemeinen zu einem Ansteigen der Artenanzahl/Diversität in der Bodenschicht und einem Abfallen in der Feldschicht. Im nassen bis mäßig nassen Teppich- und Rasenhorizont bauen die beherrschenden Bryophyten einen beträchtlichen Konkurrenzdruck auf, während bei der eher zwergstrauchgeprägten Bultvegetation die abiotischen Faktoren die Zusammensetzung der Kryptogamenschicht stärker bestimmen. Phytomassevorräte und Artenvielfalt sind in der Bodenschicht oft negativ korreliert, nicht dagegen in der Feldschicht (Vasander 1987).

Nach einer Drainage sinken Bodenfeuchte und pH-Wert, während die Phytomasse der Gehölze ansteigt und die Feld- und Bodenschicht beschattet. Dies führt zu einem Rückgang der an Moorstandorte adaptierten, **intrinsischen** Arten. Vergleichbare Entwicklungen lassen sich für die Avi- und Bodenfauna belegen (u. a. Väisanen & Rauhala 1983, Markkula 1986). Mit steigender Nährstoffverfügbarkeit wird die Feldschicht dichter und ertragskräftiger, was zu einem rapiden Rückgang insbesondere der Torfmoose in der Bodenschicht führt, während zugleich Schatten ertragende, aber weniger produktive Waldarten unter den Bryophyten an Bedeutung gewinnen. Die eigentlichen Moorpflanzen verschwinden zuerst, am raschesten in basenreichen Niedermooren (Backéus 1980) – zugunsten standortindifferenter Sippen. Die im Vergleich zur Bodenschicht konkurrenzkräftigeren Pflanzen der Feldschicht profitieren zunächst von Drainage, Mineralisation und Nährstoffanstieg. Bei hohem Gehölzanteil schränkt die wachsende Beschattung eine rasche Ansiedlung moorfremder Arten im Zuge der Sekundärsukzessionen ein (Sarasto & Seppälä 1977).

In der Regel lösen anthropogene Störungen in Mooren einen Anstieg der Anzahl moorfremder (**extrinsischer**) Arten aus. Dabei werden Generalisten gegenüber Spezialisten gefördert. Ahemerobe, stenöke Pflanzenarten gehen zurück. Für genauer untersuchte Tiergruppen lässt sich ähnliches feststellen (u. a. Mossakowski 1970a für Carabiden (Coleoptera)). Artenvielfalt und das Auftreten regional seltener Arten müssen nicht eng korreliert sein. Seltenheit hängt oft von standörtlicher Spezifität ab (enge Nischenbreite der seltenen Arten). Eine Kombination mehrerer kleinerer Gebiete in einem Schutzkonzept birgt somit eine größere Chance zur Erhaltung seltener Arten als ein einzelnes Gebiet gleicher Flächengröße. Das Risiko liegt hierbei in der Unterschreitung von Minimalarealen überlebensfähiger Populationen. Besonders für Moore in Kulturlandschaften gilt, dass mit wachsender Segregation die Anzahl der Gebiete ansteigt, in die seltenere Arten praktisch nicht mehr neu einwandern können. Vor diesem Hintergrund bergen größere Gebiete das stochastisch geringere Aussterberisiko (z. B. Wright & Hubbell 1983, Sætersdal 1994).

11.4.2 Schutz von Lebensgemeinschaften und ihren Lebensräumen

Beim Schutz von Lebensgemeinschaften und Lebensräumen wird versucht, über die Bewahrung und Entwicklung von Standortqualitäten das Entwicklungspotential eines Landschaftsausschnittes für Ziele des Naturschutzes zu sichern. Biotopkartierungen greifen dabei häufig auf das Raster von Vegetationstypen zurück. In Deutschland sind wir heute über die Flächenverteilung und das Gefährdungspotential von Biotoptypen vergleichsweise gut informiert. Nach dem Bundesnaturschutzgesetz und den Ländergesetzen stehen Moore, Röhrichte, Nasswiesen und Bruchwälder generell unter Bestandesschutz, der sie allerdings nicht vor fortschreitenden und schleichenden Veränderungen bewahrt.

Oligohemerobe Hochmoore existieren in Mitteleuropa im Tiefland nur noch kleinräumig, in Mittel- und Hochgebirgen dagegen größerflächig. Gegenüber atmosphärischen Einträgen sind auch sie nicht effektiv geschützt, gegenüber schleichenden Entwässerungen vor allem in intensiver bewirtschafteten Regionen wohl nur in Ausnahmen.

Die aus Dauerflächenuntersuchungen abgeleitete Beobachtung eines Rückganges immissionsempfindlicher Flechten (u. a. *Cladonia coccifera, C. crispata, C. scabriuscula*) und des zunehmenden Auftretens moorfremder, „anspruchsvollerer“ Arten in norddeutschen und dänischen Hochmooren (*Dryopteris carthusiana, Molinia caerulea,*

Deschampsia flexuosa) lässt insbesondere auf Ammoniumeinträge schließen. Diese Einträge können das Konkurrenzgefüge zwischen Torfmoosen wie *Sphagnum fallax* und *S. magellanicum* sowie zwischen den Bryophyten und Gefäßpflanzen verschieben (vergl. S.160, außerdem ASMAN & RUNGE 1991, LÜTKE TWENHÖVEN 1992).

Nährstoffarme, oligo- bis mesohemerobe Niedermoore unterschiedlicher Qualität sind im Tiefland eher kleinräumig, größerräumig in Mittel- und Hochgebirgslandschaften entwickelt. Viele von ihnen unterliegen einer schleichenden Entwässerung und Eutrophierung. In den Mittelgebirgen und im Tiefland sind basenreiche Niedermoore (Caricion davallianae) – im Gegensatz zum Hauptverbreitungsraum in der montanen bis unteren alpinen Stufe der Hochgebirge – meist sekundär entwickelt und wurden zu Zeiten intensiverer Nutzung vor allem durch Drainagen beeinträchtigt. Stärker noch als Hochmoore und saure Niedermoore gehören sie heute zu den besonders gefährdeten Lebensräumen (u. a. SSYMANK & HAUKE 1998). Nach Drainagen werden durch Mineralisation teilweise hohe Nährstoffmengen pflanzenverfügbar. Außerdem sind die meisten offenen, gehölzfreien Niedermoor-Standorte in der Vergangenheit gemäht oder beweidet worden. WIND (1992) hält auf der Basis einer Bilanzierung der Kalkniedermoore Dänemarks mehr als 90 % der Flächen für bedroht, sofern keine kontinuierlichen, steuernden Eingriffe erfolgen. Entwässerung und Aufgabe der extensiven Nutzung zeigen ähnliche Effekte: ein Vordringen hochwüchsiger Stauden und Gehölze zu Lasten niedrigwüchsiger, stressadaptierter Niedermoor-Arten (u. a. FLINTROP 1987, JENSEN 2001).

Eutraphente Niedermoor-Vegetation, insbesondere Röhrichte und Großseggenrieder, breitet sich derzeit auf Kosten der Lebensgemeinschaften nährstoffärmerer Niedermoor- und Feuchtgrünlandflächen aus. Erlen- und Birken-Bruchwälder stehen zwar wie alle übrigen Biotoptypen der Moore unter Bestandesschutz; regionale Analysen belegen allerdings, dass oligohemerobe Bruchwälder gegenüber hemerophilen stark im Rückgang begriffen sind.

An schwach bis mäßig entwässerten Niedermoor-Standorten gehen einschürige Streuwiesen (Molinion) besonders stark zurück. Sie bildeten in der Vergangenheit Refugien für besonders vielfältige und gefährdete Lebensgemeinschaften. Das Hauptverbreitungsgebiet der basenreichen Ausbildungen liegt in den Randalpen sowie im Jura und nördlichen Alpenvorland. Der derzeitige Rückgang und die Qualitätsminderung sind drastisch. Zwischen 1969 und 1981, also innerhalb von nur 12 Jahren, gingen beispielsweise in der Molinionreichen aargauischen Reußebene die dort früher landschaftsprägenden *Iris sibirica*-Bestände um 57 % zurück (KESSLER 1986). Vergleichbare Rückgangstendenzen zeigen sich für die Entomofauna wie die stenöken Bläulinge *Maculinea teleius* und *M. nausithous* (u. a. AISTLEITNER 1999).

Wie Streuwiesen bleiben auch mesotrophe Feuchtwiesen oft ungenutzt, entwickeln sich zu Hochstaudenbrachen oder wurden intensiviert und in Feuchtweiden überführt. Dieser Prozess ist durchgängig mit einer Einschränkung der floristischen und standörtlichen Vielfalt und naturräumlichen Eigenart verknüpft.

Feuchtweiden schließlich sind durch Drainagen aus Feuchtwiesen hervorgegangen. Sie zeichnen sich durch eine artenarme Grasnarbe mit vorherrschenden Wechselfeuchte-Indikatoren aus. Bei weiterer Entwässerung entstehen Weidelgras-Weißklee-Weiden. Bei ihnen liegen selbst die höchsten Grundwasserstände unterhalb des Hauptwurzelhorizontes.

11.4.3 Ressourcenschutz

Ressourcennutzung und -schutz betrifft unter Natur- und Umweltschutzaspekt die Schutzgüter Boden, Wasser und Luft ebenso wie ökonomisch nutzbare Lagerstätten. Selten wird der aus den unterschiedlichen Nutzungsansprüchen resultierende Konflikt zwischen Torfabbau, Landwirtschaft, Grundwasserbewirtschaftung und Natur- und Umweltschutz so deutlich wie bei Mooren. Frühe Versuche einer Abstimmung von Nutzungsinteressen wurden in Niedersachsen (1980) unternommen, wo gleichzeitig landesweit die Schutzwürdigkeit von Flächen und das Vorkommen abbauwürdiger Torfvorräte bilanziert wurde. Die damalige Wertsetzung wird aus den Flächenbilanzen deutlich. Die Menge der abbauwürdigen Weißtorfe wurde auf 840 Mio. m^3 Frischtorf beziffert, jene der abbauwürdigen Schwarztorfe auf 1,51 Mrd. m^3. Als schutzwürdig wurden 280 von 1855 km^2 untersuchter Flächen, entsprechend 15 %, erachtet (BIRKHOLZ et al. 1980).

Eine derartige Betrachtungsweise greift aus heutiger Sicht zu kurz, da Arten- und Lebensraumschutz gegenüber dem Torfabbau zwar wichtige, aber eben nicht die einzigen Teilziele des Moorschutzes bilden. Hinzu treten vor allem Boden-, Wasser- und Klimaschutz. Eine nachhaltige Nutzung der Böden von Moorstandorten muss den Bodenfunktionen als Produktionsstandort, als Lebensraum, aber auch als Stoff-Senke und -Puffer gerecht werden. Dies ist auf organogenen Böden kaum möglich. Folglich deckt sich bei konsequenter Umsetzung des Nachhaltigkeitskonzeptes die Bewirtschaftung von Grünland an Moorstandorten nicht mit den Zielen einer ordnungsgemäßen land- und forstwirtschaftlichen Bodennutzung im Sinne des Naturschutzrechtes.

11.4.4 Ökosystemschutz

Mit ökosystemar angelegten Konzepten lassen sich unterschiedliche wissenschaftliche Ansätze für eine zielbezogene Analyse der Untersuchungsobjekte sowie die Präsentation ganzheitlicher Lösungsansätze für eine Entwicklungsplanung von Projekten integrieren.

Gewässern vergleichbar liegen Moore nicht isoliert in der Landschaft. Ein Erfolg versprechender Moorschutz muss daher das Einzugsgebiet und gegebenenfalls dessen Sanierung einbeziehen. Ökosystemen wird die Fähigkeit zur „Selbstorganisation“ zugesprochen. Dies darf indessen nicht gleichgesetzt werden mit einer „Selbstregeneration“ im Sinne anthropomorpher Naturschutz-Leitbilder. Mechanismen einer Selbstorganisation setzen bei jenem Zustand an, in den die vergangene und aktuelle anthropogene Nutzung das betroffene System versetzt hat. Deshalb wäre es fahrlässig, den betroffenen Landschaftsausschnitt unreflektiert seiner „Eigenentwicklung“ zu überlassen. Vielmehr gilt es, ausgehend von der aktuellen Situation, sein Entwicklungspotential abzuschätzen.

Den internen und den zwischen Ökosystemen realisierten Energie-, Stoff- und Informationsflüssen lässt sich mit naturwissenschaftlichen Untersuchungsmethoden kein Eigenwert zuordnen. Folglich müssen nicht nur die Strukturen analysiert werden, sondern vor allem auch die Wirkmechanismen aufgedeckt, um daraus rational begründete Planungs- und Handlungsempfehlungen abzuleiten.

Wie verschiedentlich angesprochen, kommt Mooren neben ihrer Bedeutung für den Arten-, Lebensgemeinschafts- und Landschaftsschutz auch eine ökosystemare Funktion zu als Senken für Kohlenstoff und Nährstoffe. Drainage und Torfabbau haben folglich erhebliche Auswirkungen auf die globale Kohlenstoffbilanz. Seit 1795 sind nach bisherigen Kalkulationen 590–700 Mt Kohlenstoff durch die Verbrennung von Torfen als CO_2 in die Atmosphäre abgegeben worden, durch Meliorationen im agrarischen Bereich etwa das 7fache: zwischen 4140 und 5600 Mt (ARMENTANO & MENGES 1986). Gelangen Torfe des Katotelm durch Entwässerung in ein aerobes Milieu, so führt dies im Vergleich zu den Ablagerungsbedingungen im ungestörten Katotelm zu einer etwa 200fachen CO_2-Emission (HOGG 1993). Die in Mitteleuropa verbliebenen Torflager haben sich inzwischen überwiegend in Kohlenstoffquellen verwandelt. Auch Stickstoff und Phosphor werden bei der Entwässerung von Mooren in großen Mengen mineralisiert und ausgewaschen (vergl. S.144). Folglich liegt es nahe, stark degradierte Moorflächen ohne besondere Bedeutung für Fauna und Flora durch Restitutionsmaßnahmen erneut in Kohlenstoff- und Nährstoffsenken umzuwandeln, um so die fortlaufende CO_2-Abgabe einzuschränken. Gleichzeitig wird infolge von Torfakkumulation und Denitrifikation die Stickstofffracht in Fließgewässern gemindert (z. B. FLEISCHER et al. 1991). Der ökoystemare Ansatz verfolgt also neben einer Optimierung des Arten- und Lebensgemeinschaftsschutzes zugleich auch eine auf das jeweilige System zugeschnittene „Sanierung“ zur Minderung unerwünschter Energie- und Stoffausträge.

11.4.5 Moorarchäologie und landschaftsgeschichtliche Bedeutung

Die Torfakkumulation und damit die mehr oder weniger vollständige Erhaltung von Pollenkörnern, Tier- und Pflanzenresten sowie Siedlungsspuren in stratigraphisch weitgehend ungestörter Lagerung macht Moore zu Archiven, aus denen sich die Entwicklung der Moore selbst, der sie umgebenden Landschaft sowie ihrer Nutzung durch den Menschen erschließen lässt (u. a. HAYEN 1982, JOOSTEN 1986, COLES 1995, KOOIJMANS 1995, SHOTYK 1996, FANSA 1999). Auch die qualitative und quantitative Zusammensetzung vergangener atmosphärischer Depositionen lässt sich aus Bohrkernen rekonstruieren, natürlich mit Einschränkungen bezüglich der in der Bodenlösung wandernden Ionen (KEMPTER 1996, SHOTYK 1996, KEMPTER & FRENZEL 1997). Die Qualität der Rückschlüsse hängt vor allem von einer möglichst vollständigen und in der zeitlichen Sequenz der Ablagerung ungestörten Schichtung der Torfe ab. Zugleich sollte auch die künftigen Kontinuität der Torfakkumulation gewährleistet sein. Deshalb sind ombrotrophe Torfschichten, die nicht durch Abbau, Brand oder Entwässerung beeinträchtigt wurden, bedeutsamer als zeitweilig genutzte, und zwar unabhängig von Nutzungszeitpunkt und -zeitraum. Selbst eine noch so umsichtig durchgeführte Moorrestitution vermag grundsätzlich keine „Archivierungslücken“ zu schließen.

Für Archäologen deponieren Moore „Geschichte“: Körper von Tier und Mensch, Haare, Textilien, Werkstücke aus Holz und Leder werden fast unversehrt aufgefunden, in Form und Abmessung unverändert und im Idealfall über den Vergleich von Jahresringen bei Hölzern auf das Jahr genau datierbar. Die Entdeckung von Pfahl- und Bohlenwegen (Abb. 132), teilweise auf die Stein- und Bronzezeit datiert, zeugt von den mühsamen Versuchen, Moore als trennende Barrieren in der Landschaft zu überwinden. Geborgene hölzerne Kultfiguren legen Zeugnis ab von der jahrtausendealten komplexen psychologischen Wechselbeziehung zwischen Mooren und ihren Anwohnern. Die Bedeutung der angetroffenen Siedlungsspuren liegt im Grad ihrer Unversehrtheit im Vergleich zu solchen Ablagerungsstätten, in denen durch Luftzutritt das organische Material weitgehend zerstört worden ist und rudimentäre Artefakte überwiegen. Entdeckung und Gefährdung moorarchäologischer Funde liegen dicht beieinander. Die Bedeutung hydrologisch unbeeinträchtigter Moorsysteme eint die Ziele von Moorarchäologen und Naturschützern: „...if nothing is done now, there may soon be nothing left to do, such is the fragile nature of waterlogged remains.“ (COLES 1990).

Abb. 132: Bohlenweg bei Ockenhausen-Oltmannsfehn (713 v. Chr.).

Moorarchäologie erschließt Kenntnisse, die sich aus anderen Quellen nicht erfassen lassen, da Zeugnisse über die Wechselbeziehungen zwischen Menschen und ihrer Umwelt in keinem Medium so gut konserviert sind wie in Mudden oder Torfen. So können vergleichsweise immobile Metallkationen wie Blei, die nahezu vollständig von den organischen Liganden der Torfmatrix fixiert werden, als Marker für regional schwankende Intensitäten des Bergbaus eingesetzt werden (u. a. MÜLLER & LAMERSDORF 1995, SHOTYK 1996). Ein Problem ist, dass sich zwar die zu neuen Erkenntnissen führenden Analyseverfahren zunehmend verbessern, aber mit steigendem Abbau der Torflager auch die Möglichkeit abnimmt, die „verborgenen Archive“ zu bergen, wenn die Torfe, ihre Inhaltsstoffe und eingebettete Objekte großflächig und radikal beseitigt werden. Jeder Moorschutz, der nach Drainage und Abtorfung einsetzt, ist aus Sicht des „Grabungsschutzes“ mit Qualitätseinbußen verknüpft (HAYEN 1980, 1982, SHOTYK 1996).

11.4.6 Ästhetische Bedeutung von Moorlandschaften

Unser Wissen über Moorsysteme, ihre Entwicklungsgeschichte und Ökologie hat sich in jüngerer Zeit beträchtlich erweitert. Es liegt nahe, Schutz- und Entwicklungskonzepte auf diesem Wissensfundus aufzubauen. Ganzheitliche Wahrnehmung von Natur und Landschaft erfolgt keineswegs ausschließlich rational und kognitiv, sondern wird durch eine emotionale und ästhetische Komponente ergänzt. Dem Wissenschaftler und Künstler HAECKEL vermittelte die Wahrnehmung von Landschaften die „...reinste Form ästhetischer Empfindungen“ und in der menschlichen Fähigkeit zur Wahrnehmung sah er die „...vollkommensten Leistungen des organischen Lebens“ (HAECKEL 1904). Die emotionalen und ästhetischen Eindrücke helfen, unsere Wahrnehmungen zu gewichten; sie begründen somit unsere Urteilsfähigkeit.

Naturwissenschaftler und Naturschützer reagieren und handeln keineswegs rein kognitiv. Gegenwärtig versuchen sie mehrheitlich, die emotionale Komponente ihrer persönlichen Befindlichkeit in der Öffentlichkeit zu unterdrücken oder zu „rationalisieren“. Einem konstruktiven Dialog mit „normalen“ Mitmenschen über nur vermeintlich „rationale“ Naturschutzziele ist ein solcher rein kognitiver Zugang keineswegs immer zuträglich, zumal das Naturverständnis vieler Bürger überwiegend von ästhetischen und emotionalen Bildern und Vorstellungen geprägt sein dürfte, die sich eher selten mit jenen von Wissenschaftlern und Naturschützern decken.

Der Gesetzgeber trägt den emotionalen und ästhetischen Bedürfnissen der Bevölkerung Rechnung, indem er festgelegt hat, dass die „Vielfalt, Eigenart und Schönheit von Natur und Landschaft“ als Lebensgrundlage des Menschen und als Vorraussetzung für seine Erholung in Natur und Landschaft nachhaltig zu sichern seien (§1[1] Bundesnaturschutzgesetz). Darüber hinausgehend haben die Schweizer Bürgerinnen und Bürger durch Annahme der so genannten Rothenthurm-Initiative vom 6. Dezember 1987 den wirkungsvollen Schutz von „Mooren und Moorlandschaften von besonderer Schönheit und von nationaler Bedeutung“ als verfassungsmäßigen Auftrag beschlossen. Allerdings stoßen Gesetzesformulierungen und demokratisch gefasste Beschlüsse bisweilen auf Probleme bezüglich einer verbindlichen Festlegung und Umsetzung. Kriterien einer Beurteilung umfassen die Struktur der Moorlebensräume, ihre geomorphologische Einbindung, naturräumlich bezeichnende Kulturelemente, das Ausmaß der Besiedlung sowie realer und potentieller Beeinträchtigungen. Alle diese Kriterien entziehen sich einer einfachen Ermittlung in naturwissenschaftlichem Sinne. Liegt ein regionales oder nationales Inventar vor, so ist eine nachvollziehbare Gewichtung nach Rangstufen möglich. Jedes Bewertungsverfahren verfolgt daher primär das Ziel, die Bearbeiter zu einer systematischen Analyse der Objekte anzuhalten. Die zu treffenden Entscheidungen sind dann das Ergebnis eines gesellschaftlichen Abwägungsprozesses (Hintermann 1991).

Unter ästhetischem Aspekt ist das Landschaftsbild das vorrangige Schutzgut. Die meisten Moorlandschaften, zumindest in Mitteleuropa, sind heute vom Menschen geprägte und gestaltete Kulturlandschaften. Empfindungen für diese Landschaften sind expressiv, kontextgebunden, individuell und unterliegen der gesellschaftlichen Stel-

Abb. 133: „Zwischen Moorwänden“ (1902, Öl/Lw), Fritz Overbeck.

lung des Betrachters sowie dem Zeitgeschmack. In der Kunst zeigt sich dies besonders plastisch.

Bis ins 19. Jahrhundert war das harte und entbehrungsreiche Leben am und mit dem Moor für Künstler fast kein Thema. Erst Naturentfremdung und Verlusterfahrung vor allem bei Städtern als Folge der Industrialisierung induzierten einen Naturalismus, der unter anderem in der Gründung von Künstlerkolonien mündete.

1889 ließ sich eine kleine Gruppe von Malern in Worpswede nieder, um abseits der städtischen Zivilisation der Natur möglichst nahe zu sein. Zu jenem Zeitpunkt war das Teufelsmoor bereits eine vom Menschen gestaltete Kulturlandschaft, wurde auch als solche empfunden und in den Bildern von Otto Modersohn, Fritz Overbeck, Heinrich Vogeler oder Hans am Ende künstlerisch gestaltet (Abb. 133).

Auch August Westphalen, der sich die mittelholsteinische Heide- und Moorlandschaft als Motivwelt erschloss, band den tätigen Menschen bewusst in den landschaftlichen Kontext ein. Der Künstler war um die Jahrhundertwende und nach dem Ersten Weltkrieg – in Zeiten des Hungers – befangen in der Vorstellung, Moor- und Ödlandgebiete als Landreserve zu erschließen (Abb. 134).

Stand für die Künstler der Worpsweder Kolonie die vom Menschen domestizierte Natur im Vordergrund, so tritt als nachvollziehbare Reaktion auf die inzwischen großindustrielle Zerstörung von Moorlandschaften in den vergangenen dreißig Jahren zunehmend der von engagierten Naturschützern vertretene „Wildnis-Mythos“ mit der „unberührten“ Natur als Leitbild in den Vordergrund. Dieser Wildnis-Mythos ist als Antithese zur Zivilisation zu verstehen, als Vision von Zeitgenossen urbaner und auch ländlicher Räume, die sich in ihrem üblichen Lebensumfeld bereits weit von ihrer „natürlichen“ Umgebung entfernt haben (Gómez-Pompa & Kaus 1992).

Wenn unberührte Natur – Wildnis also – durch die Abwesenheit des Menschen definiert ist, so kann sie sich nicht dem Betrachter offenbaren. Vielmehr spiegelt sie unsere Vorstellung von Natur und ist auf diese Weise „ein Gespinst der Phantasie“ (Grames & Langer 1985).

Für Maler, Bildhauer und Objektkünstler wird auch das endgültig zerstörte Moor zum Mythos – zur metaphorischen Vergegenwärtigung von Erinnerungen mit Hilfe von Collagen, Skulpturen und neuen Darstellungsformen (Janssen 1999). Bislang wurden Brachen an Moorstandorten und Restitutionsmaßnahmen noch nicht künstlerisch bearbeitet. Werden sie ein Sujet des kommenden Jahrhunderts sein?

Abb. 134: „Torfstechen im Einfelder Moor“ (1923 Öl/Lw), August Westphalen.

12 Strategien und Instrumente zur Umsetzung des Moorschutzes und der Moorrestitution (Restaurierung)

Die unterschiedlichen Aspekte des Moorschutzes erfordern auf konkrete Objekte zugeschnittene Konzepte von Pflege- und Entwicklungsstrategien. Dies setzt ein Basiswissen voraus über die Genese des Torfkörpers, die Nutzungsgeschichte des Moorsystems, die stofflichen Einträge und Umsetzungsprozesse, den Wasserhaushalt und die Biozönosen sowie über die Schutzbedürftigkeit und -fähigkeit der jeweils betroffenen Schutzgüter. Auf dieser Erhebung muss ein Entwicklungskonzept aufbauen, in dem Prioritäten festgelegt sowie Schutz- oder Steuerungskonzepte flächenscharf benannt werden müssen. Schließlich sollten die getroffenen Maßnahmen einer vergleichenden Kontrolle der angestrebten und erreichten Ziele unterworfen werden (Kap. 13). Regional liegen für derartige Pflege- und Entwicklungskonzepte bereits vorzügliche Beispiele vor (etwa A. & I. Wagner 1996).

Heute besteht unter moorkundlich arbeitenden Fachleuten Konsens darüber, dass die anzustrebenden Entwicklungsziele sich weder allein auf den Arten- und Lebensgemeinschaftsschutz konzentrieren dürfen, noch auf einen schlichten Einstau von Wasser beliebiger Beschaffenheit. Vielmehr gilt es, unerwünschte Stoffausträge aus derzeit nicht genutzten Moorflächen zu mindern, die potentiellen Möglichkeiten solcher Flächen als Retentionsräume für Kohlenstoff und Nährstoffe auszuschöpfen sowie für bewirtschaftete Flächen eine Nutzungsform zu entwickeln, die dem Ziel einer umweltverträglichen Entwicklung näher kommt als die jeweils aktuelle Nutzung. Die erforderlichen, theoretisch klar trennbaren Konzepte sind in der Praxis räumlich wie zeitlich eng miteinander verzahnt. Beispiele sind für die Naturschutzgroßprojekte der Bundesrepublik dokumentiert (u.a. Strohwasser 1994, Mauersberger 1998, Weisser et al. 1998).

Grundsätzlich sind drei Vorgehensweisen für die künftige Entwicklung von Moor-Lebensräumen vorstellbar:

- eingriffsfreies **Bewahren** eines aktuellen Zustandes beziehungsweise das Zulassen ungesteuerter Sukzessionen und interner wie externer Stoffflüsse („Prozessschutz"),
- stabilisierendes **Pflegen** eines aktuellen Zustandes sowie
- planendes **Entwickeln** von Verhältnissen, die den als vorrangig erachteten Schutzgütern zuträglicher sind als der jeweils aktuelle Zustand. Die Pflege- und Steuerungseingriffe werden im folgenden unter dem Begriff **Restitution** zusammengefasst (vergl. Ringler 1985).

Das Nichteingreifen ist vor allem bei hochwertigen, gegenüber externen Störungen gut abgepufferten, oligohemeroben Gebieten sinnvoll, die keiner erkennbaren Beeinträchtigung unterliegen. Dies trifft beispielsweise zu für abgelegene oder gut abgeschirmte Moore der Mittel- und Hochgebirge, auf denen kein erheblicher Nutzungsanspruch lastet. Hier reicht für einen nachhaltigen Schutz das vorausschauende Abwehren möglicher Beeinträchtigungen aus. Ebenso ist ein Verzicht auf Eingriffe an stark durch vergangene Nutzungen beeinträchtigten, euhemeroben Moorstandorten zweckmäßig, sofern von den Flächen keine erheblichen stofflichen Belastungen für angrenzende Räume ausgehen. Entsprechendes gilt, wenn ausschließlich selbst regional nachrangige Schutzgüter beeinträchtigt sind und die möglichen Sanierungs- beziehungsweise Restitutionsaussichten bezogen auf realistisch anzustrebende Schutzziele als gering, der dafür erforderliche Aufwand dagegen als sehr hoch einzustufen ist.

Pflegemaßnahmen sind vorrangig an mesohemeroben Moorstandorten zweckmäßig, deren Wasserhaushalt und Nährstoffdynamik schwach beeinträchtigt sind, an denen in der Vergangenheit eine zeitweilige oder schwache Nutzung stattgefunden hat, und wo nach einer vollständigen Nutzungsaufgabe Entwicklungen ablaufen würden, die den als hochwertig erachteten Schutzgütern abträglich sein können. Pflegebedürftig in diesem Sinne sind etwa sekundäre Niedermoor-Standorte, Feucht- und Streuwiesen. Der Aufwand kann gegebenenfalls hoch sein und muss zudem zur Sicherstellung eines Erfolgs langfristig und kontinuierlich betrieben werden. Daher sollte außer der Kontinuität praktischer Maßnahmen auch deren langfristige Finanzierung sichergestellt sein.

Planvolles Entwickeln vollzieht sich im Spannungsfeld zwischen aktueller Qualität von Flächen und formuliertem Entwicklungsziel. Der Umbau euhemerober und eu- bis polytropher Systeme in oligohemerobe und oligo- bis mesotrophe ist aufwendig, die Chance zur Realisierung selbst langfristig eher gering. Deswegen sind Kosten-Nutzen-Erwägungen unter Einbeziehung sorgfältiger Vorplanungen erforderlich.

12.1 Erhaltung und Förderung von Populationen und Lebensgemeinschaften

In Regionen mit hohem Flächenanteil weitgehend unzerstörter Moore ist es für den Arten- und Lebensgemeinschaftsschutz sinnvoll, möglichst repräsentative, unter Naturschutzaspekt hoch bewertete, ausreichend große Moorgebiete als Reservate zu sichern. Bei stärkerer anthropogener Überformung der Moorstandorte reicht ein solcher bewahrender Schutz nicht aus, da durch Nährstoffeinträge und Mineralisationsprozesse die Struktur der Vegetation und das Nährstoffpotential der Standorte so stark verändert werden, dass Verschiebungen im Artenbestand auftreten. Am stärksten gefährdet sind stenöke Arten, während durch standörtliche Veränderungen konkurrenzstarken, ubiquitären Arten der Lebensraum Moor erschlossen wird. Überschlägig bilanziert haben von 2742 Gefäßpflanzen in Deutschland rund 220 (entsprechend 8 %) in Mooren den Schwerpunkt ihrer natürlichen Vorkommen. Bei Lebermoosen sind es 45 von 242 Arten (entsprechend 19 %), bei Laubmoosen ausschließlich der Gattung *Sphagnum* 63 von 841 (entsprechend 7,5 %). Die 38 heimischen Torfmoose können alle in Mooren auftreten. Die Gefährdung der Moorpflanzen entspricht somit nicht ihrem prozentualen Mengenanteil an der Gesamtflora, sondern ist überdurchschnittlich hoch: 28 % der moorspezifischen Gefäßpflanzen sind gefährdet, 45,8 % der Moose (DIERSSEN 1998).

Nicht sämtliche Populationen gefährdeter Sippen lassen sich in optimalen Populationsgrößen erhalten, besonders dann nicht, wenn dafür Pflegemaßnahmen erforderlich sind. Allerdings lassen sich „Zielarten" auswählen, welche die strukturellen und funktionalen Eigenschaften der besiedelten Landschaftsausschnitte besonders treffend charakterisieren und deren wirksame Erhaltung zugleich einen „Mitnehmereffekt" für Sippen vergleichbarer Lebensstrategie zur Folge haben kann. Es gilt, einen Steckbrief für die Biotopansprüche seltener, aktuell oder potentiell besonders bedrohter Artengruppen zu entwickeln.

Einen weiteren Denkansatz mag für Gefäßpflanzen GRIME'S Schema (1979) der Strategietypen bieten. Nach Wachstumscharakteristika, Lebensdauer und generativem wie vegetativem Reproduktionsvermögen lassen sich als Grundtypen **Stressstrategen** (S-Typ), **Ruderalstrategen** (R-Typ) und **Kapazitätsstrategen** (C-Typ) unterscheiden sowie Zwischenstufen ableiten. Überprüft man den Anteil dieser Strategietypen in verschiedenen Lebensräumen, so zeigt sich, dass in den Roten Listen gefährdeter Arten Ruderal- und Kapazitätsstrategen deutlich unterrepräsentiert sind. Diese werden nämlich unter eutrophen und lebensraumnivellierenden Bedingungen gefördert, während Stressstrategen sowie indifferente, lichtbedürftige und konkurrenzschwache „**unspezialisierte Generalisten**" (csr-Typ) erheblich überrepräsentiert sind, also bei einer Lebensraumnivellierung zurückgedrängt werden. Beispiele für Letztere sind an Moorstandorten *Parnassia palustris, Briza media* oder *Viola palustris*. Vor allem hohe Lichtkonkurrenz am Standort reduziert die Fitness für solche Sippen (reduzierte Lebenserwartung und Reproduktion gegenüber „günstigen" Lebensräumen).

Teilweise bieten selbst stärker beeinträchtigte Moore Entwicklungsmöglichkeiten für oligotraphente, aber nicht unbedingt moorspezifische Arten, die in der übrigen Landschaft stark zurückgegangen sind. Dabei gilt es zu differenzieren zwischen verbliebenen reliktischen Populationen, etwa solchen mit ungünstigen Reproduktionsbedingungen, und jenen, die sich erst bei einer moderaten Veränderung der ursprünglichen hydrologischen Verhältnisse an Moorstandorten eingestellt haben. Insbesondere Zoologen nennen zahlreiche Beispiele von Arten in solchen „Lizenzlebensräumen" auf Zeit.

Aus tierökologischer Sicht bilden die Strukturen der nährstoffarmen Moore für gefährdete Schmetterlinge wichtige Lebensräume, so für den Moosbeerenbläuling (*Vacciniina optilete*), die Moorbunteule (*Anarta cortigera*), den Argusbläuling (*Plebejus argus*) oder den Hochmoorgelbling (*Colias palaeno*). Der Hochmoorgelbling ist eine reliktische Art offener Strukturen in oligotrophen Mooren in Kombination mit blütenreichen Vegetationsformationen der Moorränder. Die Raupen leben monophag an *Vaccinium uliginosum*. Auch unter den Libellen sind einige Sippen an offene, schlenkenreiche Hochmoorstrukturen gebunden (*Somatochora arctica, Leucorrhinia dubia*) (z. B. BENKEN 1989, KUDRNA 1989).

Ehemalige Torfstiche mit Grundwasseranschluss erweisen sich in stark genutzten Landschaften als Lizenzlebensräume mit reichhaltigem Nahrungsangebot für Limikolen; vernässte, nährstoffarm-saure Lebensräume der Hochmoore dagegen langfristig nicht.

Bezogen auf das faunistische Inventar von Mooren sind wir in Mitteleuropa oft über zerstörte und in Restitution begriffene Moorstandorte besser orientiert als über anthropogen wenig beeinträchtigte (z. B. GROSSE-BRAUCKMANN 1989, IRMLER et al. 1998). Dies erschwert eine Beurteilung der Befunde, beispielsweise über Artenzahlen je Fläche und die Formulierung realistischer Entwicklungsziele. Da die Daten häufig in einer nur regional verbreiteten Literatur verborgen sind und die jeweiligen Spezialisten für Artengruppen mitunter bei der Ansprache der standörtlichen Bedingungen verschiedenartige Kriterien verwenden, ist eine vergleichende Literaturauswertung schwierig und mit vermeidbaren Fehlern behaftet. Künftig bietet sich das folgende Vorgehen als Mindestkonsens an:

- Eine strikte Trennung zwischen naturnahen (oligohemeroben) und beeinträchtigten (meso- bis euhemeroben) Standorten, auch dann, wenn letztere Restitutionsmaßnahmen unterworfen sind.
- Eine klare Unterscheidung zwischen ombrotrophen (tyrphobionten) und minerotrophen (tyrphophilen) Standorten beziehungsweise Arten organogener Böden.
- Die Auswertung reiner Artenlisten (Diversitäten) sollte vermieden werden. Nach Möglichkeit sind die Beziehungen zwischen regionalem standörtlichem Potential und realer Artenanzahl je Beobachtungsfläche und Artengruppe deutlich zu machen (Vergleich genutzter und ungenutzter „ökologischer Lizenzen“, vergl. REMANE & REIMER 1989).

Von vielen Naturfreunden wird das Auswildern von Arten als letzte Möglichkeit („Ultima Ratio“) gesehen, um verarmte Landschaftsausschnitte floristisch wie faunistisch zu bereichern. Ein solches Vorgehen wird kontrovers beurteilt. Kritisch ist das Auswildern von Arten vor allem, solange die Rückgangsgründe nicht aufgeklärt und die Ursachen nicht beseitigt worden sind.

12.2 Restitution: Entwicklung zu oligo- und mesohemeroben Ökosystemen

In intensiv genutzten Kulturlandschaften fehlen heute anthropogen unbeeinflusste Moore. Die Flächenausdehnung oligo- und mesohemerober Moorstandorte ist rückläufig, die Qualität bezüglich der Artenzusammensetzung (nicht unbedingt der Artenvielfalt) beeinträchtigt. Die Torflager sind teilweise entwässert oder abgebaut. Die ökosystemare Eigenart „lebender“ Moore, autogen Torfe zu bilden, ist wegen des fehlenden funktionsfähigen Akrotelms selbst in geschützten Gebieten kaum gegeben. Deshalb wird versucht, noch nicht völlig zerstörte, aber beispielsweise teilentwässerte Flächen in ihrem Wasser- und Nährstoffhaushalt so zu stabilisieren oder zu entwickeln, dass oligotraphente, Torf bildende Lebensgemeinschaften entweder erhalten werden oder sich – nach entsprechender Vorbereitung – potentiell wieder etablieren können (u. a. EIGNER & SCHMATZLER 1980). Inzwischen zeigt sich, dass sich in den meisten Fällen eine „Regeneration“ im Sinne einer vollständigen Wiederherstellung eines imaginären ursprünglichen Zustandes nicht erreichen lässt (u. a. JOOSTEN 1995). Die Bedingungen für eine initiale Bildung oligotropher Torflager lassen sich zumindest in überschaubaren Zeiträumen ungleich schwerer einstellen als die Stabilisierung hydrologisch und trophisch bislang wenig beeinträchtigter Systeme. Man kann aber Zustände anstreben, bei denen eine weitere Torfzehrung weitgehend unterbunden wird und gegebenenfalls die Bildung zumindest meso- bis eutropher Torfe ausgelöst werden kann – durchweg auf einer höheren Trophiestufe als im Ausgangssystem. Passive Maßnahmen wie eine Verzögerung des Wasserabflusses durch Abdämmungen oder Stauwehre sind zweckmäßig; aktive dagegen etwa mit Hilfe von Bewässerungspumpen haben sich als aufwendig, störungsanfällig und unter Langzeitperspektive wenig erfolgversprechend erwiesen (AUE 1998).

Vegetationsgeschichtliche Untersuchungen und Archivstudien belegen, dass im Verlauf der Entwicklung von Mooren neben endogenen Rückkoppelungen exogene wie anthropogene Nährstoffentzüge oder -einträge die Zusammensetzung der gegenwärtigen Vegetation entscheidend bestimmt haben. Für die Formulierung realistischer Ziele und die daran geknüpfte Erstellung von Entwicklungsprognosen und Konzepten ist daher eine sorgfältige Analyse der Gebiets- und Nutzungsgeschichte erforderlich (u. a. VON HAAREN 1988).

12.2.1 Hochmoore

Eine Restitution von Hochmooren zielt auf die Wiederherstellung eines funktionsfähigen Akrotelm, also den Aufbau einer zeitweilig durchlüfteten „ungesättigten“ Schicht des Torfkörpers von hoher Kapillarität und Speicherkapazität. Dieses

Ziel ist an der Funktionalität des Ökosystems als Ganzes ausgerichtet (unter anderem: GROSSE-BRAUCKMANN 1996b, BRÜLISAUER & KLÖTZLI 1998, PFADENHAUER 1999). Die angestrebten Akrotelm-Eigenschaften können lediglich durch einige (keineswegs alle!) *Sphagnum*-Arten induziert werden, deren Entwicklungspotential hydrologisch wie ökophysiologisch sichergestellt sein muss. Dabei muss gewährleistet sein, dass die Entwicklung Torf bildender Sphagnen nicht durch ein Überangebot an Nährstoffen über atmosphärische Einträge beeinträchtigt wird (vergl. S.159, Kap. 11.3.2).

Die notwendigen hydrologischen Bedingungen für eine Torfakkumulation lassen sich näherungsweise über drei miteinander verknüpfte Kriterien ermitteln: die mittleren Wasserstände, die Amplitude der Schwankungen sowie die den Speicherkoeffizienten bestimmende Mächtigkeit des Akrotelm (AUE 1992, 1998). Bei mittleren Wasserständen zwischen 0 und 20 cm unter Flur reicht der Kapillarsaum langfristig bis an die Bodenoberfläche. Dies ist der Entwicklung einer geschlossenen Torfmoosdecke grundsätzlich förderlich. Bei mittleren Wasserständen unter 30 cm ist das Wachstum der Torf bildenden Sphagnen bereits merklich reduziert, jenes der Zwergsträucher gefördert. Bei Wasserständen über 0 cm resultiert langfristig Überstauung ohne Ausdifferenzierung eines Akrotelm. Die jährlichen Wasserstandsschwankungen in Wachstums- und Stillstandskomplexen oligohemerober Hochmoore liegen zwischen 15 und 25 cm unter Flur (DIERSSEN & DIERSSEN 1984). Höhere Amplituden begünstigen die Invasion stärker transpirierender Gräser (*Molinia caerulea*) oder Gehölze. Überschreitet die Mächtigkeit des Akrotelm 30 cm, so bedeutet dies eine lange Verweildauer der abgestorbenen Pflanzenreste im Akrotelm und somit eine erhöhte Mineralisation. Dies kann sich entscheidend auf die Konkurrenzverhältnisse auswirken. Eine stärkere Zersetzung erhöht zugleich die Lagerungsdichte der Torfe. Dadurch werden beispielsweise Wollgräser gegenüber Bleichmoosen stärker gefördert. Folglich ist es für eine optimale Entwicklung von Wachstumskomplexen anzustreben, nach Möglichkeit Teppich- und Rasenhorizonte (vergl. Abb. 13 S. 28) mit Moorwasser-Flurabständen zwischen 0 und 20 cm einzustellen, in denen die jährliche Amplitude der Wasserstandsschwankungen möglichst unter 20 cm liegen sollte und 40 cm nicht überschreiten darf. Die dabei resultierende Mächtig-

Abb. 135: *Molinia*-Stadium des *Erico-Sphagnetum;* eine Restitution solcher Flächen zu Wachstumskomplexen ist extrem aufwendig; Fagne Wallonne, Belgien (7/1996).

keit des Akrotelm zwischen 0 und 20 cm unter Flur gewährleistet einen vergleichsweise raschen Übertritt der gebildeten Torfe in das anaerobe Katotelm.

Geeignete Verhältnisse für das Wachstum Torf bildender Sphagnen lassen sich selbst in vorentwässerten Mooren mit Resten der alten Mooroberfläche schwer einstellen, weil unter anderem der Speicherkoeffizient bei entwässerten Hochmooren nicht dem aus Modellen aus nativen Mooren abgeleiteten Ideal entspricht. Die hydraulische Durchlässigkeit des Torfkörpers hängt von der Torfstruktur ab, die sich bei Entwässerung infolge Zersetzung und Sackung verändert. Daher unterscheidet sich die laterale Wasserbewegung in ungestörten und entwässerten Mooren. In entwässerten Weißtorfen können zunächst bis in größere Tiefen recht hohe Konduktivitäten auftreten, was zu Verlusten durch lateralen Wasseraustrag führt. Eine Vergrößerung des Neigungswinkels der Moorflächen, wie sie vielerorts bei entwässerten Hochmooren beobachtet wurde, verstärkt diesen Prozess noch und ist allein durch das Verfüllen von Gräben nicht zu kompensieren. Der Entwicklung eines sekundären Randgehänges aus stärker zersetzten Torfen kommt zwar potentiell eine größere Pufferwirkung zu, allerdings nicht in der Weise, dass sich die effektiv zu vernässende Oberfläche dadurch stark ausweiten ließe (AUE 1998). Erst eine durch zunehmende Zersetzung bedingte Veränderung der Faserverteilung in den Torfen bewirkt auch eine Verringerung des Porenvolumens.

Aus topographischen Daten, der klimatischen Wasserbilanz und der Aufwölbung des (teil)entwässerten Torfkörpers lassen sich mit Hilfe der in Abb. 8 vorgestellten Berechnungsgrundlagen die Restitutionschancen für ein Moor ermitteln (hierzu auch SCHNEEBELI 1989, EDOM & WENDEL 1998). Problematisch ist die Ermittlung der Sickerwasserverluste aus den Torfkörpern in intensiv genutzten Landschaften mit stark abgesenkten Grundwasserständen, wenn die Torfmächtigkeiten gering sind und kleinräumig schwanken (u. a. VAN DER SCHAAF 1998). VAN WALSUM & JOOSTEN (1994) versuchen mit dem Konzept eines „potentiellen Hochmoorgebietes“, innerhalb entwässerter Hochmoorregionen regionale hydrologische Modelle und ökologische Entwicklungsprognosen so zu kombinieren, dass sich hydrologische Pufferzonen definieren lassen. Mit deren Hilfe lässt sich ein möglicher Restitutionserfolg abschätzen.

Die Einstellung geeigneter hydrologischer Bedingungen für die Entwicklung potentiell Torf bildender Sphagnen ist eine zwar notwendige, aber nicht ausreichende Voraussetzung für eine erfolgreiche Moorrestitution. So belegen JORTAY & SCHUMACKER (1989) aus dem Hohen Venn die Hemmung der Entwicklung von Torfmoosdecken durch nahezu monodominante *Molinia caerulea*-Bestände, deren großflächige Abtragung extrem kosten- und personalaufwendig wäre (Abb. 135).

Abb. 136: Vernässte Hochmoorflächen. Bei hohen Nährstoffeinträgen stellen sich keine Torfmoosrasen oligotropher Standorte ein, sondern die hydrologisch für eine erneute Torfbildung geeigneten Standorte werden von Birken besiedelt; Oppenweher Moor, Diepholzer Moorniederung, Niedersachsen (7/1984).

Festzuhalten bleibt, dass sich nur in günstigen Fällen das Restitutionsziel „Entwicklung Torf bildender Torfmoosdecken“ und Überführung der Hochmoore in ein System zur Nährstoffretention erfolgreich umsetzen lässt. Wenn etwa PFADENHAUER (1997) in Süddeutschland rund 200 km² Hochmoorflächen als „naturnah“ anspricht, so heißt dies keineswegs, dass solche überwiegend als Stillstands- und Erosionskomplexe vorliegenden Systeme zu einer wirksamen Retention der diesen Mooren zugeführten Mineralstoffen fähig sind (hierzu MÜLLER & BAUCHE 1998), zumal das Auftreten von wachsenden Torfmoosdecken in zentralen Hochmoorflächen mit mächtigem Katotelm kein verlässliches Indiz ist für ein Torfwachstum des Moorkörpers insgesamt (CLYMO 1992).

Bescheidenere Ansätze sind realistischer. Oft ist schon die Erhaltung einer weitgehend gehölzfreien zentralen Moorweite ein sinnvolles Entwicklungsziel. Teilweise lässt sich dies bereits durch Beweidung mit Schafen erreichen. Beim Einsatz verschiedener Haustiere für die Realisierung struktureller Qualitätsziele auf den Flächen lässt sich teilweise auf Erfahrungen und Experimente von den Britischen Inseln zurückgreifen (GRANT et al. 1987). Das Beseitigen von Gehölzen wie Birken und Kiefern („Entkusseln") ist allenfalls bei bereits optimal vernässten Standorten zu rechtfertigen, an denen ein lokales Aussterben beschattungsempfindlicher „Hochmoor-Arten" zu befürchten ist (WAGNER 1994). Starke atmosphärische Nährstoffeinträge fördern dagegen selbst bei optimal eingestellten Wasserständen die Entwicklung von Gehölzen an Hochmoor-Standorten (Abb. 136).

12.2.2 Restitution aus bäuerlichen Torfstichen

Moore mit Handtorfstichen zeigen zeitlich begrenzte Nutzungsstrukturen, mit denen sich Bürger wie Naturschützer arrangiert haben. So haben nach dem 2. Weltkrieg etwa in Norddeutschland Handtorfstiche das Repertoire geeigneter Bruthabitate für den Steinschmätzer (*Oenanthe oenanthe*) deutlich erweitert. Der Übergang von Torfabbauflächen zu lichten, sekundären Birkenbrüchern hat dem Ziegenmelker (*Caprimulgus europaeus*) neue Bruthabitate erschlossen. Folgerichtig fordern Ornithologen für die Umsetzung von Zielen des Artenschutzes, dass „Hochmoore ihre heutigen, zumeist anthropogen bedingten Oberflächenstrukturen mit verschiedenartigen Kleinbiotopen behalten sollten" (AKKERMANN 1982).

In vielen Handtorfstichen, aus denen die ländliche Bevölkerung besonders nach den Weltkriegen ihren Brennstoffbedarf gedeckt hat, hat sich mit Aufgabe des Torfabbaues erneut eine Torf bildende Vegetation eingestellt, sofern ihre Basis unter dem Niveau des mittleren Moorwasserspiegels liegt. Die Torfbildungsraten in diesen nach dem Verfallen der Entwässerungseinrichtungen hydrologisch abgeschirmten Kleinsystemen können beträchtlich sein (LÜTT 1992): die mittleren Akkumulationsraten liegen bei einem jährlichen Zuwachs von 0,8 cm bei 271 g m^{-1} a^{-1} und damit deutlich über den für Wachstumskomplexe ermittelten Werten (vergl. S. 57). Größerflächige Torfstiche füllen sich zwar mit Wasser, werden aber aufgrund der Wellenbewegung nur schwach von Torfmoosen besiedelt. Lediglich in windgeschützten Buchten kann eine Schwingrasenbildung einsetzen, die einer initialen Verlandung dystropher Seen entspricht.

Mitunter und meist kleinflächig entwickeln sich in bäuerlichen Torfstichen dann sekundär Lebensgemeinschaften basenreicherer Moorstandorte, wenn durch den Torfabbau der Resttorfkörper kleinflächig so stark reduziert wurde, dass ein Zustrom basenreichen Grundwassers erfolgen kann (u. a. RINGLER 1989, SCHUCKERT et al. 1992). Auf diese Weise entstehen teilweise artenreiche, metastabile Stadien mit Caricion lasiocarpae- oder Caricion davallianae-Gesellschaften. Bezeichnende Arten sind unter anderem *Carex lasiocarpa, Carex diandra, Equisetum variegatum, Epipactis palustris, Eleocharis quinqueflora, Eriophorum gracile, Cladium mariscus* sowie basiphytische Bryophyten. Solche Stadien sollten nicht durch Einstaumaßnahmen beeinträchtigt werden. Da die Torfstiche für die Entwicklung rasch wachsender Torfmoosdecken ohnehin besonders günstige Bedingungen bieten, wird ein solcher Grundwasserzustrom spätestens nach wenigen Dekaden unterbunden. Die dann eintretende sekundäre Versauerung setzt damit der Erhaltung basiphytischer Arten zeitlich enge Grenzen.

Abb. 137: *Eriophorum vaginatum*-Dominanzbestände auf einer angestauten Moorweite eines ehemaligen Hochmoores. Das Wollgras ist hier Rohtorf-Pionier auf zuvor praktisch vegetationsfreien Torfflächen. Sein Massenauftreten allein ist daher kein Indiz für eine erneut beginnende Torfbildung. Dellstedter Birkwildmoor, Eiderniederung, Schleswig-Holstein (6/1985).

Abb. 138: Restitutionsversuche auf dünnen Schwarztorfdecken über entwässertem Mineralboden. Das während der Wintermonate eingestaute Wasser versickert über die Schwundrisse im Torf; die Entwicklung einer moorspezifischen Vegetation ist unter diesen Randbedingungen ausgeschlossen. Naturschutzgebiet Leegmoor, Oldenburg, Niedersachsen (10/1999).

Abb. 139: Wie Abb. 138, aber stärker eingestaute Flächen mit einer besseren Wasserhaltefähigkeit. Die entwickelten Stadien mit Pfeifengras (*Molinia caerulea*) und *Sphagnum cuspidatum* haben dennoch praktisch keine Torf bildende Potenz. Die Pflanzengesellschaft bleibt auf dem aktuellen Niveau voraussichtlich langfristig stabil. Naturschutzgebiet Leegmoor, Oldenburg, Niedersachsen (10/1999).

12.2.3 Restitution aus großräumigem maschinellen Abbau

Aufwendige Maßnahmen sind dort erforderlich, wo ein partieller oder vollständiger Abbau der ursprünglichen Mooroberfläche erfolgt ist (POSCHLOD 1990, 1994). Das Restitutionsziel ist die Entwicklung eines oligohemeroben Systems aus einer polyhemeroben, lebensfeindlichen Abbaufläche. Bei konsequenter Abbauplanung lassen sich auf großen Flächen hydrologisch gleichartige Bedingungen einstellen. Dennoch ist eine Steuerung des Sukzessionsverlaufes schwierig, da kein hydrologisch pufferndes Akrotelm entwickelt ist und somit die Wasserstände im Jahresverlauf stark schwanken. Entscheidend für den Restitutionserfolg sind geringe Schwankungen der Wasserstände möglichst ohne Überstau, bei denen der Kapillarsaum bis an die Bodenoberfläche reicht. Stärkere Schwankungen im Resttorfkörper begünstigen eine sommerliche Infiltration in den Mineralboden. Die Möglichkeiten der Besiedlung solcher Torfböden für empfindliche moorspezifische Arten werden dadurch beschnitten.

Die Erstbesiedlung nackter Frästorfflächen wird vom Diasporeneintrag aus der unmittelbaren Umgebung geprägt; ubiquitäre und euryöke Moorarten (*Eriophorum angustifolium, E. vaginatum, Carex canescens, Molinia caerulea, Rumex acetosella, Sphagnum cuspidatum* oder *Sphagnum fallax*) haben einen deutlichen Entwicklungsvorsprung (z. B. HELLMOLD et al. 1995, SLIVA 1997, s. Abb. 137). Mehr oder minder abgetrocknete Torfe zeigen ein extremes Mikroklima und sind infolge Kammeisbildung in Strahlungsnächten selbst während des Sommers besiedlungsfeindlich.

Gut dokumentiert sind Wiedervernässungsversuche im Roten Moor in der Rhön (REIMANN 1998) sowie im Leegmoor in Ostfriesland (NICK 1993). In letzterem Fall wurde eine etwa 60 ha große, nach Torfabbau verbliebene Schwarztorf- und Bunkerdefläche durch Grabenanstau auf flurnahe Wasserstände eingestellt beziehungsweise zeitweilig überstaut. Arten wie *Eriophorum vaginatum, E. angustifolium, Erica tetralix* und *Sphagnum cuspidatum* wurden ausgesät und „unerwünschte“ wie *Molinia caerulea* oder *Betula pubescens* entfernt. Die Entwicklung wurde zunächst 5 Jahre moorhydrologisch, vegetationskundlich und zoologisch begleitet. Auf den im Winter überstauten und im Spätsommer trockenen Flächen verzögert sich die Entwicklung einer geschlossenen Vegetation, während die trockeneren Bereiche vom Pfeifengras beherrscht bleiben. Sofern die Amplitude der Wasserstände nicht verringert wird, bleiben solche Stadien weitgehend stabil, da sich kein Akrotelm aufbauen kann (Abb. 138, 139).

An mineralstoffreicheren Grundwasseraustritten entwickeln sich abhängig von der Ionenzusammensetzung des Grundwassers, dem Ausmaß der Mineralisation und dem lokalen Diasporeneintrag minerotraphente Niedermoor-Gesellschaften, etwa mit *Typha latifolia, Phragmites australis, Juncus effusus* oder *Carex rostrata*. Vor allem die mittelhohen Cyperaceen bilden vielfach stabilisierende Strukturelemente für die Ansiedlung von *Sphagnum*-Decken (Malmer et al. 1994, Sliva 1997). Die weitere Sukzession auf solchen Flächen hängt primär von den Wasserständen ab.

Bei unregelmäßig erfolgendem Torfabbau dienen hydrologisch-landschaftsplanerische Eingriffe nicht dem Ziel, möglichst rasch Wollgras-Torfmoosrieder zu entwickeln. Vielmehr sollte versucht werden, die Wasserstände auf flurnahem Niveau zu halten und dadurch eine Destabilisierung von Moorwäldern einzuleiten (u.a. Precker 1993).

12.2.4 Niedermoore

Oligohemerobe Niedermoore sind in vielen Regionen überwiegend bewaldet. Entwässerte Niedermoore tendieren zu einer dichteren Bewaldung. In der Schweiz werden lediglich 10% der kartierten Niedermoorfläche als natürlich waldfrei erachtet (Haab 1991). Erst Rodung oder Mahd, Beweidung und Streunutzung haben hier die Entstehung gehölzarmer Niedermoore gefördert. Die Chancen und Kosten einer Restitution veränderter Niedermoor-Standorte hängen entscheidend von der Hemerobiestufe des Ausgangszustandes und dem angestrebten Entwicklungsziel ab (Abb. 140). Durch Entwässerung verändern sich die bodenphysikalischen und -chemischen Eigenschaften der Niedermoortorfe. Bei Schrumpfungsraten bis zu 25 Volumenprozent und Vererdung als sekundärer Bodenbildung entwickeln sich Aggregate. Die Benetzungswiderstände steigen, die nutzbare Feldkapazität verringert sich, und die Wasserleitfähigkeit in der ungesättigten Zone wird durch eine unterbrochene Porenkontinuität eingeschränkt. Eine Wiedervernässung führt nur zu einer Rückquellung von 2 bis 8 Volumenprozent, die herausdifferenzierten Aggregate bleiben erhalten. Durch Grabeneinstau lässt sich aufgrund der um das 10- bis 100fach verringerten horizontalen Wasserleitfähigkeit in der ungesättigten Zone nur eine eingeschränkte Vernässung erzielen (Hennings 1996). Insofern kann die Mineralisation an stärker entwässerten Niedermoor-Standorten nur durch Überstauung wirkungsvoll eindämmt werden. Dies erweist sich dort als problematisch, wo nährstoffreiches Oberflächenwasser einem (Niedermoor-)System zugeführt wird oder stark vererdete Torfe vernässt werden. In den betroffenen Mooren wird dann ein Eutrophierungspuls ausgelöst, der zur Entwicklung eu- bis hypertraphenter Röhrichte mit einer beträchtlichen Transpiration führt. Der damit verknüpfte Anstieg der Lichtkonkurrenz beschleunigt den Rückgang konkurrenzschwächerer Niedermoor-Arten (u.a. Wheeler & Shaw 1991). Erfolgt eine Wiedervernässung mit mooreigenem Wasser oder durch aufströmendes Grundwasser, so ergibt sich im Allgemeinen kein Eutrophierungsproblem. Der Austausch von basenreichem Grundwasser durch angesäuertes Niederschlagswasser (Infiltrationswasser) verändert allerdings das Artengefüge. Basiphytische Arten wie *Carex diandra* werden ebenso verdrängt wie solche Arten, die auf höhere K-Gehalte im Boden angewiesen sind (vergl. S. 72, Kap. 7.2, 12.2.6).

Im Zuge der Sukzession meso- und eutropher Standorte verbuschen und bewalden Niedermoore nach Aufgabe der Nutzung oft auch ohne Drainage. Das „Entkusseln“ von Schwingmoor-Bruchwäldern zur Wiederherstellung offener, baumfreier Schwingdecken führt zwar zu ähnlichen Strukturen wie vor der Bewaldung. Dennoch ist eine floristische Verarmung zu erwarten, weil nicht alle potentiell entwicklungsfähigen Arten in der Samenbank überdauern (Van der Valk & Verhoeven 1988).

Somit ist eine Restitution und nachhaltige Sicherung basenreich-oligotropher Schwingmoorsysteme etwa in ehemaligen Torfstichgebieten problematisch. Solange in den obersten, nicht vererdeten Torflagen elektrolytreiches Grundwasser auftritt, können sich basiphytische Caricion lasiocarpae-Gesellschaften halten. Sukzessionsunter-

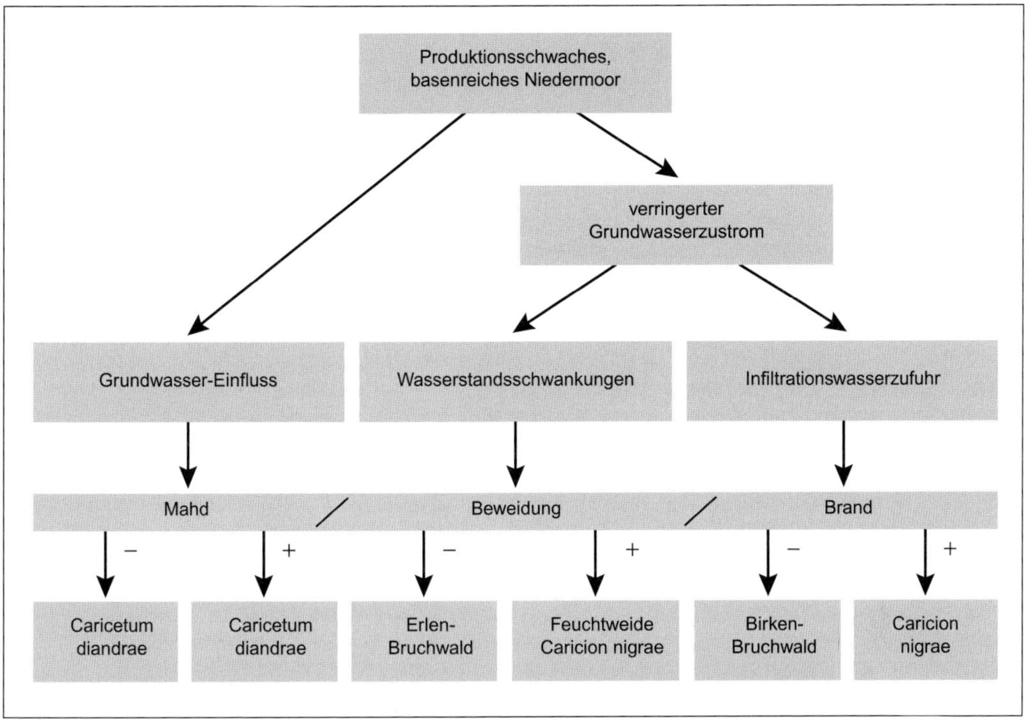

Abb. 140: Sukzessionsschema zur Entwicklung produktionsschwacher, basenreicher Niedermoor-Gesellschaften bei unterschiedlichem Nutzungsregime (nach WASSEN & JOOSTEN 1994, etwas verändert).

suchungen belegen indessen, dass bei rascher Torfbildung und wachsendem Einfluss angesäuerten Infiltrationswassers bereits drei Dekaden ausreichen, um eine Schwingdecke von etwa 40 cm Mächtigkeit vollständig zu entkalken und damit die Entwicklung zu azidophytischen Niedermoor-Gesellschaften (Caricion nigrae) und schließlich hochmoorähnlichen Stadien einzuleiten (HOGG et al. 1995, VAN DIGGELEN et al. 1996). Die Erhaltung basiphytischer Schwingdecken-Gesellschaften lässt sich in solchen Fällen nur durch ein kontinuierliches Abtragen der jeweils obersten Torfschichten sicherstellen.

Noch komplexer sind die Verhältnisse in Durchströmungsmooren, wenn infolge Sackung und Torfzehrung die ursprünglichen hydrologischen Verhältnisse verändert worden sind. Ein fraktionierter Einstau ist in solchen Fällen kaum möglich, sondern nur die Verfüllung von Entwässerungsgräben sowie eine Sanierung des Einzugsbereiches. Dies gilt gleichermaßen für fließgewässerbegleitende Bruchwälder (u. a. DINTER 1991). Insgesamt haben Entwässerung und agrarische Nutzung an diesen Standorten nicht nur infolge Mineralisierung irreversible Veränderungen der Torfstruktur ausgelöst, sondern auch den Ersatz elektrolytreichen Grundwassers durch saures Infiltrationswasser. Eine Wiederherstellung oligohemerob-basenreicher Moorkomplexe setzt nicht nur, soweit möglich, eine Anhebung der Wasserstände voraus, sondern zugleich auch die Verstärkung des Grundwasserzustroms in Relation zum Niederschlagswasser. Selbst wenn es gelänge, die eutrophierende Mineralisierung durch eine Ausmagerungsnutzung teilweise rückgängig zu machen, so bliebe doch das Konkurrenzgefüge der zwischenzeitig etablierten Vegetation wirksam. Dem kann nur durch Entzug der Phytomasse, also Nutzung, entgegengewirkt werden. Ein sorgfältiges Erfolgsmonitoring unter Einbeziehung vegetationsgeschichtlicher und hydrologischer Untersuchungen ist dabei für die Entwicklung praktikabler Konzepte unerläßlich (VAN DIGGELEN et al. 1991a, b).

Unter subkontinentalen Verhältnissen bei negativen Wasserbilanzen während der Vegetationsperiode setzen Wiedervernässungen eine ausreichende Zuführung und Speicherung von Wasser aus dem Einzugsgebiet voraus. Bei erwünschtem Einstau müssen die Abflüsse gedrosselt sowie gegebenenfalls winterliche Überstauung in Kauf ge-

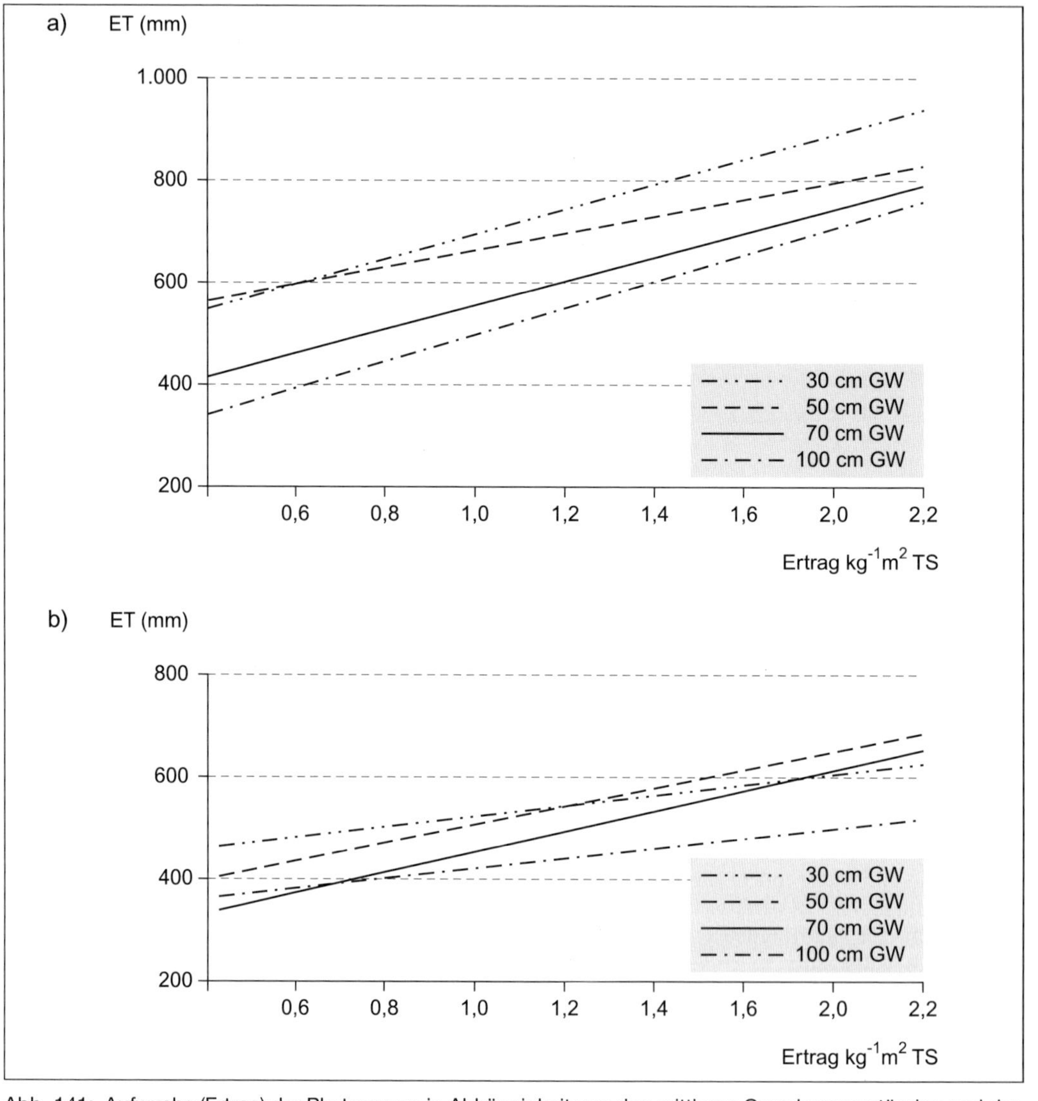

Abb. 141: Aufwuchs (Ertrag) der Phytomasse in Abhängigkeit von den mittleren Grundwasserständen und der Evapotranspiration a) in niederschlagsarmen, b) niederschlagsreichen Vegetationsperioden im Vergleich zum langjährigen Mittel (1961–1990: 521 mm Jahresniederschlag); nach Lysimeteruntersuchungen in Paulinenaue (nach Behrendt & Hölzel, 1995).

nommen werden. Der Wasserverbrauch durch die Vegetation hängt nicht allein vom Sättigungsdefizit der Atmosphäre ab, sondern auch von der Höhe der Grundwasserstände, wie Lysimeteruntersuchungen aus Paulinenaue nördlich Berlin belegen (Behrendt & Hölzel 1995, Behrendt et al. 1996, Abb. 141). Folglich müssen die dem jeweiligen Schutzziel angemessenen Wasserstände ermittelt werden. Szenariorechnungen mit GIS-gestützten Simulationsmodellen sind dabei für die gebietshydrologische Absicherung der Entwicklungsalternativen das erforderliche Handwerkszeug (Dietrich et al. 1996).

Im konkreten Fall kann die Erhaltung oder Förderung verschiedener Schutzgüter oder Nutzungen miteinander konkurrierende Maßnahmen erfordern. So lassen sich etwa Grundwasserneubildung (bei mittleren Grundwasserständen von etwa 1 m unter Flur), extensive landwirtschaftliche Nutzung oder die Einstellung der Wasserstände auf ein moorökologisch vertretbares Niveau zur Wiederherstellung einer Torf bildenden Niedermoor-

Vegetation und zugleich Retention von Nährstoffen und atmosphären-wirksamen Spurengasen (bei Grundwasser-Flurabständen < 50 cm) nicht gleichzeitig auf einer Fläche realisieren. Daher muss bei der Planung hydrologischer Restaurationsmaßnahmen zunächst das vorrangige Schutzziel festgelegt werden (beispielsweise Schutz seltener Arten, Erhaltung beziehungsweise Entwicklung von Struktur- und Artenvielfalt, Nährstoffretention), um dann das den formulierten Zielen zugrunde liegende hydrologische System zu restaurieren.

Ungleich schwerer als Vernässungen lassen sich eutrophierte Niedermoor-Standorte in nährstoffärmere zurückentwickeln („**Oligotrophierung**", s. S. 11). Oligohemeroben und anthropogen überformten Moorstandorten ist eine spezifische Produktivität eigen, die ihrerseits das Konkurrenzgefüge bestimmt. Die Eutrophierung von Niedermooren ist damit ein Schlüsselfaktor für den Rückgang zahlreicher konkurrenzschwacher Arten. Konkurrenzkräftige Sippen können Nährstoffressourcen rasch in Wachstum umsetzen. Um produktionskräftige Sippen an einem Standort zurückzudrängen, gilt es daher, ihre primär wuchslimitierende Ressource zu begrenzen. An Standorten mit hoher N-Verfügbarkeit können dies Phosphor oder Kalium sein, an solchen mit guter P-Verfügbarkeit ist es meist Stickstoff. In Kap. 6.2.4 wurde erwähnt, dass das N/P-Verhältnis in pflanzlichen Geweben den primär wachstumsbegrenzenden Nährstoff indiziert. Sofern nicht Kalium produktionslimitierend ist, charakterisieren im Allgemeinen N/P-Verhältnisse < 16 N-begrenzte Systeme, N/P-Verhältnisse > 16 solche mit P-Limitierung (Koerselman & Meuleman 1996). Um die N-Verfügbarkeit an Moorstandorten herabzusetzen, bedarf es hoher Wasserstände, um die Mineralisierung einzuschränken beziehungsweise eine Denitrifikation einzuleiten (Davidsson 1997, Hoffmann 1998). Die Abtragung eines N-reichen Oberbodens und Ernteverfahren können sinnvolle, wegen des hohen Aufwandes aber nur begrenzt einsetzbare ergänzende Maßnahmen sein. Arten mit guter interner N-Verlagerung wie zum Beispiel *Calamagrostis canescens* lassen sich allerdings auf diese Weise kaum effektiv dezimieren. Die P-Verfügbarkeit wird dagegen unter anderem durch Chemisorption an Ca- und Fe-Hydroxiden gesteuert. Auf schwach sauren bis neutralen Böden können hohe Grundwasserstände daher zwar die N-Verfügbarkeit durch Hemmung der Mineralisation senken. Sie erhöhen aber zugleich unter reduzierenden Bedingungen im Wurzelraum die P-Verfügbarkeit, da das Fe(II)hydroxid Ortho-Phosphat weniger effektiv bindet als Fe(III)-Phosphat (u. a. Patrick & Khalid 1974).

Die P-Retention in Hoch- und Niedermoorgrünland lässt sich schwer einschätzen. Bei Torfbildung werden maximal 2 bis 5 kg P ha^{-1} a^{-1} festgelegt (Richardson & Marshall 1986). Ein effektiver P-Export zur Ausmagerung P-limitierter Niedermoor-Standorte dürfte am sichersten über ein Abernten der Phytomasse als temporärem Pool (10 bis 15 kg P ha^{-1} a^{-1}) zu erzielen sein, wodurch die P-Senke im Boden langsam abgebaut wird (u. a. Vermeer 1985, Verhoeven et al. 1993).

Bei Überstauung und damit anoxischen Bedingungen ändert sich die Oxidationsstufe des Phosphors nicht. Die Reduktion potentiell adsorbierender oder ausfällender Substanzen im Zuge der Denitrikfikation (Sulfatreduktion, Pyritbildung und dadurch Ausfall reduzierbarer Fe-Verbindungen) kann allerdings zur P-Desorption führen und macht so eine Auswaschung möglich. Besonders kritisch ist die Situation bei Einstau mit sulfatreichem Oberflächenwasser, da unter reduktiven Bedingungen bei der Pyrit-Ausfällung keine Eisenhydroxide mehr für die Phosphatbindung zur Verfügung stehen. Auf diese Weise können beträchtliche P-Austräge auftreten (u. a. Caraco et al. 1989, Ruthsatz 1990, Paludan & Hoffmann 1995). Zusammenfassend sei festgehalten, dass einfacher Einstau ohne die Kontrolle der hydrochemischen Verhältnisse, des Gebietswasserhaushaltes und der Nährstoffdynamik für eine Restitution von Niedermooren nicht zu vertreten sind.

Ein Beispiel für differenzierte Entwicklungkonzepte bei Überflutungs- und Durchströmungsmoor-Standorten haben Van Diggelen & Wierda (1994) für das Peenehaffmoor vorgelegt. Meist ist die Restitution stärker entwässerter Durchströmungsmoore weitgehend unrealistisch, da es ohne Sanierung des Einzugsgebietes kaum möglich ist, das Infiltrationswasser durch basenreiches Grundwasser zu ersetzen. Die Autoren schlagen deswegen vor, durch Einstau von Oberflächenwasser Überflutungsmoore zu entwickeln und die resultierende Eutrophierung in Kauf zu nehmen. Mit Sicherheit kommt ein Einstau euryöken Wiesenbrütern (Bekassine, Großer Brachvogel, Uferschnepfe, Rotschenkel) entgegen, sofern die Struktur der Flächen als feuchte Wiesen oder Weiden gewahrt bleibt.

12.2.5 Streuwiesen

Die Nutzung von Moorgrünland zur Streugewinnung erfolgt regional an verschiedenartigen Standorten. Einbezogen sind Vegetationsmosaike aus Pfeifengras-Nasswiesen (Molinion), Röhrichten und Großseggenriedern sowie Kleinseggengesellschaften vornehmlich basenreicher Standorte (Caricion davallianae). Gemeinsam ist diesen Flächen eine späte Mahd, meist ab Mitte September. Da keine Düngung erfolgt, sind die jährlichen Erträge niedrig (durchweg zwischen 10 und 70, gelegentlich bis 100 dt ha^{-1}). Die P- und K-Versorgung begrenzen die Produktivität, und das Mahdgut lässt sich bei Stickstoffgehalten von unter 2% der Trockensubstanz als Einstreu in Ställen verwenden, nur in Notzeiten als Futter.

Streuwiesen und episodisch gemähten Röhrichten ist nicht nur ein spezifischer Artenbestand eigen, sondern sie sind heute im Vergleich zu intensiv bewirtschafteten Flächen Rückzugsgebiete konkurrenzschwacher Tier- und Pflanzensippen, die sich an Nährstoffmangel und späte Mahd angepasst haben. Beispielhaft ist dies unter anderem für Streuwiesen aus den ehemaligen Überflutungsmooren des Vorarlberger Alpenrheins und der Ill belegt (u.a. GRABHER 1996, KOPF 1996, WILLI 1996, HUEMER & MAYR 1999). Streuwiesen sind oligo- bis mesohemerob. Ihre Erhaltung in einem nicht verbuschenden Zustand bedarf der kontinuierlichen Nutzung, um ihren Artenreichtum, ihre Vielgestaltigkeit und ihre Bedeutung für seltene Arten und Lebensgemeinschaften sicherzustellen (ABT & EGE 1993, KAPFER & KONOLD 1996). Entwässerungen führen zur Einbuße der spezifischen Vegetation und Fauna (GRABHER et al. 1995).

Eine rasche Sukzession zu Bruchwäldern kann über die Pionier-Holzarten Faulbaum und verschiedene Weiden erfolgen. Bei einem wachsenden Nutzungsdruck und einer Fragmentierung noch vorhandener Flächen müssen Entwicklungskonzepte der hohen faunistischen Bedeutung Rechnung tragen, etwa durch die Förderung strukturell verschiedenartiger Vegetationsmosaike durch eine zeitlich gestaffelte Nutzungsrotation.

Entwässerung, Nutzungsintensivierung oder -aufgabe beeinträchtigen die Lebensbedingungen für standörtlich eng an magere Feuchtstandorte gebundenen Organismen. Eine derartige Entwicklung läuft dem Konzept einer Landnutzung mit dem Ziel einer Erhaltung artenreicher Lebensgemeinschaften zuwider. In Umkehrung zahlreicher Meliorationsverfahren vor 20 bis 40 Jahren ist es deswegen an geeigneten Standorten angemessen, durch Aushagerung, bei Brachen etwa durch späte Mahd, die Wiederansiedlung produktionsschwacher, niedrigwüchsiger Arten zu versuchen. Experimente hierzu sind vor allem im nördlichen Alpenvorland durchgeführt worden, um blumenbunte Streuwiesen zu entwickeln (zusammenfassende Darstellung bei PFADENHAUER 1989). Das reine Herunterfahren der Nutzungsintensität reicht nicht aus, da einige der bezeichnenden Arten keine persistente Samenbank aufbauen. Gegebenenfalls müssen deshalb zusätzlich die Wasserstände angehoben werden, da zahlreiche stenöke Organismen – auch unter den Tieren – an hoch anstehende Wasserstände und einen späten Mähtermin (Anfang Oktober) adaptiert sind (GRABHER et al. 1995, NIEDERER 1998). Mittelfristig sind zwei weitere Aspekte wichtig:

- Das Nutzungssystem muss neben naturschutzbestimmten Zielen auch betriebswirtschaftlichen Rationalitäten gehorchen, um unter ökonomischen Bedingungen, gegebenenfalls unter Gewährung von Bewirtschaftungsbeihilfen überlebensfähig zu bleiben.
- In intensiv genutzte Flächen eingebettete extensiv bewirtschaftete Parzellen unterliegen fast immer einem schleichenden Nährstoffeintrag. Dieser muss kontrolliert werden, um gegebenenfalls steuernd eingreifen zu können (u.a. BOLLER-ELMER 1977, GRAF 1996).

Durch die Fortführung einer späten extensiven Nutzung lässt sich die aktuelle Qualität von Flächen oft näherungsweise halten. Dagegen ist die Chance für eine Wiederbesiedlung ausgemagerter und wiedervernässter Flächen mit selteneren Arten aus der Diasporenbank begrenzt. PATZELT & PFADENHAUER (1998) konnten zeigen, dass Heu extensiv genutzter Spenderflächen zwischen 50 und 70% entwicklungsfähiger Diasporen des aktuellen Artenbestandes enthält. Trägt man bei standörtlich geeigneten Empfängerflächen die oberste Bodenschicht ab, um auf diese Weise auch konkurrenzschwächeren Arten eine erfolgreiche Ansiedlung möglich zu machen, so lassen sich zumindest mit einigem Aufwand artenreiche Grünland-Bestände erneut etablieren.

12.2.6 Feuchtwiesen

Neben Streuwiesen sind auch die gedüngten Feuchtwiesen auf vererdetem Niedermoor in den vergangenen Jahrzehnten durch Drainagen zurückgegangen oder in intensiver genutzte Feuchtweiden umgewandelt worden. Wo dies nicht möglich war oder wo durch Torfzehrung die Bodenoberfläche wieder eine grundwassernähere Position erreicht hat, wurde die Nutzung solcher Grenzertragsstandorte vielfach eingestellt.

In verschiedenen Regionen Mitteleuropas sind unterschiedliche Maßnahmen zur Restitution von artenreichem Feuchtgrünland erprobt worden. Unstrittig lassen sich verbuschende Niedermoor-Standorte, die ehedem als Wässerwiesen gehölzfrei gehalten wurden, nur durch eine kontinuierliche „traditionelle" Nutzung sichern. Nutzungsänderungen lösen Verschiebungen im Artenbestand aus. Die Produktivität der oberirdischen Phytomasse schwach entwässerter Calthion-Standorte ist vor allem N-limitiert, moderat auch durch K-Mangel. Stärker entwässerte Standorte auf vererdeten Torfen zeigen keinen N-Mangel, wohl aber ein beträchtliches K-Defizit. Wiedervernässung allein kompensiert – verständlicherweise – dieses K-Defizit nicht. Offensichtlich werden nach der Anhebung der Wasserstände vor allem die krautigen Arten benachteiligt (KAPFER 1988, VAN DUREN et al. 1997).

Eine Extensivierung der Nutzung von eutrophem Feuchtgrünland in ehemaligen Versumpfungs- und Durchströmungsmooren oder von Grünland auf Hochmoortorfen setzt eine Reduktion oder Einstellung der Düngergaben voraus. Der Erfolg einer Ausmagerung lässt sich über Analysen der Veränderung von Standortfaktoren, Vegetation und Fauna überprüfen. Vor allem an mageren Standorten lassen sich Veränderungen durch Pflanzenanalysen aus dem Erntegut besser ermitteln als über Nährstoffgehalte der Böden (u. a. PEGTEL 1987, FINCK 1989, WHEELER et al. 1992). Oft geben bereits die Erträge hinreichend genau Aufschluss über den Grad der Nährstoffverfügbarkeit, um darauf aufbauend ein Pflegekonzept für erstrebenswerte Nutzungsvarianten zu entwickeln.

Freilich ist nicht allein der Rückgang der Produktivität für die erneute Ansiedlung erwünschter „Zielarten" maßgeblich, sondern auch die sich verändernde Konkurrenzfähigkeit der etablierten Sippen bei abfallender Nährstoffverfügbarkeit, die Zusammensetzung der Diasporenvorräte im Boden sowie die Erreichbarkeit der betroffenen Fläche durch Diasporen aus der Umgebung (u. a. SCHOPP-GUTH 1993, BAKKER et al. 1995, BRIEMLE 1999). Folglich sollten die Restitutionskonzepte individuell auf die jeweiligen Moorsysteme und Nutzungstypen zugeschnitten sein, bevor die erforderlichen technischen Maßnahmen ergriffen werden (u. a. POSCHLOD 1990, KUNTZE 1994, PFADENHAUER & KLÖTZLI 1996).

In Überflutungsmooren mit eingelagerten Schluff- und Tonbändern in den Torfen ist praktisch keine Ausmagerung möglich. Torfzehrung und Verdichtung der Torferden sowie ausgedünnte Diasporenbanken und die eingeschränkte Einwanderung erwünschter Arten setzen dem Ziel „Erhöhung der Vielfalt von Grünlandarten" Grenzen. Deswegen wird vor allem in Süddeutschland verstärkt versucht, mit dem Mähgut Diasporen aus Beständen mit artenreicher Flora zu übertragen (u. a. BIEWER 1997, PFADENHAUER 1999). Zu faunistischen Aspekten sei auf ROSENTHAL et al. (1998) verwiesen. In jedem Fall ist eine Erhaltung durch Pflegenutzung einfacher als Versuche einer Wiederherstellung artenreicher Calthion-Bestände (hierzu unter anderem RUTHSATZ 1995).

Neben der Erhaltung floristisch und faunistisch vielfältiger Feuchtwiesen gilt es, das Entwicklungspotential von Moorgrünland unterschiedlicher Nutzungsstufen und Regionen korrekt einzuschätzen und darauf fußend Konzepte angemessener Restitutionsmaßnahmen zu entwickeln. Dies erfordert neben einer Untersuchung der Vegetation und Fauna auch Analysen pedologischer und hydrologischer Prozesse. So verändern sich infolge extensiver Nutzung und anschließender Wiedervernässung die physikalischen und chemischen Eigenschaften vererdeter Moorstandorte wie nutzbare Feldkapazität, Porenvolumen, Methan- und Lachgasemission sowie Phosphatfreisetzung (u. a. ZEITZ 1992, BLANKENBURG 1995, SCHEFFER 1995). Auftretende Stau- und Haftnässe beeinträchtigen die Nutzungsfähigkeit der Standorte aus betriebswirtschaftlicher Sicht, die Auswaschung von Düngern und Mineralisierungsprozesse belasten Vorfluter und Grundwasser oder sind als Emissionen klimawirksam.

Die Restitution anthropogen stark überformter und intensiv genutzter Grünland-Standorte stößt aufgrund irreversibler Veränderungen der Grundwasserdynamik und bodenphysikalischer Parameter an Grenzen. Samenbankuntersuchungen belegen zwar beträchtliche Gesamtsamendichten zwischen 6000 und 85 000 Diasporen je m^2, aber nur einen geringen Anteil spezifischer Feuchtgrünland-Arten, und dies auch nur dort, wo die betroffenen Sippen noch in der aktuellen Vegetation vertreten sind (u. a. DRÜCKHAMMER & WRIEDT 1996). Verständlicherweise vollzieht sich bei Extensivierung der Nutzung und Anhebung der Wasserstände auch eine Wiedereinwanderung tyrphobionter Insekten-Sippen mit erheblicher Verzögerung (KRÜPER 1995).

Neben einer Steuerung der hydrologischen Verhältnisse hat sich regional die Beweidung mit Schafen oder Rindern als geeignete Maßnahme erwiesen, restitutionshemmende Arten wie *Betula pubescens, Molinia caerulea* oder hochwüchsige Nitrophyten zu unterdrücken (z. B. GÖRSCHEN 1986, VOSS 1999).

12.2.7 Brachen aus Moorgrünland

Mittlerweile erfolgt regional an intensiv bewirtschafteten Grünland-Standorten auf vererdeten

Hoch- und Niedermoortorfen eine Abkehr von monoton-artenarmen Saatgrasbeständen zu extensiveren Bewirtschaftungsformen oder zu Brachen. Damit ändern sich wiederum Struktur und Artenzusammensetzung der Brachen oft so drastisch, dass der ehemalige Charakter blumenreicher Bestände im Frühjahr und Sommer innerhalb weniger Jahre verloren gehen kann (SCHRAUTZER & JENSEN 1989). Eine wesentliche Ursache ist Lichtmangel, hervorgerufen durch die bei weiten C/N-Verhältnissen ohne Nutzung nur langsam abgebauten Streuvorräte, die ein Keimen lichtbedürftiger Arten erschweren oder verhindern (u. a. MAAS 1987) sowie an den nährstoffreicheren Standorten ein Vordringen von Röhricht-Arten oder nitrophytischen Stauden (WOLF 1979). Der wesentliche Grund sind die im Vergleich zu Streu- und Feuchtwiesen veränderten Nährstoffumsätze. Ohne Entzug des Erntegutes wirken Brachen verstärkt als Nährstoffsenken. Die N-Nettomineralisation in Brachen erhöht sich im Vergleich zu gemähtem Grünland um das 5- bis 10fache, und auch die Verfügbarkeit von Kalium und Phosphor steigt an (LÉON 1968, PREISS 1982). Entscheidend für den Sukzessionsverlauf ist die Vornutzung. Brachen aus ehemals wenig gedüngtem, magerem Feuchtgrünland in abgelegeneren Regionen enthalten zunächst noch einen beträchtlichen Anteil ihres ursprünglichen Artenbestandes und bedürfen zunächst keiner Pflege- und Bewirtschaftungsmaßnahmen (RUTHSATZ & KRASS 1998).

Eine Verbrachung lässt sich teilweise durch Wiederaufnahme der Mahd oder Streunutzung umkehren (BRIEMLE et al. 1991). Da Brachen auf ehemals unterschiedlich intensiv genutztem Moorgrünland zu Staudenfluren mit überwiegend ubiquitären Arten führen und Mahd- und Mulchnutzung aufgrund der hohen Kosten zumindest großflächig ausscheiden, werden derzeit verstärkt Verfahren zur Extensivweide diskutiert und erprobt (u. a. GERTH 1978, KAISER 1995, VOSS 1999). Die Nutzung mit sehr geringen Viehdichten (1 Rind je 10 ha (EIGNER 1990)) wird dabei allenfalls zeitweilig avifaunistischen Zielvorstellungen gerecht, trägt aber nicht dazu bei, das teilweise hohe Nährstoffangebot und damit die Produktivität auf degradiertem Niedermoor abzuschöpfen. Zweifellos ist es sinnvoll, zunächst eine Besatzdichte von deutlich über einer Großvieheinheit je ha am Nährstoffangebot des Standortes zu orientieren und die Beweidungsdichte anschließend nach dem Grad der fortschreitenden Ausmagerung stufenweise zurückzunehmen. Die dadurch verursachte Erhöhung der Lagerungsdichte dürfte zugleich dort die Torfmineralisation reduzieren, wo relief- oder nutzungsbedingt eine Anhebung der Wasserstände nicht möglich ist (SCHALITZ et al. 1995).

12.3 Förderung der landschaftsökologischen Funktionen von Mooren

Vor allem in intensiver bewirtschafteten Regionen sind oligo- und mesohemerobe Moorstandorte rar und die übrigen meist so stark anthropogen überformt, dass erfolgreiche Maßnahmen für den Arten- und Lebensgemeinschaftsschutz selbst mittelfristig wenig aussichtsreich scheinen. In solchen Fällen ist es sinnvoll, die Torflager durch geeignete biotechnische, vor allem hydrologische Maßnahmen so zu stabilisieren, dass sie nicht zur Kohlenstoff- und Nährstoffquelle für die Atmosphäre sowie für Grund- und Oberflächenwasser werden.

Auf die Möglichkeit, C- und N-Austräge durch eine Verringerung des Grundwasser-Flurabstandes zu verringern, wurde in Kap. 10.5 hingewiesen. Eine Simulation mit Hilfe des Modells WASMOD ergab auf Standortsniveau für vererdete Niedermoortorfe am Belauer See, Schleswig-Holstein, dass sich bei einer Verringerung der mittleren Entwässerungstiefe von –60 auf –10 cm Flurabstand die jährliche N-Nettomineralisation von 400 bis 600 kg N auf 200 bis 400 kg N reduzieren lässt. Der resultierende N-Austrag in das Grund- und Oberflächenwasser sinkt dabei von 15 bis 25 kg N auf unter 5 kg N ha^{-1} a^{-1} (REICHE 1996). Die Hauptmenge der Stickstoffausträge erfolgt durch Denitrifikation entweder als N_2 oder als N_2O.

Komplexer gestaltet sich das Problem für Niedermoore in Kulturlandschaften auf Einzugsgebietsebene. TREPEL (2000) hat mit Hilfe des gleichen Simulationsmodells in einem Niedermoorkomplex mit einem Teileinzugsgebiet von 32 km^2 im Oberen Eidertal bei Kiel Szenarien der Wasser- und Stickstoffdynamik gerechnet. Verglichen wurden die N-Austräge mit dem Sickerwasser bei unterstellter potentiell natürlicher Vegetation ohne Nutzung (a), unter aktueller Nutzung (b), und bei Anhebung der Grundwasser-Flurabstände um 20–30 cm (c). Die Abbildung 142 zeigt die simulierten Austräge in den Varianten a und b. Während sich die Stickstoffausträge mit dem Sickerwasser aus den Niedermoor-Böden bei erheblichen Streuungen kaum verändern, unterscheiden sich die Austräge aus dem gesamten Teileinzugsgebiet beträchtlich. Somit würde eine Anhebung der Wasserstände in der Aue gegenüber der aktuellen Situation die N-Mineralisation der Torfe und damit die

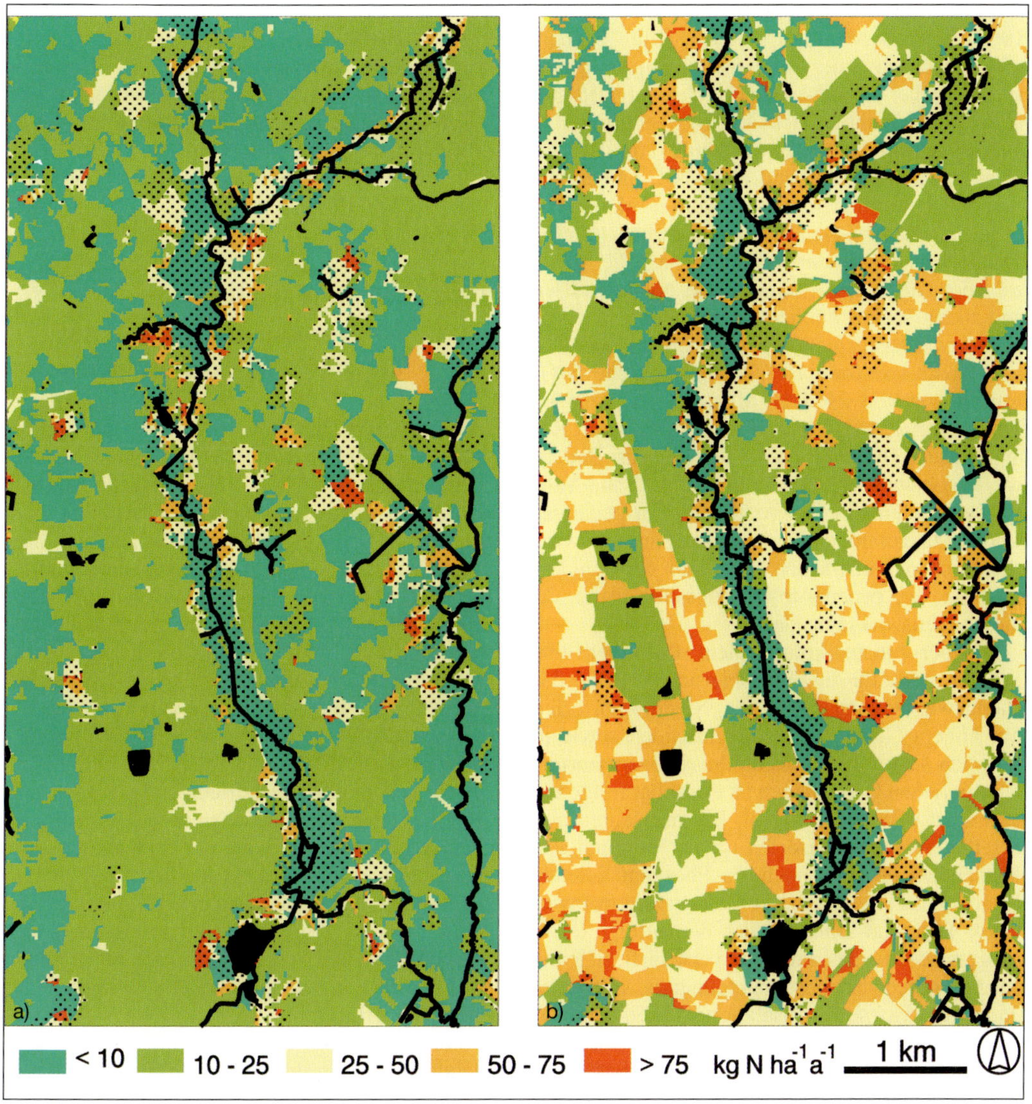

Abb. 142: a) Simulierte Stickstoffausträge mit dem Sickerwasser aus einem Abschnitt des Eidertales westlich Kiel, Schleswig-Holstein, unter oligohemeroben Bedingungen. Simulationsmodell WASMOD, Simulationszeitraum Okt. 1988 – Sept. 1997, Bilanzierungstiefe 1 m (aus TREPEL 2000). Die stärksten Austräge erfolgen aus sandigen Mineralböden am Rande der Aue und des ehemaligen Durchströmungs- beziehungsweise Überflutungsmoores. Eine Belastung des Fließgewässers erfolgt durch Drainagen, Gräben und Quellaustritte mit belastetem Wasser.
b) Stickstoffausträge mit dem Sickerwasser unter den aktuellen Nutzungsverhältnissen; Bezugsraum und Simulationsansatz wie bei a) (aus TREPEL 2000).

Verluste mit dem Sickerwasser einschränken. Dagegen ließe sich die Auswirkung auf die Bilanzen aus dem gesamten Einzugsgebiet fast vernachlässigen. Sanierungskonzepte müssen demzufolge die Einzugsgebiete mit einbeziehen.

Das Denitrifikationspotential von Torfen steigt mit enger werdendem C/N-Verhältnis und mit zunehmender Entwässerungstiefe der Torfe, auf bewirtschafteten Flächen auch mit zusätzlicher N-Düngung. Die Denitrifikation von NO_3^- -kontaminiertem Grundwasser in Durchströmungsmooren erfolgt nicht völlig problemfrei, da mit der NO_3-Reduktion verstärkt Kohlenstoff (DOC) in der metabolisch aktiven Rhizosphäre freigesetzt wird

(BLICHER-MATHIESEN & HOFFMANN in HOFFMANN 1998, BLICHER-MATHIESEN 1998). Saure Niedermoor-Standorte unter Grünlandnutzung (mittlerer sommerlicher Grundwasser-Flurabstand > 50 cm, C/N (0–20 cm unter Flur) 14, pH 4,8) emittieren in Niedersachsen bei einer Düngung von 125 kg N ha^{-1} a^{-1} zwischen 60 und 110 g N_2O ha^{-1} d^{-1}. An basenreichen Niedermoor-Standorten (Brandenburg) schwanken die Werte beträchtlich (20 bis 1500 g ha^{-1} d^{-1}). In der Annahme, dass die Mehrzahl der Niedermoor-Standorte in Niedersachsen entkalkter saalezeitlicher Grundmoräne aufliegt und eher sauer reagiert, ergeben sich bei einer Gesamtfläche von etwa 185 900 ha jährliche N_2O-Emissionen von 2975 t. (MERBACH et al. 1994, TSCHIRSICH 1994). Dieser Anteil kann durch Reduktion der Düngung und Anhebung der Bodenwassergehalte und damit sinkende biotische Aktivität und potentielle Denitrifikationsrate gedämpft werden. Insgesamt ist die Ausgasung aus landwirtschaftlichen Nutzflächen innerhalb der Bundesrepublik die bedeutsamste Emissionsquelle für dieses klimawirksame Gas.

Darüber hinaus kommt dem Phosphor eine Schlüsselrolle für die Eutrophierung von Oberflächengewässern zu. In sauren Niedermoortorfen mit hohem Gehalt an Eisenhydroxiden sowie in schwach sauren bis subneutralen Niedermoortorfen mit hohen Ca-Gehalten ist Phosphat festgelegt und nicht pflanzenverfügbar. In stark sauren und vererdeten Hochmoortorfen ist die Mobilität von Phosphaten dagegen hoch, da Phosphat fällende Kationen fehlen. Bei der Torfzersetzung frei werdende Phosphat-Ionen werden demzufolge leicht ausgewaschen. Das Problem verschärft sich bei „bedarfsgerechter" Grünlanddüngung mit etwa 35 kg P ha^{-1} a^{-1} sowie zusätzlicher Gülle-Applikation. Im nördlichen Niedersachsen wurden unter Hochmoorgrünland Sickerwasserausträge zwischen 4,3 und 17,3 kg P ha^{-1} a^{-1}, unter Ackernutzung bis zu 36 kg P ha^{-1} a^{-1} ermittelt. Der aus dem Abbau der organischen Substanz stammende Anteil lag dabei zwischen 12 und 17 kg (KUNTZE & SCHEFFER 1991, SCHEFFER et al. 1991).

An stark entwässerten Niedermoor-Standorten kann das Mineralisationspotential letztlich nur durch Einstau oder Überstau von Oberflächenwasser aus dem Einzugsgebiet reduziert werden. Der dabei ausgelöste Eutrophierungspuls ist unter Berücksichtigung biozönotischer Ziele meist unerwünscht, aber kaum zu vermeiden. Rational nutzen lassen sich solche Flächen unter zwei Aspekten:

- bei angemessenem Management lassen sich Schilf-Bestände zumindest potentiell als nachwachsende Rohstoffe nutzen (u. a. TIMMERMANN 1999) , und
- gleichzeitig können die Flächen zur Denitrifikation von stickstoffreichem Oberflächenwasser verwendet werden. Zur Vermeidung von P-Austrägen ist ein Monitoring der ablaufenden hydrochemischen Prozesse erforderlich (vergl. S. 194 und HOFFMANN 1998).

12.4 Künftige Entwicklung landwirtschaftlich genutzter Flächen an Moorstandorten

Jede landwirtschaftliche Nutzung ahemerober oder oligohemerober Moore setzt eine Entwässerung der Standorte voraus. Insofern schließen sich Torfakkumulation und landwirtschaftliche Nutzung auf gleicher Fläche grundsätzlich aus. Eine nicht torfzehrende Bewirtschaftung ist somit nicht möglich, allenfalls eine, bei welcher der Torfschwund verzögert wird beziehungsweise die Auswaschung von Nährstoffen sowie die Ausgasung von umweltwirksamen Gasen reduziert werden. Eine rationale Bewirtschaftung von Moorstandorten ist indessen zumindest in Mitteleuropa auch ökonomisch kritisch. Hält man Subventionierungen für kein langfristig befriedigendes Konzept, so lässt sich eine vorausschauende landwirtschaftliche Nutzung letztlich wohl nur im Rahmen eines integrierten Konzeptes gemeinsam mit Naturschutz und landschaftsbezogener Tourismusentwicklung umsetzen. Für die Erhaltung einer vielfältigen Flora und Fauna ist schwach bewirtschaftetes Feuchtgrünland gegenüber brachgefallenen Flächen überlegen.

Stark entwässerte Hoch- und Niedermoor-Standorte werden derzeit als Grünland, zu einem geringeren Anteil auch ackerbaulich genutzt. Hochmoorreiche Landschaften sind in der Vergangenheit etwa als Fehnkultur in den Niederlanden, als deutsche Hochmoorkultur und als deutsche Sandmischkultur bewirtschaftet worden (vergl. S. 82). Gegenwärtig ist in Torfabbaugebieten etwa im niedersächsischen Emsland neben einer Moorrestitution auf ausreichend mächtigen Schwarztorflagen als Staukörper auch eine Überführung in Marktfrucht- und Futterbau-Nutzflächen vorstellbar, allerdings unter veränderten agrar- und umweltpolitischen Bedingungen mit erheblich verringertem Kultivierungsaufwand. Auf Sandmischkulturböden lassen sich zur Einschränkung der Winderosion nur weite Fruchtfolgen vertreten, kombiniert mit einer Reduktion der Hackfrüchte wie Mais und Kartoffeln. Feinsandige, humus- und tonarme Böden bei Sandmischkultur zeigen bis zu 168 t ha^{-1} a^{-1} Bodenumlagerungen auf dem Feld und Humusauswehungen bis zu 9 t ha^{-1}. Darin enthalten sind 162 kg ha^{-1} Stickstoff, 151 kg ha^{-1} P_2O_5, 178 kg ha^{-1} K_2O und 642 kg ha^{-1} CaO (Neemann et al. 1991).

Ackerbau auf organogenen Böden ist heute wegen der hohen Torfzehrung und der potentiellen oder realen Beeinträchtigung von Grundwasservorräten unter dem Aspekt des Ressourcenschutzes und der Gewässerbelastung inakzeptabel. Eine Umwandlung von Äckern zu Grünland reduziert bei vermulmten Torferden die Winderosion. Bei Verzicht auf Düngung werden Mineralisation und Nährstoffausträge bereits ohne Anhebung der Wasserstände abgeschwächt. Die Vegetationsentwicklung führt dabei zu artenarmen Nitrophyten-Gesellschaften. Bei hohen N- und P-Gehalten wird Kalium am stärksten im Profil verlagert. Die Produktion der Vegetation wird auf diese Weise K-limitiert (Wild 1997). Eine Aufgabe der Nutzung von intensiv bewirtschafteten Flächen ohne begleitende Anhebung der Wasserstände und Ausmagerung ist unzweckmäßig.

Die Intensivierung der Grünlandbewirtschaftung an Moorstandorten hat zu produktivem, aber artenarmem Einsaat-Grünland geführt (Abb. 143). Neben der Vegetation wurde auch die Fauna erheblich beeinträchtigt. So sind etwa Limicolen wie Bekassine (*Galliano galliano*), Großer Brachvogel (*Numenius arquata*), Uferschnepfe (*Limosa limosa*) und Rotschenkel (*Tringa totanus*) stark zurückgegangen. Allgemein wirkt es sich für eine Förderung der Artenvielfalt und ein ansprechendes Landschaftsbild günstig aus, wenn eine möglichst hohe räumliche und zeitliche Variabilität der Nutzung gewährleistet bleibt (u.a. Irmler et al. 1998, Radlmair & Laussmann (1997)).

Aus betriebswirtschaftlicher Sicht stellt die heutige Vieh- und Milchwirtschaft hohe Anforderungen an den Futterwert. Erwünscht sind hohe Eiweiß- und Mineralstoffgehalte bei zugleich niedrigem Rohfaseranteil. Zum Zeitpunkt des Schossens der Gräser Mitte Mai erreicht der Rohproteinanteil (und damit die Verdaulichkeit) ein Maximum, während der Rohfaseranteil im Minimum liegt. Futterwert und Ertrag verlaufen nicht parallel: mit zunehmender Alterung sinkt der Futterwert. Der Rohfaseranteil verdoppelt sich bis gegen Ende Juli, der Rohproteinanteil fällt gleichzeitig auf etwa 1/4 des Ausgangswertes (Klapp 1971, Borstel 1992, auch Abb. 144). Verbreitete Verfahren der Grünlandbewirtschaftung sind Heu-, in jüngerer Zeit vor allem Silage- und Grünfuttererzeugung. Verbreitet ist eine Mehrschnittnutzung mit 3 bis 4 Schnitten im Jahr, die bei Silageerzeugung auf bis zu fünf Schnitte ansteigt. Der erste Schnitt erfolgt ab Mitte

Abb. 143: Ruderalisiertes Quecken-Einsaatgrünland auf entwässerten, vermulmten Niedermoorfen, Rhinluch, Brandenburg (8/1997).

Nutzungstermin	Rohfaser	Rohprotein	Verdaulichkeit (%)	Energie MJNEL	Nutzungseignung
1 Schossen Mitte Mai	100	100	–	–	uneingeschränkt
2 Ende Rispenschieben Ende Mai	130	65	80	6,5	
3 Beginn bis Mitte der Blüte Anfang Juni	140	55	65	0,5	Ergänzung durch andere Grundfuttermittel
4 Ende der Blüte Mitte Juli	150	50	60	4,7	stark eingeschränkt
5 Samenreife Anfang Juli	160	38	45	4,0	Siliering nicht empfohlen; Notfutter, Streu
6 Absterben Ende Juli	200	25	–	–	

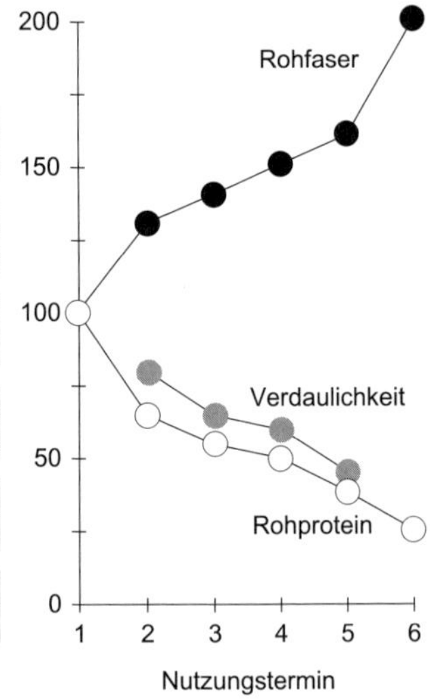

Abb. 144: Abhängigkeit ernährungsphysiologischer Kennwerte vom Schnittzeitpunkt. Rohfaser- und Rohproteingehalt zum Zeitpunkt des Schossens sind gleich 100 % gesetzt (aus A. &. I. WAGNER, 1996)

Mai. Die Erhöhung der Schnittzahl führt zu besseren Futterwerten bei zugleich abnehmenden Erträgen. Dies wird durch Ersatzdüngung kompensiert, wie sich aus den mit der Nutzungsintensivierung verknüpften Steigerungen der Düngergaben seit den 50er Jahren erkennen lässt (nach KNAPP 1971, A. & I. WAGNER 1996).

Eine bedarfsangepasste Düngung an bewirtschafteten Moorstandorten orientiert sich an den Ernteentzügen und sollte beispielsweise bei Weide- oder Schnittnutzung auf Niedermoor-Böden im Norddeutschen Tiefland mineralische und organische N-Gaben von 140 bis 160 kg N ha^{-1} a^{-1} auf keinen Fall überschreiten (Landwirtschaftskammer Schleswig-Holstein 1998). In Wasser- und Naturschutzgebieten gelten abweichende, stärker einschränkende Bestimmungen.

Unter futterbaulichem Aspekt rational wären an stark entwässerten Moorstandorten Düngergaben unter 200 kg N ha^{-1} und 80 kg P ha^{-1} (KLAPP 1971, GÖTTLICH 1990). Die aktuellen Gaben sind folglich nicht nur unter landschaftsökologischem Aspekt bedenklich, sondern auch aus grünlandwirtschaftlicher Sicht unangemessen hoch. Untersuchungen aus Schottland zufolge ergeben sich auf vererdeten Torfen bei jahreszeitlich starken Schwankungen und überwiegend anaeroben Bedingungen potentielle Denitrifikationsraten von bis zu 6,7 kg N ha^{-1} d^{-1}, bei aeroben Verhältnissen von bis zu 4,2 kg N ha^{-1} d^{-1} (WHEATLEY & WILLIAMS 1989). Die auf bewirtschafteten Mooren durch Ernte entzogenen N-Mengen variieren beträchtlich mit dem Ertrag an Phytomasse und ihrem Eiweißgehalt. Bei Grünland- und Röhricht-Standorten auf Niedermoor-Böden in Schleswig-Holstein liegen die Vorräte beziehungsweise Austräge zwischen 33 und 300 kg N ha^{-1} (u. a. SACH 1999).

12.5 Integrative Ansätze

In größeren Moorkomplexen in der Kulturlandschaft bedarf die Analyse der Ökosysteme und eine daraus abgeleitete Entwicklung fortschrittlicher Konzepte der Zusammenarbeit verschiedener Fachdisziplinen und der Kombination unterschiedlicher Erhaltungs-, Pflege- und Entwicklungsstrategien. Der Wissenszuwachs über Moore profitiert in jüngerer Zeit von der Kooperation von Hydrologen, Biologen unterschiedlicher Spezialgebiete, Paläoökologen, Frühgeschichtlern, Landschaftsökologen und Modellierern. Für die praktische Umsetzung aggregierten Wissens in nachhaltiges Handeln sind weitere Partner hilfreich: Landschaftsplaner, Ökonomen, an gesellschaftlichen Zielen orientiert arbeitende Politiker sowie kooperative Flächenbesitzer. Eine gute Koordination erlaubt selbst in Regionen mit stark divergierenden Nutzungsansprüchen die erfolgreiche Umsetzung von Großvorhaben.

Zwei Beispiele:

- Das Peenetal in Mecklenburg-Vorpommern weist auf einer Flusslänge von 100 km ein Gefälle von 24 cm auf und hat seit der Litorinatransgression eine Torfbildung von bis zu 9 m erfahren. Das untere Peenetal ist eines der größten zusammenhängenden Niedermoorgebiete Europas. Ausgedehnte Teile sollen bis zum Jahr 2005 in ein Naturschutzgebiet mit einem Gesamtareal von 45 000 ha überführt werden (HENNICKE et al. 1996). Wie auf S. 161 vorgestellt, wurden weite Teile des Gebietes durch eine über 300-jährige Nutzung überformt und unterliegen seit der Einstellung der Nutzung einer starken Bewaldung. Neben der Erhaltung beziehungsweise der Wiederherstellung wachsender Torfkörper durch Verbesserung der hydrologischen Verhältnisse ist es das Entwicklungsziel, durch die Wiedereinführung historischer Bewirtschaftungsformen eine möglichst hohe Biotopvielfalt zu gewährleisten. Dies soll nicht durch dauerhafte Pflege, sondern durch eine an den Naturschutzzielen orientierte Landwirtschaft sichergestellt werden, deren Betriebskonzept einer stufenweisen Erprobung und Entwicklung bedarf.
- Das Wurzacher Ried in Baden-Württemberg ist aufgrund seiner reichhaltigen Ausstattung mit moorspezifischen Tier- und Pflanzenarten und seines Reichtums an unterschiedlichen Lebensgemeinschaften einer der wertvollsten Moorkomplexe Zentraleuropas. Während auf den ausgedehnten Hochmoorschilden nach Einstellung des Torfabbaues Vernässungen mit dem Ziel der Entwicklung Torf bildender und von menschlichem Zutritt unbeeinträchtigter Moorkomplexe erfolgen, vollzieht sich in den teilweise sehr vielgestaltigen und landschaftlich reizvollen Randbereichen eine behutsame Besucherlenkung (PFADENHAUER 1997).

Die sinnvolle Kombination eines strikten Schutzes von Kernzonen und der vorsichtigen Öffnung für Besucher löst nicht alle Probleme. In eine intensiv genutzte Kulturlandschaft eingebettete Schutzgebiete sind zahlreichen Belastungen ausgesetzt, deren Auswirkungen es zu kontrollieren gilt, um darauf aufbauend möglichst effektive Sicherungsmaßnahmen durchzuführen. Im abschließenden Kap. 13 sollen deswegen die Notwendigkeiten und Möglichkeiten von Langzeitforschung, Monitoring und Erfolgskontrolle angesprochen werden.

Darüber hinaus lehren die bisherigen Erfahrungen mit Maßnahmen zur Moorrestitution, dass die praktizierten Verfahren zwar von einem zunehmenden Wissen profitieren, aber dennoch teuer und gemessen an angestrebten Entwicklungszielen letztlich unbefriedigend bleiben.

Daraus lässt sich zunächst lernen, den Torfabbau künftig nicht auf bislang ungestörte Flächen auszuweiten und mit Torf als nur sehr langsam erneuerbarer Ressource äußerst sparsam umzugehen. Prinzipiell sind zwei einander ergänzende Wege vorstellbar: Die Beschränkung der künftigen Nutzung auf solche Bereiche, in denen bislang Torf abgebaut worden ist. Dies bedeutet die Anlage und Unterhaltung großflächiger Torfmooskulturen, die in regelmäßigen Abständen beerntet werden. Der zweite Weg ist die Reduktion der Torfnutzung und ihre vollständige Substitution.

Das Ernten von Torfmoosen etwa durch Mahd ist grundsätzlich auf großen, ebenen und gut durchfeuchteten Flächen vorstellbar und wird ansatzweise praktiziert (ELLING & KNIGHTON 1984, WHINHAM & BUXTON 1997). Getrocknete Torfmoose kommen in ihren physiko-chemischen Eigenschaften jenen schwach zersetzter Torfe nahe. Die Kultur ließe sich durch ein Einstellen optimaler hydrologischer und ernährungsbiologischer Bedingungen verbessern (u. a. HARAGUCHI 1996, LI & VITT 1997). Begrenzend bleibt der für eine ökonomische Verwertung erforderliche Flächenbedarf. Bei einem aktuellen Jahresbedarf von weltweit rund 25 Mio. m^3 Torf im Erwerbsgartenbau, der aktuell auf einer Fläche von etwa 800 km^2 gewonnen wird (HOOD 1997), ließe sich bei einer angenommenen Akkumulationsrate von 2500 kg Torfmoos-Trockenmasse ha^{-1} a^{-1} eine vergleichbare Nutzung auf 15 000 km^2 erzielen (JOOSTEN 1998).

Konsequenterweise bedeutet der künftige effektive Schutz besonders für Hochmoore eine schrittweise Substitution von Torf im Erwerbs- und Hobbygartenbau. Torffreier Gartenbau ist möglich und wird auf den Britischen Inseln von professionellen Betrieben bereits intensiver praktiziert als im Hobbygartenbau (DOAR 1997). Entscheidend für ein Umschwenken auf nachhaltige Torfnutzung ist eine Änderung des Konsumentenverhaltens kombiniert mit einschlägigen Entwicklungsarbeiten in der Gartenbauindustrie sowie einer Veränderung der Vermarktungsstrategien.

13 Langzeitforschung, Monitoring und Erfolgskontrollen

In diesem Kapitel werden Aspekte der Dynamik von Ökosystemen und deren Elementen sowie der Naturschutzplanung behandelt. **Langzeitforschung** stellt gesicherte Erkenntnisse über die Dynamik von Populationen, Lebensgemeinschaften, Standorten und Ökosystemen bereit. Ziel eines **Monitoring** ist die Überwachung von Umweltparametern, ausgewählten Populationen oder Biozönosen in Raum-Zeit-Reihen mit dem Ziel, Aussagen über den Zustand, die Entwicklung und die dieser Entwicklung zugrunde liegenden Ursachen eines Systems zu machen. Bezogen auf den Natur- und Umweltschutz stehen Fragen der Vermeidung von Störungen oder der Durchführung von Maßnahmen im Vordergrund (u. a. BÖCKER 1997, BISCHOFF & DRÖSCHMEISTER 2000, TREPEL & OPITZ 2000).

Das Ziel Dauerbeobachtungsgestützter **Erfolgskontrollen** ist es, die Umsetzung und die Wirkung getroffener Maßnahmen zum Schutz oder zur Entwicklung von Populationen, Biozönosen, Umweltmedien oder Ökosystemen zu erfassen. Dabei sollen auffällige Veränderungen der Struktur, Dynamik und Funktion von betroffenen Populationen oder Systemen möglichst frühzeitig erkannt werden. Erfolgskontrollen sind somit Ist-Soll-Vergleiche auf verschiedenen Planungs- und Umsetzungsebenen. Die angestrebten Ziele oder prognostizierten Entwicklungen müssen zuvor eindeutig festgelegt werden.

Wir unterscheiden zwischen Maßnahmen-(Umsetzungs-) und Wirkungs-(Ziel-)kontrolle (Grad der Zielerfüllung). Die **Maßnahmenkontrolle** betrifft die Durchführung technischer Eingriffe zur Lenkung der Prozesse in einem Lebensraum oder einer Lebensgemeinschaft, die **Wirkungskontrolle** dagegen die Reaktion von Schutzgütern wie Populationen und Ökosystemen auf getroffene Maßnahmen. Letztere ist für den an formulierten Zielen und Teilzielen zu eichenden Erfolg entscheidend.

Wirkungskontrollen sollen Maßnahmen-begleitend erfolgen. So können beispielsweise hydrologische oder mechanische Eingriffe zur Pflege und Entwicklung sekundärer Moorstandorte negative Rückwirkungen auf die Flora oder Entomofauna der betroffenen Räume haben (u. a. DRÖSCHMEISTER & GRUTTKE 1998), die es, wenn einmal erkannt, bei künftigen Entwicklungskonzepten möglichst zu vermeiden gilt.

Für Langzeitanalysen sind Torfkörper mit ungestörter Stratigraphie hervorragend geeignete Referenzflächen, und zwar nicht nur bezogen auf vegetations- und siedlungsgeschichtliche Entwicklungen, sondern auch für eine Bilanzierung atmosphärischer Depositionen. So lassen sich die Arsen-, Antimon-, Blei- und Quecksilberdepositionen vor allem in rein niederschlagswasserversorgten Mooren zur Rekonstruktion der Erzgewinnung, der Metallverarbeitung und der anthroposphärischen Eintragspfade in unterschiedlichen Zeitepochen seit der Eisenzeit nutzen. Voraussetzung dafür ist, dass die eingelagerten Substanzen keiner nennenswerten Verlagerung im Torfkörper selbst unterliegen. Ein Beispiel: aus dem Hochmoor am Etang de la Gruère im Schweizer Jura ließ sich mit Einführung der Münzprägung in der römischen Kaiserzeit ein Anstieg der Schwermetallgehalte auf das Vierfache der natürlichen Hintergrundbelastung feststellen. Die Nutzung verbleiten Benzins ließ um 1970 den Bleiausstoß aus Motorfahrzeugen sprunghaft ansteigen und machte sich in den Hochmoortorfen durch eine Deposition um das bis über 400fache des natürlichen Hintergrundwertes bemerkbar. Inzwischen haben sich diese Spitzenwerte merklich verringert. Weiterhin verbleibt die Metalldeposition jedoch an oligohemeroben Hochmoor-Standorten auf einem Niveau, das etwa 100-mal höher ist als in der „natürlichen Umwelt" (BENOIT et al. 1994, SHOTYK 1996, WEISS et al. 1999).

Neben der allgemeinen Umweltüberwachung gilt es natürlich auch, Moore insgesamt als empfindliche Systeme zu schützen, das heißt, ihre Veränderungen zu dokumentieren, um unerwünschten Beeinträchtigungen entgegenzuwirken.

Da Lebensgemeinschaften und Ökosysteme keine statischen Konstrukte sind, sondern ihre Zusammensetzung, Struktur und die zwischen den Kompartimenten ablaufenden Wechselbeziehungen und Stoffflüsse vielmehr räumlichen und zeitlichen Veränderungen auf unterschiedlichen Skalen unterliegen, muss jede Erfolgskontrolle eine solche Skalenabhängigkeit der ablaufenden Entwicklungen und Prozesse berücksichtigen, um der Komplexität des untersuchten Systems bei der Analyse gerecht zu werden.

Entscheidend für die Aussagekraft von Erfolgskontrollen ist eine möglichst exakte Dokumenta-

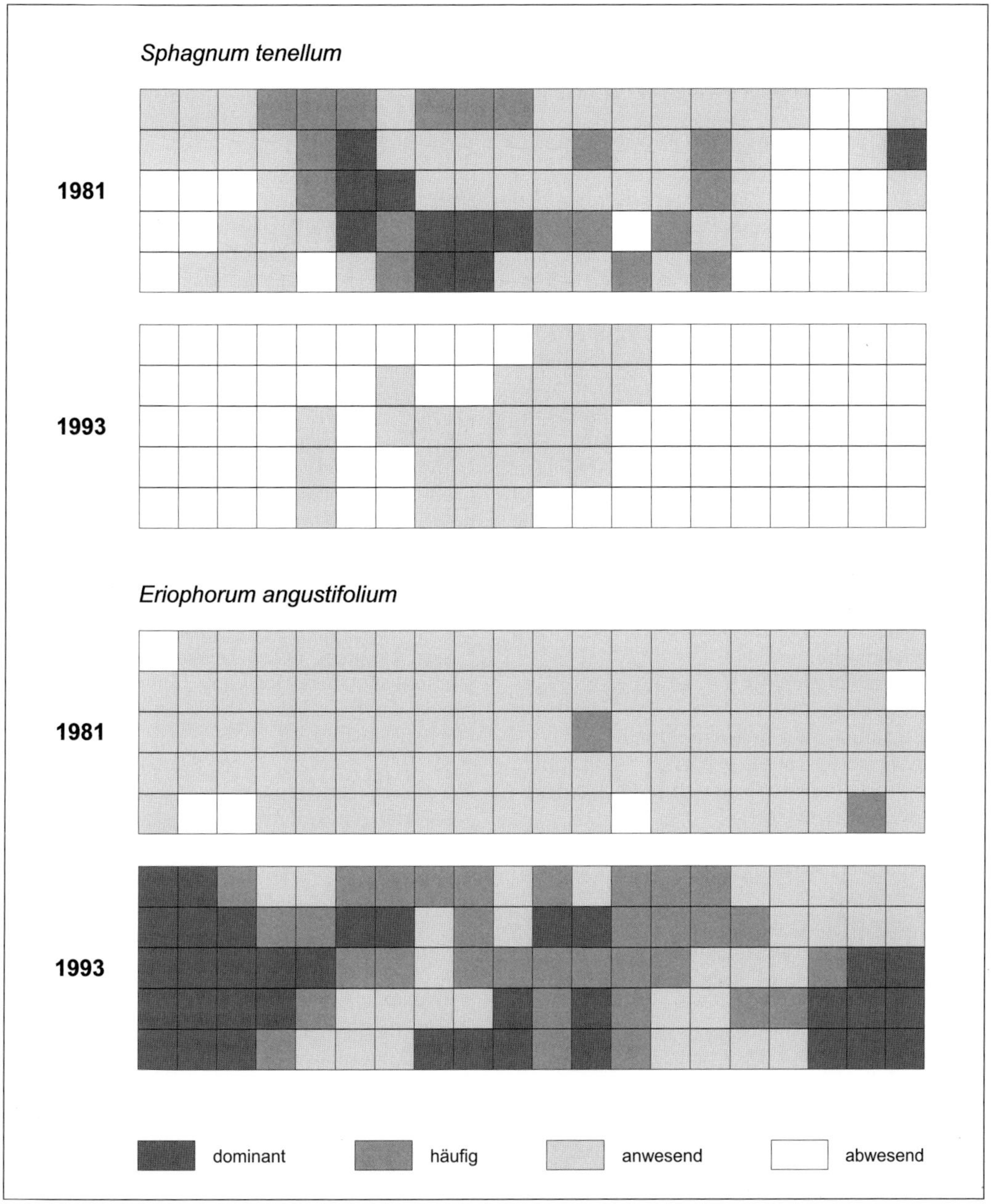

Abb. 145: Rasterkartierung der Veränderung in der Deckung zweier bezeichnender Arten entlang eines Transektes in Glasson Moss, Großbritannien. Auslösend für die Deckungsverschiebung ist die starke Beeinträchtigung der Flächen durch Vogel-Faeces (nach LINDSAY & ROSS 1994); dunkel: dominant, dunkelgrau: häufig, hellgrau: anwesend, weiß: abwesend.

tion der Datenerhebung, des Analyseverfahrens, der Dateninterpretation und des zeitlichen Horizontes (u.a. Usher 1991, Aubrecht et al. 1994, Shaw & Wheeler 1995, Ginzler & Steiner 1997).

Monitoring und Erfolgskontrollen sind kosten- und zeitaufwendig. Bereits vor Beginn der Datenerhebung sollte deshalb angestrebt werden, den Aufwand zu minimieren und eine möglichst weitgehende Übertragbarkeit der erwarteten Resultate sicherzustellen: Zieldefinition der Erfolgskontrolle, Beschränkung auf aussagekräftige Indikatoren, möglichst einfache, dem zu analysierenden System angemessene Methoden, eine möglichst geringe Frequenz der Probennahme unter Wahrung der Zuverlässigkeit und Repräsentanz der erhobenen Daten sowie die Berücksichtigung möglichst repräsentativer Raumausschnitte. Unabhängig vom Umfang der Folgeuntersuchungen sind dabei die Qualität der Erstuntersuchung und die Zieldefinition für die Aussagekraft aller folgenden Kontrollen entscheidend (u.a. Marti & Stutz 1993).

Gegenstand von Erfolgskontrollen können im Wesentlichen sein:

- die Dokumentation der Veränderung von Populationen ausgewählter Arten, von Lebensgemeinschaften und Flächenstrukturen,
- Zeitreihenanalysen ausgewählter Indikatoren, Schad- und Nährstoffe mit Hilfe physikalisch-chemischer Messnetze,
- die Erfassung der Veränderung des nutzungsform- und -intensitätsbedingten Landschaftsbildes sowie
- eine Überprüfung der Effektivität von Schutz-, Pflege- und Entwicklungsmaßnahmen des Naturschutzes und der Landschaftspflege. Inwieweit beispielsweise Mahd oder Beweidung zu einer effektiven Ausmagerung führen, hängt ab von den saisonalen Witterungsbedingungen sowie dem auf die konkreten Flächen bezogenen Nährstoffstatus.

Dauerbeobachtungen auf exakt festgelegten und vermessenen Probeflächen sind die Basis für populationsbiologische Analysen und für die Beschreibung von Vegetationsschwankungen und -veränderungen. In Kombination mit Messungen von Standortfaktoren und Experimenten zur Konkurrenz und Populationsdynamik bilden sie die Voraussetzung für eine kausale Analyse dynamischer Prozesse. Für populationsbiologische Erhebungen bieten sich insbesondere Indikatorarten für hydrologische und trophische Zustände an, bezogen auf den Artenschutz zusätzlich reliktäre Sippen innerhalb disjunkter Teilareale. Die kleinräumige Populationsentwicklung ausgewählter Arten lässt sich beispielsweise durch Rasterkartierungen in Zeitreihen durchführen (Abb. 146).

Auf den Maßstab von Kleinstrukturen können hochauflösende Untersuchungen an Dauerflächen sinnvoll sein. Abb. 146 zeigt bei kartierten Dauerflächen für einen Zeitraum von 35 Jahren den Übergang von torfmoosbeherrschten Schlenken und Rasen zu zwergstrauchdominierten Bulten. In Abbildung 147 wurden diese Befunde generalisiert, um die Mikrosukzession der kartierten Vegetationstypen herauszuarbeiten. Im gewählten Beispiel korreliert der Wandel in der Artenzusammensetzung mit hydrologischen und ernährungsbiologischen Veränderungen in dem untersuchten Moor.

Seit langem werden für Vegetationskartierungen Luftbilder eingesetzt. Der visuelle Abgleich der im Luftbild unterschiedenen Einheiten mit den Befunden im Gelände macht eine detaillierte Unterscheidung von Vegetationstypen und teilweise von dominanten Arten möglich. Dies kann den Aufwand für die Geländearbeiten erheblich reduzieren. Ausschließlich luftbildgestützte automatische Klassifikationen liefern derzeit oft nur eingeschränkt nutzbare Resultate, etwa grobe Nutzungs- und Strukturmerkmale als Grundlage von Flächenstatistiken (z. B. Reid et al. 1997, Stähle et al. 1997. Demgegenüber eignen sich Scanner-Bilder von Befliegungen gut für vergleichende Auswertungen von Veränderungen in Zeitreihen (detaillierte Darstellung bei Grünig et al. 1996, Schuckert 1997, Schuckert et al. 1997). Die Kombination von zunehmend höher auflösenden Scannern, einer wachsenden Leistungsfähigkeit der Software bei der automatischen Datenauswertung von Scanner-Pixeln, der Einsatz von GPS (**G**lobal **P**ositioning **S**ystem) und GIS (**G**eographische **I**nformations**s**ysteme) bedeutet für künftige Erfolgskontrollen eine ausgezeichnete methodologische Erweiterung.

Da sich im Zuge der Fernerkundung die Aufnahmeobjekte mit hoher Genauigkeit ansprechen lassen und die Aufnahmemethodik in Zeitreihen den Vergleich eindeutig abgegrenzter Flächen möglich macht, erlauben neben visuellen Auswertungen zunehmend auch EDV-gestützte automatische Klassifikationen (Grünig et al. 1996) eine effektive Verwaltung und Bearbeitung der gewonnenen Daten. Durch moderne Computertechnologien lassen sich luftbildgestützte Kartierungen folglich sinnvoll ergänzen. Dennoch: selbst leistungsfähigste Technik vermag nicht die auf Geländekenntnissen und umfassendem Fachwissen aufbauende Urteilsfähigkeit eines Bearbeiters zu

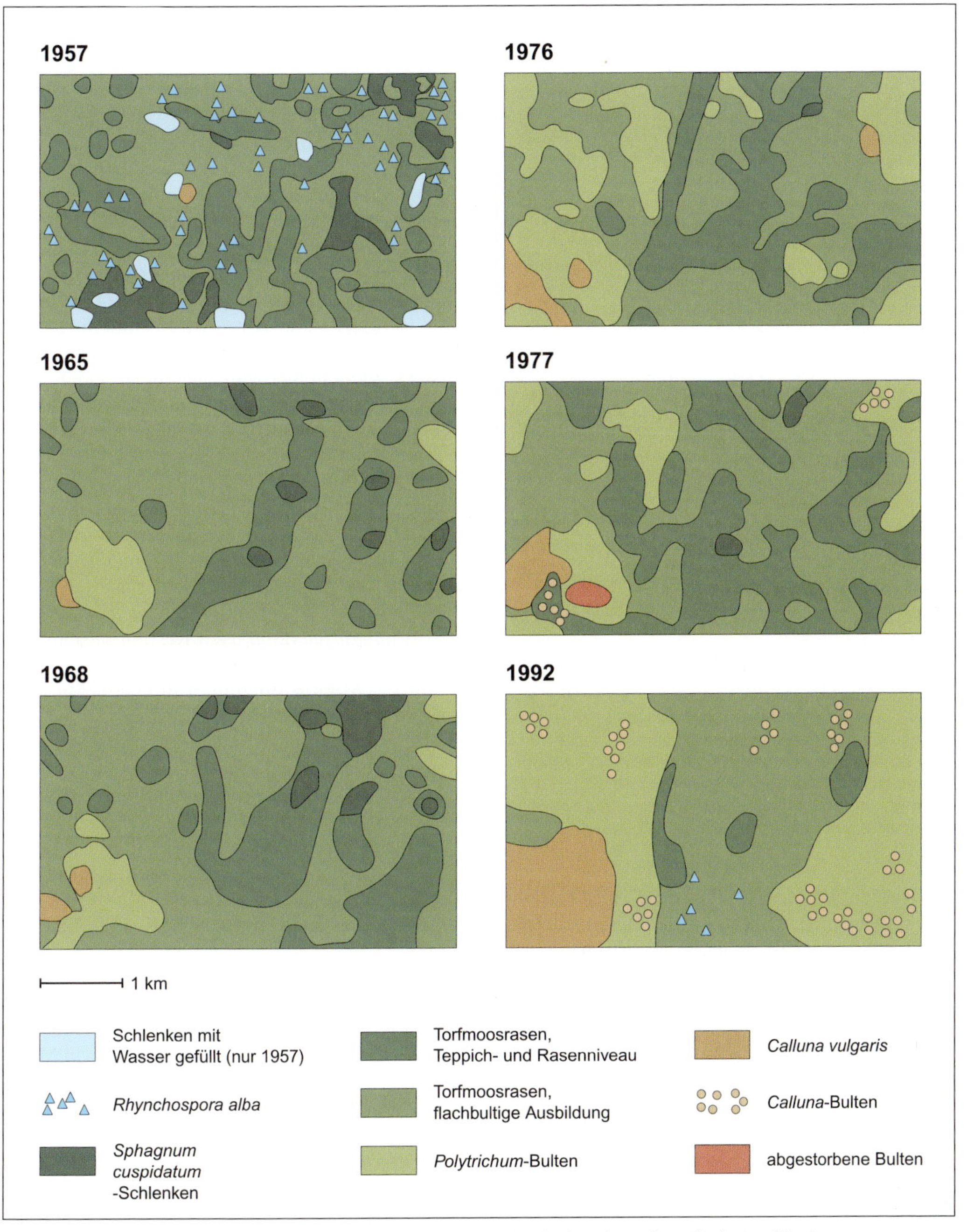

Abb. 146: Sukzessionsablauf auf Dauerflächen eines hydrologisch schwach veränderten Hochmoores im bayerischen Alpenvorland (nach FRANK & SCHMEIDL 1998).

kompensieren, die letztlich die Qualität einer Untersuchung bestimmt.

Eine besondere Herausforderung ist die Integration zoologischer Objekte in Monitoring-Konzepte. Abgesehen von einigen gut bearbeiteten Gruppen ergeben sich aufgrund des bisherigen Kenntnisstandes – insbesondere im Bereich der Entomologie – zur Autökologie und zu den Habitatansprüchen vieler Arten erhebliche Wissensdefizite, die eine Suche nach geeigneten Indikatoren

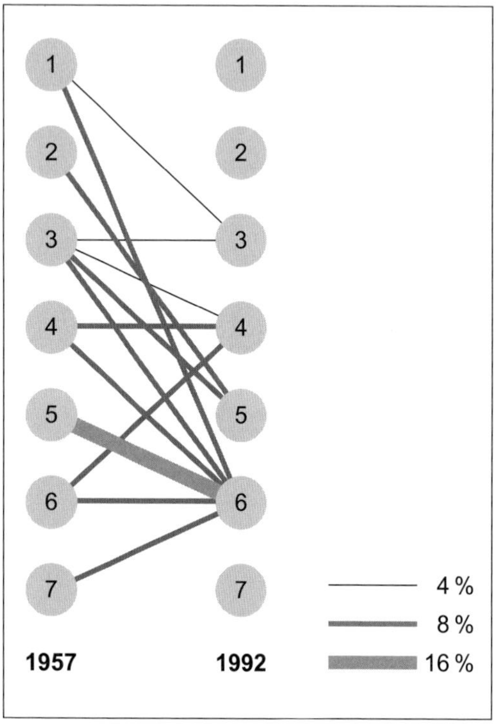

Abb. 147: Generalisierter Verlauf der Sukzessionen auf den Dauerflächen des von FRANK & SCHMEIDL (1998) bearbeiteten Moores. Die Zahlen stehen für Vegetationstypen und indizieren von 1–7 abfallende Feuchtestufen. Die Balken zeigen die Richtung der Veränderungen im dargestellten Zeitraum an, die Balkenbreite die Übertrittswahrscheinlichkeiten.

erschweren. Vor dem Hintergrund einer kaum zu bewältigenden Datenfülle werden in jüngerer Zeit Konzepte entwickelt mit dem Ziel, die Qualität der Lebensraumansprache bezogen auf zoologische Objekte zu verbessern. Dazu bedient man sich systemspezifischer „Leitarten“, deren Autökologie und Habitatansprüche bekannt sind (u. a. HILDEBRANDT 1995, RECK 1997, 1998). RECK verfolgt den Ansatz, stufenweise aus dem gesamten Tierarten-Bestand einer Fläche repräsentative Artengruppen zu selektieren. Daraus werden iterativ für Erfolgskontrollen die empfindlichsten und aussagefähigsten Indikatoren für die Qualität definierter Lebensräume und Lebensraumkomplexe als so genannte Zielarten ausgewählt. An diesen orientieren sich beispielsweise die Erfolgskontrollen. Entscheidend ist, dass Deskriptoren aus unterschiedlichen Tiergruppen und -gilden in das Zielartenkollektiv integriert werden, um daraus Aussagen für die Beurteilung von Flächenqualitäten abzuleiten (RECK & KAULE 1993). Nicht alle Artengruppen sind für die zu betrachtenden Lebensräume geeignete Indikatoren. Für naturbelassene (oligohemerobe) Moorstandorte beispielsweise steuern räuberisch lebende Artengruppen wie Spinnen zur Indikation der Habitatqualität weniger Informationen bei als stenöke Phytophage wie Zikaden. Eine Effektivitätskontrolle beispielsweise von Restitutionsmaßnahmen in Hochmooren mit Hilfe mobiler Arten mit kleinräumigen Biotopansprüchen wie die Passeriformes (Sperlingsvögel) und Schnepfen ist wenig hilfreich, weil diese Arten auf kurzfristige Änderungen der Habitatqualität rascher reagieren als „empfindlichere“ Indikatoren (MÜLLER 1989).

Ein integriertes Erfolgsmonitoring von Mooren schließt letztlich auch abiotische Parameter mit ein, um das Stoffflussgeschehen zu kontrollieren. Nähr- und Mineralstoffeinträge aus der Luft bestimmen entscheidend die Entwicklung oligotropher Moorsysteme. Die Kohlenstoff- und Nährstoffausträge charakterisieren das Ausmaß der Mineralisation in unterschiedlich stark gestörten Moorsystemen beziehungsweise der Kohlenstoff- und Nährstoffretention nach Restitutionsmaßnahmen.

Für ein Minimalprogramm in einem Messnetz erweist sich die Leitfähigkeit als Summenparameter für mineralische Einträge (atmosphärisch oder durch Oberflächengewässer) als zweckmäßig. Über die pH-Werte lässt sich die Summe der Protoneneinträge ermitteln. Der als „natürlich“ anzusehende pH-Wert liegt bei 5,7 im schwach sauren Bereich (KILHAM 1982). Durch anthropogene Säureimmission kann er weiter abgesenkt werden. Der pH-Wert interagiert mit dem DOC-Gehalt in Gewässern. Bei starker Versauerung wird der mikrobielle Abbau organischer Materie herabgesetzt und eine verstärkte Sedimentation von DOC-Addukten gefördert (STEINBERG & KÜHNEL 1987). In langfristig persistenten Wasserkörpern wie Moorkolken ist die Erfassung von Sauerstoffgehalten und -konzentrationen zweckmäßig, bei Oberflächengewässern, insbesondere aus agrarisch genutzten Räumen, bietet sich die Ermittlung der N- und P-Frachten für die Kontrolle der Nährstoffeinträge an.

Zusammenfassend sei betont, dass die Kombination von interdisziplinär angelegten wissenschaftlichen Untersuchungen, vorausschauender Entwicklungsplanung und integrierten Wirkungskontrollen die Qualität eines zukunftsorientierten Natur- und Umweltschutzes von Ökosystemen ausmacht – nicht nur bezogen auf Moore.

14 Literaturverzeichnis

ABT, K., EGE, M. (1993): Sukzession contra Pflege von Steuwiesen? Ber. Inst. Landschafts-Pflanzenökologie Universität Hohenheim 2, 39–58.

AERTS, R., BERENDSE, F. (1988): The effect of increased nutrient availability on vegetation dynamics in wet heathlands. Vegetatio 76, 63–69.

AERTS, R., WALLÉN, B., MALMER, N. (1992): Growth-limiting nutrients in *Sphagnum*-dominated bogs subject to low and high atmospheric nitrogen supply. J. Ecol. 80, 131–140.

AERTS, R., VERHOEVEN, J. T. A., WHIGHAM, D. F. (1999): Plant mediated controls on nutrient cycling in temperate fens and bogs. Ecology 80(7), 2170–2181.

AISTLEITNER, E. (1999): Die Schmetterlinge Vorarlbergs. 1. Vorarlberger Naturschau 5, 377 S.

AKKERMANN, R. (1982): Möglichkeiten und Zielsetzungen für eine Regeneration von Hochmooren – zoologisch betrachtet. Inf. Natursch. Landschpfl. 3, 151–163.

ALETSEE, F. (1967): Begriffliche und floristische Grundlagen zu einer pflanzengeographischen Analyse der europäisichen Regenwassermoorstandorte. Beitr. Biol. Pflanzen 43, 117–160.

ALM, J., TALANOV, A., SAARNIO, S., SILVOLA, J., IKKONEN, E., AALTONEN, H., NYKÄNEN, H., MARTIKAINEN, P.J. (1997): Reconstruction of the carbon balance for microsites in a boreal oligotrophic pine fen, Finland. Oecologia 110, 423–431.

AMBUS, P., HOFFMANN, C. C. (1990): Kvælstofomsætning og stofbalance i ånære områder. NPO reseach from the Danish Environmental Protection Agency C13, 68 S.

ANDRZEJEWSKA, L. (1991): Root production of some grass communities on peat soil in river valleys of Biebrza and Narew. Polish ecol. stud. 17, 63–72.

ANDRUS, R. E. (1986): Some aspects of *Sphagnum* ecology. Can. J. Bot. 64, 416–426.

ARMENTANO, T. V., MENGES, E. S. (1986): Patterns of change in the carbon balance of organic soil-wetlands of the temperate zone. J. Ecol. 74, 755–774.

ARMENTANO, T. V. (1990): Soils and ecology: tropical wetlands. In: WILLIAMS, M. (ed.): Wetlands: a threatened landscape, 115–144.

ASHMORE, M. R. (1975): The ecophysiology of *Calluna vulgaris* (L.) Hull. in a moorland habitat. Thesis Univ. Leeds, 145 S.

ASMAN, W. A. H., RUNGE, E. H. (1991): Atmospheric deposition of nitrogen compounds in Denmark. The N, P and organic matter research program 1985–1990. Nitrogen and phosphorus in soil and air. A. Abstracts, Ministery Environm., 287–311.

ASPLUND, D. (1996): Energy use of peat. In: LAPPALAINEN, E. (ed.): Global peat resources. 319–325, Int. Peat Soc., Jyskä, Finland.

ATWELL, B. J., VEERKAMP, M. T., STUIVER, B., KUIPER, P. J. C. (1980): The uptake of phosphate by *Carex* species from oligotrophic to eutrophic swamp habitats. Physiol. Plant. 49, 487–493.

AUBRECHT, G., DICK, G., PRENTICE, C. (red.) (1994): Monitoring of ecological change in wetlands of Middle Europe. Proc. int. workshop Linz. Stapfia 31, 224 S.

AUE, B. (1992): Hydrologische Untersuchungen an vernäßten Moorstandorten im Dosenmoor bei Neumünster. SchrR. Inst. Wasserwirtsch. LandschÖkol. CAU Kiel 17, 201 S.

AUE, B. (1998): Hydrologische Situation im regenerierenden Dosenmoor. In: IRMLER, U., MÜLLER, K., EIGNER, J. (1998): Das Dosenmoor – Ökologie eines regenerierenden Hochmoores, 103–119.

AUGUSTIN, J., MERBACH, W., SCHMIDT, W., REINIG, E. (1996): Effect of changing temperature and water table on trace gas emission from minerotrophic mires. Angew. Bot. 70, 45–51.

AULIO, K. (1982): Nutrient accumulation in *Sphagnum* mosses. II. Intra- and interspecific variation in four species from ombrotrophic and minerotrophic habitats. Ann. bot. fenn. 19, 307–314.

BACKÉUS, I. (1980): Vegetation changes after fertilisation on drained peatlands in central Sweden. Acta phytogeogr. suec. 68, 17–30.

BACKÉUS, I. (1985): Aboveground production and growth dynamics of vascular bog plants in Central Sweden. Acta phytogeogr. suec. 74, 1–98.

BAKKER, J. P., BEKKER, R. M., Olff, H., STRYKSTA, R. J. (1995): On the role of nutrients, seed bank and seed dispersal in restoration management of fen meadows. NNA-Ber. 2/95: 42–47.

BALÁTOVÁ-TULÁCKOVÁ, E. (1972): Flachmoorwiesen im mittleren und unteren Opava-Tal (Schlesien). Vegetace CSSR A4, 201 S.

BANTELMANN, A. (1966): Die Landschaftsentwicklung an der schleswig-holsteinischen Westküste, dargestellt am Beispiel Nordfriesland. Küste 14, 5–99.

Barber, K.E., Chambers, F.M., Maddy, D. (1994): Sensitive high-resolution records of holocene palaeoclimate from ombrotrophic bogs. In: Funnell, B.M., Kay, R.L.F. (eds.): Palaeoclimate of the last glacial/interglacial cycle. 57–60, NERC, Swindon.

Barth, U. (1995): Zum Vorkommen der Drüsigen Fetthenne (*Sedum villosum* L.) in Hessen. SchrR. Umweltamt Darmstadt 15(2), 9–11.

Behrendt, A., Mundel, G., Hölzel, D. (1994): Kohlenstoff- und Stickstoffumsatz in Niedermoorböden und ihre Ermittlung über Lysimeterversuche. Z. Kult.tech. Landentw. 35, 200–208.

Behrendt, A., Hölzel, D. (1995): Wasserdynamik im Niedermoor – vom Wirtschaftsgrünland bis zum renaturierten Moor mit torfbildenden Großrieden. ZALF-Ber. 18, 23–31.

Behrendt, A., Mundel, G., Schalitz, G., Hölzel, D. (1996): 25 Jahre Lysimeterforschung in Paulinenaue und Neukonzipierung der Untersuchungen 1992. ZALF-Ber. 26, 6–27.

Behrendt, A., Mundel, G. (1998): Mineralisation und Baumernährung auf hydrologisch-trophisch unterschiedlichen Moorstandorten. Telma 28, 187–203.

Benken, T. (1989): Der Einfluss der Renaturierungsmaßnahmen auf die Libellenfauna des NSG Rotes Moor. Telma Beih. 2, 121–147.

Benoit, J.M., Fitzgerald, F., Damann, A.W.H. (1994): Historical atmospheric mercury deposition in the mid-continental U.S. as recorded in an ombrotrophic peat bog. In: Watras, C.J. (ed.): Mercury pollution – Integration and Synthesis, 187–202, Levis Publ., Boca Raton.

Bercikovà, M. (1977): Rostlinná spolecenstva s úcastí *Molinia caerulea* v alpínském stupni Krkonos. Op. Corcontica 14, 115–142.

Berglund, B.E. (ed.) (1986): Handbook of holocene palaeoecology and palaeohydrology. 869 pp., J. Wiley & Sons, Chichester.

Bernard, J.M., Solander, D., Kvet, J. (1988): Production and nutrient dynamics in *Carex* wetlands. Aquat. Bot. 30, 125–147.

Berner, R.A. (1993): Paleozoic atmospheric CO_2: importance of solar radiation and plant evolution. Science 261, 68–70.

Bertram, R. (1988): Pflanzengesellschaften der Torfstiche nordniedersächsischer Moore und die Abhängigkeit dieser Vegetationseinheiten von der Wasserqualität. Diss. Bot. 126.

Beug, H.-J., Henrion, I., Schmüser, A. (1999): Landschaftsgeschichte im Hochharz – Die Entwicklung der Wälder und Moore seit dem Ende der letzten Eiszeit. Gesellschaft zur Förderung des Nationalparks Harz e.V. 454 S.

Bick, H. (1985): Die Moorvegetation der zentralen Hochvogesen. Diss. Bot. 91, 289 S.

Biewer, H. (1997): Regeneration artenreicher Feuchtwiesen. In: Biewer, H., Poschlod, P. (eds.): Regeneration artenreicher Feuchtwiesen im Federseegebiet. Veröff. Projekt Angew. Ökol. 24, 11–323.

Birkholz, B., Schmatzler, E., Schneekloth, H. (1980): Untersuchungen an niedersächsischen Torflagerstätten zur Beurteilung der abbauwürdigen Torfvorräte und der Schutzwürdigkeit in Hinblick auf deren optimale Nutzung. NatSchutz LandschPfleg. Nieders. 12, 402 S.

Birse, E.L., Robertson, J.S. (1976): Plant communities and soils of the lowland and southern upland regions of Scotland. Macaulay Inst. Soil Res., Aberdeen.

Bischoff, C., Dröschmeister, R. (eds.) (2000): European Monitoring for Nature Conservation. SchrR. LandschPfleg. NatSchutz 62, 199 S.

Blab, J. (1986): Grundlagen des Biotopschutzes für Tiere. SchrR. NatSchutz LandschPfleg. 24, 257 S.

Blackith, R.E. (1974): The ecology of Collembola in Irish blanket bogs. Proc. R. Ir. Acad. 74, 203–227.

Blankenburg, J. (1983): Untersuchungen zur Phosphatdynamik saurer organischer Böden in Hinblick auf die Reduzierung des Phosphataustrages und der Gewässereutrophierung durch boden- und düngetechnische Maßnahmen. Gött. bodenkdl. Ber. 87.

Blankenburg, J. (1995): Veränderungen bodenphysikalischer Parameter durch Extensivierung und Wiedervernässung. NNA-Ber. 2/95, 5–9.

Blankenburg, J., Kuntze, H. (1987): Moorkundlich-hydrologische Voraussetzungen der Wiedervernässung von Hochmooren. Telma 17, 51–58.

Blicher-Mathiesen, G. (1998): Nitrogen removal in riparian areas. National Envir. Res. Inst. (NERI), Roskilde, 92 S.

Boer, M.M., Koster, E.A., Lundberg, H. (1990): Greenhouse impact in Fennoscandia – preliminary findings in an European workshop on the effects of climatic chance. Ambio 19, 2–10.

Böcker, R. (ed.) (1997): Erfolgskontrolle im Naturschutz am Beispiel des Moorkomplexes Wurzacher Ried. Agrarforschung in Baden-Württemberg 28, 336 S., Ulmer, Stuttgart.

Bölscher, B. (1994): Fauna der Niedermoore. NNA-Ber. 2/94, 91–99.

Bohn, U. (1981): Vegetationskarte der Bundesrepublik Deutschland 1: 200 000 – Potentielle natürliche Vegetation – Blatt CC 5518 Fulda. SchrR. VegKde 15, 330 S.

BOLLER-ELMER, K. (1977): Stickstoff-Düngungseinflüsse von Intensiv-Grünland auf Streu- und Moorwiesen. Veröff. Geobot. Inst. ETH Stftg. Rübel 63, 103 S.

BORGER, G. J. (1992): Draining-digging-dredging; the creation of a new landscape in the peat areas of the low countries. In: VERHOUVEN, J.T.A. (ed.): Fens and bogs in the Netherlands: vegetation, history, nutrient dynamics and conservation. Geobotany 18, 131–171.

BORSTEL, U. v. (1992): Ermittlung von Ertrags- und Qualitätsmerkmalen bei unterschiedlicher Bewirtschaftung, dargestellt am Beispiel Niedersachsen. LÖLF-Mitt. 3/92, 60–66.

BORSTEL, U. v. (1996): Bedeutung des Hochmoorgrünlandes für die Landwirtschaft. Telma 26, 117–127.

BOTCH, M. S., MASING, V. V. (1983): Mire ecosystems in the U.S.S.R. In: GORE, A. J. P. (ed.): Mires: swamp, bog, fen and moor – regional studies. Ecosystems of the World 4B, 95–152, Elsevier, Amsterdam.

BOWMAN, A. F. (1990): Global distribution of the major soils and land cover types. In: BOWMAN, A. F. (ed.): Soils and the greenhouse effect, 61–127, Wiley & Sons, Chichester.

BOYER, M. L. H., WHEELER, B. D. (1989): Vegetation patterns in spring-fed calcareous fens: Calcite precipitation and constrains of fertility. J. Ecol. 77, 597–609.

BRADBURY, I. K., GRACE, J. (1983): Primary production in wetlands. In: GORE, A. J. P. (ed.): Mires: Swamp, bog, fen and moor. General studies. Ecosystems of the World 4A, 285–310, Elsevier Amsterdam, Oxford, New York.

BRADY, N. C. (1984) The Nature and Properties of Soils. Collier Macmillan, New York.

BRAEKKE, F.H. (1981): Hydrochemistry of high altitude catchments in South Norway. I. Effects of summer droughts and soil-vegetation characteristics. Medd. Norsk Inst. Skogforskn. 36(8), 1–26.

BRAGG, O., STEINER, G. M. (1995): Applying groundwater mound theory to bog management on Puergschachenmoos in Austria. Gunneria 70, 83–96.

BRAUN, W. (1983): Die Pfeifengras-Streuwiesen (Molinion) des Murnauer Mooses und ihre Standortverhältnisse. Ber. Bayer. Bot. Ges. 54, 187–214.

BREHM, K. (1971): Ein *Sphagnum*-Bult als Beispiel einer natürlichen Ionenaustauschersäule. Beitr. Biol. Pflanz. 47, 287–312.

BRESSOUD, B. (1989): Contributions à la connaissance du Caricion atrofusco-saxatilis dans les Alpes. Phytocoenol. 17, 145–270.

BRIEMLE, G. (1999): Auswirkungen zehnjähriger Grünlandausmagerung. Vegetation, Boden, Biomasseproduktion und Verwertbarkeit der Aufwüchse. NatSch. LandschPlan 31, 229–237.

BRIEMLE, G., EICKHOFF, D., WOLF, R. (1991): Mindestpflege und Mindestnutzung unterschiedlicher Grünlandtypen aus landschaftsökologischer und landeskultureller Sicht. Beih. Veröff. Naturschutz Landschaftspflege Bad.-Württ. 60, 160 S.

BROWN, D. A. (1997): Microbiology of methane production in peatlands. In: PARKYN, L., STONEMAN, R. E. & INGRAM, H. A. P.(eds.): Conserving peatlands, 139–146, CAB International, Wallingford.

BRÜLISAUER, A., KLÖTZLI, F. (1998): Notes on the ecological restoration of fen meadows, ombrogenous bogs and rivers: definitions, techniques, problems. Bull. Geobot. Inst. ETH 64, 47–61.

BRUNDZA, K. ET al. (1936): Kamanos. Geologisch-botanische Studie eines nordlitauischen Hochmoores. Zemés ukio Akad. metratiš 10(3/4), 1–412.

BUCHWALD, R. (1989): Die Bedeutung der Vegetation für die Habitatbindung einiger Libellenarten der Quellmoore und Fließgewässer. Phytocoenol. 17, 307–448.

BURGEFF, H. (1961): Mikrobiologie des Hochmoores. 197 S., Fischer, Stuttgart.

BURRICHTER, E. (1969): Das Zwillbrocker Venn, Westmünsterland, in moor- und vegetationskundlicher Sicht. Abh. Landesmus. Natkde Münster 31, 60 S.

BURZYNSKA-CZEKANOWSKA, E. (1967): The flora of actinomycetes in some more important types and kinds of peat. Zesz. Probl. Postepow nauk roln. 76, 337–353.

BUSHART, M. (1989): Schwarzerlen- und Moorbirkenwälder im westlichen Hundsrück. Tuexenia 9, 391–415.

BUTTLER, A., DINEL, H., LEVESQUE, P. E. M. (1994): Effects of physical, chemical and botanical characteristics of peat on carbon gas fluxes. Soil-Sci. 158, 365–374.

CALBOURN, P., DOWDELL, J. R. (1984): Denitrification in fieldsoils. Plant & soil 76, 213–226.

CALDWELL, M. M. (1979): Root structure: the considerable cost of belowground function. In: SOLBRIG, O. T., JAIN, S., JOHNSON, G. B., RAVEN, P. H. (eds.): Topics in plant population biology, 408–427, Columbia Univ. Press, New York.

CARACO, N. F., COLE, J. J., LIKENS, G. E. (1989): Evidence for sulphate-controlled phosphorus release from sediments of aquatic systems. Nature 341, 316–318.

CHAMBERS, F .M. (1997): Bogs as treeless wastes: the myth and the implications for conservation.

In: PARKYN, L., STONEMAN, R. E., INGRAM, H. A. P.(eds.): Conserving peatlands, 168–175, CAB International, Wallingford.

CHAPIN, F. S. (1980): The mineral nutrition of wild plants. Ann. Rev. Ecol. Syst. 11, 233–260.

CHAPIN, F. S., KEDROWSKI, R. A. (1983): Seasonal changes in nitrogen and phosphorous fractions and autumn retranslocation in evergreen and deciduous taiga trees. Ecology 64, 376–391.

CHAPIN, F. S., OECHEL, W. C. (1983): Photosynthesis, respiration and phosphate absorption by *Carex aquatilis* ecotypes along latitudinal and local environmental gradients. Ecology 64(4), 743–751.

CLARHOLM, M., LID-TORSVIK, V., BAKER, J. H. (1975): Bacterial populations of some Fennoscandian tundra soils. In: WIELGOLASKI, F. E. (ed.): Fennoscandian tundra ecosystems I. Plants and microorganisms, 251–260, Springer, New York.

CLYMO, R. S. (1963): Ion exchange in *Sphagnum* and its relation to bog ecology. Ann. Bot. N.S. 27, 209–327.

CLYMO, R. S. (1973):The growth of *Sphagnum*: some effects of environment. J. Ecol. 61, 849–869.

CLYMO, R. S. (1983): Peat. In: GORE A. J. P. (ed.): Mires: swamp, bog, fen and moor. Ecosystems of the world 4A, 159–224, Elsevier, Amsterdam.

CLYMO, R. S. (1984a): The limits of peat bog growth. Phil. Transact. R. Soc. London B 303, 605–654.

CLYMO, R. S. (1984b): *Sphagnum*-dominated peat bogs: a naturally acid ecosystem. Phil. Transact. R. Soc. London B.305, 487–499.

CLYMO, R. S. (1992): Productivity and decomposition of peatland ecosystems. In: BRAGG, O. M. & al. (eds.): Peatland Ecosystems and Man: an impact assessment. Brit. Ecol. Soc./IPS, 3–16, Dundee.

CLYMO, R. S., REDDAWAY, E. J. F. (1971): Productivity of *Sphagnum* (bog-moss) and peat accumulation. Hidrobiol. (Bucharest) 12, 181–192.

CLYMO, R. S., HAYWARD, P. M. (1982): The ecology of *Sphagnum*. In: A. J. E. SMITH (ed.): Bryophyte Ecology, 229–289, London.

CLYMO, R. S., TURUNEN, J., TOLONEN, K. (1998): Carbon accumulation in peatlands. Oikos 81, 368–388.

COLDEA, G., PLAMADA, E. (1982): Biomass and net primary production of bogs pinewood communities in the Romanian Carpathjians (The Poiana Stampei Nature Reserve). Rev. Roum. Biol.-Biol. végét. 27, 3–8.

COLES, B. (1990): Wetland archaeology: a wealth of evidence. In: WILLIAMS, M. (ed.): Wetlands – a threatened landscape, 145–180, Blackwell, Oxford.

COLES, B. (1995): Paradox and protection: the significance, vulnerability and preservation of wetland archaeolgy. In: COX, M, STRAKER, V., TYLOR, D. (eds.): Wetlands – archaeology and nature conservation. 144–155, HMSO, London.

COUCH, G. (1993): Fuel peat – world resources and utilisation. IEA Coal Res. 56, 118 S.

CRAWFORD, R. M. M. (1989): Studies in plant survival. 296 S., Blackwell, Oxford.

CRAWFORD, R. M. M. (1996): Whole plant adaptations to fluctuating water tables. Fol. geobot. phytotax. 31, 7–24.

CROWDER, A. A., MACFEE, S. M. (1986): Seasonal deposition of ferric hydroxide plaque on roots of wetland plants. Can. J. Bot. 64, 2120–2124.

CROWDER, A. A., PEARSON, M. C., GRUBB, P. J, LANGLOIS, P. H. (1990): Biological flora of the British Isles: *Drosera* L. J. Ecol. 78, 233–267.

DAHLGAARD, J., WARNCKE, E. (1995): Seed set and germination in crosses within and between two geographically isolated small populations of *Saxifraga hirculus* in Denmark. Nord. J. Bot. 15, 337–341.

DAMMAN, A. W. H. (1978): Distribution and movement of elements in ombrotrophic peat bogs. Oikos 30, 480–495.

DAMMAN, A. W. H. (1986): Hydrology, development and biochemistry of ombrogenous peat bogs with special reference to nutrient relocation in a western Newfoundland bog. Can. J. Bot. 64, 384–394.

DAMMAN, A. W. H. (1988): Regulation of nitrogen removal and retention in *Sphagnum* bogs and other peatlands. Oikos 51, 291–305.

DAMMAN, A. W. H. (1995): Major mire vegetation units in relation to the concepts of ombrotrophy and minerotrophy: a worldwide perspective. Gunneria 70, 23–34.

DAVIDSSON, T. (1997): Nitrogen transformation in wetlands: effects of water flow pattern. Diss. Lund.

DE KLEIN, C. A. M., VAN LOGTESTIJN, R. S. P. (1994): Denitrification in the top soil of managed grassland in the Netherlands in relation to soil type and fertilizer level. Plant Soil 163, 33–44.

DE MARS, H., WASSEN, M. J., VENTERINK, O. H. (1997): Flooding and groundwater dynamics in fens in eastern Poland. J. Veg. Sci. 8, 319–328.

DE VRIES, W. (1993): Average critical loads for Nitrogen and Sulfur and ist use in acidification abatement policy in the Netherlands. Water, air and soil polut. 68, 399–434.

DE WIT, C. T., DIJKSHOORN, W., NOGGLE, J. G. (1963): Ionic balance and growth of plants. Verslagen van Landbouwkundige Onderzoeken 69.15 Pudoc, Wageningen.

DIEMER, M. W., PFADENHAUER, J. (1987): Effects of differential defoliation on shoot growth, densitiy and phytomass of three graminoids in calcareous fens. Oikos 50, 183–190.

DIERSSEN, K. (1973): Die Vegetation des Gildehauser Venns (Kreis Grafschaft Bentheim). Beih. Ber. Naturhist. Ges. 8: 120 S. + Anhang, Hannover.

DIERSSEN, K. (1980): Some aspects of the classification of oligotrophic and mesotrophic mire communities in Europe. Coll. phytosoc. 7, 399–423.

DIERSSEN, K. (1982): Die wichtigsten Pflanzengesellschaften der Moore NW-Europas. Ed. Conserv. Jard. Bot. Genève hors sér 6, Genève.

DIERSSEN, K. (1986): Anmerkungen zum Gesellschaftsanschluss von *Carex heleonastes* Ehrh. Abh. Westf. Mus. NatKde 48(2/3), 281–290.

DIERSSEN, K. (1998): Zerstörung von Mooren und Rückgang von Moorpflanzen – Tendenzen, Ursachen, Handlungsbedarf. SchrR. Vegkde 29, 229–240.

DIERSSEN, B., DIERSSEN, K. (1984): Vegetation und Flora der Schwarzwaldmoore. Beih. Veröff. NatSchutz LandschPfleg. Bad.-Württ. 39, 512 S.

DIERSSEN, K., DIERSSEN, B. (1996): Vegetation Nordeuropas. 838 S., Ulmer, Stuttgart.

DIERSSEN, K., REICHELT, H. (1988): Zur Gliederung des Rhynchosporion albae W. Koch 1926 in Europa. Phytocoenol. 16(1), 37–104.

DIERSSEN, K., v. GLAHN, H., HÄRDTLE, W., HÖPER, H., MIERWALD, U., SCHRAUTZER, J., WOLF, A. (1988): Rote Liste der Pflanzengesellschaften Schleswig-Holsteins. 2. Aufl., SchrR. Landesamt NatSchutz 6, 157 S. + Anhang.

DIERSSEN, K., HÖRMANN, G. (1999): Bedeutung und Entwicklungsmöglichkeiten von Grünland auf vererdeten Hochmoortorfen – Perspektiven des Naturschutzes aus ökosystemarer Sicht. Telma 29, 213–224.

DIETRICH, O., DANNOWSKI, R., QUAST, J., TAUSCHKE, R. (1996): Untersuchungen zum Wasserhaushalt nordostdeutscher Niedermoore. ZALF-Ber. 25, 59 S.

DINTER, W. (1991): Regeneration bachbegleitender Erlen–Bruchwälder. LÖLF-Jahresber. 1991: 43–44.

DITTERT, K. (1992): Die Stickstoff-fixierende Schwarzerle-*Frankia*-Symbiose in einem Erlenwald der Bornhöveder Seenkette. EcoSys Suppl. 5, 1–98.

DOAR, N. R. (1997): Gardening without peat. In: PARKYN, L., STONEMAN, R. E., INGRAM, H. A. P.(eds.): Conserving peatlands, 255–262, CAB International, Wallingford.

DREYER, S. (1995): Ökologische Auswirkungen des strukturellen Wandels im Agrarökosystem sowie Konzepte zukünftiger Landschaftsentwicklung, dargestellt an ausgewählten Untersuchungsgebieten im Emsland. Diss. Univ. Kiel, 181 S. + Anhang.

DRÖSCHMEISTER, R., GRUTTKE, H. (Bearb.) (1998): Die Bedeutung ökologischer Langzeitforschung für den Naturschutz. SchrR. LandschPfleg. NatSchutz 58, 435 S.

DRÜCKHAMMER, A., WRIEDT, S. (1996): Die Samenbank unterschiedlicher Feuchtgrünland-Gesellschaften Schleswig-Holsteins und ihre Bedeutung für den Artenschutz. Feddes Repert. 107, 243–261.

DU RIETZ, G. E. (1954): Die Mineralbodenwasserzeigergrenze als Grundlage einer natürlichen Zweigliederung der Nord- und Mitteleuropäischen Moore. Vegetatio 5/6, 571–585.

EDOM, F., WENDEL, D. (1998): Grundlagen zu Schutzkonzepten für Hang-Regenmoore des Erzgebirges. Sächs. Akad. Natur Umwelt 3: Ökologie und Schutz der Hochmoore im Erzgebirge, 31–77.

EGGELSMANN, R. (1981): Ökohydrologische Aspekte von anthropogen beeinflussten und unbeeinflussten Mooren Norddeutschlands. Diss. Univ. Oldenburg, 175 S.

EGGELSMANN, R. (1989): Wiedervernässung und Regeneration von Niedermooren. Telma 19, 27–41.

EGGELSMANN, R. (1990): Moor und Wasser. In: GÖTTLICH, K. H. (ed.): Moor- und Torfkunde. 3. Aufl., 288–320, Schweizerbart, Stuttgart.

EGGELSMANN, R., BLANKENBURG, J. (1990): Zur Entwicklung der Heidemoore am Nordhümmling in Niedersachsen. Telma 20, 55–78.

EGGERS, O. (1994): Die nordeutschen Schneidriedvorkommen (*Cladium mariscus* L.). Bot. Rundbr. Mecklenb.-Vorpomm. 26, 9–24.

EGLOFF, T. (1983): Der Phosphor als primär limitierender Nährstoff in Streuwiesen (Molinion). Ber. Geobot. Inst. ETH 50, 119–148.

EGLOFF, T. (1986): Auswirkungen und Beseitigung von Düngungseinflüssen auf Streuwiesen, Eutrophierungssituation und Regenerationsexperimente im nördlichen Schweizer Mittelland. Veröff. Geobot. Inst. ETH Zürich 89, 183 S.

EGLOFF, T. (1998): Mittelfristige Nachwirkungen einer zweijährigen Düngung auf einer Pfeifengras-Streuwiese (Molinion) im nördlichen Schweizer Mittelland. Telma 28, 146–156.

EIGNER, J. (1990): Probleme im Artenschutz des Feuchtgrünlandes auf Niedermooren in Schleswig-Holstein. Telma 20, 261–272.

EIGNER, J., SCHMATZLER, E. (1980): Bedeutung, Schutz und Regeneration von Hochmooren. Naturschutz aktuell 4. Greven.

EINARSSON, T. (1986): Tephrochronology. In: BERGLUND, B. E. (ed.): Handbook of holocene palaeoecology and palaeohydrology, 329–342, Wiley & Sons, Chichester.

EISELEN, J. C. (1795): Handbuch oder ausführliche theoretisch-praktische Anleitung zur näheren Kenntniß des Torfwesens und Vorbereitung der Torfmoore, Behuf der nutzbarsten Anlage und Betrieb einzhelner Torfgräbereyen. 316 S. + 6 Tafeln, Wilhelm Vieweg, Berlin.

EISELEN, J. C. (1811): Belehrung über die Mittel und Geschirre zum Wirthschaftlichsten, unter allen Umständen zulässigen Transport des Torfes aus den Mooren bis zum festen Wege, ... 319 S. + 4 Kupfertafeln, Wilhelm Vieweg, Berlin.

ELLENBERG, H., WEBER, H. E., DÜLL, R., WIRTH, V., WERNER, W., PAULISSEN, D. (1991): Zeigerwerte von Pflanzen in Mitteleuropa. Scripta Geobot. 18, 248 S.

ELLING, A. E., KNIGHTON, M. D. (1984): *Sphagnum* recovery after harvest in a Minnesota bog. J. Soil Water Conserv. 39, 209–211.

ENDTMANN, E. (1998): Untersuchungen zur spät- und nacheiszeitlichen Vegetationsentwicklung des Leckerpfuhls (Mönchsheider Sander, NE-Brandenburg). Verh. Bot. Ver. Berlin Brandenburg 131, 137–166.

ERNST, W. H. O., VAN DER HAM, N. F. (1988): Population structure and rejuvenation potential of *Schoenus nigricans* in coastal wet dune slacks. Acta Bot. Neerl. 37, 451–465.

FANSA, M. (1999): Moor als Geschichtsdeponie. SchrR. Staatl. Mus. Naturkde Vorgeschichte Beih. 10(1), 44–61.

FEEHAN, J., O'DONOVAN, G. (1996): The bogs of Ireland. An introduction of the natural, cultural and industrial heritage of Irish peatlands. 518 pp., University Collage Dublin, Walsh Printus, Roscrea & Co., Tipperary.

FELDMEYER-CHRISTE, E., MULHAUSER, G. (1994): A moving mire – the burst bog of la Vraconnaz. In: GRÜNIG, F. (ed.): Mires and man – mire conservation in a densely populated country – the Swiss experience, 181–186, Inst. f. Wald, Schnee u. Landschaft, Birmensdorf.

FINCK, A. (1989): Dünger und Düngung. 2. Aufl., Verlag Chemie, Weinheim.

FIRBAS, F. (1952): Einige Berechnungen über die Ernährung der Hochmoore. Veröff. Geobot. Inst. Rübel ETH Zürich 25, 177–200.

FLEISCHER, S., STIBE, L., LEONARDSON, L. (1991): Restoration of wetlands as a means of reducing nitrogen transport to coastal waters. Ambio 20(6), 271–272.

FLINTROP, T. (1987): Ursachen des Rückganges von Kalksumpf-Gesellschaften (Caricion davallianae) im Mittelgebirgsraum. Wiss. Beitr. Martin-Luther-Univ. Halle-Wittenberg 1987/25, 92–97.

FLOWER-ELLIS, J. G. K. (1980 a, b): Diurnal dry weight variation and dry matter allocation of some tundra plants. 1. *Andromeda polifolia* L. 2. *Rubus chamaemorus* L.– In: SONESSON, M. (ed.): Ecology of a subarctic mire. Ecol. Bull. 30, 139–179.

FORST, M., HIERLMEIER, R., KIEBEL, A., RUTHSATZ, B. (1997): Hoch- und Zwischenmoore in Trockenmaaren der Vulkaneifel. Angew. Landschaftsökol. 14, 481 S. + Anhang.

FOSTER, D. R. (1984): The dynamics of *Sphagnum* in forest and peatland communities in southeastern Labrador, Canada. Arctic 37(2), 133–140.

FOSTER, D. R., WRIGHT, H. E., THELAUS, M., KING, G. A. (1988): Bog development and landform dynamics in central Sweden and south-eastern Labrador. Can. J. Ecol. 67, 1164–1185.

FRANKE, C., SCHUBERT, M., THIEL, R. (1980): Die Löslichkeit von Schwefelwasserstoff (H_2S) im Wasser. Gewässer und Abwasser 66/67, 137–142.

FRANKL, R. (1996): Zur Vegetationsentwicklung in den Rottacher Filzen (südliche Chiemseemoore) im Zeitraum von 1957 bis 1992. Bayreuther For. Ökol. 37, 222 S. + Anhang.

FRANKL, R., SCHMEIDL, H. (1998): Naturschutzbezogene Langzeituntersuchungen in einem südbayerischen Hochmoor: Vegetationsdynamik und Veränderungen in Wasser- und Nährstoffhaushalt. Schr.R. Landschpfleg. Natur-Schutz 58, 115–127.

FREEMAN, C., LOCK, M. A., REYNOLDS, B. (1993): Fluxes of CO_2, CH_4 and N_2O from a Welsh peatland following simulation of water table draw-down: potential feedback to climate change. Biogeochemistry 19, 51–60.

FRELÉCHOUX, F. (1997): Etude du boisement des tourbières hautes de la chaîne jurassienne: typologie et dynamique de la végétation – approche dendroécologique et dendrodynamique des peuplements arborescents. Thèse Fac. Sciences Univ. Neuchâtel, 200 S. + Anhang.

FRESE, E., MÜLLER, J. (1996): Floristische Veränderungen in Wassergreiskrautwiesen des mittleren Ostetals: ein mehrdimensional-dynamisches Erklärungsmodell. Abh. naturw. Ver. Bremen 43/2, 449–470.

FRISCH, J. (1995): Die Käferfauna des Roten Moores (Insecta: Coleoptera). Beitr. Naturkde Osthessen 30, 3–180.

FUNG, I., J. JOHN, J. LERNER, E. MATTHEWS, M. PRATHER, L. STEELE & P. FRASER (1991): Global budgets of atmospheric methane: results from a three-dimensional global model synthesis. J. Geophys. Res. 96, 13033–13065.

GABERŠCIK , A., MATINCIC, A. (1987): Seasonal dynamics of net photosynthesis and productivity of *Sphagnum papillosum*. Lindbergia 13, 105–110.

GAMS, H. (1942): Die Höhengrenzen der Verlandung und des Moorwachstums in den Alpen. Abh. Naturwiss. Ver. Bremen 32.

GAMS, H. (1958): Die Alpenmoore. Jb. Ver. Schutz Alpenpfl. Tiere 1958, 15–28.

GEIGER, R. (1961): Das Klima der bodennahen Luftschicht. 4. Aufl., Vieweg, Braunschweig.

GERDOL, R. (1990): Seasonal variations in the element concentrations in mire water and in *Sphagnum* mosses on an ombrotrophic bog in the southern Alps. Lindbergia 16, 44–50.

GERDOL, R. (1995): The growth dynamics of *Sphagnum* based on field measurements in a temperate bog and on laboratory cultures. J. Ecol. 83, 431–437.

GERTH, H. (1978): Wirkungen einiger Landschaftspflegeverfahren auf die Pflanzenbestände und Möglichkeiten der Schafweide auf feuchten Grünlandbrachen. 204 S., Diss. Univ. Kiel.

GIGNAC, L., VITT, D.H., ZOLTAI, S.C.,BAYLEY, S.E. (1991): Bryophyte response surfaces along climate, chemical and physical gradients in peatlands of western Canada. Nova Hedw. 53(1–2), 27–71.

GINZLER, C., STEINER, G.M. (1997): Moor-Monitoring. In: TRAXLER, A. (ed.): Handbuch des vegetationsökologischen Monitorings, Teil A. Methoden, 344–365, Wien.

GIUGNI, G. (1991): Études phyto-écologique des bas-marais et marais de pente (Caricion davallianae) des préalpes chablasisiennes. Beitr. Geobot. Landesaufn. Schweiz 67, 289 S.

GLASER, P.H., JANSSENS, J.A., SIEGEL, D.I. (1990): The response of vegetation to chemical and hydrological gradients in the Lost river peatlands, Northern Minnesota. J. Ecol. 78, 1021–1048.

GÓMEZ-POMPA, A., KAUS, A. (1992): Taming the wilderness myth. Bioscience 42(4), 271–279.

GOODALL, D.W., MARCHANT, N.G. (1996): Consistency in taxonomic rank: an example from *Drosera*. Abstracta Bot. 20, 1–15.

GOODMAN, G.T., PERKINS, D.F. (1968): The role of mineral nutrients in *Eriophorum* communities. IV. Potassium supply as a limiting factor in an *Eriophorum vaginatum* community. J. Ecol. 56, 685–696.

GORE, A.J.P. (ed.) (1983): Mires: swamp, bog, fen and moor. General Studies. Ecosystems of the World 4A, 440 S., Elsevier, Amsterdam. idem. Regional Studies. Ecosystems of the World 4B, 479 S., Elsevier, Amsterdam.

GORHAM, E. (1950): Variation in some chemical conditions along the borders of a *Carex lasiocarpa* fen community. Oikos 2(2), 217–240.

GORHAM, E. (1991): Northern peatlands: role in the carbon cycle and probable responses to climatic warming. Ecol. Applications 1, 182–195.

GORHAM, E., EISENREICH, S.J., FORD, J., SANTELMANN, M.V. (1985): The chemistry of bog waters. In: STUMM, W. (ed.): Chemical processes in Lakes, 339–363, New York.

GÖRS, S. (1963): Beiträge zur Kenntnis basiphiler Flachmoorgesellschaften (Tofieldietalia Prsg ap. Oberd. 49) I.: Das Davallseggen-Quellmoor (*Caricetum davallianae* W. Koch 1928). Veröff. Landesst. NatSch. LandschPfleg. Bad.-Württ. 31, 7–30.

GÖRS, S. (1964): Beiträge zur Kenntnis basiphiler Flachmoorgesellschaften (Tofieldietalia Prsg. apud Oberd. 49). 2. Das Mehlprimel-Kopfbinsen-Moor (*Primulo-Schoenetum ferruginei* Oberd. (57) 62). Veröff. Landesst. NatSch. LandschPflg. Bad.-Württ. 32, 1–42.

GÖRS, S. (1974, 1998): Ordnung Tofieldietalia Preisg apud Oberd. 49. In: OBERDORFER, E. (ed.): Süddeutsche Pflanzengesellschaften I, 243–272, Fischer, Jena.

GÖRSCHEN, M. (1986): Vergleich der Wirkung von Mahd und Beweidung als Pflegemaßnahme im regenerierenden Hochmoor. Unveröff. Gutachten Bot. Inst. Univ. Kiel, 104 S.

GOSLING, L.M., BAKER, S.J. (1980): Acidity fluctuations at a Broadland site in Norfolk. J. appl. Ecol. 17, 479–490.

GÖTTLICH, K. (ed.) (1990): Moor- und Torfkunde. 529 S., Schweizerbart, Stuttgart.

GÖTTLICH, K., KUNTZE, H. (1990): Moorkultivierung für Land- und Forstwirtschaft. In GÖTTLICH, K. (ed.): Moor- und Torfkunde, 385–410, Schweizerbart, Stuttgart.

GRABBE, K. (1992): Kompostbewertung für die diversifizierte Verwendung. In: GRANTZAU, E., KAUFMANN, R. (1992): Wie sieht das Substrat der Zukunft aus? 80–97, Bruchsal.

GRABHER, M. (1996): Vegetation der Naturschutzgebiete Bangser Ried und Matschels. Vorarlb. Naturschau 2, 83–96.

GRABHER, M, LUTZ, S., MEYER, E. (1995): Einfluss von Entwässerungen auf Boden, Vegetation und Fauna im Naturschutzgebiet Rheindelta. SchrR. Lebensraum Vorarlberg 22, 85 S., Bregenz.

GRAF, U.H. (1996): Zur Indikation von Bodennährstoffen in Streuwiesen. Veröff. Geobot. Inst. ETH Stftg. Rübel 127, 148 S.

GRAMES, E., LANGER, F. (1985): Unberührte Natur. 45 S., Ellert & Richter, Hamburg.

GRANHALL, U. (1981): Biological nitrogen fixation in relation to environmental factors and functioning of natural ecosystems. Ecol. Bull. 33, 131–144.

GRANLUND, E. (1932): De svenska högmossarnas geologi. Sver. geol. unders. årsb. 26, 1–193.

GRANT, S. A., TORVELL, L., SMITH, H. K., SUCKLING, D. E., FORBES, T. D. A., HODGSON, J. (1987): Comparative studies of diet selection by sheep and cattle: blanket bog and heather moor. J. Ecol. 75, 947–960.

GRANTZAU (1998): Substrate und Rohstoffe – Organische Substratkomponenten. DeGa 27, 53–54.

GRIME, J. P. (1979): Plant strategies and vegetation processes. Wiley & Sons, Chichester.

GROOTJANS, A. P. (1985): Changes of groundwater regime in wet meadows. 146 pp., Diss. Univ. Groningen.

GROOTJANS, A. P., VAN DIGGELEN, R., WASSEN, M. J., WIERSINGA, W. A. (1988): The effects of drainage on groundwater quality and plant species distribution in stream valley meadows. Vegetatio 75, 37–48.

GROSSE-BRAUCKMANN, G. (1963): Über die Artenzusammensetzung von Torfen aus dem nordwestdeutschen Marschen-Randgebiet. Vegetatio 11, 325–341.

GROSSE-BRAUCKMANN, G. (1969): Zur Zonierung und Sukzession im Randgebiet eines Hochmoores (nach Torfuntersuchungen im Teufelsmoor bei Bremen). Vegetatio 17, 33–49.

GROSSE-BRAUCKMANN, G. (1979): Zur Deutung einiger Makrofossil-Vergesellschaftungen unter dem Gesichtspunkt der Torfbildung. In: TÜXEN, R. (ed.): Werden und Vergehen von Pflanzengesellschaften, 111–132, Cramer, Vaduz.

GROSSE-BRAUCKMANN, G. (1986): Analysis of vegetative plant macrofossils. In: BERGLUND, B. E. (ed.): Handbook of holocene palaeoecology and palaeohydrology. 273–312, Wiley & Sons, Chichester.

GROSSE-BRAUCKMANN, G. (1989) (red.): Renaturierungsprojekte und Regenerationsprozesse an Mooren in Mittelgebirgslandschaften. Telma Beih. 2, 404 S.

GROSSE-BRAUCKMANN, G. (1994 a): Zur Gliederung und Ansprache mitteleuropäischer Torfe. Telma 24, 19–30.

GROSSE-BRAUCKMANN, G. (1994 b): Probleme der Kartierung und Systematik der Moorböden – eine Diskussion in Lingen und was bislang daraus geworden ist. Telma 24, 31–56.

GROSSE-BRAUCKMANN, G. (1996 a): Ansprache und Klassifikation von Torfen und Mooren als Voraussetzung für Moorkartierungen. Abh. naturw. Ver. Bremen 43(2), 213–237.

GROSSE-BRAUCKMANN, G. (1996 b): Moore in der Rhön als Beispiele für Entstehung, Entwicklung und Ausbildungsformen von Mooren und ihre Probleme heute. Beitr. Natkde Osthessen 32, 73–99.

GROSSE-BRAUCKMANN, G., DIERSSEN, K. (1973): Zur historischen und aktuellen Vegetation im Poggenpohlsmoor bei Dötlingen (Oldenburg). Mitt. florsoz. ArbGem. N.F. 15/16, 109–145.

GROSSE-BRAUCKMANN, G., HACKER, E., TÜXEN, J. (1977): Moore in der bodenkundlichen Kartierung – ein Vorschlag zur Diskussion. Telma 7, 37–54.

GRÜNIG, A., VETTERLI, L., WILDI, O. (1986): Die Hoch- und Übergangsmoore der Schweiz. Ber. Eidgenöss. Anst. forstl. Versuchswes. 281, 62 S.

GRÜNIG, A., MARTI, K., WALDIS, R. (red.) (1996): Erfolgskontrolle Moorbiotopschutz Schweiz. Teil Wirkungskontrolle. Bern, Koordinationsstelle Moorschutz, Bundesamt für Umwelt, Wald und Landschaft (BUWAL), 256 S.

GRÜTTNER, A., WARNKE-GRÜTTNER, R. (1996): Flora und Vegetation des Naturschutzgebietes Federsee (Oberschwaben). Beih. Veröff. NatSchutz LandschPfleg. 86, 1–314.

GÜNTHER, J. (1990): Die Einsatzgebiete von Torfaktivkohle. Telma 20, 157–164.

HAAB, K. (1991): Moorschutz, Wald und Forstwirtschaft. Schweiz. Z. Forstwes. 142(12), 955–978.

HAAREN, C. VON (1988): Über die Bedeutung von landschaftsökologisch-historischen Betrachtungen für die Naturschutzplanung. Nat. Landsch. 63, 299–302.

HÄBERLIN, C., JENSEN, E. (1934): Die nordfriesischen Salzsieder. Föhrer Heimatbücher 18, 49 S.

HADAC, E., VANA, J. (1967): Plant communities of mires in the western part of the Krkonose Mountains, Czechoslowakia. Fol. geobot. phytotax. 3(2), 213–254.

HAECKEL, E. (1904): Die Lebenswunder. Gemeinverständliche Studien über Biologische Philosophie. A. Kröner-Verl., Leipzig.

HARAGUCHI, A. (1996): Effect of pH on photosynthesis of five *Sphagnum* species in mires in Ochiishi, Northern Japan. Wetlands 16, 10–14.

HANSSEN, J. F., GOKSØYR, J. (1975): Biomass and production of soil and litter fungi at Scandinavian tundra sites. In: WIELGOLASKI, F. E. (ed.): Fennoscandian tundra ecosystems I. Plants and microorganisms, 239–243, Springer, New York.

HARLEY, P.C., TENHUNEN, J. D., MURRAY, K. J., BEYERS, J. (1989): Irradiance and temperature effects on photosynthesis of tussock tundra *Sphagnum* mosses from the foothills of the Philip Smith Mountains, Alaska. Oecologia 79, 251–259.

HARTER, A., LUTHARDT, V. (1997): Revitalisierungsversuche in zwei degradierten Niedermooren in Brandenburg – eine Fallstudie zur Reaktion von Boden und Vegetation auf Wiedervernässung. Telma 27, 147–169.

HASSLER, D., HASSLER, M., GLASER, K.-H. (1995): Wässerwiesen: Geschichte, Technik und Ökologie der bewässerten Wiesen, Bäche und Gräben in Kraichgau, Hardt und Bruhrain. Beih. Veröff. NatSch. LandschPfleg. Bad-Württ. 87, 1–431.

HAYATI, A. A., PROCTOR, M. C. F. (1991): Limiting nutrients in acid-mire vegetation: peat and plant analysis and experiments on plant responses to added nutrients. J. Ecol. 79, 75–95.

HAYEN, H. (1980): Gedanken zum Schutz von Moorresten. Holzberg-Verlag, Oldenburg, 41 S.

HAYEN, H. (1982): Moorarchäologie und Naturschutz – Torf ist mehr als Rohstoff. Inf. Naturschutz Landschpfl. 3, 113–131.

HAYES, A. J., RHEINBERG, P. (1975): Microfungal populations of the Abisko area, northern Sweden. In: WIELGOLASKI, F. E. (ed.) Fennoscandian tundra ecosystems I. Plants and microorganisms, 244–250, Springer, New York.

HAYWARD, P. M., CLYMO, R. S. (1983): The growth of *Sphagnum*: Experiments on and simulation of effects on light flux and water-table depth. J. Ecol. 71, 845–863.

HEAL, (1964): Observations on the seasonal and spatial distribution of Testaceae (Protozoa: Rhizopoda) in *Sphagnum*. J. Animal Ecol. 33, 395–412.

HECKENROTH, H., LÜDERWALDT, D. (1997): Zusammenwirken von privatem und behördlichem Naturschutz, dargestellt am Beispiel der Diepholzer Moorniederung im Landkreis Diepholz. Nat. Landsch. 72, 25–28.

HEIKKILÄ, H. (1987): The vegetation and ecology of mesotrophic and eutrophic fens in western Finland. Ann. bot. fenn. 24, 155–175.

HELLMOLD, D., KAISER, M., SONNICHSEN, G., WEBER, K. M. (1995): Renaturierung Aschhorner Moor/Königsmoor 1994. Polykopie, 20 S. + Anhang, Oederquart.

HEMOND, H. F. (1980): Biogeochemistry of Thoreaus's Bog, Concord, Massachusetts. Ecol. Monogr. 50, 507–526.

HENNICKE, F., STEGEMANN, M., KULBE, J., FISCHER, U. (1996): Das „Peenetal-Peenehaffmoor-Projekt“ – nachhaltige Nutzung als Naturschutzziel. Gleditschia 24, 237–248.

HENNINGS, H. H. (1996): Zur Wiedervernässbarkeit von Niedermoorböden. Diss. Fak. Agrarwiss. Univ. Göttingen.

HENRION, I. (1989): Langfristige natürliche Wachstums- und Regenerationsprozesse in Mooren des Oberharzes. Telma Beih. 2, 365–380.

HERHAUS, F. (1996): Charakteristik, Vegetation und Gefährdung oberbergischer Hangmoore. In: HERHAUS, F., EPPE, G. (eds.): Moore in deutschen Mittelgebirgen unter besonderer Berücksichtigung des Süderberglandes, 19–42, Wiehl.

HILDEBRANDT, J. (1995): Erfassung von terrestrischen Wirbellosen in Feuchtgrünlandflächen im norddeutschen Raum – Kenntnisstand und Schutzkonzepte. Z. Ökol. NatSchutz 4, 181–201.

HINTERMANN, U. (1991): Inventar der Moorlandschaften von besonderer Schönheit und von nationaler Bedeutung. Schlussber. Eidgenöss. Departem. Des Innern (EDI), 209 S., Bern.

HÖGBOM, L., OHLSON, M. (1991): Nitrate assimilation in coexisting vascular plants in mire and swamp forest habitats in Central Sweden. Oecologia 87, 495–499.

HÖLZER, A. (1977): Vegetationskundliche und ökologische Untersuchungen im Blindensee-Moor bei Schonach (Mittlerer Schwarzwald) unter besonderer Berücksichtigung des Kationengehaltes. Diss. Bot. 36, 195 S.

HÖLZER, A. (1982): Beziehungen zwischen chemischen Parametern des Moorwassers und Pflanzen in den Biberkessel-Mooren an der Hornisgrinde (Nordschwarzwald). Telma 12, 37–46.

HODKINSON, I. D. (1973): Population dynamics and host plant interaction of *Strophingia ericae* (CURT.). J. Animal Ecol. 42, 568–585.

HOERING, P. (1915): Moornutzung und Torfverwertung. 638 S., Springer, Berlin.

HOFFMANN, C. C. (1998): Nutrient retention in wet meadows and fens. Ministery of Environment and Energy, Nat. Environm. Res. Institute, 132 S., Copenhagen.

HOGG, E. H. (1993): Decay potential of hummock and hollow *Sphagnum* peats at different depths in a Swedish raised bog. Oikos 66, 269–278.

HOGG, P., SQUIRES, P., FITTER, A. H. (1995): Acidification, nitrogen deposition and rapid vegetation change in a small valley mire in Yorkshire. Biol. Conserv. 71, 143–153.

HOLMSTRÖM, K. (1995): Wetlands as nitrogen traps. Ambio 24, 50.

HOOD, G. (1997): The global peat resource and its use in horticulture. In: SCHMILEWSKI, G. (ed.): Peat in horticulture – its use and sustainability. Int. Peat Congr. Jyväskylä, 10–14.

HORST, J. (1592): Von den wunderbarlichen geheimnissen der natur und derselben fruchtbarlichen betrachtung. 5(3), 854 S., Leipzig.

HUEMER, P., MAYR, T. (1999): Ökologische Bewertung der Diversität von Schmetterlingen (Lepidoptera) im Naturschutzgebiet Gsieg-Obere Mähder (Gemeinde Lustenau, Vorarlberg, Austria occ.). Vorarlberger Naturschau 6, 133–182.

IMHOF, G., BURIAN, K. (1972): Energy-flow studies in a wetland ecosystem (the reed belt of lake Neusiedler See). Austr. Acad. Sci. Spec. Publ. I.B.P., 15 pp., Vienna.

IMMIRZI, C. P. (1997): Wasted assets or wasting assets: peatland functions and values. In: PARKYN, L., STONEMAN, R. E., INGRAM, H. A. P. (eds.): Conserving peatlands, 147–157, CAB International, Wallingford.

IMMIRZI, C. P., MALTBY, E., CLYMO, R. S. (1992): The global status of peatlands and their role in carbon cycling. Friends of the Earth, London.

INGRAM, H. A. P. (1983): Hydrology. In: GORE, A. J. P. (ed.): Mires: swamp, bog, fen and moor. Ecosystems of the world, 4A: 67–158, Elsevier, Amsterdam.

INGRAM, H. A. P. (1992): Introduction to the ecohydrology of mires in the context of cultural perturbation. In: BRAGG, O. M. & al. (eds.): Peatland ecosystems and man: an impact assessment. Brit. ecol. soc./Int. peat soc., Dundee, Jyväskyla.

IRMLER, U., CZECH, T., TISCHLER, T. (1998): Käfer. In: IRMLER, U., MÜLLER, K., Eigner, J. (1998): Das Dosenmoor – Ökologie eines regenerierenden Hochmoores, 224–235.

IRMLER, U., MÜLLER, K., EIGNER, J. (1998): Das Dosenmoor – Ökologie eines regenerierenden Hochmoores. 283 S., Wachholtz, Neumünster.

IRMLER, U., SCHRAUTZER, J., GRABO, J., HANSSEN, U., HINGST, R., PICHINOT, V. (1998): Der Einfluss von Nutzung und Bodenparametern auf die Biozönosen des Feuchtgrünlandes. Z. Ökol. Natschutz 7, 15–28.

IUCN (1982): List of rare, threatened and endemic plants in Europe. European Comittee for the conservation of nature and nature resources 27, Strasbourg.

IVANOV, K. E. (1956): Formation of string-flark microtopography as a consequence of runoff conditions. Vestnik LGU, Ser. 5, Geogr. 12, 58– 72. (Russ.)

IVANOV, K. E. (1981): Water Movement in Mirelands. Academic Press, 277 S., London.

ITOW, S., WEBER, D. (1974): Fens and bogs in the Galápagos Islands. Hikobia 7, 39–52.

JANKE, W., LAMPE, R. (1996): Relief, Morphogenese und Stratigraphie der Karrendorfer Wiesen. Nat. Naturschutz Meckl.-Vorpomm. 32, 28–42.

JANSSEN, M. (1999): Moor – Bilder einer Ausstellung. SchrR. Staatl. Mus. Naturdke Vorgeschichte Beih. 10(1),108–121, Oldenburg.

JANSSON, M., ANDERSSON, R., BERGGREN, H., LEONARDSON, L. (1994): Wetlands and lakes as nitrogen traps. Ambio 23, 320–325.

JASNOWSKI, M. (1959): Klassifizierung von Moostorfarten quartärer Niedermoore und ihre Entstehung (polnisch, dt. Zusammenfassung). Acta Soc. Bot. Polon. 28, 319–364.

JASNOWSKI, M. (1962): Budowa i roslinnosc torfowisk pomorza Szczecinskiego. Soc. Sci. Stetinensis 10, 340 S., Szczecin.

JASNOWSKI, M. (1972): Extents and directions of changes of plant cover of the bogs.– Phytocoenosis 1.3, 193–208.

JAUHIAINEN, J., SILVOLA, J. (1996): The effect of elevated CO_2 concentration on photosynthesis of *Sphagnum fuscum*. In: LAIHO, R., LAINE, J., VASANDER, H. (eds.): Northern peatlands in global climatic change. Publ. Acad. Finland 1, 11–14.

JENSEN, K. (1997): Vegetationsökologische Untersuchungen auf nährstoffreichen Feuchtgrünland-Brachen. Sukzessionsverlauf und dynamisches Verhalten von Einzelarten. Feddes Repert. 108: 603–625.

JENSEN, K. (2001): Succession and extinction processes on abandoned fen grasslands: patterns, mechanisms and possibilities of species recovery. Eco Sys Suppl. 34, 122 S.

JENSEN, U. (1961): Die Vegetation des Sonnenberger Moores im Oberharz und ihre ökologischen Bedingungen. SchrR. NatSchutz LandschPfleg. Nieders. 1, 73 S.

JENSEN, U. (1987): Die Moore des Hochharzes. Allgemeiner Teil. NatSchutz LandschPfleg. Nieders. 15, 93 S.

JENSEN, U. (1990): idem; Spezieller Teil. NatSchutz LandschPfleg. Nieders. 23, 116 S.

JONASSON, S. (1989): Implications of leaf longevity, leaf nutrient re-absorption and translocation for the resource economy of five evergreen plant species. Oikos 56, 121–131.

JOHNSON, L. C., DAMMAN, A. W. H., MALMER, N. (1990): *Sphagnum* macrostructure as an indicator of decay and compaction in peat cores from an ombrotrophic south Swedish peat-bog. J. Ecol. 78, 633–647.

JOHNSON, L. C., DAMMAN, A. W. H. (1991): Species-controlled *Sphagnum* decay on a South Swedish raised bog. Oikos 61, 234–242.

JOHNSON, L. C., DAMMAN, A. W. H. (1993): Decay and its regulation in *Sphagnum* peatlands. Advances in Bryol. 5, 249–296.

JOOSTEN, J. H. J. (1986): Moore und historische Archive: ein Vergleich von Daten aus natürlichen und kulturellen Gedächtnissen. Telma 16, 159–168.

JOOSTEN, J. H. J. (1995): Time to regenerate: long-term perspectives of raised bog regeneration with special emphasis on palaeoecological studies. In: WHEELER, B. D., SHAW, S. C., FOJT, W. J., ROBERTSON, R. A. (eds.): Restoration of temperate wetlands. Wiley & Sons.

JOOSTEN, J. H. J. (1998): Peat as a renewable ressource: the road to paludiculture. In: MALTERER, T., JOHNSON, K., STEWART, J. (eds.): Peatland restoration and reclamation – techniques and regulatory considerations. Int. Peat Soc. 56–63, Jyskä.

JORTAY, A., SCHUMACKER, R. (1989): Zustand, Erhaltung und Regeneration der Hochmoore im Hohen Venn (Belgien). Telma Beih. 2, 279–293.

KAC, N. J. (1926): *Sphagnum* bogs in Central Russia: phytosociology, ecology and succession. J. Ecol. 14, 177–202.

KAC, N. J. (1930): Zur Kenntnis der Moore Nordosteuropas. Beih. Bot. Centralbl., Abt. 2, 16, 279–394.

KAISER, T. (1995): Grünlandvegetation auf reliefiertem Niedermoor nach 4 Jahren Extensivweide. ZALF-Ber. 18, 32–47.

KAJAK, A., ANDRZEJEWSKA, L., CHMIELEWSKI, K., CIESIELSKA, Z., KACZMAREK, K., MAKULEC, G., PETAL, J., WASILEWSKA, L. (1985): Long-term changes in grassland communties of heterotrophic organisms on drained fens. Pol. ecol. stud. 11, 21–52.

KAPFER, A. (1988): Versuche zur Renaturierung gedüngten Feuchtgrünlandes – Aushagerung und Vegetationsentwicklung. Diss. Bot. 120, 143 S.

KAPFER, A., KONOLD, W. (1996): Streuwiesen – Relikte vergangener Landbewirtschaftung mit hohem ökologischen Wert. In: KONOLD, W. (ed.): Naturlandschaft Kulturlandschaft – Die Veränderung der Landschaften nach der Nutzbarmachung durch den Menschen, 185–200, ecomed, Landsberg.

KARISCH, T. (1998): Zur Schmetterlingsfauna der Moore des Brockengebietes (Insekta: Lepidoptera). Hercynia N.F. 31, 229–268.

KARLIN, E. F., BLISS, L.C. (1984): Variation in substrate chemistry along microtopographical and water-chemistry gradients in peatlands. Can. J. Bot. 62, 142–153.

KARLSSON, P. S. (1986): Biomass proportions of bog shrubs: a comment on implications for carbon economy. Oikos 47(3), 390–391.

KARLSSON, P. S., NORDELL, K. O., CARLSSON, B. Å., SVENSSON, B. M. (1991): The effect of soil nutrient status on prey utilisation in four carnivorous plants. Oecologia 86, 1–7.

KARRENBERG, S., SCHMIDT, K., JENSEN, K., DIERßEN, K. (1999): Bedeutung vegetationsökologischer, populationsbiologischer und populationsgenetischer Untersuchungen für den Naturschutz – Fallstudie an *Pedicularis palustris*-Populationen. In Druck.

KASCHEK, M., KÖNIGSCHULTE, J. (1982): Untersuchungen zur Biologie der Ameisen im Diepholzer Moor und Möglichkeiten des Biotoperhalts. Inf. NatSchutz LandschPfleg. 3, 239–282.

KAZDA, M., VERBÜCHELN, G., LUWE, M., BRANS, S. (1992): Auswirkungen von Grundwasserabsenkungen auf Erlen-Bruchwälder am Niederrhein. Nat. Landsch. 67, 283–287.

KEMPTER, H. (1996): Der Verlauf des anthropogenen Elementeintrags in Regenwassermoore des westlichen Mitteleuropas während des jüngeren Holozäns. Päläoklimaforsch. 26, 309 S.

KEMPTER, H., FRENZEL, B. (1997): Zur Bedeutung von ombrotrophen Mooren als Archive der atmosphärischen Deposition. Telma 27: 107–130.

KESSLER, E. (1986): Zur Bestandsentwicklung der Streuwiesen und *Iris sibirica* L.-Vorkommen in der aargauischen Reußebene. Mitt. Aarg. Naturf. Ges. 31, 217–273.

KILHAM, P. (1982): The biochemistry of bog systems and the chemical ecology of *Sphagnum*. Mich. Bot. 21, 159–168.

KIM, J., VERMA, S. B. (1996): Surface exchange of water vapour between an open *Sphagnum* fen and the atmosphere. Boundary-layer meteorology 79, 243–264.

KINZEL, H. (1982): Pflanzenökologie und Mineralstoffwechsel. Eugen Ulmer, Stuttgart, 534 S.

KIVINEN, E., PAKARINEN, P. (1981): Geographical distribution of peat resources and major peat komplex types in the world. Ann. Acad. Sci. Fennicae A III Geol.-Geogr. 132, 1–28.

KLAPP, E. (1971): Wiesen und Weiden. 4. Aufl., Paul Parey, Berlin, Hamburg, 519 S.

KLOSS, M., SIENKIEWICZ, J. (1995): Hydrological mire types in the Polish lowlands and their vegetation. Gunneria 70, 139–148.

KOCH, G. W., BLOOM, A. J., CHAPIN, F. S. (1991): Ammonium and nitrate as nitrogen sources in two *Eriophorum* species. Oecolog. 88, 570–573.

KOERSELMAN, W., VERHOEVEN, J. T. A. (1995): Restoration of eutrophicated fen ecosystems; external and internal nutrient sources and restoration strategics. NNA-Ber. 2/95, 85–94.

KOERSELMAN, W., MEULEMAN, A. F. M. (1996): The

vegetation N:P ratio: a new tool to detect the nature of nutrient limitation. J. appl. Ecol. 33, 1441–1450.

KONOLD, W., HACKEL, A. (1990): Beitrag zur Geschichte der Streuwiesen und der Streuwiesenkultur im Alpenvorland. Z. Agrargesch. Agrarsoziol. 38(2), 176–191.

KOOIJMAN, A. M., BAKKER, C. (1995): Species replacement in the bryophyte layer in mires: the role of water type, nutrient supply and interspecific interactions. J. Ecol. 83, 1–8.

KOOIJMANS, L. P .L. (1995): Prehistory or paradise? Prehistory as a reference for modern nature development: the Dutch case. In: COX, M, STRAKER, V., TYLOR, D. (eds.) Wetlands – archaeology and nature conservation, 3–17, HMSO, London.

KOPF, T. (1996): Käfer (*Coleoptera*) in den Naturschutzgebieten Bangser Ried und Matschels (Vorarlberg). Vorarlb. Naturschau 2, 203–246.

KORHOLA, A., ALM, J., TOLONEN, K., TURUNEN, J., JUNGNER, H. (1996): Spatial reconstruction of C accumulation and CH_4 emission during Holocene in an ombrotrophic mire complex. In: LAIHO, R., LAINE, J., VASANDER, H. (eds.): Northern peatlands in global climatic change. Publ. Acad. Finland 1, 223–229.

KOTILAINEN, M. J. (1928): Untersuchungen über die Beziehungen zwischen der Pflanzendecke der Moore und der Beschaffenheit, besonders der Reaktion des Torfbodens. Suom. Suoviljelysyh. Tiet. Julkiasuja 7, 219 S.

KOVÁCS, M. (1962): Die Moorwiesen Ungarns. Die Vegetation ungarischer Landschaften 3, 214 S.

KOWARIK, I. (1988): Zum menschlichen Einfluss auf Flora und Vegetation. Landschaftsentwickl. Umweltf. TU Berlin 56.

KOZULIN, A., FLADE, M. (1999): Breeding habitat, abundance and conservation status of the Aquatic Warbler *Acrocephalus paludicola* in Bealorus. Vogelwelt 120, 97–111.

KROEHLER, C. J., LINKINS, A. E. (1991): The absorption of inorganic phosphate from ^{32}P-labeled inositol hexaphosphate by *Eriophorum vaginatum*. Oecologia 85, 421–428.

KRÜPER, E.-E. (1995): Ergebnisse der Untersuchungen der Laufkäfer- und Heu- schreckenfauna bei extensiver Beweidung und freier Sukzession auf reliefiertem Niedermoor im Havelländischen Luch. ZALF-Ber. 18, 48–57.

KUDRNA, O. (1989): Die Tagfalterfauna des NSG Rotes Moor: Besonderheiten, Entwicklung und Schutz. Telma Beih. 2, 173–180.

KULCZYNSKI, S. (1949): Peat bogs of Polesie. Mem. Acad. Sci. Cracovie, Ser. B., 356 S.

KUNTZE, H. (1993): Niedermoore als Senke und Quelle für Kohlenstoff und Stickstoff. Wasser u. Boden 1993, 699–702.

KUNTZE, H. (1994): Ecosystem management of fens in northern Germany. IPS Proc. Int. Sympos. Conservation and Management of Fens, Warsaw-Biebrza: 119–123.

KUNTZE, H., SCHEFFER, J. (1991): Zum Phosphataustrag saurer Hochmoorböden. DVWK-Schr. 93, 65–96.

KUTSCH, W. L., ESCHENBACH, C., DILLY, O., MIDDELHOFF, U., STEINBORN, W., VANSELOW, R., WEISHEIT, K., WÖTZEL, J., KAPPEN, L. (2000): The carbon cycle of contrasting landscape elements of the Bornhöved lake district. In: LENZ, R., HANTSCHEL, R., TENHUNEN, J. D. (eds.): Ecosystem properties and landscape function in central Europe. Ecol. Stud. , Springer, Berlin.

KUZNETSOV, O. L. (1993): Classification of *Sphagnum fuscum, S. magellanicum* and *S. angustifolium* vegetation in Karelian mires. In: BOTCH, M.A. (ed.): Classification of mire vegetation: 54–66, St. Petersburg.

KVET, J. (1971): Growth analysis approach to the production ecology of reedswamp communities. Hidrobiologia 12, 15–40.

LAINE, J. (ed.) (1982): Peatlands and their utilization in Finland. 139 S., Helsinki.

LAMMERTS, E. J. (1999): Basiphilous pioneer vegetation in dune slacks on the Dutch Wadden Sea islands. Proefschrift Groningen, 160 pp.

Landwirtschaftskammern (LWK) Hannover und Weser-Ems (1992): Ordnungsgemäße Grünlandbewirtschaftung, Praxisinformation Grünland und Futterwirtschaft 14, 41 S., Hannover.

Landwirtschaftskammer Schleswig-Holstein (Hrsg.) (1998): Richtwerte für die Düngung. 41 S., Kiel.

LANG, G. (1994): Quartäre Vegetationsgeschichte Europas. 462 S., Fischer, Stuttgart.

LANGE, E., SUCCOW, M. (1979): On the age of the mire types in the GDR. Acta Univ. Oul. A.82, Geol. 3, 49–55.

LAPPALAINEN, E. (1982): Peat ressources. In: Finnish Peatland Society: Peatlands and their utilization in Finland, 12–13, Helsinki.

LAPPALAINEN, E. (1996): General review on world peatland and peat ressources. In: LAPPALAINEN, E. (ed.): Global peat resources: 53–56, Int. Peat Soc., Jyskä, Finland.

LEE, J. A., WOODIN, S. J. (1988): Vegetation structure and the interception of acidic deposition by 28 ombrotrophic mires. In: VERHOEVEN, J. T. A., HEIL, G. W., WERGER, M. J. A. (eds.): Vegetation structure in relation to carbon and nutrient economy, SPB Acad. Publ., 137–147, The Hague.

LEE, J. A., BAXTER, R., EMES, M. J. (1990): Responses of *Sphagnum* species to atmospheric nitrogen and sulphur deposition. Bot. J. Linnean Soc. 104, 255–265.

LEE, J. A., PARSONS, A. N., BAXTER, R. (1993): *Sphagnum* species and polluted environments, past and future. Advances in Bryology 5, 297–313.

LENGERKE, A. v. (1836): Anleitung zum praktischen Wiesenbau mit besonderer Berücksichtigung des Zustandes und der Bedürfnisse der norddeutschen, namentlich der Meklenburg'schen Wiesenwirthschaft. 400 S., Verlag Buchhandlung I. G. Calve, Prag.

LÉON, R. (1968): Balance d'eau de d'azote dans les prairies à litière des alentours de Zürich. Veröff. Geobot. Inst. ETH, Stftg. Rübel 41, 2–67.

LEUPI, E. (1994): Müssen Flachmoore einen Torfboden aufweisen? Handbuch Moorschutz in der Schweiz I, 2.1.3.

LI, Y., VITT, D. H. (1995): The dynamics of moss establishment: temporal responses to a moisture gradient. J. Bryol. 18, 677–687.

LI, Y., VITT, D. H. (1997): Patterns of retention and utilization of aerially deposited nitrogen in boreal peatlands. Ecoscience 4, 106–116.

LIEBEL, F. (1911): Die Württembergische Torfwirtschaft. Stuttgart und Berlin.

LILJELUND, L. E., TORSTENSSON, P. (1988): Critical load of nitrogen with regards to effects on plant composition. In: NILSON, J., GRENNFELD, P. (eds.): Critical loads for sulphur and nitrogen. Rep. workshop Skokloster, Sweden, 19–24.

LINDHOLM, T. (1990): Growth dynamics of the peat moss *Sphagnum fuscum* on hummocks on a raised bog in southern Finland. Ann. bot. fenn. 27, 67–78.

LINDHOLM, T., MARKKULA, I. (1984): Moisture conditions in hummocks and hollows in virgin and drained sites on the raised bog Laaviosuo, southern Finland. Ann. bot. fenn. 21, 241–255.

LINDSAY, R. A., RIGGALL, J., BURD, F. H. (1985): The use of small-scale surface patterns in the classification of British peatlands. Aquilo Ser. Bot. 21, 69–79.

LINDSAY, R. A., CHARMAN, D. J., EVERINGHAM, F., O'REILLY, R. M., PALMER, M. A., ROWELL, T. A., STROUD, D. A. (1988): The Flow Country – The peatlands of Caithness and Sutherland. 174 S., Natur Conservancy Council, Petersborough.

LINDSAY, R. A., ROSS, S. (1994): Monitoring of peat bog systems. Stapfia 31, 73–92.

LÜTKE TWENHÖVEN, F. (1992): Untersuchungen zur Wirkung stickstoffhaltiger Niederschläge auf die Vegetation von Hochmooren. Mitt. AG Geobot. SH/ HH 44, 171 S.

LÜTT, S. (1992): Produktionsbiologische Untersuchungen zur Sukzession der Torfstichvegetation in Schleswig-Holstein.– Mitt. AG Geobot SH/HH 43, 250 S.

LØJTNANT, B., WORSØE, E. (1977): Foreløbig statusover den danske flora. Rep. Bot. Inst. Univ. Aarhus 2, 341 S.

LÅNG, K., SILVOLA, J., RUUSKANEN, J., MARTIKAINEN, P. J. (1995): Emissions of nitric oxide from boreal peat soils. J. Biogeogr. 22, 359–364.

MAAS, D. (1987): Keimungsansprüche von Streuwiesenpflanzen und deren Auswirkung auf das Samenpotential. Diss. TU München, Freising-Weihenstephan, 172 S.

MALMER, N. (1988): Pattern in the growth and the accumulation of inorganic constituents in the *Sphagnum*-cover on ombrotrophic bogs in Scandinavia. Oikos 53, 105–120.

MALMER, N. (1992): Processes of acquisition, transport and deposition of inorganic constituents in surface peat layers. In: BRAGG, O. M. & al. (eds.): Peatland ecosystems and man: an impact assessment, 165–174, Dundee.

MALMER, N. (1993): Mineral nutrients in vegetation and surface layers of *Sphagnum*-dominated peatforming systems. Adv. Bryol. 5, 223–248.

MALMER, N., HOLM, E. (1984): Variation in the C/N-quotient of peat in relation to decomposition rate and age determination with ^{210}Pb. Oikos 45, 171–182.

MALMER, N., SVENSSON, B. M., WALLÉN, B. (1994): Interactions between *Sphagnum* mosses and field layer vascular plants in the development of peatforming systems. Fol. Geobot. Phytotax. 29, 483–496.

MALMER, N., WALLÉN, B. (1986): Inorganic elements above and below ground in dwarf shrubs on a subarctic peat bog. Oikos 46, 200–206.

MALMER, N., WALLÉN, B. (1993): Accumulation and release of organic matter in ombrotrophic bog hummocks – processes and regional variation. Ecography 16, 193– 311.

MALTBY, E. (1992): Microbiological changes resulting from human impacts on peat and organic soil horizons. In: BRAGG, O.M. & al. (eds.): Peatland ecosystems and man: an impact assessment, 45–58, Dundee.

MALTBY, E., PROCTOR, M. C. F. (1996): Peatlands: their nature and role in the biosphere. In: LAPPALAINEN, F. (ed.): Global peat ressources: 11–19, Int. peat soc., Jyskä, Finland.

MARKKULA, I. (1986): Comparisons of the communities of the oribatids (Acari: Cryptostigmata) of virgin and forest-ameliorated pine bogs. Ann. zool. fenn. 23, 33–38.

MARTI, F., STUTZ, H. P. B. (1993): Zur Erfolgskontrolle im Naturschutz. Literaturgrundlagen und Vorschläge für ein Rahmenkonzept. Ber. Eidgen. Forschungsanstalt Wald, Schnee und Landschaft 336, 171 S., Birmensdorf.

MARTI, K. (1994): Zum Standort von Magnocaricion-Gesellschaften in der Schweiz. Veröff. Geobot. Inst. ETH, Stftg Rübel, Zürich 120, 97 S.

MASING, W. (1959): Die Vegetation der Endla-Hochmoore. I. Pflanzengesellschaften. Jezegodn. obsc. Estestvoispyt., Tallin 51, 119–144.

MASON, C. F., STANDEN V. (1983): Aspects of secondary production. In: GORE, A. J. P. (ed.) Mires: swamp, bog, fen and moor. Ecosystems of the world 4A, 367–382, Elsevier, Amsterdam.

MAUERSBERGER, R. (1998): Naturschutzgroßprojekt Uckermärkische Seen, Brandenburg. Nat. Landsch. 73, 320–326.

MEINECKE, J.-U. (1982a): Die Großschmetterlinge (Macrolepidoptera) der Verlandungsmoore des württembergischen Alpenvorlandes. Faunistisch-ökologische Untersuchungen im Komplex Niedermoor-Übergangsmoor-Hochmoor. Diss. Univ. Tübingen, 494 S.

MEINECKE, J.-U. (1982b): Einige Aspekte des Moor-Biotopschutzes für Schmetterlinge am Beispiel moorbewohnender Großschmetterlingsarten in Südwestdeutschland. Telma 12, 85–98.

MEINECKE, J.-U. (1985): Die Situation moorgebundener Groß-Schmetterlingsarten in Nordrhein-Westfalen. Telma 15, 75–100.

MELZER, A., POHL, W., HÜNERFELD, G., PFLEIDERER, P. (1992): Ökophysiologische Untersuchungen zur Nitratbelastung und Nitratbelastbarkeit von Hochmooren – Abschlussber. Materialien Umwelt & Entwickl. 81, 79 S. + Anhang.

MERBACH, W., AUGUSTIN, J., KÄDING, H. (1994): Einfluss von N-Düngung und Wasserregime auf die Lachgasfreisetzung degradierter Niedermoorböden Nordostdeutschlands. Mitt. Dt. bodenkdl. Ges. 73, 95–98.

MEYER, S. (1996): Pflanzengesellschaften und ökologische Gesellschaftskomplexe oligotroph- und mesotroph-saurer Kleinmoore des Niedersächsischen Tieflandes. Ber. R. Tüxen-Ges. 8, 7–24.

MIKKOLA, K., SPITZER, K. (1983): Lepidoptera associated with peatlands in central and northern Europe: a synthesis. Nata lepidopt. 6(4), 216–229.

MITCH, W. J., GOSSELINK, J. G. (1993): Wetlands. Van Nostrand Reinhold, New York, 2nd ed., 722 S.

MIYAWAKI, A., FUJIWARA, K. (1970): Vegetationskundliche Untersuchungen im Ozegahara-Moor, Mitteljapan. Nat. Parks Assoc. Japan 152, Tokyo.

MOEN, A. (1985): Vegetasjonsendringer i subalpine rikmyrer i Norge. Mem. soc. fauna flora fenn. 61, 7–18.

MOEN, A. (1990): The plant cover of the boreal uplands of Central Norway I. Vegetation ecology of Sølendet nature reserve; haymaking fens and birch woodlands. Gunneria 63, 451 S.

MOEN, A. (1994): Mires in Norway, main emphasis on central Norway. Rapp. bot. ser. 1994(2), Univ. Trondh. Vitenskapsmus., 29–62.

MOEN, A. (1994): Rich fen in Norway: a focus on hay fens. In: GRÜNIG, A.(ed.): Mires and Man, 341–349, Birmensdorf, Schweiz.

MÖRNSJÖ, T. (1969): Studies on vegetation and development of a peatland in Skania, South Sweden. Opera Bot. 24, 187 S.

MOORE, J. J., DOWDING, P., HEALY, B. (1974): Glenamoy, Ireland. In: ROSSWALL,T., HEAL, O.W. (eds.) Structure and function of tundra ecosystems. Ecol. Bull. 20, 321–343.

MOORE, P. D., BELLAMY, D.vJ. (1976): Peatlands. 2nd Impress., 221 S., Elec. Sci., London.

MOORE, T. R. (1986): Carbon dioxide evolution from subarctic peatlands in eastern Canada. Arct. Alp. Res. 18, 189–193.

MOORE, T. R. (1989): Plant production, decomposition and carbon efflux in a subarctic patterned fen. Arctic Alp. Res. 21(2), 156–162.

MOORE, T. R., DALVA, M. (1993): The influence of temperature and water table position on carbon dioxide and methane emissions from laboratory columns of peatland soils. J. Soil Sci. 44, 651–664.

MOSSAKOWSKI, D. (1970a): Ökologische Untersuchungen an epigäischen Coleopteren atlantischer Moor- und Heidestandorte. Z. wiss. Zool. 181, 233–316.

MOSSAKOWSKI, D. (1970b): Das Hochmoor-Ökoareal von *Agonum ericeti* (PANZ.) (Coleoptera, Carabidae) und die Frage der Hochmoorbindung. Faun.-Ökol. Mitt. 3, 378–392.

MÜLLER, F. (1989): Über die Auswirkung von Renaturierungsmaßnahmen im NSG Rotes Moor auf die Vogelwelt, insbesondere Wiesenbrüter und deren Eignung als Biotop-Indikatoren. Telma Beih. 2, 181–195.

MÜLLER, N. (1991): Verbreitung, Vergesellschaftung und Rückgang des Zwergrohrkolbens (*Typha minima* HOPPE). Hoppea, Denkschr. Regensb. Bot. Ges. 50, 323–341.

MÜLLER, N. (1999a): Einfluss biotischer und abiotischer Parameter auf die CH_4-C-Emissionen in einem degradierenden Hochmoor. Decheniana 152, 47–64.

MÜLLER, N. (1999b): Bedeutung natürlicher und anthropogener Säurequellen im Porenwasser des Roten Moores/Harz. Telma 29, 105–118.

MÜLLER, N., LAMERSDORF, N. (1995): Verteilung und Mobilität von Schwermetallen in einem pollenanalytisch datierten Torfkern aus dem Roten Moor (Hochharz). Telma 25, 143–162.

MÜLLER, N., BAUCHE, M., LAMERSDORF, N. (1997): Zeitliche und räumliche Variabilität der CO_2-C-Emissionen in einem ombrotrophen Hochmoor des Hochharzes. Telma 27, 131–146.

MÜLLER, N., BAUCHE, M. (1998): Bilanzierung der Stoffflüsse eines Einzugsgebietes in einem Mittelgebirgsmoor. Telma 28, 205–236.

MUKHOPADHYAY, M. J., SHARMA, A. (1991): Manganese in cell metabolism of higher plants. Bot. Rev. 57(2), 118–149.

MURRAY, K. J., TENHUNEN, J. D., NOWAK, R. S. (1993): Photoinhibition as a control on photosynthesis and production of *Sphagnum* mosses. Oecol. 96, 200–207.

NAUCKE, W. (1990): Chemie von Moor und Torf. In: GÖTTLICH, K. (ed.): Moor- und Torfkunde, 3. Aufl., 237–261, Schweizerbart'sche Verlagsbuchhandlung, Stuttgart.

NEEMANN, W., W. SCHÄFER & H. KUNTZE (1991): Bodenverluste durch Winderosion in Nordwestdeutschland – Erste Quantifizierungen. Z. Kulturtechn. Landentw. 32, 180–190.

NEUHÄUSL, R. (1975): Hochmoore am Teich Velké Dárko. Vegetace CSSR A9, 267 S.

NICHOLSON, B. J., GIGNAC, J. D. (1995): Ecotope dimensions of peatland bryophyte indicator species along gradients in the Mackenzie River Basin, Canada. Bryol. 98, 437–451.

NICK, K.-J. (1993): Wiedervernässung des Leegmoores: Versuchsfläche und Einrichtungen. Nat-Schutz Landschpfleg. Nieders. 29, 5–18.

NIEDERER, W. (1998): Landschaftsnutzung und Wanzenvielfalt im Rheindelta (Vorarlberg). Vorarlberger Naturschau 4, 147–168.

NILSSON, M., BOHLIN, E. (1993): Methane and carbon dioxide concentrations in bogs and fens – with special reference to the effects of the botanical composition of the peat. J. Ecol. 81, 615–625.

Nordiska Ministerrådet (1984): Vegetationstyper i Norden. 539 S., Oslo.

NYKÄNEN, H., ALM, J., LÅNG, K., SILVOLA, J., MARTIKAINEN, P. J. (1995): Emissions of CH_4, N_2O and CO_2 from a virgin fen and a fen drained for grassland in Finland. J. Biogeogr. 22, 351–357.

OBERDORFER, E., (ed.) (1998): Süddeutsche Pflanzengesellschaften I. 4. Aufl., 314 S., III. 4. Aufl., 455 S., Fischer, Jena.

OBRTEL, R. (1973): Surface-active Coleotera in the terrestrial reed-belt of Nesyt fishpont. In: KVET, J. (ed.): Littoral of the Nesyt fishpont, 133–134, Akademia, Prague.

OCADLIK, J., FUKSA, V. (1986): Topografie raselinist Krkonosskeho narodniho parku (Topographie der Riesengebirgsmoore). Opera cordontica 5, 53–81.

ODGAARD, B. V. (1994): The holocene vegetation history of northern West Jutland, Denmark. Opera Bot. 123, 171 S.

OHLSON, M. (1987): Spatial variation in decomposition rate of *Carex rostrata* leaves on a swedish mire. J. Ecol. 75, 1191–1197.

OHLSON, M. (1988a): Size-dependent reproductive effort in three populations of *Saxifraga hirculus* in Sweden. J. Ecol. 76, 1007–1016.

OHLSON, M. (1988b): Variation in tissue element concentrations in mire plants over a range of sites. Holarct. Ecol. 11, 267–279.

OHLSON, M. (1989): Ecotypic differentiation and phenotypic plasticity in *Saxifraga hirculus* populations in central and northern Sweden. Holarct. Ecol. 12, 46–53.

OHLSON, M., MALMER, N. (1991): Total nutrient accumulation and seasonal variation in resource allocation the the bog plant *Rhynchospora alba*. Oikos 58, 100–108.

ØKLAND, R. H. (1989a): Hydromorphology and phytogeography of mires in inner Østfold and adjacent part of Akershus, SE Norway, in relation to SE Fennoscandian mires. Opera bot. 97, 122 S.

ØKLAND, R. H. (1989b): A phytoecological study of the mire Northern Kisselbergmosen, SE. Norway. I. Introduction, flora, vegetation and ecological conditions. Sommerfeltia 8, 172 S.

ØKLAND, R. H. (1990): A phytoecological study of the mire Northern Kisselbergmosen, SE Norway. II. Identification of gradients by detrended (canonical) correspondence analysis. Nord. J. Bot. 10, 79–108.

ØKLAND, R. H., OHLSON, M. (1998): Age-depth relationship in Scandinavian surface peat: a quantitative analysis. Oikos 82, 29–36.

OLESEN, J. M., WARNCKE, E. (1989a): Temporal changes in pollen flow and neighbourhood structure in a population of *Saxifraga hirculus* L. Oecologia 79, 205–211.

OLESON, J. M., WARNCKE, E. (1989b): Flowering and seasonal changes in flower sex ratio and frequency of flower visitors in a population of *Saxifraga hirculus*. Holarct. Ecol. 12, 21–30.

OLSESON, J. M., WARNCKE, E. (1990): Morphological, phenological and biochemical differentiation in relation to gene flow in a population of *Saxifraga hirculus*. Sommerfeltia 11, 159–173.

OLSSON, I. U. (1986): Radiometric dating. In: BERG-

LUND, B.E. (ed.): Handbook of holocene palaeoecology and palaeohydrology, 273–312, Wiley & Sons, Chichester.

OOSERMEIJER, J. G. B. (1996): Population size, genetic variation and related parameters in small, isolated plant populations: a case study. In: SETTELE, J., MARGULES, C. R., POSCHLOD, P., HENLE, K. (eds.): Species survival in fragmented landscapes, 61–68, Kluwer.

OVERBECK, F. (1975): Botanisch-geologische Moorkunde. 719 S., Wachholtz, Neumünster.

PAASIO, J. (1933): Über die Vegetation der Hochmoore Finnlands. Act. forest. fenn. 39(3), 190 S.

PÄIVÄNEN, J. (1996): Forestry use of peatlands. In: LAPPALAINEN, E. (ed.): Global peat resources: 311–318, Int. Peat Soc., Jyskä, Finland.

PAINTER, T. J. (1991): Lindow Man, Tollund Man and other peat-bog bodies: The preservative and antimicrobial action of sphagnan, a reactive glycuronoglycan with tanning and sequestering properties. Carbohydrate Polymers 15, 123–142.

PAJE, F., MOSSAKOWSKI, D. (1984): PH-preferences and habitat selection in carabid beetles. Oecologia 64, 41–46.

PALCZYNSKI, A. (1975): Bagna Jacwieskie (pradolina Biebrzy). Wydz. nauk rolniczych Ser.D 145, 232 S., 95 Tab., Warszawa.

PALUDAN, C., HOFFMANN, C. C. (1995): Fate of phosphorous in a Danish minerotrophic wetland. In: KRONVANG, B., SVENDSEN, L. M., SIBBESEN, E. (eds.): Sediment and phosphorus, erosion and delivery, transport and fate of sediments and sediment-associated nutrients in watersheds, 77–83, Silkeborg.

PASSARGE, H. (1999): Pflanzengesellschaften Nordostdeutschlands 2, 451 S., Cramer, Borntraeger, Berlin , Stuttgart.

PATRICK, W. H. J., GOTOH, S., WILLIAMS, B. G. (1973): Strengite dissolution in flooded soils and sediments. Science 179, 564–565.

PATRICK, W. H. J., KHALID, R. A. (1974): Phosphate release and sorption by soils and sediments: effect of aerobic and anaerobic conditions. Science 186, 53–55.

PATZELT, A., PFADENHAUER, J. (1998): Keimungsbiologie und Etablierung von Niedermoor-Arten bei Ansaat durch Mähgutübertragung. Z. Ökol. Nat-Schutz 7, 1–13.

PÄZOLT, J. (1999): Genese eines Quellmoorkomplexes im Ückertal (Brandenburg) und der anthropogene Einfluss auf die Hydrologie des Moores. Telma 29, 53–64.

PEGTEL, D. M. (1987): Soil fertility and the composition of seminatural grassland. In: VAN ANDEL, J., BAKKER, J. P., SNAYDON, R. W. (eds.): Disturbance in grassland. Geobot. 10, 51–66, Dordrecht.

PELIKAN, J, SVOBODA, J., KVET, J. (1970): On some relations between the production of *Typha latifolia* and a muscrat population. Zool. Listy 19, 303–320.

PEUS, F. (1932): Die Tierwelt der Moore. Handbuch der Moorkunde 3, 277 S., Borntraeger, Berlin.

PFADENHAUER, J. (1989): Gedanken zur Pflege und Bewirtschaftung voralpiner Streuwiesen aus vegetationskundlicher Sicht. SchrR. Bayer. Landesamt Umweltschutz 95, 25–42.

PFADENHAUER, J. (1999): Leitlinien für die Renaturierung süddeutscher Moore. Nat. Landsch. 74, 18–29.

PFADENHAUER, J., FISCHER, R., SCHEGK, L. (1985): Nährstoffgehalt im Porenwasser von Niedermoor-Extensivgrünland des Alpenvorlandes. Z. Kulturtechn. Flurber. 26, 34–42.

PFADENHAUER, J., KRÜGER, G.-M., MUHR, E. (1991): Ökologisches Gutachten Donaumoos. SchrR. Bayer. Landesamt Umweltschutz 109, 83 S.

PFADENHAUER, J., KLÖTZLI, F. (1996): Restoration experiments in middle European wet terrestrial ecosystems: an overview. Vegetatio 126, 101–115.

PHILIPPI, G. (1998): Klasse Phragmitetea TX. et PRSG 42. In: OBERDORFER, E. (ed.): Süddeutsche Pflanzengesellschaften I, 4. Aufl., 119–165, Fischer, Stuttgart.

POELT, J. (1954): Moosgesellschaften im Alpenvorland II. Sitzungsber. Österr. Akad. Wiss., math.-naturw. Kl. I, 163, 495–539.

POSCHLOD, P. (1990): Vegetationsentwicklung in abgetorften Hochmooren des bayerischen Alpenvorlandes unter besonderer Berücksichtigung standortskundlicher und populationsbiologischer Faktoren. Diss. Bot. 152, 331 S.

POSCHLOD, P. (1994): Gedanken über die Möglichkeiten und Grenzen der Renaturierung von Regen-(Hoch-)mooren. Hohenheimer Umwelttagung 26, 75–91.

POTT, R. (1995): Die Pflanzengesellschaften Deutschlands. 2. Aufl., 622 S., Verlag Eugen Ulmer, Stuttgart.

POTT, R., REMY, D. (2000): Gewässer des Binnenlandes. Ökosysteme Mitteleuropas aus geobotanischer Sicht. Ulmer, Stuttgart.

PRECKER, A. (1993): Das Große Göldenitzer Moor und das Teufelsmoor bei Horst (Ein Beitrag zur Entstehungs- und Nutzungsgeschichte Mecklenburger Regenmoore und zu ihrer gegenwärtigen ökologischen Situation.) Ber. Geol.-Paläont. Inst. Univ. Kiel 61, 127 S.

PREISS, H. (1982): Vegetation und Nährstoffumsatz

von Flachmoorbiotopen im Raum von Bad Tölz unter Berücksichtigung der Auswirkungen von Nutzungsänderungen. Diss. TU München, 111 S.

PRINN, R. G. (1994): The interactive atmosphere: global atmospheric-biospheric chemistry. Ambio 23, 50–61.

PROCTOR, M. C. F. (1994): Seasonal and shorter-term changes in surface-water chemistry on four English ombrogenous bogs. J. Ecol. 82, 597–610.

PYAVCHENKO, N. I. (1967): Nekotoryje itogi statsionarnogo izucenija vzai mootnosenij lesa i bolota v Zapadnoi Sibiri. In: Vzaimootjosenij lesa i bolota, 7–42, Moskva.

RAAB, K. (1995): Mineralbodeneintrag ins Grabener Moor durch Wiesenwässerung. In: HASSLER, D., HASSLER, M., Glaser, K.H. (eds.): Wässerwiesen: Geschichte, Technik und Ökologie der bewässerten Wiesen, Bäche und Gräben in Kraichgau, Hardt und Bruhrain. Beih. Veröff. Naturschutz LandschPfleg. Bad.-Württ. 87, 260–268.

RAAB, K. (1997): Moore und Anmoore in der Oberrheinebene. Zentraler Fachdienst Wasser-Boden-Abfall-Altlasten bei der Landesanstalt für Umweltschutz Bad-Württ., Handb. Boden 6, 114 S.

RADLMAIR, S., LAUßMANN, H. (1997): Auswirkungen extensiver Beweidung und Mahd von Moorstandorten in Süddeutschland auf die Heuschreckenfauna (Saltatoria). Verh. GfÖ 27, 199–205.

RASMUSSEN, S. (1964): Studier over Engvandingen i Danmark, specielt vedrørende Store Skjernå Kanal. Geogr. Tidsskr. 63, 146–190.

READER, R. J. (1978): Contribution of overwintering leaves to the growth of three broad-leaved, evergreen shrubs belonging the the Ericaceae family. Can. J. Bot. 56, 1248–1261.

RECK, H. (1997): Fauna. In: BÖCKER, R. (ed.): Erfolgskontrolle im Naturschutz am Beispiel des Moorkomplexes Wurzacher Ried. Agrarforsch. Bad.-Württ. 28, 95–110.

RECK, H. (1998): Der Zielartenansatz in großmaßstäbiger Anwendung. Lauf. Seminarbeitr. 8/98, 43–68.

RECK, H., KAULE, G. (1993): Straßen und Lebensräume. Ermittlung und Beurteilung straßenbedingter Auswirkungen auf Pflanzen, Tiere und ihre Lebensräume. Forsch. Straßenbau Straßenverkehrstechn. 654, 230 S.

REICHE, E.-W. (1996): WASMOD – Ein Modellsystem zur gebietsbezogenen Simulation von Wasser- und Stoffflüssen – Darstellung des aktuellen Entwicklungsstandes. EcoSys 4, 143–163.

REID, E., ROSS, S. Y., THOMPSON, D. B. A., LINDSAY, R. A. (1997): From *Sphagnum* to a satellite: towards a comprehensive inventory of the blanket mires of Scotland. In: PARKYN, L., STONEMAN, R. E., INGRAM, H. A. P. (eds.): Conserving peatlands, 204–216, CAB International, Wallingford.

REIMANN, S. (1989): Entwicklung des Wasserhaushalts und der Hochmoorvegetation im Zuge der Renaturierungsmaßnahmen im Roten Moor (Hohe Rhön). Telma Beih. 2, 77–98.

REMANE, R., REIMER, H. (1989): Im NSG Rotes Moor durch Wanzen (Heteroptera) und Zikaden (Homoptera, Auchenorrhyncha) genutzte und ungenutzte „ökologische Lizenen" im Vergleich zu anderen Mooren und der übrigen Rhön. Telma Beih. 2, 149–172.

RICHARDSON, C. J. (1985): Mechanisms controlling phosphorus retention capacity in freshwater wetlands. Science 228, 1424 – 1427.

RICHARDSON, C. J., NICHOLS, D. S. (1985): Ecological analysis of wastewater management criteria in wetland ecosystems. In: GODFREY, P. J., KAYNOR, E. R., PELCZARSKI, S., BENFORADO, J. (eds.): Ecological conservations in wetland treatment of municipal wastewater, 351 – 391, van Nostrand Reinhold Co.

RICHARDSON, C. J., MARSHALL, P. E. (1986): Processes controlling movement, storage and export of phosphorous in a fen peatland. Ecol. Monogr. 56(4), 279–302.

RIDDER, F. de, DHONDT, A. A. (1987): Dynamics of long-leaved sundew *Drosera intermedia* populations at two extremes of a hydrological gradient. Holarct. Ecol. 10, 299–307.

RIECKEN, U. (1992): Planungsbezogene Bioindikation durch Tierarten und Tiergruppen – Grundlagen und Anwendung. SchrR. Naturschutz LandschPfleg. 36, 187 S.

RINGLER, A. (1978): Die Hochmoore und Übergangsmoore der Allgäuer Alpen I: Lage, Geologie, Morphologie. Telma 8, 17–74.

RINGLER, A. (1981): Die Alpenmoore Bayerns – Landschaftsökologische Grundlagen, Gefährdung, Schutzkonzept. Ber. ANL 5, 4–98.

RINGLER, A. (1985): Untersuchungen zur Restitution eingriffsgeschädigter Biotope in Südbayern. Einige Grundlagen und Ergebnisse. Inst. Städtebau Berlin 37, 69–100.

RINGLER, A. (1989): Zur Naturschutzbedeutung aufgelassener Torfabbauflächen im Alpenvorland: Beobachtungen zur Flächenrelevanz, Vegetationsentwicklung und floristischen Bedeutung. Telma Beih. 2, 331–363.

RINGLER, A. (1995): Lebensraumtyp Streuwiesen. In: Bayerisches Staatsministerium für Landesentwicklung und Umwelt (Hrsg.): Landschaftspflegekonzept Bayern, II.9: 403 S., München.

RODHE, H., SVENSSON, B. (1995): Impact on the

greenhouse effect of peat mining and combustion. Ambio 24, 221–225.

RODWELL, J. S. (ed.) (1991): Mires and heaths. British plant communities 2, 628 S., Cambridge Univ. Press.

ROMANOV, V. V. ((1961)) (1968): 'Gidrofizika bolot'. Gidrometeoizdat, Leningrad; Hydrophysics of bogs (KANER, N. trans.; HEIMANN, ed.) Israel program for scientific translations, Jerusalem.

RORISON, I. H. (1985): Nitrogen source and the tolerance of *Deschampsia flexuosa, Holcus lanatus* and *Bromus erectus* to aluminium during seedling growth. J. Ecol. 73, 83–90.

ROESCHMANN, G., GROSSE-BRAUCKMANN, G., KUNTZE, H., BLANKENBURG, J., TÜXEN, J. (1993): Vorschläge zur Erweiterung der Bodensystematik der Moore. Geol. Jb. F29, 3–49.

ROSENTHAL, G., HILDEBRANDT, J., ZÖCKLER, C., HENGSTENBERG, M., MOSSAKOWSKI, D., LAKOMY, W., BURFEINDT, I. (1998): Feuchtgrünland in Norddeutschland – Ökologie, Zustand, Schutzkonzepte. Angew. Landschaftsökol. 15, 291 S. + Anhang.

ROSSWALL, T., HEAL, O. W. (1975): Stucture and function of Tundra Ecosystems. Ecol. Bull. 20, 450 S.

ROSSWALL, T. (1975): Decomposition. In: WIELGOLASKI, F.E. (ed.) Fennoscandian tundra ecosystems I. Plants and microorganisms, 227–229, Springer, New York.

ROSSWALL, T., FLOWER-ELLIS, J. G. K., JOHANSSON, L. G., JONSSON, S., RYDÉN, B. E., SONESSON, M. (1975): Stordalen (Abisko), Sweden. In: ROSSWALL, T., HEAL, O. W. (1975): Structure and Function of Tundra Ecosystems. Ecol. Bull. 20, 265–294.

ROSSWALL, T., GRANHALL, U. (1980): Nitrogen cycling in a subarctic ombrotrophic mire. Ecol. Bull. 30, 209–234.

RUTHSATZ, B. (1990): Vegetationskundlich-ökologische Nachweis- und Voraussagemöglichkeiten für den Erfolg von Extensivierungsmaßnahmen in Feuchtgebieten. Angew. Bot. 64, 69–98.

RUTHSATZ, B. (1995): Erfolgskontrolle von „Biotopsicherungsmaßnahmen" im Niedermoorgrünland eines NSG in der westpfälzischen Moorniederung bei Kaiserslautern. Beih. 12 Ber. ANL, 79–98.

RUTHSATZ, B., HOLZ, I. (1997): Dauerbeobachtung von Vegetation und Quellwasserchemismus im „Palmbruch" und „Oberluderbruch" des NSG „Hangbrücher bei Morbach"/Hunsrück. Decheniana 150, 109–168.

RUTHSATZ, B., KRASS, B. (1998): Die Vegetation von Feuchtgrünlandbrachen im westlichen Hunsrück – Lebensraum für gefährdete Pflanzenarten oder das Landschaftsbild störende Unordnung? Mitt. Pollichia 85, 77–104.

RUTTNER, F. (1962): Grundriss der Limnologie. 3. Aufl., de Gruyter, Berlin.

RUUHIJÄRVI, R. (1982): Mire preservation in Finland. In: Peatlands and their utilization in Finland, 9–113. Finnish Peatland Soc., Helsinki.

RYBNÍCEK, K. (1974): Die Vegetation der Moore im südlichen Teil der Böhmisch-Mährischen Höhe. Vegetace CSSR A6, 243 S.

RYCHNOVSKÁ, M. (ed.) (1993): Structure and functioning of seminatural meadows. 386 S., Elsevier, Amsterdam.

RYDIN, H. (1993a): Interspecific competition between *Sphagnum* mosses on a raised bog. Oikos 66, 413–423.

RYDIN, H. (1993b): Mechanisms of interactions among *Sphagnum* species along water-level gradients. Adv. Bryol. 5, 153–185.

RYDIN, H. (1995): Effects of density and water level on recruitment, mortality and shoot size in *Sphagnum* populations. J. Bryol. 18, 439–453.

RYDIN, H. (1997): Competition between *Sphagnum* species under controlled conditions. Bryol. 100(3), 302–307.

RYDIN, H., MCDONALD, A. J. S. (1985): Tolerance of *Sphagnum* to water level. J. Bryol. 13, 571–578.

RYDIN, H., CLYMO, R. S. (1989): Transport of carbon and phosphorous compounds about *Sphagnum*. Proc. R. Soc. London B. 237, 63–84.

SAARINEN, T., WALLÉN, B., MALMER, N. (1996): Root exudation of *Eriophorum angustifolium* grown in nutrient solutions simulating oligotrophic mire waters. In: LAIHO, R., LAINE, J., VASANDER, H. (eds.): Northern peatlands in global climatic change. Publ. Acad. Finland 1, 63–68.

SACH, W. (1999): Floristische und nährstoffökologische Untersuchungen degradierter Grünland-Systeme in Schleswig-Holstein. Diss. Bot. 308, 311 S.

SAFFORD, L., MALTBY, E. (eds.) (1998): Guidelines for integrated planning and management of tropical lowland peatlands – with special reference to Southeast Asia. IUCN wetland programme. 65 pp., IUCN publ. Services, Cambridge.

SALMINEN, P. (1991): Peatland protection, its aims and realization in Finland. In: BOTCH, M. S. et al. (eds.): Studies of mire ecosystems of Fennoscandia, 73–80, Petrozavodsk.

SANDOZ, H. (1987): Recherches taxonomiques, biogéographiques et phytoécologiques sur les principaux conifères subalpins des Alpes: mélèze d'Europe, pin cembro, pin à crochets et pin mugho. Thèse univ. d'Aix-Marseille III, 650 S.

SARASTO, J., SEPPÄLÄ, K. (1977): The effect of dwarf-shrub suppression on pine swamp tree stands. Silva Fenn. 11, 30–41.

SCHAMINÉE, J. H. J., WEEDA, E. J., WESTHOFF, V. (1995): De vegetatie van Nederland 2, 360 S, Opulus Press, Uppsala.

SCHAMINÉE, J. H. J., STORTELDER, A.H.F., WEEDA, E. J. (1996): De vegetatie van Nederland 3, 356 S. Opulus Press, Uppsala.

SCHALITZ, F., SCHOLZ, A., MASCH, E. (1995): Extensive Beweidung von Niedermooren für die Ziele eines integrierten Naturschutzes. Z. Kulturtechn. Landesentw. 36, 117–121.

SCHEFFER, B. (1976a): Gewässerbelastung aus Dränabflüssen – dargestellt am Beispiel nordwestdeutscher Niederungsböden. Forschung und Beratung, Reihe C, 30, 217–225.

SCHEFFER, B. (1976b): Zur Frage der Stickstoffumsetzung in Niedermoorböden. Landw. Forsch. (Sonderheft) 33, 20–28.

SCHEFFER, B. (1977): Stickstoff- und Phosphatverlagerung in nordwestdeutschen Niederungsböden und Gewässerbelastung. Geol. Jb. 4, 203–243.

SCHEFFER, B. (1994): Zur Stoffdynamik in Niedermoorböden. NNA-Ber. 7, 67–72.

SCHEFFER, B. (1995): Veränderungen bodenchemischer Parameter durch Extensivierung und Wiedervernässung. NNA-Ber. 2/95, 9–12.

SCHEFFER, B., KUNTZE, H. (1989): Phosphate leaching from high moor soils. Int. Peat J. 107–115.

SCHEFFER, B., BARTELS, R., KUNTZE, H. (1991): Anwendung von Rotschlamm und Grünsalz auf sauren Hochmoorböden zur Reduzierung des Phosphataustrags. 2. Bericht: Versuchsergebnisse 1985–1989. Z. Kulturtechn. Landentw. 32, 326–333.

SCHMIDT, B. (1997): Vergleichende Untersuchungen zum Mikroklima von Schlenkengewässern und Pflanzenbeständen in Mooren des Alpenvorlandes mit Hinweisen zu Libellen (Odonata). Telma 27, 35–59.

SCHMID, J., BOGENRIEDER, A., SCHWEINGRUBER, F. H. (1995): Verjüngung und Wachstum von Moor-Kiefern (*Pinus rotundata* Link) und Fichten (*Picea abies* (L.) H. Karsten) in Mooren des südöstlichen Schwarzwaldes (Süddeutschland). Mitt. Eidgen. Forschungsanst. Wald, Schnee, Landschaft 70(2), 177–223.

SCHNEEBELI, M. (1989): Zusammenhänge zwischen Moorwachstum und hydraulischer Durchlässigkeit und ihre Anwendung auf den Regenerationsprozess. Telma Beih. 2, 257–264.

SCHOPP-GUTH, A. (1993): Einfluss unterschiedlicher Bewirtschaftung auf populationsbiologische Merkmale von Streuwiesenpflanzen und das Samenpotential im Boden. Diss. Bot. 204, Cramer, Stuttgart.

SCHOPP-GUTH, A. (1999): Renaturierung von Moorlandschaften. SchrR. Landschpfleg. Natschutz 57, 219 S.

SCHOPP-GUTH, A., MAAS, D., PFADENHAUER, J. (1994): Influence of management on the seed production and seed bank of calcareous fen species. J. Veg. Sci. 5, 569–578.

SCHOUWENAARS, J. (1994): Wasserhaushalt der Hochmoore. NNA-Ber. 2/94, 33–38.

SCHOUVENAARS, J. & al. (1992): Hydrologische Feld- und Modellversuche in Hochmoor-Regenerationsflächen. Telma 22, 37–52.

SCHRAUTZER, J., JENSEN, K. (1998): Quantitative und qualitative Auswirkungen von Sukzessionsprozessen auf die Flora der Niedermoorstandorte Schleswig-Holsteins. Z. Ökol. NatSchutz 7, 219–240.

SCHRÖDER, B. (1989): Die wichtigsten Pflanzen-Gesellschaften der Ebbe-Moore /Südwestfalen. Dortmunder Beitr. Landeskde 23, 5–27.

SCHUCKERT, U. (1997): Monitoring der Hoch- und Zwischenmoorvegetation mit Methoden der Fernerkundung am Beispiel des Wurzacher Riedes. SchrR. Agrarwiss. Forschungsergebn. 8, 123 S.

SCHUCKERT, U., POSCHLOD, P., PFADENHAUER, J. (1992): Torfstich im Niedermoor- ein Beitrag zum Arten- und Biotopschutz? Telma 22, 253–265.

SCHUCKERT, U., KUHN, G., BÖCKER, R., PFADENHAUER, J. (1997): Vegetation. In: BÖCKER, R. (ed.): Erfolgskontrolle im Naturschutz am Beispiel des Moorkomplexes Wurzacher Ried. Agrarforschung in Baden-Württemberg 28, 55–94, Ulmer, Stuttgart.

SCHWARTZE, P. (1992): Nordwestdeutsche Feuchtgrünlandgesellschaften unter kontrollierten Nutzungsbedingungen. Diss. Bot. 184, 204 S.

SCHWINEKÖPER, K., SEIFFERT, P., METZLER, S., KONOLD, W. (1996): Veränderungen der Moorflächen der ehemaligen Herrschaft Kisslegg. Ber. Inst. Landschafts- Pflanzenökologie Univ. Hohenheim 5, 5–20.

SHAVER, G. R., BILLINGS, W. D. (1975): Root production and root turnover in a wet tundra ecosystem, Barrow, Alaska. Ecology 56, 401–409.

SHAW, S. C., WHEELER, B. D. (1995): Monitoring rehabilitation work on lowland peatlands. Rep. to: English Nature, Environmental Consultancy, Univ. Sheffield, 169 S.

SHOTYK, W. (1996): Peat bog archives of atmospheric metal deposition: geochemical evaluation of peat profiles, natural variations in metal concentrations and metal enrichment factors. Environ. Rev. 4, 149–183.

SHOTYK, W., NESBITT, H. W., FYFE, W. S. (1992): Natural and anthropogenic enrichment of trace metals in peat profiles. Int. J. coal geol. 20, 49–84.

SILVOLA, J., AALTONEN, H. (1984): Water content and photosynthesis in the peat mosses *Sphagnum fuscum* and *S. angustifolium*. Ann. bot. fenn. 21, 1–6.

SILVOLA, J., ALM, J., AHLHOLM, U., NYKÄNEN, H., MARTIKAINEN, P. J. (1996): CO_2 fluxes from peat in boreal mires under varying temperature and moisture conditions. J. Ecol. 84, 219–228.

SIVAL, F. P. (1997): Dune soil acidification threating rare plants. Proefschrift Rijksuniv. Groningen, 150 pp.

SJÖRS, H. (1963): Bogs and fens on Attawapiskat river, northern Ontario. Natl. Mus. Can. Bull. 186, 45–133.

SJÖRS, H. (1991): Phyto- and necromass above and below ground in a fen. Holarctic Ecol. 14, 208–218.

SLATYER, R. O. (1967): Plant-water relationships. 366 S., Acad. Press, London.

SLIVA, J. (1997): Renaturierung von industriell abgetorften Hochmooren am Beispiel der Kendlmühlfilze. 221 S., Utz-Verlag Wissenschaft, München.

SMITH, C. A. (1997): Testing alternatives to peat as horticultural growing media. In: PARKYN, L., STONEMAN, R. E., INGRAM, H.A.P.(eds.): Conserving peatlands, 262–270, CAB International, Wallingford.

SMITH, G. R. J. (1972): Some aspects of the biology of *Monophilus ater* Meigen. Thesis Univ. Durham, 96 S.

SNAYDON, R. W. (1987): Population responses to environmental disturbance. In: VAN ANDEL, J., BAKKER, J. P., SNADON, R. W. (eds.): Disturbance in Grasslands. Geobot. 10, 15–31.

SPARLING, J. (1967 a,b): The occurrence of *Schoenus nigricans* L. on blanket bogs. I. Environmental conditions affecting the growth of *Schoenus nigricans* in blanket bog. II. Experiments on the growth of *S. nigricans* under controlled conditions. J. Ecol. 55, 1–13, 15 –31.

SPITZER, K. (1986): Zur Auffassung der sibirischen Faunenelemente und des Ursprungs tyrphobionter Lepidopteren der mitteleuropäischen Hochmoore. Abh. Ber. Naturkde Mus. Görlitz 44, 55–58.

SPITZER, K., ZUMR, V. (1982): Evolution of the mire insect fauna associated with *Pinus rotundata* Link. in South Bohemia. Sbor. Jihoces. Muz. Ces. Budejavicich Prir. Vedy 22, 93–96.

SSYMANK, A., HAUKE, U. (1998): Landscape ecology of calcareous fens (Caricion davallianae) and the *Cladietum marisci* in the lowlands of NE-Germany and their relevance for nature conservation in the European Union Habitats Directive. Phytocoenol. 28, 105–142.

STÄHLE, B., JENSEN, S., SCHMATZLER, E., RHEIN, U., EHLERS, M. (1997): Umweltmonitoring von Zustand und Nutzung der Hochmoore – Auswertungen der Satellitendaten für das Niedersächsische Moorschutzprogramm. 45 S. + Anhang, Niedersächsisches Umweltministerium, Hannover.

STANDEN, V. (1973): Production and respiration of an enchytraeid population in blanket bog. J. Anim. Ecol. 42, 219–245.

STEINBERG, G., KÜHNEL, W. (1987): Influence of cation acids on dissolved humic substances under acidified conditions. Water Res. 21, 95–98.

STEINER, G. M. (1992): Österreichischer Moorschutzkatalog. 4. Aufl., 509 S., Wien.

STEINER, G. M. (1993): Scheuchzerio-Caricetea fuscae, Oxycocco-Sphagnetea. In: GRAB- HERR, G., MUCINA, L. (eds.): Die Pflanzengesellschaften Österreichs II., 131–181, Fischer, Jena, Stuttgart, New York.

STEINER, G. M. (1997): The bogs of Europe. In: PARKYN, L., STONEMAN, R. E., INGRAM, H.A.P .(eds.): Conserving peatlands, 4–23, CAB International, Wallingford.

STEFFEN, H. (1931): Vegetationskunde von Ostpreußen. Pflanzensoziologie 1, 406 S., Fischer, Jena.

STEFFENS, P. (1996): Mires and peat ressources in Germany. In: LAPPALAINEN, E. (ed.): Global peat resources., 75–78; Jyskä, Finland.

STERNBERG, K. (1993): Hochmoorschlenken als warme Habitatinseln im kalten Lebensraum Hochmoor. Telma 23, 125–146.

STIBLEY, D. P., READ, D. J. (1976): The biology of mycorrhiza in the Ericaceae. VI. The effects of mycorrhizal infection and concentration of ammonium-nitrogen on growth of cranberry (*Vaccinium macrocarpum* Ait) in sand culture. New Phytol. 77, 63–72.

STREEFKERK, J. G., CASPARIE, W. A. (1989): The hydrology of bog ecosystems – guidelines for management. 120 S., Staatsbosbeheer.

STROHWASSER, P. (1994): Errichtung und Sicherung schutzwürdiger Teile von Natur und Landschaft mit gesamtstaatlich repräsentativer Bedeutung – Projekt „Murnauer Moos, Moore westlich des Staffelsees“, Bayern. Nat. Landsch. 69, 362–368.

STROUD, D. A. (1989): Birds of raised and cut-over raised mires. Research & survey in nature conserv. 24, 22–31, Petersborough.

SUCCOW, M. (1974): Vorschlag einer systematischen

Neugliederung der mineralbodenwasserbeeinflussten wachsenden Moorvegetation Mitteleuropas unter Ausklammerung des Gebirgsraumes. Feddes Repert. 85, 57–113.

SUCCOW, M. (1986): Standorts- und Vegetationswandel der intensiv landwirtschaftlich genutzten Niedermoore der DDR. Arch. NatSchutz Landschforsch. 26, 225–242.

SUCCOW, M. (1988): Landschaftsökologische Moorkunde. 340 S., Fischer, Jena.

SUCCOW, M., JESCHKE, L. (1986): Moore in der Landschaft. 268 S., Urania, Leipzig.

SUCCOW, M., JOOSTEN, H. (eds.) (2001): Landschaftsökologische Moorkunde. 2. Aufl., Schweizerbart'sche Verlagsbuchhandlung, Stuttgart, 622 S.

SVANSON, D. K., GRIGAL, D. F. (1988): A simulation model of mire patterning. Oikos 53, 309–314.

SVENSSON, G. (1988): Fossil plant communities and regeneration patterns on a raised bog in south Sweden. J. Ecol. 76, 41–59.

SVENSSON, G., ROSSWALL, T. (1984): In situ methane production from acid peat in plant communities with different moisture regimes in a subarctic mire. Oikos 43, 341–350.

SÆBØ, S. (1969): On the mechanism behind the effect of frazing and thawing on dissolved phosphorous in *Sphagnum fuscum* peat. Meld. Norg. Landbrugshogesk. 48(14), 1–10.

SÆTERSDAL, M. (1994): Rarity and species/area relationship of vascular plants in deciduous woods, western Norway – applications to nature reserve selection.– Ecography 17, 23–38.

TER BRAAK, C. J. F., WIERTZ, J. (1994): On the statistical analysis of vegetation change: a wetland affected by water extraction and soil acidification. J. Veg. Sci. 5, 361–372.

THERBURG, A., RUTHSATZ, B. (1989): Zum Nährstoffgehalt von Schnabel- und Blasenseggenrieden und seiner Aussagekraft für den Trophiegrad von Feuchtstandorten in der Eifel. Beitr. LandschPfleg. Rheinl.-Pfalz 12, 49–76.

THOMSON, R. (1986): Palaeomagnetic dating. In: BERGLUND, B. E. (ed.): Handbook of holocene palaeoecology and palaeohydrology, 313–327, Wiley & Sons, Chichester.

THUNMARK, S. (1942): Über rezente Eisenocker und ihre Mikroorganismen-Gemeinschaften. Bull. Geol. Inst. Upsal. 29, 285 S.

TIMMERMANN, T. (1999): *Sphagnum*-Moore in Nordostbrandenburg: Stratigraphisch-hydrodynamische Typisierung und Vegetationswandel seit 1923. Diss. Bot. 305, 175 S.

TIMMERMANN, T. (1999): Anbau von Schilf (*Phragmites australis*) als ein Weg zur Sanierung von Niedermooren – eine Fallstudie zu Etablierungsmethoden, Vegetations-entwicklung und Konsequenzen für die Praxis. Arch Nat. Landsch. 38, 111–143.

TOLPA, S., JASNOWSKI, M., PALCZYNSKI, A. (1967): System der genetischen Klassifizierung der Torfe Mitteleuropas. Zeszyty problemove postepow nauk rolniczych 76, 9–53, Warszawa.

TRAXLER, A. (1997): Handbuch des vegetationsökologischen Monitorings. 397+158 S., Bundesministerium für Umwelt, Jugend und Familie, Wien.

TREPEL, M. (2000): Quantifizierung der Stickstoffdynamik von Ökosystemen auf Niedermoorböden mit dem Modellsystem WASMOD. EcoSys Suppl. 29, 140 S.

TREPEL, M., OPITZ, S. (eds.) (2000): Guidelines for wetland monitoring, designing and modelling. ECOSYS 8, 139 S.

TSCHIRSICH, C. (1994): Untersuchungen zur Quantifizierung von Denitrifikationsverlusten aus Niedermoorböden – dargestellt am Beispiel eines sauren Niedermoorbodens Nordwest-Deutschlands. Dissertation Universität Göttingen, 175 S.

TYLER, C. (1979 a): Classification of *Schoenus* communities in south and southeast Sweden. Vegetatio 41(2), 69–84.

TYLER, C. (1979 b): *Schoenus* vegetation and environmental conditions in south and southeast Sweden. Vegetatio 41(3), 155–170.

TYLER, C. (1981 a): Geographical variation in Fennoscandian and Estonian *Schoenus* wetlands. Vegetatio 45, 165–182.

TYLER, G. (1973): Primary production and distribution of organic matter and metal elements in two heath ecosystems. J. Ecol. 61, 251–268.

UNTIEDT-SIMON, E., MÜLLER, K. (1987): Untersuchung der Basidiomycetenflora eines sphagnumreichen Moores Nordwest-Deutschlands. Telma 17, 231–262.

UPDEGRAFF, K., PASTOR, J., BRIDGHAM, S. D., JOHNSTON, C. A. (1995): Environmental and substrate controls over carbon and nitrogen mineralization in northern wetlands. Ecol. Applicat. 5, 151–163.

URBAN, N. R., EISENREICH, S. J. GORHAM, E. (1987): Proton cycling in bogs: geographic variation in northeastern North America. In: HUTCHINSON, T .C., MEENA, A. M. (eds.): Effects of atmospheric pollution in forests, wetlands and agricultural ecosystems, 577–598. NATO ASI Ser. G16, Springer Berlin, Heidelberg.

URBAN, N. R., EISENREICH, S. J. (1988): Nitrogen cycling in a forested Minnesota bog. Can. J. Bot. 66, 435–449.

USHER, B.M. (1991): Scientific requirements of a monitoring programme. Brit. Library Catalogning in Publication Data, 15–32, Chapman & Hall.

UTSCHICK, H. (1990): Nachtfalter (*Lepidoptera, Macroheterocera*) als Bioindikatoren für Regenerationsprozesse in abgetorften Hochmooren. Telma 20, 125–141.

VAN DEN POL-VAN DASSELAAR, A., OENEMA, O. (1996): Effects of grassland management on the emission of methane from grassland on peat soils. Publ. Acad. Finl. 1/96, 148–153.

VAN DER SCHAAF, S. (1998): Anisotropie und Selbstregulierung bei Versickerungsversuchen in Hochmooren. Telma 28, 131–144.

VAN DER VALK, A. G., VERHOEVEN, J. T. A. (1988): Potential role of seed banks and understory species in restoring quacking fens from floating forests. Vegetatio 76, 3–13.

VAN DIGGELEN, R., GROOTJANS, A. P., KEMMERS, R. H., KOOIJMAN, A. M., SUCCOW, M., DE VRIES, N. P. J., VAN WIRDUM, G. (1991a): Hydro-ecological analysis of the fen system Lieper Posse, eastern Germany. J. Veg. Sci. 2, 465–476.

VAN DIGGELEN, R., GROOTJANS, A. P., WIERDA, A., BURKUNK, R., HOOGENDOORN, J. (1991b): Prediction of vegetation changes under different hydrological scenarios. Hydrological basis of ecologically sound management of soil and groundwater. IAHS Publ. 202, 71–80.

VAN DIGGELEN, R., WIERDA, A. (1994): Hydroökologische Untersuchungen im Peenehaffmoor. 62 S. + Anhang, Univ. Groningen/Greifswald.

VAN DIGGELEN, R., GROOTJANS, A., BURKUNK, R. (1994): Assessing restoration perspectives of disturbed brook valleys: the Gorecht area, the Netherlands. Restorat. Ecol. 2(2), 87–96.

VAN DIGGELEN, R., W. J. MOLENAAR, W. J., KOOIJMAN, A. M. (1996): Vegetation succession in a floating mire in relation to management and hydrology. J. Veg. Sci. 7, 809–820.

VAN DUREN, I. C., PEGTEL, D. M., AERTS, B .A., INBERG, J. A. (1997): Nutrient supply in undrained and drained Calthion meadows. J. Veg. Sci. 8, 829–838.

VAN DUREN, I. C., BOEYE, D., GROOTJANS, A. P. (1997): Nutrient limitation in an extant and drained poor fen: implications for restoration. Plant ecol. 33, 91–100.

VAN ECK, H., GOVERS, A., LEMAIRE, A., SCHAMINÉE, J. (1984): Irish bogs, a case for planning. 333 S., Univ. Nijmegen.

VAN WALSUM, P. E. V., JOOSTEN, J. H. J. (1994): Quantification of local ecological effects in regional hydrologic modelling of bog reserves and surrounding agricultural lands. Agric. Water Managem. 25, 45–55.

VAN WIRDUM, G. (1980): Eenvoudige beschrijving van de waterkwaliteitsverandering gedurende de hydrologische kringloop. In: HOOGHART, J. C. (ed.): Waterkwaliteit in grondwaterstromingsstelsels. CHO-TNO, rapp. en nota's 5, 118–143, Den Haag.

VAN WIRDUM, G. (1991): Vegetation and hydrology of floating rich fens. 311 S., Diss. Univ. Amsterdam.

VASANDER, H. (1987): Diversity and understory biomass in virgin and in drained and fertilised southern boreal mires in eastern Fennoscandia. Ann. bot. fenn. 24, 137–153.

VERHOEVEN, J. T. A., ARTS, H. H. M. (1992): *Carex* litter decomposition and nutrient release in mires with different water chemistry. Aquat. Bot. 43, 365–377.

VERHOEVEN, J. T. A., KEMMERS, R. H., KOERSELMAN, W. (1993): Nutrient enrichment of freshwater wetlands. In: VOS, C. C., OPDAM, P. (eds.): Landscape ecology of a stressed environment, 33–59, Chapman & Hall, London.

VERHOEVEN, J. T. A., LIEFVELD, W. M. (1997): The ecological significance of organochemical compounds in *Sphagnum*. Acta Bot. Neerl. 46(2), 117–130.

VERHOEVEN, J. T. A., MEULEMAN, A. F. M. (1999): Wetlands for wastewater treatment: opportunities and limitations. Ecol. Engineering 12, 5–12.

VERHOEVEN, J. T. A., SCHMITZ, M. B., PONS, T. L. (1988): Comparative demographic study of *Carex rostrata* Stokes, *C. diandra* Schrank and *C. acutiformis* Ehrh. in fens of different nutrient status. Aquat. Bot. 30, 95–108.

VERMEER, J. G. (1985): Effects of nutrient availability and groundwater level on shoot biomass and species composition of mesotrophic fen plant communities. Ph.D. thesis, Univ. Utrecht.

VERMEER, J. G., BERENDSE, F. (1983): The relationship between nutrient availability, shoot biomass and species richness in grassland and wetland communities. Vegetatio 53, 121–126.

VINTHER, F. P. (1984): Total denitrification and the ratio between N_2O and N_2 during growth of spring barley. Plant & soil 76, 205–223.

VOSS, K. (2001): Die Bedeutung extensiv beweideten Feucht- und Überschwemmungsgrünlandes in Schleswig-Holstein für den Naturschutz. Mitt. AG Geobot. SH/HH 61, 185 pp.

WAGNER, A., WAGNER, I. (1996): Pfrunger-Burgweiler Ried – Pflege- und Entwicklungsplan. Beih. Veröff. NatSchutz LandschPfleg. Bd-Württ. 85, 304 S.

WAGNER, C. (1994): Zur Ökologie der Moorbirke *Betula pubescens* Ehrh. in Hochmooren Schleswig-Holsteins unter besonderer Berücksichtigung von Regenerationsprozessen in Torfstichen. Mitt. AG Geobot. SH/HH 47: 182 S. + Anhang, Kiel.

WALDREN, S., ETHERINGTON, J. R., DAVIES, M. S. (1987): Comparative studies of plant growth and distribution in relation to waterlogging. XIV. Iron, manganese, calcium and phosphorus concentrations in leaves and roots of *Geum rivale* L. and *G. urbanum* grown in waterlogged soil. New Phytol. 106, 689–696.

WALLÉN, B. (1983): Translocation of ^{14}C in adventitiously rooting *Calluna vulgaris* on peat. Oikos 40, 241–248.

WALLÉN, B. (1986): Above and below ground dry mass of the three main vascular plants on hummocks on a subarctic peat bog. Oikos 46, 51–56.

WALLÉN, B., FALKENGREN-GRERUP, U., MALMER, N. (1988): Biomass, productivity and relative rate of photosynthesis of *Sphagnum* at different water levels on a South Swedish peat bog. Holarct. Ecol. 11, 70–76.

WARNCKE, E., OLESON, J. M. (1991): *Saxifraga hirculus* L. Patch size and seed-set. Acta horticult. 288, 6th. Pollination sympos.

WARNKE-GRÜTTNER, R. (1990): Ökologische Untersuchungen zum Nährstoff- und Wasserhaushalt in Niedermooren des westlichen Bodenseegebietes. Diss. Bot. 148, 214 S., Cramer, Berlin, Stuttgart.

WASSEN, M. J. (1990): Water flow as a major landscape ecological factor in fen development. 199 S., Diss. Utrecht.

WASSEN, M. J. (1992): Shift of nutrient concentration in the above-ground living biomass along a gradient in two European peatlands. Int. peat congr. 1992, Uppsala, 1(3), 234–243.

WASSEN, M. J., BARENDREGT, A., BOOTSMA, M. C., SCHOTT, P. P. (1989): Groundwater chemistry and vegetation of gradients from rich fen to poor fen in the Naardermeer (the Netherlands). Vegetatio 79, 117–132.

WASSEN, M. J., BARENDREGT, A., PALCZYNSKI, A., DE SMIDT, J. T., DE MARS, H. (1990): The relationship between fen vegetation gradients, groundwater flow and flooding in an undrained valley mire at Biebrza, Poland. J. Ecol. 78, 1106–1122.

WASSEN, M. J., BARENDREGT, A. (1992): Topographic position and water chemistry on fens in a Dutch river plain. J. Veg. Sci. 3, 447–456.

WASSEN, M. J., OLDE VENTERINK, H. G. M., DE SWART, E. O. A. M. (1995): Nutrient concentrations in mire vegetation as a measure of nutrient limitation in mire ecosystems. J. Veg. Sci. 6, 5–16.

WASSEN, M. J., JOOSTEN, J. H. J. (1994): The impact of groundwater flow on water and peat chemistry along a gradient from rich fen to transitional fen in the Biebrza upper basin. In: WASSEN, M. J., OKRUSZKO, H. (eds.): Towards protection and sustainable use of the Biebrza wetlands: exchange and integration of research results for the benefit of a Polish-Dutch joint research plan: 103–123.

WASSEN, M. J., JOOSTEN, J. H. J. (1996): In search of a hydrological explanation for vegetation changes along a fen gradient in the Biebrza upper basin (Poland). Vegetatio 124, 191–209.

WATT, R. F., HEINSELMAN, M. L., (1965): Foliar nitrogen and phosphorus level related to site quality in a northern Minnesota spruce bog. Ecology 46, 357–361.

WAUGHMAN, G. J. (1980): Chemical aspects of the ecology of some South German peatlands. J. Ecol. 68, 1025–1046.

WEISS, D., SHOTYK, W., APPLEBY, P. G., KRAMERS, J. D., CHEBURKIN, A. K. (1999): Atmospheric Pb deposition since the industrial revolution recorded by five Swiss peat profiles: enrichment factors, fluxes, isotopic composition and sources. Environ. Sci. Technol. 1999, 33, 1340–1352.

WEISSBACH, F. (1993): Forschungskonzeption für die umweltgerechte Bewirtschaftung, Extensivierung und Erhaltung des Grünlandes. Polykopie, 13 S., Braunschweig-Völkenrode (FAL).

WEISSER, H., SCHALL, B., SCHANZ, R. (1998): Naturschutzgroßprojekt Wurzacher Ried, Baden-Württemberg. Nat. Landsch. 73, 350–357.

WEIZSÄCKER, E. U. v., LOVINS, A. B., LOWINS, L. H. (1995): Faktor vier – Doppelter Wohlstand – halbierter Naturverbrauch. 352 S., Droemer Knaur, München.

WELLS, E. D. (1996): Classification of peatland vegetation in Atlantic Canada. J. Veg. Sci. 7, 847–878.

WETZEL, R. G. (1991): Extracellular enzymatic interactions: Storage, redistribution, and interspecific communication. In: CHROST, R. J. (ed.): Microbial encymes in aquatic environments, 6–28, Springer, New York.

WEY, H. (1988): Die Vegetation von Quellgebieten im Raum Trier und ihre Beeinflussung durch land- und forstwirtschaftliche Bodennutzung der Einzugsgebiete. Diss. Bot. 125, 170 S.

WHEATLEY, R. E., WILLIAMS, B. L. (1989): Seasonal changes in rates of potential denitrification in poorly-drained reseeded blanket peat. Soil Biol. Biochem. 21, 355–360.

WHEELER, B. D., AL-FARRAY, M. M., COOK, R. E. D. (1985): Iron toxicity to plants in base-rich wetlands: comparative effects on the distribution and growth of *Epilobium hirsutum* L. and *Juncus subnodulosus* Schrank. New Phytol. 100, 653–669.

Wheeler, B. D., Shaw, S. C. (1991): Above ground crop mas and species richness of the principal types of herbaceous rich-fen vegetation of lowland England and Wales. J. Ecol. 79, 285–301.

Wheeler, B. D., Shaw, S. C., Cook, R. E. D. (1992): Phytometric assessment of the fertility of undrained rich-fen soils. J. Appl. Ecol. 29, 466–475.

Whinam, J, Buxton, R. (1997): *Sphagnum* peatlands in Australasia: an assessment of harvesting sustainability. Biol. Conserv. 82, 21–29.

Wild, U. (1997): Renaturierung entwässerter Niedermoore am Beispiel des Donaumooses bei Ingolstadt: Vegetationsentwicklung und Stoffhaushalt. Diss. TU München, 138 S. + Anhang.

Wildi, O. (1977): Beschreibung exzentrischer Hochmoore mit Hilfe quantitativer Methoden. Veröff. geobot. Inst. ETH, Stftg. Rübel 60, 128 S.

Willi, G. (1996): Vorkommen von Wiesenvögeln im Gebiet Bangs-Matschels. Vorarlb. Naturschau 2, 101–118.

Wind, P. (1992): Bevaring af ekstremrigkær i Danmark. Flora og Fauna 98, 23–42.

Winterhoff, W. (1971): Zur Verbreitung und Soziologie von *Carex cespitosa* L. auf der Schwäbischen Alb. Jh. Ges. Naturk. Württ. 126, 270–279.

Wittig, B. (1999): Vegetationskundliche und ökologische Untersuchungen über nordwestdeutsche Kleinseggen-Sümpfe, insbesondere in Hinblick auf Gefährdung und Regenerationspotentiale. Diss. Bot. 310, 207 S.

Wolf, G. (1979): Veränderung der Vegetation und Abbau der organischen Substanz in aufgegebenen Wiesen des Westerwaldes. SchrR. Vegkde 13, 117 S.

Wright, S. J., Hubbell, S. P. (1983): Stochastic extinction and reserve size: a focal species approach. Oikos 41, 466–476.

Wynhoff, I., Oostermeijer, J. G. B., Scheper, M., van der Made, J. G. (1996): Effects of habitat fragmentation on the butterfly *Maculinea alcon* in the Netherlands. In: Settele, J., Margules, C. R., Poschlod, P., Henle, K. (eds.) Species survival in fragmented landscapes: 15–23, Kluwer, Amsterdam.

Yavitt, J. B., Lang, G. E. (1990): Methane production in contrasting wetland sites: response to organic-chemical components of peat and to sulfate reduction. Geomicrobiol. J. 8, 27–46.

Zeitz, J. (1992): Bodeneigenschaften von Substrat-Horizont-Gruppen in landwirtschaftlich genutzten Niedermooren. Z. Kulturtechn. Landesentwickl. 33, 301–307.

Zeitz, J., Lehrkamp, H., Knieper, M. (1998): Karte der Niedermoore Brandenburgs – Grundlage für Maßnahmen des Niedermoorschutzes. Telma 28, 273–283.

Zickermann, F. (1996): Vegetationsgeschichtliche, moorstratigraphische und pflanzensoziologische Untersuchungen zur Entwicklung seltener Moorökosysteme in Nordwestdeutschland. Abh. Westf. Mus. Natkde. 58(1), 3–108.

Zier, L. (1985): Das Pfrunger Ried. Führer Natur- u. Landschaftsschutzgebiete Bad.-Württ. 10, 308 S.

Zimmerli, S. (1988): Vegetation und Standort von Schwingrasen in der Schweiz. Veröff. Geobot. Inst. ETH Stftg. Rübel 102, 105 S..

Zobel, M. (1988): Autogenic succession in boreal mires – a review. Fol. geobot. phytotax. 23, 417–445.

Zobel, M., Masing, V. (1987): Bogs changing in time and space. Arch. Hydrobiol. Beih. Ergebn. Limnol. 27, 41–55.

Zoltai, S. C., Pollett, F. C. (1983): Wetlands in Canada: their classification, distribution, and use. In: Gore, A. J. P. (ed.) (1983): Mires: swamp, bog, fen and moor – regional studies. Ecosystems of the World 4B, 245–268.

Zuckert, J. F. (1763): Die Naturgeschichte einiger Provinzen des Unterharzes nebst einem Anhang von den Mannsfeldischen Kupferschiefern. 212 S., Fr. Nicolai, Berlin.

Bildquellen

Alle Fotos stammen, soweit nicht anders vermerkt oder zitiert, von den Verfassern. Die Zeichnungen fertigte Doris Kramer nach Vorlagen der Autoren und aus der Literatur. Die Abbildung 142 fertigte Michael Trepel.

Staatliches Museum für Naturkunde und Vorgeschichte, Oldenburg, Niedersachsen: Abb. 115, 116, 132.

Freunde der Stiftung Fritz und Hermine Overbeck e. V., Bremen: Abb. 133.

Schleswig-Holsteinische Landesbibliothek, Landesgeschichtliche Sammlung, Kiel: Abb. 134.

Artenregister

Kursive Zahlen verweisen auf Abbildungen und Tabellen

Sachregister

Halbfette Zahlen verweisen auf eine ausführliche Erörterung, *kursive* Zahlen auf Abbildungen und Tabellen.